铁矿石检验技术丛书

铁矿石检验实验室建设及设备

王松青　王继伟　张加明　主审
康继韬　应海松　毛可辰　主编

北　京
冶金工业出版社
2010

内 容 简 介

本书主要介绍了铁矿石检验实验室的基本建设规划，实验室建筑设计，基础设施，实验室设备，包括化学分析设备、物理检验与鉴定设备，其中主要涉及铁矿石化学分析设备，另外还针对实验室设备的招投标及其预算管理进行了相应的阐述。

本书可供检验检疫系统、质量监督系统、钢铁企业、建筑设计单位、实验室设计单位、实验室施工安装单位、钢铁科研院所、大专院校冶金专业师生等相关人员参考。

图书在版编目(CIP)数据

铁矿石检验实验室建设及设备／康继韬，应海松，毛可辰主编．—北京：冶金工业出版社，2010．9
（铁矿石检验技术丛书）
ISBN 978-7-5024-5346-6

Ⅰ．①铁…　Ⅱ．①康…　②应…　③毛…　Ⅲ．①铁矿物－检验－实验室－建设　②铁矿物－检验－实验室设备　Ⅳ．①TF521

中国版本图书馆 CIP 数据核字(2010)第 155347 号

出 版 人　曹胜利
地　　址　北京北河沿大街嵩祝院北巷 39 号，邮编 100009
电　　话　(010)64027926　电子信箱　yjcbs@cnmip.com.cn
责任编辑　李　梅　张　卫　美术编辑　李　新　版式设计　孙跃红
责任校对　王永欣　责任印制　牛晓波
ISBN 978-7-5024-5346-6
北京兴华印刷厂印刷；冶金工业出版社发行；各地新华书店经销
2010 年 9 月第 1 版，2010 年 9 月第 1 次印刷
787 mm×1092 mm　1/16；18.5 印张；446 千字；283 页
55.00 元

冶金工业出版社发行部　电话：(010)64044283　传真：(010)64027893
冶金书店　地址：北京东四西大街 46 号(100010)　电话：(010)65289081(兼传真)
(本书如有印装质量问题，本社发行部负责退换)

《铁矿石检验技术丛书》
编写委员会

序

铁矿石检验作为钢铁工业的基础性工作深受国家发展与改革委员会、商务部、国家质检总局等有关部门的重视，尤其是近年来随着我国进口铁矿石规模日益扩大，原料品质验收和钢铁企业的质量控制要求日益严格，需要加快铁矿石检验实验室的建设和设备投入。检验检疫系统的实验室是我国出入境检验检疫的技术保障，多数口岸检验检疫局的矿产品实验室有着多年进口铁矿石检验的经验，并一直处在对外交流的前沿，有些口岸检验检疫局建有铁矿石国家级重点实验室，因此检验检疫系统的铁矿石检验实验室在国内具有技术领先的优势，甚至在国际上也堪称一流，其铁矿石检验实验室建设经验在行业内有一定参照性。宁波出入境检验检疫局铁矿检测中心是我国唯一一家铁矿石检测专业实验室，至今已经运行26年，几乎经历了我国大规模进口铁矿石的各个阶段。该中心的技术人员以多年的实验室建设经验和北仑检验检疫局综合实验楼的基本建设为基础编写的这本《铁矿石检验实验室建设及设备》，是该实验室多年建设的技术总结，这为今后相关实验室建设提供了铁矿石检测实验室的规划、设计、建设等方面的参考资料。本书是宁波出入境检验检疫局铁矿检测中心精心组织出版的《铁矿石检验技术丛书》的最后一本，该套丛书的完成填补了国内的空白，是宁波出入境检验检疫实验室技术人员的一项成就，望宁波出入境检验检疫系统内的广大铁矿石技术专家再接再厉，与时俱进，继续深入研究铁矿石检验相关前沿课题，为我国在该领域技术能领先于国际上发达国家做出应有的贡献。

宁波出入境检验检疫局

局长 山巍

2010年5月

前 言

近年来,我国国民经济的高速发展促进了钢铁工业的持续发展,一些新钢厂及一些老钢厂的新厂区相继投入生产,对铁矿石需求量旺盛,进口铁矿石的数量也持续攀高,自从2003年中国首次超过日本成为全球最大的铁矿石进口国以来,中国铁矿石的进口量就一直保持着世界第一的位置,也促进了一些钢铁企业对原料验收实验室和国家相关机构对口岸铁矿石到货检验实验室的建设。

随着铁矿石检测实验室科学水平的不断发展,以安全性、人性化、高科技为特征的现代化科学实验室新概念正逐步形成。目前,我国还没有国家标准对实验室硬件建设进行规范和要求,现代化实验室的建设在理论和实践中还存在诸多空白。在新一轮的发展中,积极开展实验室建设和发展的研究与实践,对于增强我国钢铁质量检验能力及检验检疫履行国家赋予的职责的能力,促进钢铁企业和检验检疫事业的协调发展,具有十分重要的作用和深远的意义。

本书编写的内容以铁矿石检验实验室的基本建设、实验室布局、实验室设备安排及其采购为基础,包括实验室结构、设计、铁矿检测设备配置、设备采购相关规定等,可以让新建铁矿石检验实验室的建设人员从实验室设计之初就可按照铁矿石检验实验室的特点进行策划。铁矿检测实验室属矿产品实验室,一些设备的配置与一般矿产品实验室相近,但与一般矿产品实验室又有很大区别,是专业实验室。因此,实验室建设人员必须先了解铁矿石检验实验室的特点,然后才能开始设计工作。本书编写的目的在于为实验室建设人员提供一些实验室建设的参考资料,以方便实验室设计、建设、安装及其设备配置、采购等。

本书内容共分6章,主要介绍了铁矿石检验实验室结构与总体要求、铁矿石检验实验室建筑设计、铁矿石检验实验室基础设施、铁矿石检验实验室设备、铁矿石检验实验室设备采购方法。本书是在北仑出入境检验检疫局副局长康继韬的组织协调下,由铁矿石检验实验室的基本建设、实验室操作、设备管理等相关专家合作完成,由应海松负责统稿。本书由任春生完成1.1~1.3、

2.3～2.5、3.3、3.7.1、3.7.2节，由何光力完成1.2、3.4节，由陈贺海完成1.4.2～1.4.4节、5.4.2～5.4.4节，由沈逸完成1.4.1、2.2节，由贺存君完成2.1、3.7.3、5.1、5.2节，由郑建军完成3.1、3.2节，由应海松完成3.5、3.6节和第4章，由廖海平完成5.3节，由郭大招完成5.4.1节，由陶惠君完成第6章。本书由宁波出入境检验检疫局副局长王松青、国家质检总局科技司王继伟处长及计财司张加明担任本书的主审。本书在编写过程中，得到了北仑出入境检验检疫局和宁波出入境检验检疫局铁矿检测中心（国家级重点实验室）的资助，同时也得到了广州莱佛仕整体实验室系统设计有限公司和冶金工业出版社的大力支持。在此，对领导、专家的关心及各位资料提供者表示诚挚的感谢。本书在编写过程中，参考和引用了他人一些著作、网页的部分内容等，在此也谨向其作者表示感谢。

由于编者水平有限，不当之处请读者批评指正。

编 者

2010年5月

目 录

1 铁矿石检验实验室结构与总体要求 …… 1

1.1 铁矿石实验室建设规划 …… 1

1.1.1 我国铁矿石进口情况概述 …… 1

1.1.2 我国铁矿石到货检验情况 …… 2

1.1.3 铁矿石检验重点实验室的建设要求 …… 2

1.1.4 检验检疫系统内国家级重点实验室配置指南 …… 4

1.1.5 铁矿石检验实验室建设规划 …… 5

1.2 铁矿石检验实验室结构及布局 …… 7

1.2.1 铁矿石检验实验室建筑的组成 …… 7

1.2.2 铁矿石实验室建筑结构要素 …… 8

1.2.3 铁矿石实验室平面布局 …… 11

1.3 铁矿石检验实验室设计要求 …… 12

1.3.1 铁矿石检验实验室设计的基本程序 …… 12

1.3.2 铁矿石检验实验室主要功能及设计要求 …… 13

1.3.3 铁矿石检验实验室面积分配及依据 …… 15

1.4 铁矿石检验实验室仪器设备分类 …… 17

1.4.1 取制样设备 …… 17

1.4.2 化学分析仪器 …… 20

1.4.3 物理测试仪器 …… 20

1.4.4 矿物鉴定仪器 …… 20

2 铁矿石检验实验室建筑设计 …… 22

2.1 铁矿石检验实验室取制样站设计 …… 22

2.1.1 取制样楼设计基本要求 …… 22

2.1.2 钢管桩要求 …… 23

2.2 铁矿石检验实验室物理测试室设计 …… 25

2.2.1 给排水、消防及环境保护 …… 25

2.2.2 土建、电源 …… 25

2.2.3 实验室布局及设备配置 …… 26

2.3 铁矿石检验实验室化学分析室设计 …… 27

2.3.1 铁矿石化学实验室一般要求 …… 27
2.3.2 化学实验室家具用具的选择及其布局 …… 28
2.3.3 铁矿石检验化学分析室布局实例 …… 29
2.4 铁矿石检验实验室仪器分析室设计 …… 30
2.4.1 仪器分析室的一般要求 …… 30
2.4.2 铁矿石检验实验室仪器分析室的设备与设计、布局要求 …… 30
2.4.3 铁矿石仪器分析室布局实例 …… 31
2.5 铁矿石检验实验室冶金性能、矿物鉴定测试室其他相配套功能间设计 …… 32
2.5.1 铁矿石冶金性能测试室 …… 32
2.5.2 铁矿石检验实验室矿物鉴定室设计 …… 33
2.5.3 其他相配套功能间的要求与设置 …… 34
2.5.4 铁矿石检验实验室总体布局 …… 35

3 铁矿石检验实验室基础设施 …… 38

3.1 铁矿石检验实验室的暖通设计 …… 38
3.1.1 铁矿石检验实验室暖通系统的形式 …… 38
3.1.2 暖通系统的配置方案 …… 39
3.2 铁矿石检验实验室的强弱电设计 …… 40
3.2.1 强电设计 …… 40
3.2.2 弱电设计 …… 44
3.3 实验室供气 …… 49
3.3.1 实验室供气要求 …… 49
3.3.2 铁矿实验室供气方式布局实例 …… 50
3.4 铁矿石检验实验室给排水设计 …… 51
3.4.1 水的分类 …… 51
3.4.2 给水系统 …… 52
3.4.3 排水系统与废水处理 …… 52
3.4.4 管网材料和布置 …… 53
3.4.5 消防用水 …… 53
3.5 铁矿石检验实验室新风及排气系统设计 …… 55
3.5.1 新风系统设计 …… 55
3.5.2 排气系统设计 …… 55
3.5.3 铁矿石检验实验室通风设计 …… 57
3.6 铁矿石检验实验室家具 …… 63
3.6.1 通风系列家具 …… 63
3.6.2 实验室工作台 …… 66
3.6.3 试验柜 …… 68
3.7 铁矿石检验实验室安全防护 …… 70
3.7.1 铁矿石检验实验室的安全防护内容及要求 …… 70

3.7.2 实验室的废气、废水处理 …… 73
3.7.3 取制样站安全防护 …… 74

4 铁矿石检验实验室化学分析设备 …… 75

4.1 仪器分析设备 …… 75
4.1.1 可见-紫外分光光度计 …… 75
4.1.2 原子吸收光谱仪 …… 89
4.1.3 X射线荧光光谱仪 …… 104
4.1.4 电感耦合等离子光谱仪 …… 135
4.1.5 高频红外碳硫仪 …… 156
4.1.6 自动电位滴定仪 …… 173
4.1.7 电感耦合等离子质谱仪(ICP-MS) …… 194
4.1.8 原子荧光发射光谱仪 …… 196
4.2 化学分析样品前处理设备 …… 197
4.2.1 微波溶样炉 …… 197
4.2.2 其他化学分析仪器与设备 …… 206

5 铁矿石检验实验室物理检测与鉴定设备 …… 214

5.1 机械取制样设备 …… 214
5.1.1 取样机 …… 214
5.1.2 皮带机 …… 214
5.1.3 称重装置和储料斗 …… 215
5.1.4 颚式破碎机 …… 216
5.1.5 对辊破碎机 …… 216
5.1.6 料流切换装置 …… 217
5.1.7 单斗式提升机 …… 218
5.1.8 振动筛 …… 218
5.1.9 样品收集器 …… 218
5.1.10 缩分器 …… 218
5.2 手工取样制样设施 …… 220
5.2.1 电子天平 …… 220
5.2.2 电子秤 …… 220
5.2.3 破碎设备 …… 220
5.2.4 筛分设备 …… 228
5.2.5 缩分设备 …… 228
5.3 物理及冶金性能检测设备 …… 230
5.3.1 转鼓强度 …… 230
5.3.2 抗压强度 …… 231
5.3.3 比表面积 …… 248

5.3.4 孔隙率 …… 249
5.3.5 还原性及自由膨胀系数 …… 250
5.3.6 低温还原粉化率 …… 251
5.3.7 荷重还原性 …… 252
5.4 矿物鉴定设备 …… 253
5.4.1 矿相显微镜及其辅助设备 …… 253
5.4.2 X射线粉末衍射仪(XRD) …… 258
5.4.3 差热/热重仪 …… 263
5.4.4 红外光谱仪 …… 266

6 铁矿石检验实验室设备采购方法 …… 269

6.1 设备采购规范 …… 269
6.1.1 《中华人民共和国政府采购法》介绍 …… 269
6.1.2 《中华人民共和国招投标法》介绍 …… 270
6.1.3 招投标法的基本要素 …… 270
6.2 设备采购调研及招标参数要求实例 …… 274
6.2.1 设备采购调研报告实例 …… 274
6.2.2 设备招标参数要求实例 …… 276
6.2.3 设备招标评标 …… 278
6.3 设备预算规范及实例 …… 278
6.3.1 《中华人民共和国预算法》介绍 …… 279
6.3.2 设备预算申报实例 …… 280

参考文献 …… 283

1 铁矿石检验实验室结构与总体要求

实验室的结构和总体要求与一般建筑有很大的不同，在实验室筹建初期，首先应该进行合理规划，需要设计实验室的结构和工艺布局，铁矿检验实验室由于其专业特点的不同更有其特殊性。本章主要介绍铁矿石检验实验室建设规划及其实验室结构、布局和总体要求。

1.1 铁矿石实验室建设规划

实验室建设包括软件和硬件两部分，软件指实验室的人员、管理、业务、科研能力等，硬件指设备、环境、技术水平等。实验室规划在实验室建设与管理工作中具有十分突出的地位与作用，这是由于规划是一切管理工作，特别是复杂管理工作的核心和基础。没有实验室规划，实验室建设和管理工作将是一盘散沙。一个合理的实验室规划有助于将实验室工作目标的所有要素与资源有机地整合，并将内部损耗降到最低程度，实现整体大于其各部分总和的效果。铁矿作为关系到国计民生的大宗进口商品，一直是口岸检验检疫机构的检验监管的商品，无论是品质还是重量，都要进行法检。鉴于铁矿石进口总量大、增长速度快、来源集中、价格上涨幅度大、品质波动参差不齐等特点，为适应新的贸易经济形势及促进进出口商品执法部门做好服务与把关，了解铁矿石进口检验情况、规划和建设好相应的铁矿石检验实验室显得十分必要。

1.1.1 我国铁矿石进口情况概述

近几年来，我国国民经济的高速发展拉动了钢铁工业，随着我国钢铁产品结构调整的不断深入，一些新钢厂及一些老钢厂的新高炉相继投入生产，因此对进口铁矿需求量旺盛，原先有关专家预计至2005年我国进口铁矿年总量才达到1.33亿吨，可2003年一年就已达1.48亿吨，而2005年进口量已达2.86亿吨。自2003年中国首次超过日本成为全球最大的铁矿石进口国以来，中国铁矿石的进口量就一直保持着世界第一的位置，尤其是近几年来，我国经济的高速发展拉动了钢铁工业，使得钢铁主要原料的铁矿需求量更加旺盛，中国的钢铁经济已经成为国际铁矿业的晴雨表。

2008年，我国进口铁矿石4.44亿吨，净增加6091万吨，占全球铁矿石海运贸易总量的50%。从我国各口岸进口量来看，居前四位的为山东、天津、河北和宁波口岸，进口量分别为14000万吨、5895.7万吨、5510.5万吨和4044万吨。与此同时，边境口岸铁矿石进口贸易活跃，边贸增幅远超海运口岸。2008年新疆、内蒙古和黑龙江口岸进口铁矿量分别比2007年增长了56.80%、440%和151.4%。

2009年进口铁矿石6.28亿吨，比2008年又增加进口量1.84亿吨，数量增长41.6%，均为历史上增加进口量和增长幅度最大的一年。其中，从澳大利亚进口的量占总量的 42%，从巴西进口的量占 23%，从印度进口的量占 17%，从南非进口的量占 5.5%，从俄罗斯、乌克兰、哈萨克斯坦三国进口量占总量的 4.5%，从其他国家和地区进口量占总量的 8%。

与之相对应，国产铁矿原矿 2009 年生产 8.80 亿吨，同比只增产 7212 万吨，仅增长 8.92%；而生铁产量同比增加 7446 万吨，增长 15.87%，增产生铁量的 80% 左右是靠增加进口铁矿石满足的。

虽然进口铁矿价格飞涨，但由于国内一些高炉相继扩产或投产，急需大量铁矿原材料，进口铁矿的可观利润引得国内公司纷纷向国外采购，今后全国铁矿进口量仍会呈大幅递增态势。

1.1.2 我国铁矿石到货检验情况

全国各铁矿进口口岸检验检疫局在国家质检总局的统一领导下，结合各自的特点，认真施检、严格把关，在进口铁矿石的检验监管工作上取得了显著的成效。2008 年，全国各口岸共进口铁矿 43896 批，检出不合格铁矿 6296 批，不合格项目包括全铁、杂质元素、水分、粒度和球团矿物理性能。2008 年进口铁矿总体不合格率（不合格货物量占进口总量的比率）为 49.20%，2009 年总体不合格率为 48.90%，多数口岸的不合格率在 45% ~ 67% 之间，并有不同程度的递升，说明进口铁矿的质量情况令人担忧，具体表现为：(1) 明水现象严重；(2) 粒度偏差大；(3) 铁品位下降；(4) 杂质元素含量超标。进口铁矿的不合格率居高不下，主要原因在于供货商对质量控制的忽视和漠视，由于需求量的急剧增加和价格的攀升，国外铁矿供应商纷纷制订投扩产计划，管理水平和质控体系未能及时完善更新。因此，对于进口铁矿石质量检验监管部门，加强铁矿实验室的规划建设、持续提高铁矿石检测能力显得十分必要。

1.1.3 铁矿石检验重点实验室的建设要求

实验室科学水平的不断发展，对实验室的功能性和规范化提出了更高的要求，精致的实验仪器要发挥其应有的效果，必须借助于匹配的实验室配套装备。随着实验室资质认定、计量认证等体系的推广，以安全性、人性化、高科技为特征的现代化科学实验室新概念正逐步形成。目前，我国还没有国家标准对实验室硬件建设进行规范和要求，现代化实验室的建设在理论和实践中还存在诸多空白。在新一轮的发展中，积极开展实验室建设和发展的研究与实践，对于增强检验检疫履行国家赋予的职责的能力，促进检验检疫事业的协调发展，具有十分重要的作用和深远的意义。2008 年，国家质检总局制定了一系列检验检疫系统国家级重点实验室能力建设的验收指标，其中共包含 10 个方面的要素。

(1) 管理水平。实验室是否通过中国合格评定国家认可委员会（CNAS）认可和国家计量认证，或者取得国际相关权威组织或国内其他部委承认或授权；在规定时间内是否有因检测质量问题引起责任赔偿、被法院判决败诉或受到总局或上级机关通报批评，是否发生过爆炸、火灾、人员伤亡等恶性安全责任事故等。

(2) 人员情况。对实验室的技术领衔者提出了要求；实验室人员的数量、层次结构是否与所承担任务相适应，并能满足本专业领域对实验室人员的特殊资质要求；技术人员是否承担并解决过总局交办的检验检疫技术执法把关工作中的重大或关键疑难问题等。

(3) 仪器设备。实验室是否满足《国家级重点实验室仪器设备配置指南》(以下简称《指南》)的配置要求及对同类产品(专业)检测结果进行确证或验证的要求,是否有《指南》之外的高精尖设备或自主研发的能按照国标、行标或对方国检验要求解决实际检测问题的设备;实验室主要仪器设备的使用绩效如何,其管理、维护、计量是否符合相关要求等。

(4) 环境与设施。实验室的环境与设施是否满足同类产品(专业)检测工作需要,尤其应满足同类产品(专业)检测工作的特殊环境与设施要求,如恒温恒湿、生物安全实验室等;实验室是否有充足的发展空间和条件等。

(5) 技术能力。实验室是否具备同类产品(专业)齐全的检测能力,是否能够承担法定检验要求的全部检测项目;是否主持或参与完成国家级或省部级科研课题并获得相关奖项,是否主持制定过国际标准、国家标准;是否有以第一完成人在国内权威期刊或学报(影响因子0.2~0.5)上发表的论文及20万字以上著作、译著等;是否有较强的科技成果转化能力,并有科技成果的转化应用和取得一定社会、经济效益;是否有获得发明专利或应用专利等;实验室是否建立和实施了参加国内外权威机构组织的能力验证的制度和措施,参加项目均获得满意结果;是否有承担过国际能力验证活动或总局、认监委、认可委能力验证活动并获得满意结果;是否组织承办过全国系统相关专业领域的人员培训或该实验室派员进行授课;实验室是否具备较强的应对和处理突发事件的技术实力,承担并完成过总局或地方政府交办的突发性应急检测技术攻关项目、代表国家对外技术谈判、受总局业务司指派参加国际会议和国际交流、向总局提供政策制定的技术依据并被采纳等。

(6) 信息收集。实验室是否有专(兼)职检测技术情报收集人员,并建立了检测技术情报收集、整理、研究的相关制度或措施;是否有组织地开展了相关专业领域国内外最新信息、动态等资料的收集、整理和研究工作;该实验室是否为总局、所在直属局或地方政府制定与本实验室检测产品(专业)相关的管理政策、措施、文件提供技术支持等。

(7) 交流与合作。实验室是否具备开展国际交流与合作的条件并曾派人员到国外或邀请国外技术机构到当地开展过与本实验室检测产品(专业)相关的交流、合作或技术谈判;是否建立起交流与合作,并已在检验检疫工作中引进和推广应用了多项本专业领域的国际先进检测技术或项目;是否与知名大学或科研院所建立了良好的检、学、研合作机制并共同研发过本专业领域的新项目、新技术等。

(8) 可持续发展能力。实验室所在局是否制定了本实验室的中长期发展规划并有鼓励技术人员进行技术开发和科学研究的激励机制;当地政府与所在局是否有良好的协调机制,并在该实验室的建设与仪器设备投入上有直接支持或倾斜鼓励政策;实验室建设是否与国家经济贸易发展相适应,主要技术人员队伍是否保持相对稳定;实验室设立后检测业务量是否稳定增长,投入产出比效益(经济效益或社会效益)是否明显;实验室是否能够根据需要适时补充所需优秀人才并有对实验室人员进行知识更新和技能培训的良好机制等。

(9) 检测业务量。实验室所在辖区同类产品(专业)检验检疫业务量占全国总量的比重是否居于全国前列,辖区同类产品(专业)生产企业或外贸贮运企业在全国产业规划中或外资投入规模是否位居全国前列,实验室的同类产品(专业)检测量是否位居全国检验检疫系统前列等。

(10) 交通条件。实验室所在地是否交通便利等。

1.1.4 检验检疫系统内国家级重点实验室配置指南

1.1.4.1 仪器设备配置指南原则基本要求

基本要求如下：

(1) 前瞻性要求。用最新检测手段和检测仪器设备进行检测技术储备的研究，以拓展检测领域，建立检测标准，应对突发事件及贸易壁垒。

(2) 一致性要求。检验检疫系统内相同专业中实验室配备的主要和必备仪器设备要基本一致，以达到实验室之间检测数据的通用和可重复性。

(3) 动态性要求。可以根据新的需求进行调整。

(4) 对所配置检测仪器设备的性价比要求。在满足性能要求前提下，性价比应达到最佳(如仪器设备的技术先进性、使用周期、售后服务；零件、附件等耗材的易采购性；仪器设备整体价格的优惠程度等)。

(5) 对所配置仪器设备的指标要求。如：先进性要求、通用性要求、稳定性要求、数量性要求、环保性要求、安全性要求。

(6) 对所配置仪器设备的使用和更新要求。如：用途要求、使用率要求、更新要求、环境要求、安全要求、人员要求。

1.1.4.2 专项原则

铁矿石检验重点实验室属化矿金专业实验室基本配置要求见表1-1。

表1-1 矿产实验室必备仪器设备

仪器名称	数量	参考单价(约)/万元
气质联用仪(GC-MS)	1	100.00
气相色谱(GC)	2	40.00
高效液相色谱(HPLC)	1	60.00
红外光谱仪	1	60.00
离子色谱	1	50.00
石墨炉/火焰原子吸收光谱仪	1	80.00
全自动电位滴定仪	1	25.00
微波消解仪	1	30.00
电感耦合等离子体质谱仪	1	200.00
顶空-气相色谱仪	1	50.00
差示扫描量热分析仪	1	50.00
粒径分布仪	1	50.00
原子荧光光谱仪	1	40.00
紫外分光光度计	1	10.00
自动熔样机	1	30.00
破碎/研磨机系列制样设备	1	20.00
硫碳仪	1	60.00
放射性检测仪	1	15.00

续表 1-1

仪器名称	数 量	参考单价(约)/万元
转鼓强度与耐磨指数测定仪	1	20.00
孔隙率测定系统	1	30.00
百万分之一天平	1	2.00
高温炉	1	10.00

(1) 单一商品的重点实验室根据需要从通用配置中选取适合的部分设备进行配置。如:化矿重点实验室根据实验室所承担的任务从化工和矿产品子类中选择组合。

(2) 矿产品的通用仪器设备主要包括样品前处理、有效成分和有毒有害元素分析、结构分析、矿种分析、粒度和水分分析。

(3) 有些矿产品的专用仪器设备,如铁矿石的力学性能检测仪器等。

1.1.4.3 仪器设备配置应考虑的其他原则

具体如下:

(1) 检测标准适用性原则。包括国际标准适用性、国家标准适用性、其他标准适用性。

(2) 实验室主导业务原则。以检测为主的实验室其原则为:以日常检验检疫业务检测为主要业务。以科研为主的实验室其原则为:以涉及检验检疫检测技术的研究为主要业务。检测及科研兼具的实验室其原则为:以日常检验检疫业务检测和检验检疫检测技术的研究为主要业务。

1.1.5 铁矿石检验实验室建设规划

1.1.5.1 规划前提

铁矿石检验实验室建设规划前首先要进行调研分析,做好规划前的各项准备工作。

(1) 摸清实验室当前现状,为规划的制定提供必要的起点条件。摸清当前实验室各方面情况的基本底数,并对当前情况做出全面、准确的评估,明确规划的基础和水平。

(2) 要明确实验室的基本功能和任务,为规划的制定指出明确的方向和目标。无论是综合性实验室的总体规划,还是类似铁矿检测的单一专业实验室的单独规划,都要有具体的任务,包括所担负的检测任务、科研任务以及与相关专业实验室在某些方面的衔接与交叉等,使实验室能够满足和适应检测业务规模和科研任务的需要,既相互衔接配套,又突出专业特色。

(3) 对当前国内外同类型实验室技术装备状况、业务情况和人员的实际情况进行综合分析,为实验室建设规划所要达到的技术装备水平提供依据。在节约经费的前提下,实现实验室技术装备的现代化,使所建成的实验室能够在实验技术、实验方法上是先进的,在实验设施上协调配套、方便使用,同时达到安全、高效的要求。

1.1.5.2 铁矿石检验实验室建设规划的原则

凡事预则立,不预则废,同样,缜密而细致的前期规划是实验室建设成败的关键。因为实验室的建设,无论是新建、扩建或是改建项目,它不单纯是选购合理的仪器设备,还要综合考虑实验室的总体规划、合理布局和平面设计,以及供电、供水、供气、通风、空气净化、安全措施、环境保护等基础设施和基本条件。因此实验室的建设是一项复杂的系统工程,而“以人为本，人与环境”已成为人们高度关注的课题，更加追求“安全、环保、实用、耐久、美观、经济、卓越、领先”的规划设计理念。下面，以新建的宁波出入境检验检疫局铁矿检测中心为例，简述铁矿石检验实验室的建设规划原则。

（1）实验室建设规划应与所在局整体发展规划一致。作为检验检疫技术保障部门发展规划的一部分，实验室是为人才培养、科学研究和提供技术支撑服务的。因此，它必须根据所在局的业务规模、专业方向、科研要求，从经费、队伍建设、实验场地以及国内外同类实验室的技术水平等方面进行综合考虑。

（2）准确的定位。规划前必须根据业务的发展、人才的培养和科研的需要，对铁矿实验室的功能、目标、空间、容量进行分析和定位。准确定位是做好规划的前提，只有准确的定位才能让有限的资源发挥最大的作用。

（3）不以经费额度定规划。规划要以科学发展观点制定，要具有系统性、阶段性和可持续发展性，不能以实验室建设经费为依据来制定，也不应局限于经费计划。应用长远的眼光，去设置实验室的发展进程。当有一定的经费投入时，就可以根据规划，形成建设计划，有重点、有目的地逐步实施和建设。如果以建设经费定规划，不分重点，就很可能形成低水平、分散、重复的建设局面，造成资源浪费。

（4）重视规划的可行性。规划是有时间性的，不能制定得太庞大、不切实际，导致没有实现的可能。规划中所设定的重点设备，必须是能采购或者能制作的。规划必须依据任务、要求和条件等因素，进行调查研究、收集信息和分析比较，使之符合需要和切实可行。所有的建设经费是有时效的，如果在规定的时间内不能按计划完成建设，总局将收回建设经费，投入到更需要的项目中去。

（5）注意相关标准和技术安全规范。设备的选择必须符合国家或者行业的标准，实现规范化，使之能够满足多学科的使用，提高设备的使用效益。设备的技术安全规范要达到国家要求，以保障实验室和实验人员的安全。同时，要注意“以人为本”的原则，实验室和设备以及操作过程都要符合安全、环保规程。

1.1.5.3 铁矿石检验实验室建设规划的内容

明确了铁矿石检验实验室建设规划的前提和原则后，就需要重点策划或设计规划的内容。

（1）目标规划。确定目标是制定实验室建设规划的第一步，就是要按照检测业务和科研的具体指标、要求和条件，遵照留有余地、适当超前的思想，明确提出实验室建设发展的方向和要达到的规模与水平。

（2）任务规划。任务规划是建设实验室最重要的依据。一个实验室的建设项目，应按照检验检疫工作的要求，明确该实验室具体承担什么商品和什么类型的检测工作，用预测方法来估算，并适当留有发展余地。因为这将是确定设备规划、人员定额和实验室建设投资的重要依据。

（3）人员规划。实验室的人员规划应包括人员编制标准、人员职称结构、各类人员的任务和职责。同时，还应考虑实验设备维护管理人员、辅助设施管理人员、行政管理人员的职责和权限。此外，还应考虑实验室人员的培训提高。

（4）技术装备规划。实验室技术装备的核心是设备问题。一方面，要根据实验室的性质、任务所要求的技术条件来决定选购的设备；另一方面，选购的设备和设备的组合也就决定了实验室的技术条件。实验室技术装备规划是实验室建设规划中最重要的部分,实验室功能、任务的完成、技术条件、水准的高低,主要取决于此;而设备则是技术装备规划的重中之重。这里,要特别强调在规划配置仪器设备时,首先要确定配置原则,即技术先进、性能稳定、操作简便、价格合理。现代仪器设备的发展趋势,一方面是大型化、精密化、数字化;另一方面又是小型化、简易化的双向发展,而且新仪器设备的市场更新周期也越来越短。因此,规划中对仪器设备的选择,一定要把握好以下几点:一要有明确的标准;二要有详细的论证;三要全面掌握实验仪器设备的各方面性能要求,包括实用性、可靠性、节能性、环保性、耐用性、灵敏性、成套性、可维修性和可扩展性9个方面的性能要求;四要进行广泛的艰苦细致的调研工作。调研工作一般分为前期调研和后期调研。前期调研通常在论证前进行,其主要目的是为研究论证提出一个基本的可供参考的仪器设备方案,后期调研则是在研究论证的基础上,根据论证意见有针对性地调查研究。通过上述环节,既可全面掌握拟购仪器设备的技术性能,又能了解市场价格和厂家资讯,从而制定出先进性与技术性相结合的技术装备规划。

(5)建筑与环境规划。实验室建筑规划包括新建和扩建实验室用房的平面布置图和其工程要求标准,建筑的使用功能和它的环境条件也在必须考虑之列。关于实验室和其附属用房的面积定额,因为各单位的具体条件不同,在实验室用房上形成的差异是很大的,所以,这里不作具体阐述。不过,它们都有一个共同的目标,就是在建筑和环境上满足铁矿石分析的需要。关于环境条件,应该看到,随着现代科学技术的高速发展,实验室装备的仪器设备的精密程度和自动化程度日益提高,这就必然对实验室建筑的使用功能和环境条件提出越来越高的要求。这些要求主要是水、电、气、冷、地线、温度、湿度、噪声、灰尘、磁场、辐射、地面负荷、楼面稳定性和“三废”(废气、废水、废料)处理等具体问题。不同种类、不同规格的仪器设备都有不同的要求。因此,在制定时,就要针对实验室的用途进行必要的功能设计,针对仪器设备维持正常运行所要求的安装使用条件和环境进行工艺设计,以保证实验室建成后使用功能齐全,仪器设备安装后正常运转,达到其性能参数指标的要求。

(6)经费规划。实验室建设经费总投资,应包括土建投资(已有实验用房的可列为改造投资)、仪器设备投资、辅助设施(含实验台、通风柜、试剂柜、桌椅、空调等)、图书资料、调研咨询、安装调试、运输保险,还要考虑仪器设备的补充投资、市场价格变动和其他不可预见的因素所必需的后备资金(也称作机动经费)。一般情况下,后备资金约占经费投资总额的10%~20%。如果建设周期较长,规划中的经费投资总额还要按不同建设阶段分别列出各阶段的投资额,以便于操作实施。

(7)建设时间规划。时间规划,包括土建工程设计、开工、完成的时间,仪器设备订货、到货初检、安装、调试和验收的时间,一些有特殊要求的实验室,还应考虑技术人员的调配、到位、熟悉技术资料和培训时间等。建设周期较长的实验室,可根据情况划分阶段。在时间规划中,要明确各个不同阶段实验室建设各项工作要完成的主要任务和要达到的主要目的。必要时,还可制订阶段实施计划,作为规划的附件,以保证规划时间的落实。

1.2 铁矿石检验实验室结构及布局

1.2.1 铁矿石检验实验室建筑的组成

铁矿石检验实验室根据日常的使用需求一般将其功能分区分为四个部分。

1.2.1.1 实验研究区

实验研究区包括各类分析检测实验室、制样室、前处理室、计算机房等。该区域是铁矿石检验实验室的核心部分,主要承担日常的检测工作的整套流程,以及对实验进度的控制功能。实验室是主要实验场所,根据不同实验室的用途在隔声、防振、防爆等方面均有不同的要求。制样室、前处理室是对铁矿石样品进行干燥、溶解等处理的场所,特别是前处理室,需要配置足量的通风柜。计算机房是处理试验数据和对实验室的部分功能进行控制的地方,其建设要求可以参考普通计算机房的设计要求,主要考虑防尘、防静电、恒温恒湿。

1.2.1.2 辅助设施区

辅助设施对实验研究区起支撑辅助作用,包括资料分析室、气瓶室、天平室、样品存放室、试剂存放室等。分析天平是化学实验室必备的常用仪器,高精度天平对环境有一定要求,主要是气流和风速的影响,天平室应靠近化学实验室,以方便使用,但不宜与高温室和有较强电磁干扰的房间相邻。高精度微量天平宜设在底层。天平室内上空不得敷设管道,以免管道渗漏影响天平的维护和使用。在高温室,高温炉和恒温箱是常备设备,一般放置在高温工作台上,但特大型的恒温箱须落地安置为宜,高温炉和恒温箱须分开放置。在纯水室,主要设计的实验装备有边台和洗涤台。现代实验室多使用去离子水,水量大且能保证水质。地面需设地漏。在气瓶室,实验室用气除不燃气体(氮气、二氧化碳)、惰性气体(氩气、氦气等)外,其他气体为具有高压、剧毒、氧化分解、爆炸等危险性气体,例如易燃气体氢气、一氧化碳;剧毒气体为氟气、氯气;助燃气体为氧气等,这些气体不得进入实验室。可以通过管子接到各实验室内。溶液配制室,用于配制各种标准溶液和不同浓度的溶液,在允许的条件下,可由两个房间组成,其一设有天平台;另一间作配制试剂和存放试剂之用,一般应配置通风柜、实验台、试剂柜。

1.2.1.3 办公会议区

办公会议区包括实验室人员日常办公场所和会议室接待室。办公区域和会议室主要是实验人员的日常办公以及会议讨论、集中学习的场所,根据实验人员数量可以灵活采取大通间或小房间办公的形式。会议室可以结合电教室的形式,在日常会议使用的同时考虑集中学习的使用情况。办公区域适宜紧邻实验区域,以方便实验人员日常工作。

1.2.1.4 公用后勤区

公用后勤区包括铁矿实验室的公共区域,如强电间、弱电间、消防间、洗手间、空调机房、各类库房等。公用后勤区主要是铁矿石实验室所属整体建筑物的必要公共用房,包括整个建筑供水、供电、通信、采暖制冷以及公共走廊用房。

1.2.2 铁矿石实验室建筑结构要素

1.2.2.1 实验室结构类型

实验室的结构主要影响因素为结构类型、建筑模数、平面系数、楼面荷载。在铁矿石实验室的设计布局中需要综合考虑上述因素。实验室的结构类型主要可分为三种:

(1)承重砖墙与钢筋混凝土梁板结构。适用6层以下的多层建筑,整体造价低,由于承重墙的因素内部分隔形式限制较多。

(2)钢筋混凝土框架结构。适用于多层和高层建筑,造价适中,由于内部没有承重墙易于灵活分隔,但空间层高受框架梁影响较大。

(3) 钢结构。适用于高层建筑,造价高。国内一般采用较少。

三种类型各有特点,根据目前国内实验性质建筑物的特点,适宜采用钢筋混凝土框架结构,在适中的造价基础上方便实验室布局,对日后实验区域的再分隔,布局改变极为有利。

1.2.2.2 实验室设计的平面系数(*K* 值)

平面系数是衡量建筑物内实验室和办公会议室实用面积的指标。平面系数等于实验室使用面积除以建筑面积(平面系数 *K* = 实验室使用面积/建筑面积)。建筑面积为一幢建筑物各层外墙所围合的水平面积之和,包括架空层(层高超过 2.2 m),地下室、屋面通风机房、电梯间、柱子、隔墙等,该数据一般为建筑物设计图纸中的建筑面积所示数据。使用面积是指实际有效可利用的实验室面积,该面积不包括公共大厅、走廊、室内停车位、楼梯、电梯间、开水间、卫生间、各类管道井、电梯机房、空调机房、隔墙、柱子等面积。

在考虑整个铁矿石实验室区域大小时,首先应考虑需要使用面积是多少,然后再根据平面系数的多少确定建筑面积。如果平面系数规定得不当,就会造成建筑面积过多或过少。

通常情况下,实验室平面系数的分布在 50% ~70% 之间。钢筋混凝土框架结构的一般性化学、生物、物理实验室,平面系数的幅度大致在 60% ~65% 之间,其中有大量通风竖井的平面系数在 60% 左右。

1.2.2.3 铁矿石实验室的建筑模数

A 开间

开间,即通常规则型房间垂直于窗户方向的宽度。铁矿石实验室的开间模数主要取决于实验柜台的布置和实验人员所需的操作活动空间。通常情况下,建筑结构设计适用于铁矿石实验室的开间模数大多数为 3.2 ~3.6 m,有些物理类实验室,因安置较大尺寸的仪器设备,一般也可选用 3.3 ~3.6 m 的开间模数(个别特殊者除外)。

从实验人员的活动尺度来看,实验台宽度一般为 0.75 m,两排实验台之间净距为 1.5 ~ 1.8 m 之间,两人能在两边坐着或者站着做实验工作,并在必要时中间可以走过一个人。有些物理、电子实验室的实验台桌面宽 0.9 m,实验台之间距离为 1.65 m。图 1-1 列出了一般铁矿石实验室的实验台放置间距尺寸。通常开间大小为模数的整数倍。图 1-1 中模数为 4 m,所以开间为 8 m。

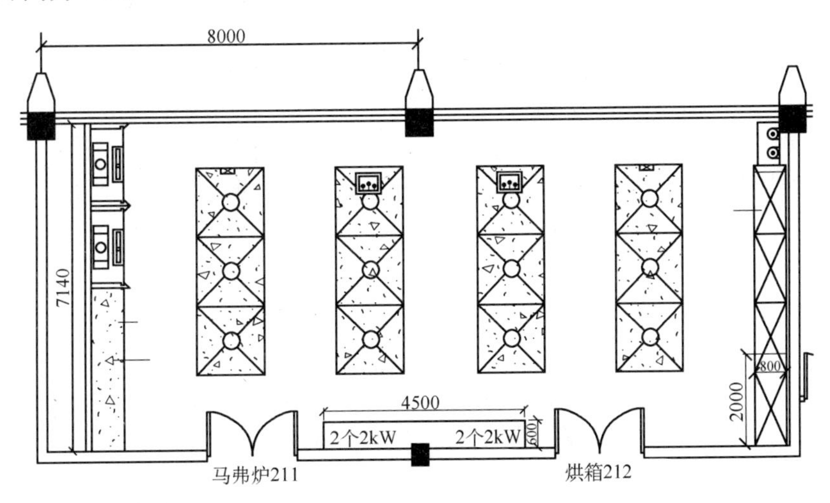

图 1-1 实验台放置的必要间距

B　进深

进深与开间相对，房间内垂直于开间的房间距离称为进深。铁矿石实验室的进深尺寸主要由实验台的长度、采光通风要求、实验室面积要求等方面决定。通常情况下采用框架结构形式时，铁矿石实验室的进深尺寸一般为 6 ~ 8 m。从节能角度考虑，绝大多数工作时间实验室以自然采光为主，所以进深不宜设置太大。再则进深过大容易导致走廊宽度过窄，影响实验设备的移动。

一般实验室实验台长 2.5 m 左右，通风柜长 1.8 m，水槽 0.7 m，书桌长 1.1 ~ 1.2 m，则房间进深为 6 ~ 6.2 m。另一边可以设置实验台、烘箱以及药品柜、书桌等设施，见图 1–2。

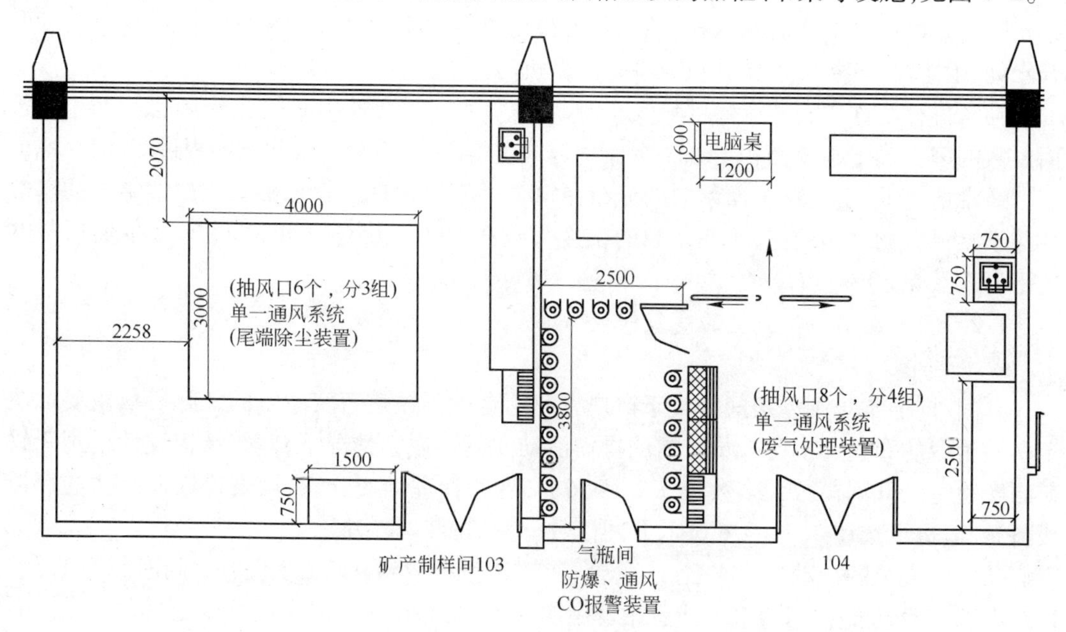

图 1–2　实验室布置示意图

C　层高

层高是指楼板面到另一层楼板面的高度（通常框架结构楼板厚度在 12 mm 左右）。净高是指楼板面至室内吊顶后顶面的距离。

框架结构铁矿石实验室的层高一般在 4 m 左右，层高太高虽然较为宽敞，但对室内的实验设备容量没有帮助，并且不利于建筑保温，造价相对较高，层高也不宜太低，否则不但会显得空间压抑，更有可能满足不了通风柜等设备的安装，因此铁矿石实验室层高一般为 3.8 ~ 4.2 m。底层的层高一般要求高些，因为要考虑放置较大型的仪器设备等，一般为 4 ~ 4.5 m。

D　门窗

a　门

一般铁矿石实验室 1.2 m 宽的不等扇双扇门可以满足人员出入和大多数器材、设备搬动的要求。平时关上小的一扇，人员由大门出入。但从长远考虑，并且留有一定余地，也可以采用 1.5 m 宽等扇的双扇门以满足特殊设备的需要。实验室的门一般向内开，但有危险性的如石油、有机、高压以及有防爆要求的实验室门应向外开。

b 窗

铁矿石实验室的窗户适宜采用双层中空玻璃,在节能同时起到更好的隔音效果。如果铁矿石实验室所处位置在高层,开窗方式要符合高层建筑推窗设计规范。

1.2.2.4 铁矿石实验室的结构与楼面荷载

根据荷载性质分为静荷载、动荷载和偶然荷载三类。静荷载是作用在结构上的不变荷载,如结构的自重、长期放置设备的重量等;动荷载是作用在结构上的可变荷载,如楼内人员的走动、设备的移动、屋面积灰荷载、雪荷载及风荷载等;偶然荷载是指在结构使用期间不一定出现,其值很大,并且持续时间较短的荷载,如爆炸力、撞击力。

铁矿石实验室中对于采用密集架形式的资料室和部分重量较大、对承重有特殊要求的设备要预先提出承重要求并考虑安放位置,以便在建筑结构设计中提前设计,相比较后期改造,能够节约建设成本。

根据建筑结构荷载规范(DBJ9—87),关于民用建筑楼面均布活荷载标准值规定为教室、实验室、阅览室、会议室为2.0 kPa(相当于每平方米楼面承受活荷载2 kN)。附注中说明荷载较大的实验室按实际情况采用。办公楼活荷载为1.5 kPa。办公楼中的一般资料档案室活荷载为2.5 kPa。档案库活荷载为5.0 kPa。

1.2.3 铁矿石实验室平面布局

铁矿石实验室平面布局形式较多,一般根据建筑物的整体结构进行布局,框架结构点式建筑可以采用回字形走廊形式,即建筑外围为实验室,中间为回字形走廊。以板式框架结构建筑物为例,可以采用单走廊形式,即单侧或两侧布置实验室,中间为公共走廊(如图1-3所示)。对于中间有天井的也可采用回字形走廊(如图1-4所示)。通常情况下,走道最小净宽不应小于表1-2的规定。实验室之间以及实验室与走廊的分隔,形式较多。

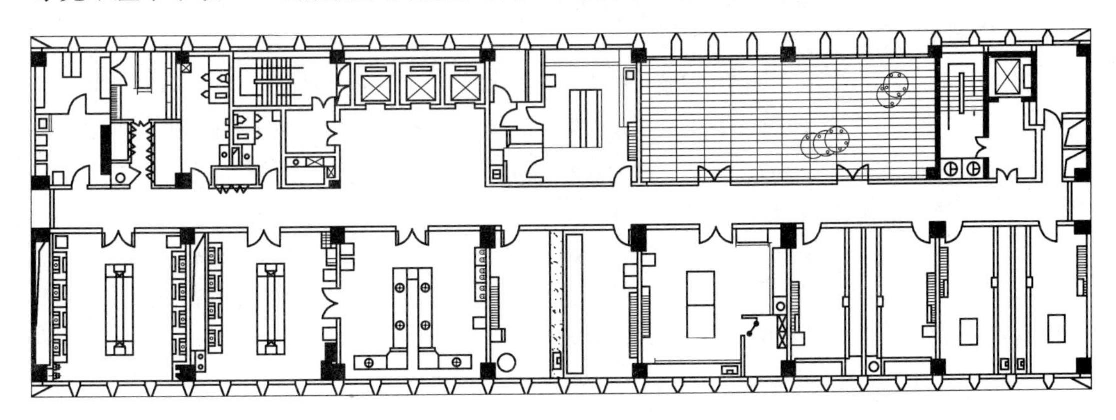

图1-3 板式结构

表1-2 走道最小净宽

走道形式	走道最小净宽/m	
	单面布房	双面布房
单走道	1.30	1.60
双走道或多走道	1.30	1.50

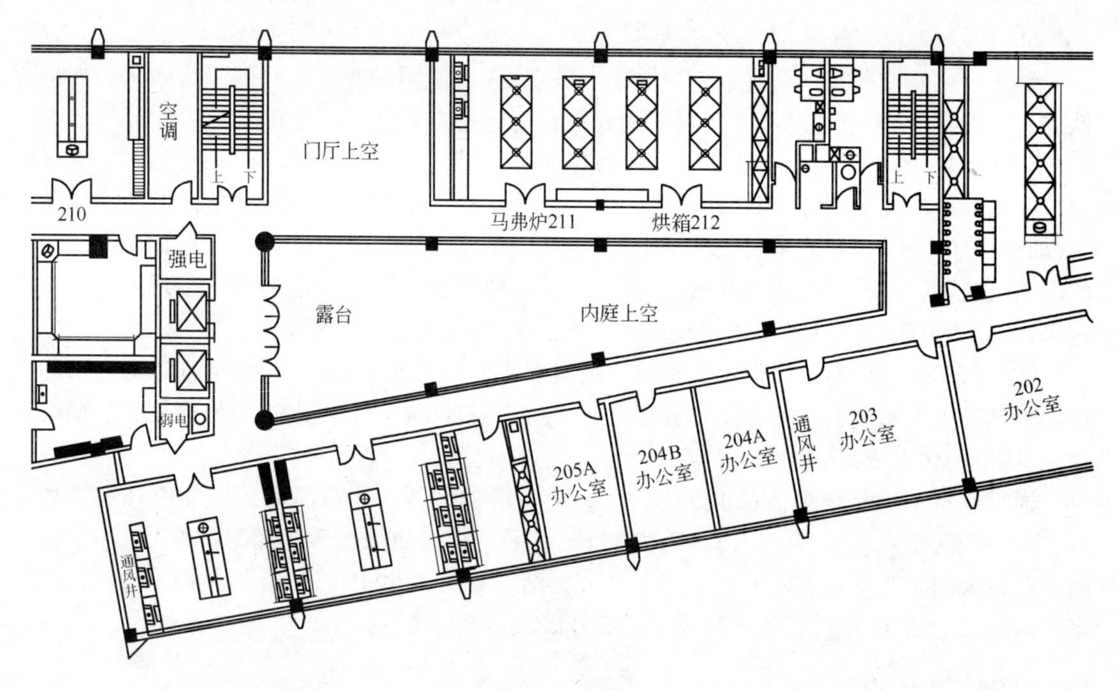

图1-4　筒式结构

(1) 黏土多空砖分隔。这是通常使用较多的一种形式,建设成本低,适用于位置固定,对隔音、分隔材料强度、墙面安装插座、接口有要求的实验室。

(2) 彩钢板分隔。施工便利,可以灵活分隔室内空间,建设成本高,本身所占空间小,适用于实验室内部分隔,或者大空间的实验室内隔断。

(3) 石膏板分隔。施工简单,隔音效果好,但分隔材料强度低,适用于铁矿石实验室办公、会议区域的分隔。

(4) 玻璃分隔。全玻璃隔断的施工要求高,建设成本也较高,但使用效果感觉通透,利于采光,但要注意建筑消防的规定对玻璃的大面积使用有限制要求。通常情况下,玻璃隔断与砖墙隔断可结合采用,地面以上1.2 m为砖墙结构的裙墙,上面为玻璃隔断,这样在保证分隔强度的基础上增加通透性,加大采光能力。

四种隔断方式各有特点,在铁矿石实验室建设中可根据不同实验室的用途,以及办公区域的划分,在公共区域采用整体协调的分隔方式,在房间之间,大通间内部灵活选择适宜的分隔方式,在满足实验室要求的基础上增加美观度。

1.3　铁矿石检验实验室设计要求

1.3.1　铁矿石检验实验室设计的基本程序

在条件允许的情况下,可以找专业的实验室设计公司来进行整体设计。一般情况下有三个步骤。

(1) 方案设计。根据铁矿石检验实验室建设的任务及基本要求,以建筑方案设计为基础,根据检验流程尽可能方便的原则设计实验室功能布局平面方案,尽可能地将所有可能用到的设备的安装使用条件标注清楚,设计方案要经过专家(包括实际使用人)论证、审核、比较,最终确定一个实施方案或兼顾几个方案的优点进一步做出修改而获得较为满意的设计方案。

(2) 初步设计。在方案设计的基础上进一步进行设计的具体实施方案,是进行施工图设计的主要依据。其内容主要包括:设计依据、设计构思、总平面图的方案设计、主要材料用量、“三废”处理、抗震人防及总概算等。

(3) 施工图设计。根据已确认好的初步设计文件,详细给出各有关功能实验室内部设计工程的尺寸、细部做法等指导现场施工安装、安排材料设备,并据此做出详细预算和最后阶段的设计工作。其主要内容包括:总平面、建筑、结构、给排水、电气、采暖通风及其他有关的专业设备系统的设计;精确详细地交代它们的位置净距、坐标、标高、构造形式、用料做法、尺寸、坡向、材质型号、设备规格、施工安装的技术要求和特殊部位的检验方法等。

设计的目的是要建立有高效率、功能完善和考虑周全的实验室。在实验室设计时,应充分考虑影响实验室效率和安全的因素,如空间、工作台、储藏柜、通风设施、照明等。特殊实验室应按国家标准有关要求设计。

1.3.2 铁矿石检验实验室主要功能及设计要求

顾名思义,铁矿石检验实验室的主要功能即为检验和鉴定铁矿石,包括铁矿石化学和物理指标的品质分析,也包括铁矿石的种类和结构鉴定。目前,绝大部分口岸实验室对铁矿石的检验主要还是集中在对其化学和物理指标的品质分析上,而涉及其种类和结构鉴定的很少。从总体上来说,完整的铁矿石检验实验室应包括化学分析实验室、仪器分析实验室、冶金性能测试室、矿物鉴定室、物理指标检测室、取制样室,以及天平室、高温室、纯水室、气瓶室、贮藏室等一些辅助实验室。应当根据实验要求和实验流程合理地安排这些功能区域的大小和位置,这一点非常重要。下面,仅就这些功能实验室的通用设计要求作一叙述,具体的有针对性的设计要求将在第2章中详细阐述。

(1) 实验室设计要有合理化的空间。实验室设计时应根据实验功能模块及放置设备的需要而考虑空间的合理化分配来决定布局。同时应从发展眼光确定实验室空间大小。有很多因素影响到实验室空间的设计,如工作人员的数量、分析方法和仪器的大小。实验室应是灵活的,让工作人员感到舒适,又不产生浪费。工作空间的大小应保证最大数量的工作人员在同一时间工作。以人流、物流、气流要畅通,清洁区、缓冲区、污染区要分离为实验室设计基本原则。在制定空间分配计划前,应对仪器设备、工作人员数量、工作量、实验方法等因素作全面分析和对空间标准的要求进行评估,并计算区域的净面积和毛面积。特殊功能的区域根据其功能和活动情况不同决定其分配空间的不同。

(2) 布局设计要有灵活性和安全性。实验室的设计和大小应考虑安全性,满足紧急清除和疏散出口的建筑规则,针对各实验室情况配备安全设备。距危险化学试剂30 m内,应设有紧急洗眼处和淋浴室。所有的实验室和与污染物直接接触的地方均应安装洗手池,将洗手池设在出口处。洗手池应是独立专用的,不能与污染物处理及实验混用。

(3) 实验室通风设计。通风是铁矿石检验实验室设计最重要的一个环节,因为铁矿的样品前处理过程中所产生的粉尘和酸雾特别多,为了实验室和人体的安全,必需做好实验室的通风,尤其是制样室和化学分析室,产生空气污染的实验尽可能在通风柜中进行。

（4）电源和通讯设计。电源布局应对实验室所需电源做充分的考虑和分析，注意以下几点：

1）实验室所有仪器所需电量和所需电插座数量，布局合理，使用安全和方便；

2）电插座和电量要满足仪器设备的需要并应充分考虑计算机所需插座；

3）另外，在设计电源时除考虑已满足现在使用需要外，要有足够多的扩展量满足实验室的需要；

4）通讯在实验室实现信息化、网络化，将很大程度上提高实验室的管理质量和工作效率，在实验室设计时应周密设计通讯线路，除充分满足目前的需求外，还应有额外的容量适应仪器的增加和移动。

（5）其他设计和设施的基本要求。

1）实验室设计布局时，开间模数适宜为 3.5 ~ 4.0 m，但最少也应该保证开间是 3.0 m，台间距约为 1.5 m，合适 2 人间距操作空间（见图 1-5）。

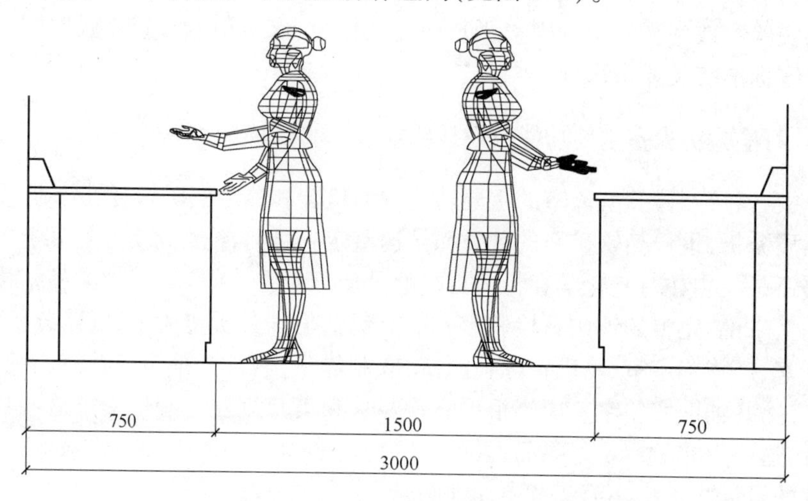

图 1-5 实验室人员操作间距（mm）

2）在实验室空间设计时，应考虑必须为实验室安全运行、设备的清洁和维护提供或预留足够的实验区域空间。

3）实验室墙壁、天花板和地板应当光滑、易清洁、防渗漏并耐酸碱的腐蚀。地板应当防滑、耐磨。

4）实验台面和通风柜内衬面应是防水的，并可耐酸、碱、有机溶剂和中等热度的作用，放置加热设备的通风柜还需要耐高温。

5）应保证实验室内所有活动的照明，避免不必要的反光和闪光。

6）应当有足够的储存空间来摆放随时使用的物品，以免实验台和走廊内混乱。在实验室的工作区外还应当提供另外的可长期使用的储存间。

7）应当为安全操作及储存化学试剂、压缩气体提供足够的空间和设施，并做好安防措施。

8）在实验室的工作区外应当有存放外衣和私人物品的设施。

9）实验室的门应有可视窗，并达到适当的防火等级，向外开启，最好能自动关闭，外门应采取防虫及防啮齿动物的措施。

10）安全系统应当包括消防、应急供电、应急淋浴以及洗眼设施。

11）要有可靠和充足的电力供应和应急照明，以保证人员安全离开实验室。备用发电机对于保证重要设备的正常运转及通风都是必要的。

1.3.3 铁矿石检验实验室面积分配及依据

1.3.3.1 铁矿石检验实验室面积配置依据

A 引用的规章

引用的规章包括国家发改委《党政机关办公用房标准》、实验室建设单位的相关实验室发展规划纲要、中国科学院编制的《科研建筑工程规划面积指标》、《实验室建筑原理与应用》、《地质矿产实验室指南》、《分析实验室装备手册》、SJ/Z3206.1—1999《发射光谱分析实验室一般要求》、SY/T6490—2000《岩矿地质实验室样品管理及保存规范》、JB/T5524—1991《实验室激光安全规则》、GB/T 50314—2000《智能建筑设计标准》、GA/T75—94《安全防范工程程序与要求》、GB50045—95《高层民用建筑防火规范》、GBJ 16—87《建筑设计防火规范》、ZBBZH/GJ《民用建筑设计规范》、CECS154—2003《建筑防火封堵应用技术规范》等，如果属质检系统的基本建设项目，则还有：国家质检总局公布的《检验检疫系统综合实验用房建设标准》、《国家级重点实验室名录》及《国家级重点实验室仪器设备配置指南》等。

B 实验室类别设置和总体面积分配

a 方法1

根据国家相关机构核准的机构人员编制、国家发改委公布的《党政机关办公用房标准》和国家质检总局公布《检验检疫系统综合实验用房建设标准》的有关规定，实验室所需要面积测算可按总编制的70%计列办公用房，如某单位铁矿石检验实验室有30个在编人员，则：30（人）×0.7×80 m^2/人＝1680 m^2，考虑建设期3～4年人员增加，可按照额定增加人员适当增加面积，取制样实验室除外。

b 方法2

根据《国家级重点实验室建设名录》及《国家级重点实验室仪器设备配置指南》要求，有关实验室的建设单位的《实验室发展规划纲要》，铁矿石检验实验室的建设根据中国科学院编制的《科研建筑工程规划面积指标》、《实验室建筑原理与应用》、《地质矿产实验室指南》、《分析实验室装备手册》等相关资料关于面积指标、安全要求的规定，测算铁矿石检验实验室面积（建筑面积）（套用地质实验室），取制样实验室除外。

C 实验室总体布局及设备构成

铁矿石检验实验室属专用实验室，以铁矿石检验实验建筑为核心，包括情报资料室、学术活动中心、恒温恒湿室、标样室、办公用房等辅助建筑，水、电、气、油、消防、三废、库房等公用设施，一般实验用房占总实验室面积30%～60%，辅助用房占5%～31%，公用设施用房占5%～18%，行政办公占10%～29%。实验室使用面积与建筑模数（实验室空间尺度）有关，根据实验室人员的活动范围及仪器设备布置要求，确定比较合适的建筑模数及几何结构形式，然后计算实验室使用面积。我国实验室开间一般为3.0 m、3.2 m、3.6 m，进深一般为6.0～9.0 m，这些参数基本上能满足化学实验室、物理实验室等实验室需求。实验室平面系数一般分析实验室在50%～80%，有管道竖井的实验室平面系数一般在60%,普通化学、物理实验室平面系数在60%~65%之间。综合相关因素,铁矿石检验实验室的平面系数确定在60%。所需面积还需考虑建筑模数、平面系数、各类用房比例、实验台等实验室家具的体积、实验室人员活动空间、各仪器设备规定的安装空间及工作要求空间等要求。

铁矿石检验实验室的通用仪器设备主要包括样品前处理、有效成分和有毒有害元素分析、结构分析、矿种分析、粒度和水分分析、矿产品的专用仪器设备。因此该实验室配备X荧光光谱仪、X衍射仪、电感耦合等离子光谱仪、电感耦合等离子质谱仪、火花原子发射光谱仪、碳硫仪、紫外可见光光谱仪、傅里叶红外镜联测定仪、电位滴定仪、离子色谱仪、差热测试仪、比表面积测定仪、孔隙率测定仪、球团矿抗压强度测定仪、球团矿还原率测定仪、球团矿膨胀指数测定仪、球团矿热裂指数测定仪、球团矿转鼓指数测定仪、低温粉化率测定仪、熔滴指数测定仪、矿相显微镜、激光粒度测定仪、烘箱、高温炉、天平等,另需化学实验室、样品前处理、制样、气瓶、纯水、留样、资料试剂、库房、办公等用房。

1.3.3.2 *铁矿石检验实验室面积分配*

表1-3以某单位铁矿石检验实验室为例,说明一个铁矿石检验实验室所需要的房间及其建筑面积。

表1-3 实验室面积分配

实验室名称		面积/m^2
化学分析实验室	分析化学实验室	50
	仪器分析前处理实验室	50
	X荧光光谱及X衍射仪室(3台4室)	100
	X射线样品预处理室(3室)	50
	电感耦合等离子光谱及电感耦合等离子质谱室(3台)	50
	火花原子发射光谱仪	60
	傅里叶红外镜联测定室(2室)	40
	电位滴定仪室(2台)	20
物理测试实验室	比表面积测定室	30
	孔隙率测定室(3室)	70
	球团矿抗压强度测定室	30
	球团矿还原率测定室(2室)	50
	球团矿膨胀指数测定室(3室)	80
	球团矿热裂指数测定室(3室)	80
	球团矿转鼓指数测定室(2室)	60
	低温粉化率测定室(2套3室)	100
	熔滴指数测定室(2室)	30
	矿相显微镜室(2室,含前处理室)	60
	粒度测定室(激光、机械)	50

续表 1-3

实验室名称		面积/m^2
取制样实验室	手工制样室	100
	水分测定室	30
	天平室	10
	烘箱室	20
	筛具储存室	10
	中央控制室	200
	取制样站	1000
	值班室	20
	办公室	30
	更衣室	20
	浴　室	30
辅属用房	标样室	20
	样品留存室	20
	标准资料室	20
	试剂室(2 室)	80
	库　房	60
办公室	3 室	120
合　计		2850

1.4　铁矿石检验实验室仪器设备分类

铁矿石质量分析是探索铁矿石中物质组成、分布状态和量的过程,是清楚认识和准确判断铁矿石品质的必然途径。目前除了铁矿石中全铁普遍仍采用湿化学分析法之外,其他主次量元素分配、物理性能及结构特征的分析都要借用分析仪器来进行。铁矿石检测实验室的仪器设备分类主要分为取制样设备、化学分析仪器、物理测试仪器和矿物鉴定仪器四大类。本节仅作简单介绍,详细参见本丛书《铁矿石取制样及物理检验》。

1.4.1　取制样设备

1.4.1.1　取样设备

取样设备分为从移动矿石流取样和固定场所取样两类。移动矿石流取样机要求能够采取矿石流的全截面,有多种类型,运行方法和结构形式各异,用得最广泛的机型是截取型取样机,安装在带式输送机的卸料端,设计以均匀的速度移动通过矿石流,截取矿石流的全截面采取份样。其中溜槽截取型和斗式截取型在国内应用较多。图 1-6 为旋转截取型取样机。

固定场所取样设备主要指车厢取样装置,当取样设备在选择的取样位置能穿透矿粉层的整个厚度并取出全柱状矿粉时,允许用针形取样器或螺旋钎子进行现场取样。当矿石流皮带能够停带时，可以采用停带取样框进行手工取样，主要用于校核机械取样系统偏差的参比样。

1.4.1.2　缩分设备

铁矿取制样缩分设备也可分手工缩分设备与机械取制样系统在线缩分设备，手工缩分设备结构（即所谓二分器）比较简单。

在线缩分设备大致分为截取型缩分机和旋转缩分机两大类。截取型缩分机主要工作原理是电机带动取料斗在物料下落料口做直线往复运动，横扫下落的物料截取一个全断面的子样，通常用于定比缩分。图 1-7 为截取型缩分机。

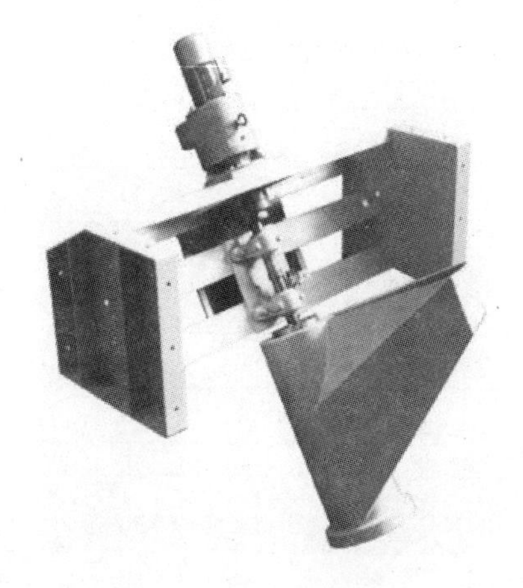

图 1-6　旋转截取型取样机示例

图 1-7　截取型缩分机

旋转管缩分机的主要工作原理是，电机通过传动装置带动取样旋转管转动，旋转管以恒定的旋转速度将物料通过出料开口均匀送到样品收集装置内。缩分器取样比例的多少可通过调节出料开口的大小来控制，其余经弃料口流出，用于定比缩分。旋转管缩分机见图 1-8。

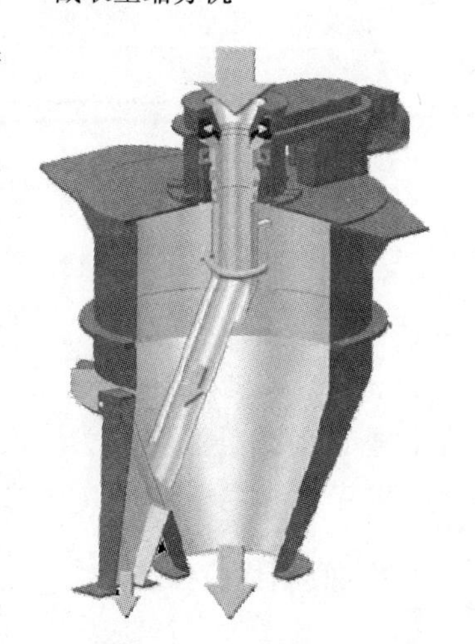

图 1-8　旋转管缩分机

1.4.1.3　破碎设备

通常把破碎分为粗碎、中碎和细碎三个阶段。粗碎指将铁矿石破碎至小于 31.5 ~ 6.35 mm；中碎指将小于 10 mm 的铁矿石破碎至小于 3 mm；细碎指将小于 3 mm 的铁矿石粉碎至小于 0.2 mm。粗碎一般使用颚式破碎机，中碎一般使用对辊破碎机，细碎则有圆盘粉碎机、振动磨、球磨机等多种。

颚式破碎机机体内固定有固定颚板和动颚板，动颚板与偏心轴式曲柄遥感机构的连杆相连。动颚板与固定颚板之间的距离是上口大、下口小，动颚板周而复始地运动，铁矿石块就由上至下、从大到小不间断地破碎排出。对辊破碎机原理为两个一定直径的光面轧辊同时相向运转，设备工作时，待破碎的物料自设备顶部给料器倒入受料口内，在双辊相向运转中，达到粉碎效果，粉碎后物料的粒度大小可通过调节双辊之间的间隙来达到。圆盘粉碎机原理为内设两块直立相对的磨盘，其中之一加以固定，另一磨盘转动时使试样粉碎，为防止在粉碎过程中的热摩擦使试样变质，在固定磨盘后端设有水冷却装置,可连续加料进行粉碎,其附设的防尘系统能有效控制设备运转时的粉尘外扬。振动磨原理为通过振动马达提供动力,样品在密封研钵中受钵内料钵快速运动撞击而研细,研钵由钵碗、钵圈、钵心组成,研钵材质有锰钢、铬钢、钨钢等,以钨钢最硬,研磨效率最高,选择合适材质的研钵,可以使小于 12 mm 的样品研磨到 0.15 ~ 0.046 mm(100 ~ 350 目)。球磨机原理为通过振动给研钵内几颗球状研媒以动力,使研媒做行星状快速运动,从而使样品受撞击而研细,球状研媒材质可以是刚玉,也可以是硬质合金等其他材料,可将 10 mm 的样品研磨到 1 μm。臼磨机利用槌在研钵做快速垂直运动,可将 8 mm 的样品研细到 35 μm,材质可用瓷、刚玉、玛瑙、铬钢、不锈钢或其他。

1.4.1.4 筛分设备

筛分设备也有手工与机械之分,可以是冲孔筛、编织筛、ISO 标准圆筛,筛具的要求按 ISO 565:1990、ISO 3310-1、ISO 3310-2 等标准进行制作。

机械筛分设备种类比较多,主要分为连续筛分机和套筛筛分机两种。连续筛分机又可分为单驱动单层筛和单驱动多层筛,以及多驱动多层筛。连续筛分机在机械取制样设施粒度检测部分使用得比较多,套筛筛分机则单独粒度检测用得较多。连续筛分机一般都是机械振动式,即在垂直平面上的运动轨迹为圆形或直线形(有时为椭圆形),机械筛分机的振动源一般为电机带动偏心轴或直接采用振动电机。套筛筛分机是模拟手工筛分的运动方式,使矿石粒从一侧运动到另一侧或做圆周运动。套筛筛分机根据筛分时是否冲水,还可以分为干筛和湿筛两种类型,见图 1-9 及图 1-10。

图 1-9 套筛筛分机

图 1-10 单层机械振动筛

目前也有采用激光粒度仪测量铁矿石目级粒度的有关文献,但仅限于理论研究。其原理是基于激光通过颗粒时发生衍射,其衍射光的角度与颗粒的粒径相关,颗粒越大,衍射光的角度越小,即角度的最大值和颗粒的直径成反比,而散射光随角度的增加呈规律性衰减,同时散射的规律与粒径/波长比有统计上的关系,不同粒径的粒子所衍射的光会落在不同的位置,因此,通过衍射光的位置可反映出粒径的大小。另外,通过适当的光路配置,同样大的粒子所衍射的光会落在同样的位置,所以叠加后的衍射光的强度反映出粒子所占的相对多少,通过分布在不同角度上的检测器测定衍射光的位置信息及强度信息,然后根据米氏理论就可计算出粒子的粒度分布。

1.4.1.5　机械取制样系统

机械取制样系统实际上是用皮带机、溜槽、提升机等输送设备将上述介绍的取样设备、缩分设备、破碎设备、筛分设备按照一定的工艺流程组合的成套设备，并通过 PLC 控制系统实现自动化控制。系统所采用的设备有多有少，之所以有不同的组合，无非是破碎和缩分级数多少和自动化程序有所不同。一般成套机械取制样设备包括取样部分、制样部分（破碎也属制样）、水分和粒度测定部分及返矿部分。当然在线的水分和粒度测定部分并不是必要的，也可以改为水分样和粒度样的制备，并入制样部分。目前，成套机械取制样设备，多采取水分样制备。关于机械取制样设备的设计原则，相关标准都有所规定，如 ISO3082 就对取样机、缩分机等的结构、类型有详细的推荐方案。

1.4.2　化学分析仪器

仪器分析是铁矿石分析化学的重要手段，常用铁矿石分析化学仪器包括电子分析天平、可见－紫外分光光度计、X 射线荧光光谱仪（XRF）、原子吸收分光光度计（AAS）、原子荧光分光光度计（AFS）、电感耦合等离子体质谱仪（ICP-MS）、电感耦合等离子体发射光谱仪（ICP-OES）、自动电位滴定仪、微波溶样炉、高频红外碳硫仪及一些常规辅助仪器等，详见第 4 章。

1.4.3　物理测试仪器

水分测定所采用的仪器设备为干燥盘、干燥箱、称量设备。

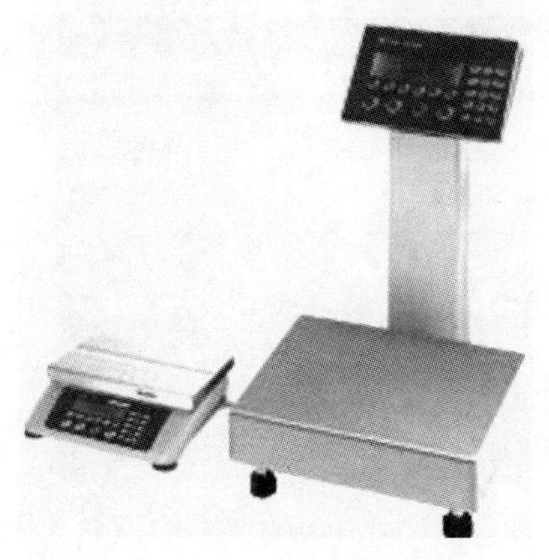

图 1-11　工业精密天平及电子秤

干燥箱炉内任何一点的温度均可控制在（105 ± 5）℃，箱内须有风扇使空气能循环、流通。

称量设备精度至少能精确到试验样初始质量的 0.05%。一般精度为 0.1 ~ 1 g，称量上限可以为 10 kg，如梅特勒－托里多的工业称量天平（图 1-11）。

铁矿石物理性能包括铁矿石的粒度分布、密度、比表面积、孔隙率、热裂指数和球团矿或烧结矿的还原性能、转鼓指数、抗磨指数、抗压强度等，随着科技的发展，也相应出现了配套的激光粒度仪、筛分仪、真密度测试仪、比表面积测试仪、孔隙率测试仪、热裂指数测试装置、膨胀还原试验装置、转鼓试验机、抗压强度试验机及一些配套装置等，详见第 5 章。

1.4.4　矿物鉴定仪器

矿物分析仪器的发展从宏观到微观、从粗略到精确、从整体到微区，至今已比较成熟，基本是利用晶体的光学和力学性质差异进行分析，主要有矿相显微镜、扫描电镜、电子探针、X 射线衍射仪（XRD）、红外光谱仪、穆斯堡尔谱仪、热重差热分析仪等，已成功应用于地质样品、环境试样、矿产和石油勘探等领域，对探索地质历史、地壳演化、资源勘探甚至其他天体的起源等做出了巨大贡献。在经济快速发展的今天，铁矿石作为一种资源性商品，质量参差不齐，以次充好、以假乱真现象时有发生。因此，除化学、物理检测外，为进一步鉴定铁矿石的矿物结构，大部分矿物分析仪器也应用到了铁矿石的矿相鉴定中，其中尤以矿相显微镜、多晶 X 射线衍射仪、电子探针和热重差热分析仪最为常用，详见第 5 章。

2 铁矿石检验实验室建筑设计

本章介绍了铁矿石检验实验室建筑设计规范、各类型实验室特点、形式、室内布局及设计要求，包括设计准备工作、结构与楼面荷载、平面类型及系数、防振、防灾、环保、接地等。

2.1 铁矿石检验实验室取制样站设计

铁矿石机械取样机位置都布置在港区皮带机第一个转运点，因此取制样楼（站）就应该建在取样点的附近，使采取的代表性样品能及时有效地制成化学样。取制样楼一般采用钢结构。

2.1.1 取制样楼设计基本要求

取制样楼水上部分的设计基本要求在本丛书之一《铁矿石取制样及物理检验》有所介绍。

2.1.1.1 取制样站结构

机械取制样楼一般都采用钢结构，可以建立在岸基上，也可以建立在由钢管桩为基础的水面水工平台上。因矿石在线缩分及在线测定粒度等工作环节振动比较大，故中控室可采用混凝土结构，中控室用于放置取制样设施部分电气控制设备，需要与机械取制样设施的振源隔离。另外，放置制样和称量设备的制样间和称量间也要隔离振源。钢结构楼根据取制样工艺流程不同，其高度也不同，一般高度为 18 m 左右。

2.1.1.2 取样楼钢结构的要求

要求如下：

(1) 钢结构的制作和安装应符合施工图设计的要求，并应符合技术规格书的规定。施工图应按设计单位提供的设计图及技术要求编制。如需修改设计图时，必须取得原设计单位的同意，并签署设计更改文件。

(2) 承包商在钢结构制作和安装施工前，应按设计文件和施工图的要求编制工艺规程和安装的施工组织设计（或施工方案），并应得到设计工程师认可。

(3) 钢结构的制作和安装，应根据工艺要求和施工组织设计进行，并实行工序检验，当上道工序合格后，下道工序方可施工。

(4) 钢结构工程施工及验收，应按《建筑工程施工质量验收统一标准》（GB 50300—2001）及《钢结构工程施工质量验收规范》（GB 50205—2001）的规定进行，并应使用经计量检定合格的计量器具，定期送计量部门检定。

(5) 钢结构的制作和安装工作，应遵守国家现行的劳动保护和安全技术等方面的有关规定。

2.1.1.3 钢结构的油漆与防腐

钢结构的油漆应适合使用地区的气候环境条件和矿石的化学成分。

钢结构的防腐底漆为环氧富锌漆、环氧树脂涂料；中间层漆采用厚浆型环氧中涂漆；面漆为聚氨酯面漆。

(1) 漆膜厚度。在设计钢结构的防腐层厚度时，根据所在的现场环境条件按有关防腐涂装标准确定。一般防腐涂层总厚度约为250 μm，经常处于潮湿状态的构件的防腐层总厚度约为280 μm。

(2) 涂装要求。应采用高压无气喷涂涂装工艺，要求二遍底漆，一遍中间漆，面漆不少于二遍，确保涂膜均匀，附着力高，无针孔、起泡、起皱、开裂等缺陷。对构件焊接部位和棱角在涂装前应做预处理。应严格执行油漆的调配、搅动等有关规定。

(3) 当钢结构有如下情况时，应不予涂装：1）表面处理的质量未达到要求时；2）表面处理合格后应在4~6 h内涂第一道油漆，超过这个时间时；3）在温度、相对湿度和其他气象条件不符合各涂料涂装要求时；4）钢材表面潮湿或存在露水时；5）钢材表面温度高于60℃时；6）施焊72 h以内时；7）不符合环氧系涂料的涂装时间时；8）周围有异物飞扬时。

在进行分层涂装时，每一层的颜色应保持足够的对比度，以便鉴定表面是否全部覆盖。交付现场使用的各种油漆必须采用原包装。

2.1.2 钢管桩要求

岸基取制样站基础简单，但水面水工平台结构比较复杂，水工平台需要以钢管桩为基础。钢管桩在水中的部分可分为浪溅区、潮差区与水下区。

2.1.2.1 水下区防腐

国内外大量工程实际证明，阴极保护是防止海洋环境中平均潮位以下（水下区）钢管桩腐蚀行之有效的方法之一。阴极保护是电化学保护方法，是利用外部电流使金属腐蚀电位负移而降低其腐蚀速率的防腐蚀技术。在阴极保护系统中，必须通过导电介质构成电流的通路，当通路中断时，就失去了应有的保护作用。因此，只有处于水中和泥中的钢管桩才能获得良好的保护效果。因采用涂料或其他非金属覆盖层后能减小所需的保护电流密度，扩大阴极保护的范围，因此，为降低工程造价，一般采用阴极保护与涂料等覆盖层联合防腐。按电流输出方式不同，阴极保护又分为外加电流阴极保护和牺牲阳极阴极保护两种。

(1) 牺牲阳极阴极保护。牺牲阳极阴极保护是在钢管桩上连接一种电位比钢铁更负的金属（通常称为牺牲阳极，如锌合金、铝合金、镁合金等）材料，利用牺牲阳极与钢管桩的电位差，通过阳极的自身溶解而释放电流，使钢管桩得到阴极电流而被保护。特点是稳定性高，无须经常性维修管理，质量易于控制，在设计使用年限内可提供可靠的保护效果。因无需安装任何控制仪器与设备，故不易受外界因素干扰。不足之处是牺牲阳极材料的电位比钢铁的腐蚀电位负得有限，输出电流有限，每个阳极的作用范围有限，因而需要的数量较多。虽然理论上可根据需要设计使用年限，但最经济合理的设计年限一般不超过30年，通常牺牲阳极的设计使用年限为20~30年。当所需要保护的设计使用年限超过30年时，可以进行二次或多次水下焊接更换牺牲阳极的方法，以保证达到使用年限要求。

（2）外加电流阴极保护。外加电流阴极保护是用直流电源向钢管桩提供阴极电流，使钢管桩电位负移至一定程度而得到保护。其基本组成包括低压直流可调电源（或恒电位仪）、辅助阳极、参比电极、阳极电缆、阴极电缆和参比电极电缆等。外加电流阴极保护相对于牺牲阳极阴极保护而言，系统比较复杂，稳定性与可靠性低，受外界环境干扰大，而且需要专业人员管理与维护，后期维护费用较大。如采用外加电流阴极保护技术，它有许多电缆线都必须从水中引到控制室，这些电缆线易受破损，日常管理将非常困难和麻烦。因此，一般不使用外加电流保护。

2.1.2.2 潮差区和浪溅区防腐

潮差区指潮水涨潮和落潮时经过的区域。浪溅区，顾名思义，即指平均高潮位以上海浪飞溅能润湿的区域。在浪溅区，钢结构的表面几乎连续不断地被充分充气而又被不断更新的海水所润湿，时干时湿，盐分浓缩。由于遭受风浪的冲击，形成的腐蚀产物不断被破坏，也没有海生物附着。很多金属材料，特别是钢，浪溅区是所有海洋环境区段（大气区、浪溅区、潮差区与水下区）中腐蚀呈现最强的区域，众所周知，对于处于海洋潮差区或浪溅区中工程的构件，为保证具有足够的耐蚀性，防腐对策中除了选择合适的耐蚀低合金钢材料或其他耐蚀材料外，同时对构件还应采取必要的隔离防腐蚀措施。

潮差区和浪溅区都采用涂层系统进行防腐保护。设计使用年限能达到8～10年。涂层系统组成见表2-1。

表2-1 涂层系统组成

涂层体系	涂料名称	干膜厚度/μm	体积固体分数/%
底　漆	无溶剂耐潮湿环氧底漆	125	125
中间漆	无溶剂耐潮湿环氧底漆	125	125
面　漆	丙烯酸聚氨酯面漆	50	60

涂层施工工艺过程如下：

（1）表面处理。落潮后，采用喷砂除锈达Sa2级或动力工具打磨St2级，去除附着海生物和松动混凝土、铁锈，表面处理要求尽量彻底，级别越高越好，因为涂层的质量与表面处理的质量成正比关系。一个落潮时间内只能做基底打磨，待到再次落潮后，再用高压清水冲洗表面，表面没有明水后，立即涂刷涂料。

（2）涂刷涂料。防腐涂料均是双组分产品，每个罐都按规定的比例成分分装。每罐的内装物必须一起混合。使用时，首先搅拌A组分基料达到光滑均匀，但时间不得超过2 min，基料达到均匀状态后缓慢地加入固化剂，须连续搅拌3 min。使用每罐全部涂料的可使用速度可调的电动搅拌机，过度搅拌会加速固化，降低产品的寿命。不建议进行稀释。

涂料涂刷30 min后，即可浸入水中，在水里可继续固化。涂刷第二道漆时，需将第一遍漆膜的表面盐水用布和清水擦掉。

水工平台的防腐参照潮差区和浪溅区的防腐措施。

2.2 铁矿石检验实验室物理测试室设计

2.2.1 给排水、消防及环境保护

2.2.1.1 给排水

设计采用的标准和规范如下：

(1)《海港总平面设计规范》(JTJ211—99)；

(2)《建筑设计防火规范》(GB50016—2006)；

(3)《建筑灭火器配置设计规范》(GB50140—2005)；

(4)《建筑给水排水设计规范》(GB50015—2003)。

实验室用水主要为冲洗地坪、冲洗设备用水及生活用水。排水设计为冲洗设备和地坪产生的污水，由室内排水明沟汇集到室外集水坑中，由集水坑内潜污泵将污水排至码头已建集水箱，再经污水泵输送至后方处理。

2.2.1.2 消防

现根据《建筑设计防火规范》(GB50016—2006)及《建筑灭火器配置设计规范》(GB50140—2005)的要求，配置手提式灭火器若干。

2.2.1.3 环境保护

设计采用标准和规范如下：

(1)《建设项目环境保护设计规定》(87 国环字第 002 号文)；

(2)《污水综合排放标准》(GB8978—1996)；

(3)《工业企业厂界噪声标准》(GB12348—90)；

(4)《大气污染物综合排放标准》(GB16297—1996)。

大气污染主要污染源是矿石在制样过程中，由于落差、振动、筛选以及破碎产生的矿石粉尘污染。治理措施采取密闭措施减少粉尘对室外排放，并且根据工艺设备特点在其上方安装除尘装置控制各个节点的粉尘产生。

废水污染主要来源于冲洗地面产生的废水。冲洗废水其主要污染物为矿物尘粒，将冲洗废水排至室外污水系统，由港区的矿污水处理设施集中处理。

噪声污染源主要是制样设备进行振动、筛选以及破碎等工作时产生的机械噪声和电机运转时产生的噪声。首先应选用低噪声设备。当设备产生超标噪声时，采用增加隔声罩、减振器等设施减少和控制噪声。

2.2.2 土建、电源

2.2.2.1 土建

由于铁矿石检验实验室物理测试室地处港区，一般采用轻钢结构建筑。楼板采用 20 mm 厚 1∶2 水泥砂找平层；水泥砂浆一遍(内掺建筑胶)100 mm 厚 C20 混凝土基层；200 mm 厚碎石垫层夯实；回填山皮石分层碾压。根据实际使用设备情况预埋地脚螺丝。

对于轻钢龙骨，用 12 mm 厚防水纸面石膏板自攻螺丝拧牢，石膏板间应留缝，做好接缝处拼接处理，用嵌缝膏填板缝，并粘贴接缝纸带，将纸带埋于嵌缝腻子中；刷防潮涂料(氯偏乳液或乳化光油一道)；棚面刮腻子找平；刷白色乳胶漆一底二遍。

门窗采用铝合金粉末静电喷涂型材，中空玻璃。根据门窗分格大小与当地基本风压，经计算确保全部门窗型材截面大小满足强度、刚度要求及满足连接节点安全要求。

2.2.2.2　供电电源

动力电源为交流 380/220 V，50 Hz，照明电源为交流 380/220 V，50 Hz。所有空调设备应由照明配电盘供电。

（1）低压交流电机。380/220 V，50 Hz，三相四线（中性点直接接地系统）或 220 V，50 Hz，单相。

（2）照明回路。交流 380/220 V，50 Hz，三相五线或单相三线。

电压降以变电所 380/220 V 母线额定电压为基准。连续 100% 负荷运行时，电动机端子的电压降不大于 5%；启动时，电动机端子的电压降不大于 10%；照明回路的灯端电压降不大于 5%。

2.2.2.3　接地

为保证人身和设备的安全，提供完整的接地系统，接地电阻不大于 1 Ω。接地极采用镀锌钢管或角钢，接地线采用多股裸铜绞线，对于埋入地下部分截面面积不应小于 25 mm^2，地上敷设部分截面面积不小于 5 mm^2，所有的接地线连接应为焊接或螺栓连接，螺栓连接仅用于设备连接处。

2.2.3　实验室布局及设备配置

2.2.3.1　实验室布局

铁矿石检验实验室物理测试室的主要功能是制备水分样和化学分析样并测试铁矿石的水分和粒度。考虑到便于取样、制样，一般设置在港区内，在机械取制样楼边上。

根据功能的不同，实验室主要分为几个区块，分别是制样区、称量分析区、生活区三部分。制样区用于破碎、缩分、筛分矿样，制备水分样、化学分析样。制样区需在水泥地面上铺适当面积的厚 6 mm 以上钢板。称量分析区用于称量水分样，测定水分含量，由于称量天平是精密仪器，一般安装空调保持房间恒温。考虑到取制样工作较为艰苦，设置生活区用于工作人员盥洗。有条件的话，应专设房间贮存矿样，避免阳光直射、避免热源，以免影响水分含量测定。图 2-1 是一个铁矿石实验室物理测试室的简单例子。

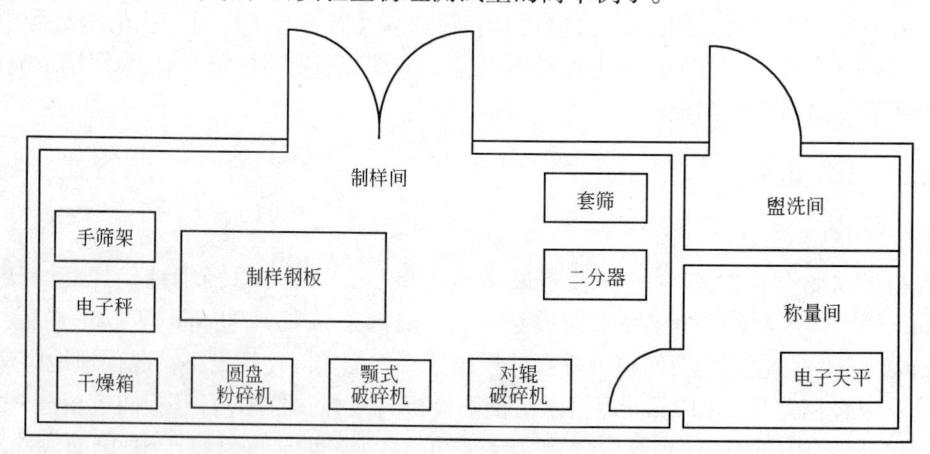

图 2-1　铁矿石检验实验室物理测试室示例

2.2.3.2 设备配备

矿样采集后远超过物理测试所需要的样品重量，为了减少样品量而又不失去样品代表性，需要对矿样进行缩分。配备份样缩分铲用于手工份样缩分，适用于公称最大粒度不超过 40 mm 的矿石，但不适用于自由滚动的球团矿或容易偏析的筛分矿，缩分程序在制样钢板上进行。二分器适用于球团矿或筛分矿的手工缩分。

根据 ISO3082 的要求，化学分析样需磨至 -160 μm 或 -100 μm，为了最终得到符合要求的分析样，需要经过粗碎、中碎、细碎三道环节。

一般机械取制样系统至少将样品破碎至 -20 mm，因此粗碎环节主要在机械取制样系统中完成。但实际工作中，也有部分手工取样的铁矿石样品需要在物理测试室粗碎，商品化铁矿石在出产时就已规定了粒度规格，因此铁矿石制样不需要能破碎太大矿石的破碎机，一般能破碎 75 mm 以下的矿石即可，可以根据业务量配备若干台进料口尺寸为 100×100、100×125、100×150(mm×mm)的颚式破碎机。

中碎一般采用对辊破碎机，给料粒度一般为 10~20 mm，出料粒度可达到 1 mm 以下，一般配备一台可满足工作要求。

圆盘研磨机是近年来广泛应用的细碎设备，能够连续研磨样品，工作效率高。最大进样尺寸 20 mm，最大处理量 150 kg/h，出料细度能够达到 100 μm 以下，满足制备化学分析样的要求。虽然按照设备参数，粗碎后的铁矿石样品可以直接由圆盘研磨机细碎，但为了保护设备，延长使用寿命，建议将样品中碎后再使用圆盘研磨机细碎。如需研磨至更小粒度，可采用球磨机、臼磨机等，可将 10 mm 的样品研磨到 1 μm。

配备水分测定所需的干燥盘、干燥箱、称量设备。干燥盘表面光滑、无污染，可容纳样层厚度不超过 31.5 mm 的规定数量的样品。干燥箱内任何一点的温度均可控制在 (105±5)℃，箱内须有风扇使空气能循环、流通。称重设备至少精确到实验样初始质量的 0.05%。

配备手筛用于测试铁矿石矿样的粒度分布，筛面须符合 ISO3310-1 和 ISO3310-2 的要求。配备套筛筛分机用于测试细精粉况的目级粒度，有干筛和湿筛两种类型。配备具有额定称重 0.1% 的灵敏度的电子秤用于测定各粒级矿样重量。

2.3 铁矿石检验实验室化学分析室设计

2.3.1 铁矿石化学实验室一般要求

铁矿石化学分析室是铁矿石仪器分析前的样品前处理和要求采用化学分析方法进行实验(如铁矿石中全铁含量的重铬酸钾滴定、氧化亚铁含量测定等)的场所。其中需要用到的实验室家具主要有通风柜、试验台(带水槽)、器皿柜及其他相关辅助设施等。特别是铁矿石化学分析室产生的酸雾比较多，必须要有排风设施，独立排气柜，有机物、无机物前处理分开；墙、地面、实验台、试剂柜等要绝缘、耐热、耐酸碱和耐有机溶剂腐蚀；地面应有地漏，防倒流。中央实验台应设供实验台用的上下水装置、电源插头，电压、电流、温湿度要符合试验和检测要求。化学分析室的门、窗和灯具等不宜用金属制品,若选用必须作防腐处理,尤其是要耐酸碱腐蚀;如选用铝合金门窗,则必须经氧化着色处理或静电喷涂防腐材料。室内门宜选用木门,最好以自由门或向外开启为宜。

2.3.2 化学实验室家具用具的选择及其布局

2.3.2.1 化学实验台的选择及布局方式

化学实验台主要由台面、台下的支架和器皿柜组成,为方便操作,台上可设置药品架,台的两端可安装水槽。实验台面一般宽 750 mm,长根据房间尺寸,可为 1500 ~ 3000 mm,高可为 800 ~ 850 mm。台面常用环氧树脂、贴面理化板、实芯理化板、耐腐人造石或水磨石预制板等制成。理想的台面应平整、不易碎裂、耐酸碱及溶剂腐蚀,耐热,不易碰碎玻璃器皿等。

实验台在自然采光的实验室里不宜平行于有采光窗的外墙,因为当实验人员面向窗子时有眩光,而背朝窗时,实验人员的身体在实验台上会产生阴影,因而是不可取的。垂直于外墙的实验台应与建筑标准模数尺寸一致,这样可与平顶大梁的间隔相协调,有利于室内照明灯具的布置。根据实验室内的布局不同,实验台的布局可以采用三种形式:

(1)“岛式实验台”:位于实验室中间,实验人员可以在四周自由活动,缺点是实验台上的配管不方便引入;

(2)“半岛式实验台”:实验台的一端靠墙,分为靠外墙和靠内墙两种,这种布局方便了实验台上的配管直接从靠墙主管引入;

(3)“侧边实验台”:实验台的一条长边靠墙。

其中,也有把“岛式实验台”和“半岛式实验台”归为双边实验台,而把“侧边实验台”归为单边实验台。并列两排实验台间的距离不宜小于 1500 mm,与通风柜间的距离一般以 1300 mm(可供两人通过)为宜。台面高度一般为 850 ~ 900 mm,每面净宽以 750 mm 为宜,也可根据实际需要选择合适的宽度。该实验室的化学实验台的结构和配置一般为:台面上往往设有药品架、管线盒和水盆;台面下一般设有器皿柜。

2.3.2.2 通风柜的选择及布局方式

通风柜是铁矿石化学分析实验室必不可少的一种局部排风设备。内有加热源、水源、照明、气路等装置。可采用防火防爆的金属材料制作的通风柜,内涂防腐涂料,通风管道要能耐酸碱气体腐蚀。最好采用变频控制系统。风机可安装在顶层机房内,并应有减少振动和噪声的装置,排气管应高于屋顶 2 m 以上。一台排风机连接一个通风柜较好,以防止不同房间共用一个风机和通风管道易发生交叉污染。

通风柜内的材料尤其要耐高温、耐酸碱并便于清理,前壁的材料最好用透明的材料制作,使自然光线能够透入柜内,但使用氢氟酸的通风柜(全铁、亚铁测定)不能使用钢化玻璃,容易被腐蚀而不易清洁。照明、通风机或其他电源插座与开关等均不宜装在柜内,以防受腐蚀或遇蒸汽而发生短路。通风柜外部的电源插座电量要足够,要考虑到满足内部加热装置(如电炉、溶样炉等)的用电需要。

通风柜在室内的正确位置是放在空气流动较小的地方(靠门窗等空气较流通处不宜放置),这样有利于避免通风柜操作口处的风速被干扰和室内换气。一般情况下常采用以下两种布置方式:

(1) 靠墙布置:可与管道井或走廊侧墙相接,便于减少排风管的长度和隐蔽管道。若房间较小而又需要面对面地布置两个通风柜时,可考虑两个通风柜合用一台风机,以避免室内的空气污染。

(2) 嵌墙布置:两个相邻的房间内,通风柜可分别嵌在隔墙内,排风管道也可布置在墙内,这种布置有利于室内的整洁。

2.3.2.3 其他辅助设施及要求

除了化学实验台、通风柜等实验家具外,铁矿石化学分析室还需要有试剂柜、器皿柜、电冰箱、电炉等,对于冬天气温较低的地方,实验室最好配上一个小型热水器,以方便清洗。实验区内易受化学物质灼伤处应设置洗眼器及紧急冲淋装置或设置共用紧急冲淋装置。

2.3.3 铁矿石检验化学分析室布局实例

根据上述要求,图 2-2 和图 2-3 分别为某一铁矿石检验化学分析实验室平面布局实例及其三维效果图。

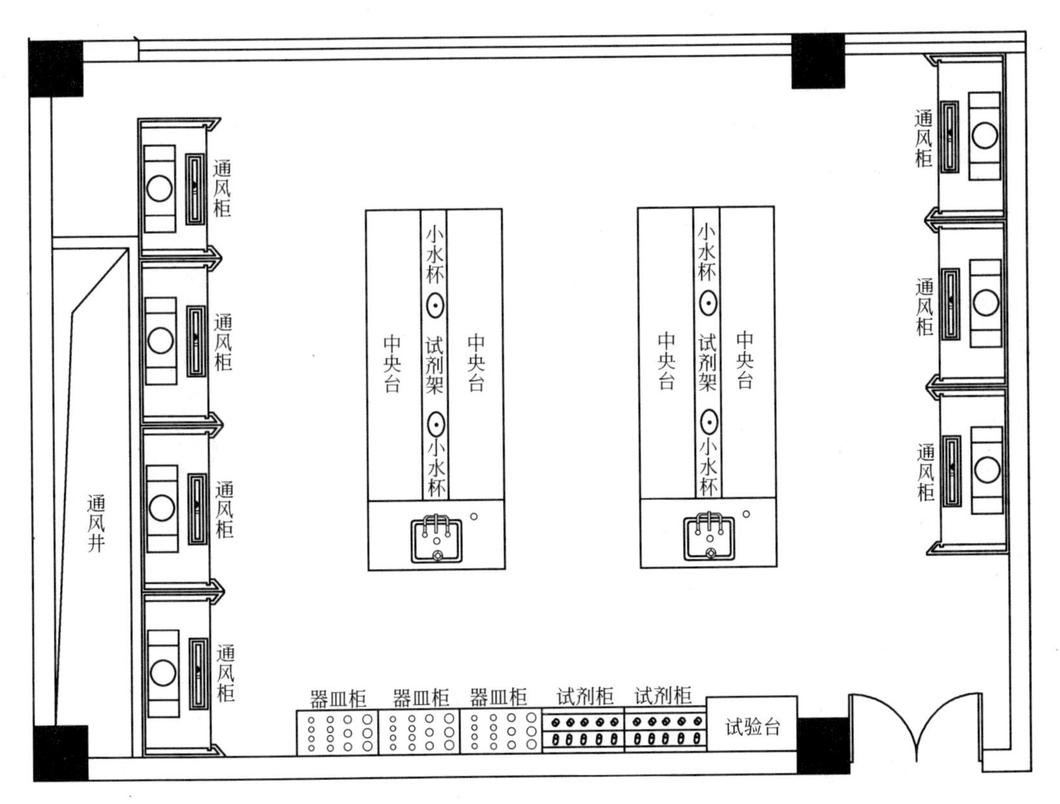

图 2-2 铁矿石检验实验室化学分析室平面布局图

图 2-3　铁矿石检验实验室化学分析室布局效果图

2.4　铁矿石检验实验室仪器分析室设计

2.4.1　仪器分析室的一般要求

一般的仪器室要求具有防火、防振、防电磁干扰、防噪声、防潮、防腐蚀、防尘、防有害气体侵入的功能，室温尽可能保持恒定。为保持一般仪器良好的使用性能，温度应在 15 ~ 30℃，有条件的最好控制在 18 ~ 25℃。湿度在 40% ~ 70%，需要恒温的仪器室可装双层门窗及空调装置。仪器室可用水磨石地或防静电地板，不推荐使用地毯，因地毯易积聚灰尘，还会产生静电。大型精密仪器室的供电电压应稳定，一般允许电压波动范围为 ±10%。必要时要配备附属设备（如稳压电源等）。为保证供电不间断，可采用双电源供电。应设计有专用地线，接地电阻小于 4 Ω。

2.4.2　铁矿石检验实验室仪器分析室的设备与设计、布局要求

2.4.2.1　铁矿石检验实验室仪器分析室的设备与设计

一般铁矿石化学指标仪器分析室常见的大型设备主要有用于铁矿石中杂质元素分析的波长色散 X 射线荧光光谱仪、ICP、碳硫仪、原子吸收光谱仪等，其他指标检测用的小型设备有天平、烘箱、马弗炉等。每个房间最好同时配有两相和三相电，电量要在满足设备需求的情况下留有适当的扩充余地。而很多情况下，仪器分析均有不同的样品处理室，如 X 射线荧光光谱分析室，其样品前处理设备有压片机、磨样机、高温熔融炉和烘箱天平等，与 ICP 和原子吸收光谱仪的样品前处理不同。这些仪器室的实验台要根据实际的需要采用不同的类型，如是样品处理室的工作台，可以参照化学实验台；如为放置仪器的工作台则需稳固，承重性能好；而对于加热设备，则工作台最好为钢筋混凝土结构的水磨石或大理石台面等。对于天平室，则最好应有双层玻璃和窗帘，有恒温恒湿系统，天平台必须防振，天平台放置离开墙壁至少 1 cm，可购置防振型天平台或砖砌大理石台面天平台。

此外，铁矿石仪器分析室均应有良好的通风设施，如 ICP、AAS、CS 和加热设备等，应设计局部排风，要有符合要求的耐高温的原子吸收罩较为适宜，其他检测设备所处的房间也要保证通风顺畅，以保证实验室的环境。

2.4.2.2　铁矿石仪器分析室的布局

仪器分析室应尽量远离化学实验室、以防止酸、碱、腐蚀性气体等对仪器的损害，远离辐射源。

需要放置在仪器台上的设备，仪器台的布局根据房间大小的不同，多数情况下可采用“环形”设置，这样可以显得房间宽敞而不拥挤，仪器台与窗、墙之间要有一定距离，便于对仪器的调试和检修。有条件的实验室可以在X射线荧光室的地面做一层10～20 cm高的架空层，用于铺设管线，利于整个房间的整洁。

2.4.3 铁矿石仪器分析室布局实例

根据上述要求，图2-4～图2-7分别为某一铁矿石仪器分析实验室平面布局实例。

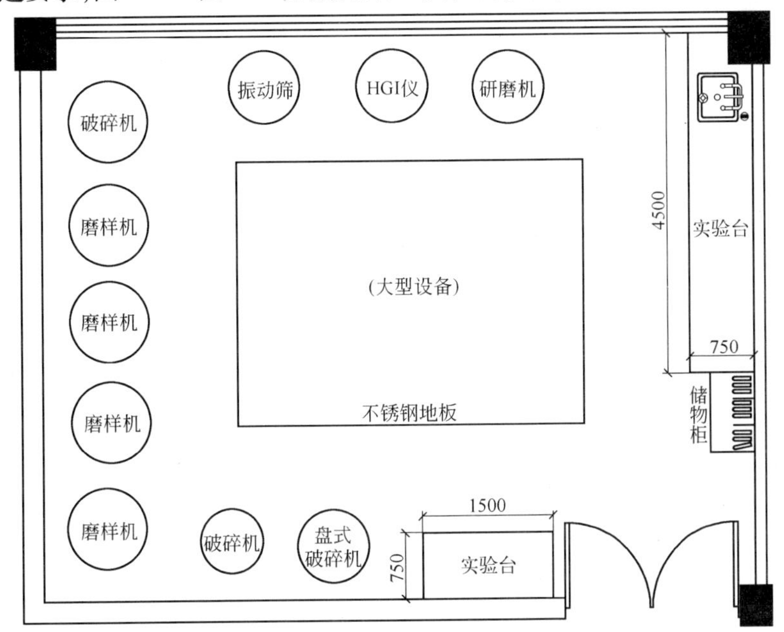

图2-4 铁矿石制样间平面布局图

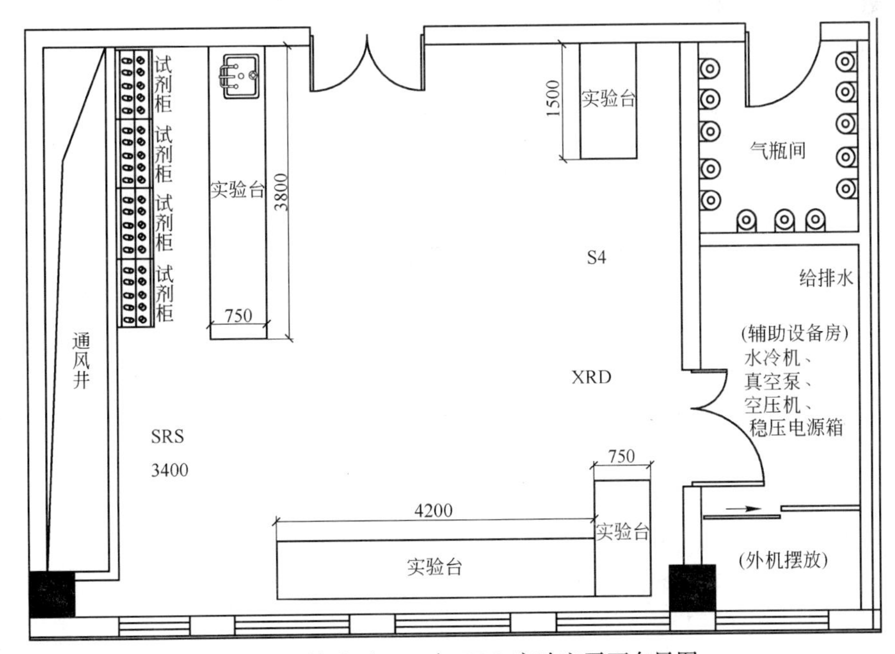

图2-5 铁矿石XRF与XRD实验室平面布局图

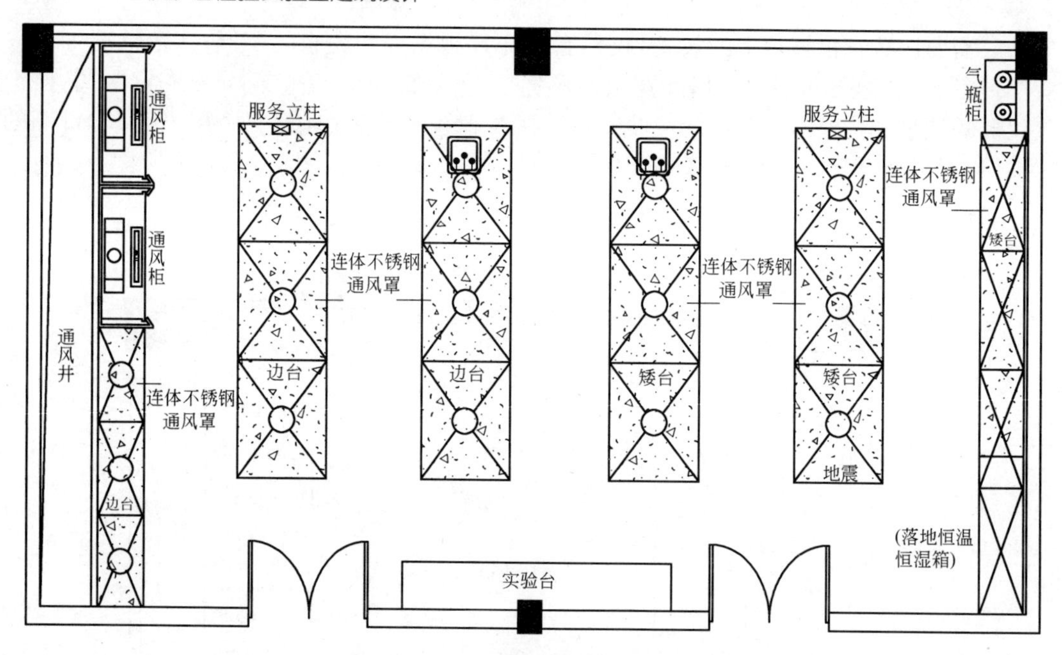

图 2-6　加热室平面布局图

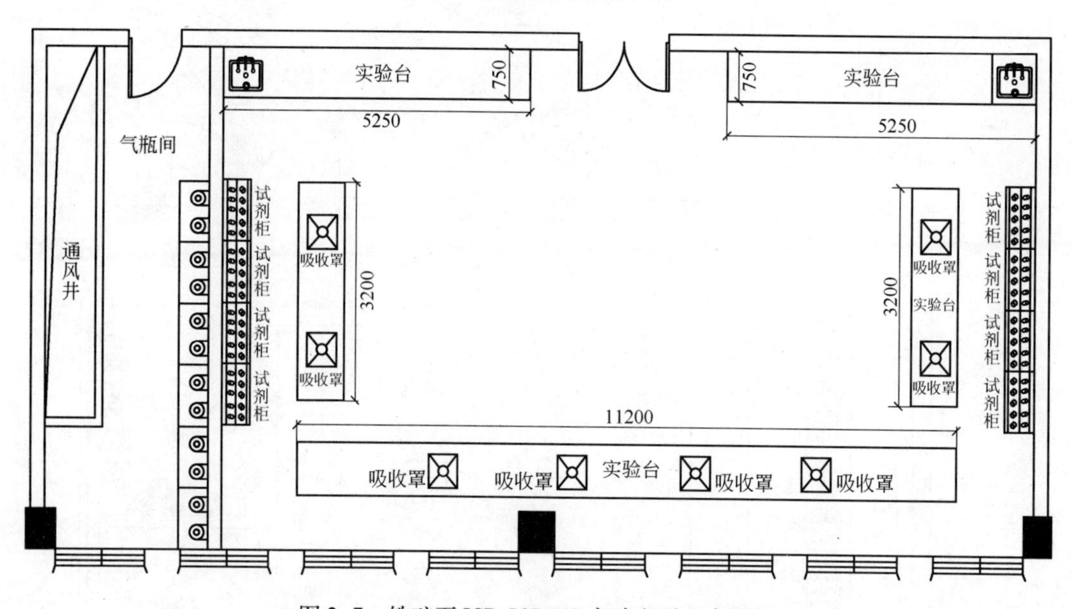

图 2-7　铁矿石 ICP、ICP-MS 实验室平面布局图

2.5　铁矿石检验实验室冶金性能、矿物鉴定测试室其他相配套功能间设计

2.5.1　铁矿石冶金性能测试室

2.5.1.1　*铁矿石冶金性能测试室设备类型与要求*

铁矿石实验室冶金性能测试室主要是用来检测球团矿物理性能指标的实验室，包括的主要设备有：球团矿抗压强度试验机、膨胀还原试验机、转鼓（抗磨）试验机、孔隙率测定仪、比表面积测定仪、热裂指数测定仪等。这些设备的布局与实验室设计要求主要可分为以下

几个方面。

(1) 大型设备。如球团矿抗压强度试验机、膨胀还原试验机,这些设备所处的房间最好在实验楼的一层,房间内部的地面以坚固、耐磨、防滑的材料为宜。试验过程有灰尘、气体和噪声,房间最好可以防噪声,通风良好。电源和电量根据不同型号的设备要求配足。试验所需要的气体比较多,应有独立的气瓶间,若允许,尽可能置于该实验室外部。气瓶间的设计要求详见其他相配套功能间设计。

(2) 小型设备。指可放于工作台上的设备,如孔隙率测定仪、比表面积测定仪等,体积较小,加上配套使用的电脑等附属设施,有一张2000~2500 mm长的仪器台就足以能满足要求。所需要的氮气等气体可以采用集中供气,否则可以固定在气瓶柜里置于仪器旁。其他要求可参照2.4节仪器分析室的要求。

(3) 其他设备。这里主要是把其中的两个特殊设备的使用和设置说明一下:一是转鼓(抗磨)试验机,该设备落地放置,在试验过程中会产生很多粉尘,尽可能置于远离化学分析室与仪器分析室的单独房间,而且要有特殊的除尘设施,通风好;二是热裂指数测定仪,主要是用来测定块铁矿的热裂指数指标,属于加热设备,一般情况下将其放于高温室即可。

2.5.1.2 铁矿石冶金性能测试室布局实例

铁矿石冶金性能测试室布局实例见图2-8。

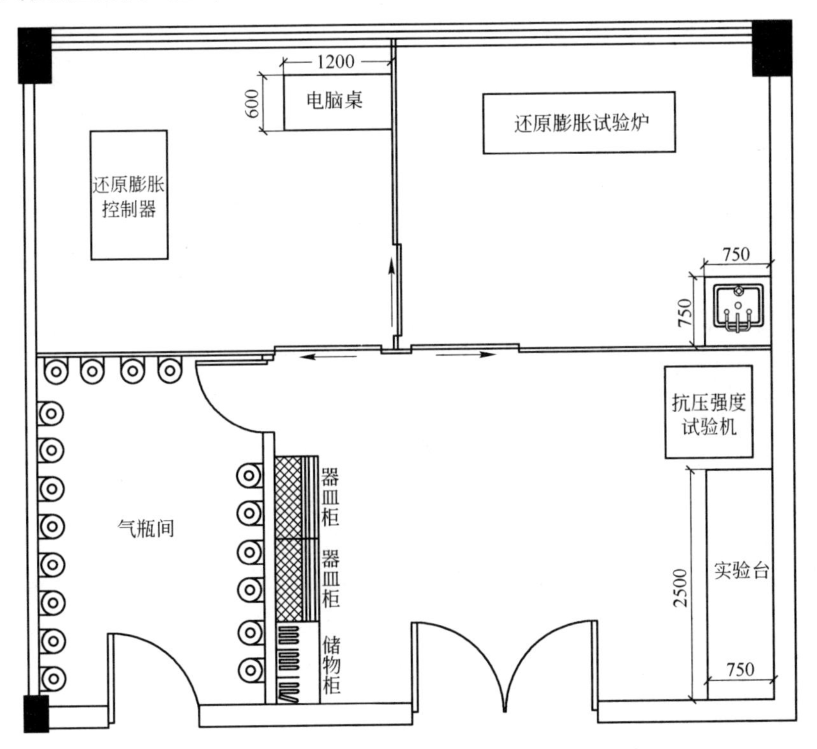

图2-8 铁矿石抗压、膨胀还原实验室平面布局图

2.5.2 铁矿石检验实验室矿物鉴定室设计

铁矿石实验室矿物鉴定室主要功能是对铁矿石的矿物结构、矿相进行鉴定。涉及的主

要设备有X射线衍射仪、矿相显微镜及切片机、磨片机、抛光机和注胶机等样品前处理设备。其中放置样品前处理设备的实验室要有仪器台、水槽和地漏。放置显微镜的房间要有遮光窗帘。铁矿石矿物鉴定实验室平面布局见图2-9。

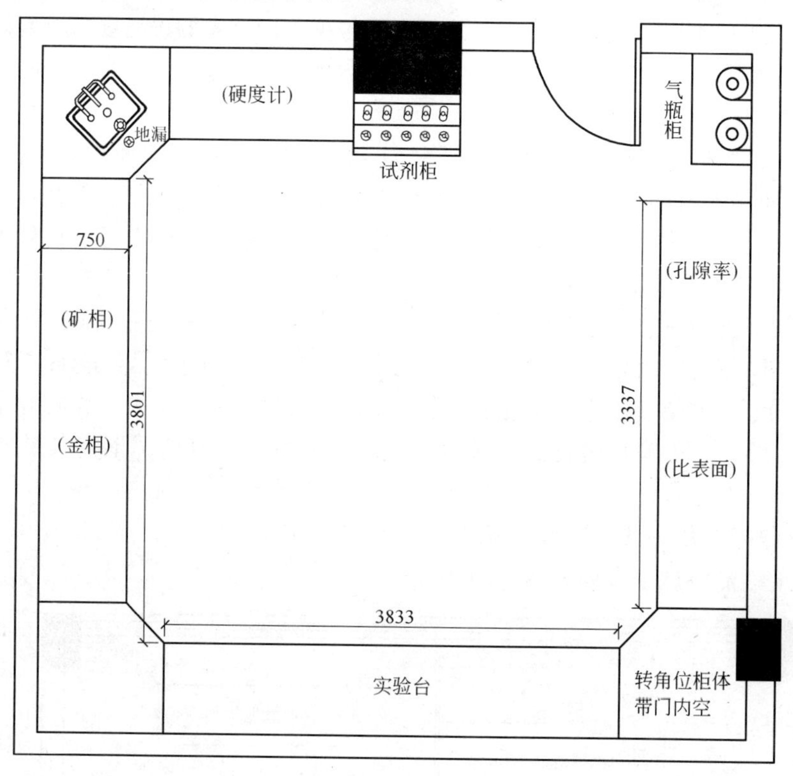

图2-9　铁矿石矿物鉴定实验室平面布局图

2.5.3　其他相配套功能间的要求与设置

铁矿石检验实验室除了上述几种必要的功能区设置，还应该有相应的配套辅助功能间，如试剂储藏室、气瓶室等，它们的设置也有相应的要求。

2.5.3.1　试剂储藏室

由于很多化学试剂属于易燃、易爆、有毒或腐蚀性物品，故不要购置过多。储藏室仅用于存放少量近期要用的化学药品，且要符合危险品存放安全要求。要具有防明火、防潮湿、防高温、防日光直射、防雷电的功能。药品储藏室房间应朝北、干燥、通风良好，顶棚应遮阳隔热，门窗应坚固，窗应为高窗，门窗应设遮阳板。门应朝外开。易燃液体储藏室室温一般不许超过28℃，爆炸品不许超过30℃，门窗均应能耐腐蚀，尤其是酸碱的腐蚀。少量危险品可用铁板柜或水泥柜分类隔离贮存。室内设排气降温风扇，采用防爆型照明灯具。备有消防器材。剧毒试剂（如三氧化二砷）应放于保险箱内，并设有专人保管。

2.5.3.2　钢瓶室

易燃或助燃气体钢瓶要求安放在室外的钢瓶室内，根据实际的需要，钢瓶室的布局可以采用集中与分散相结合的方式，同时要求钢瓶室要远离热源、火源及可燃物仓库。钢瓶室要用非燃或难燃材料构造，墙壁用防爆墙，轻质顶盖，门朝外开。要避免阳光照射，并有良好的通风条件。室内应设有直立稳固的铁架用于放置钢瓶或采取其他的稳固措施。

2.5.4 铁矿石检验实验室总体布局

图 2-10 和图 2-11 为某铁矿实验室分析化学实验室和仪器分析实验室的立体模拟图，图 2-12 为某铁矿实验室分析化学实验室。

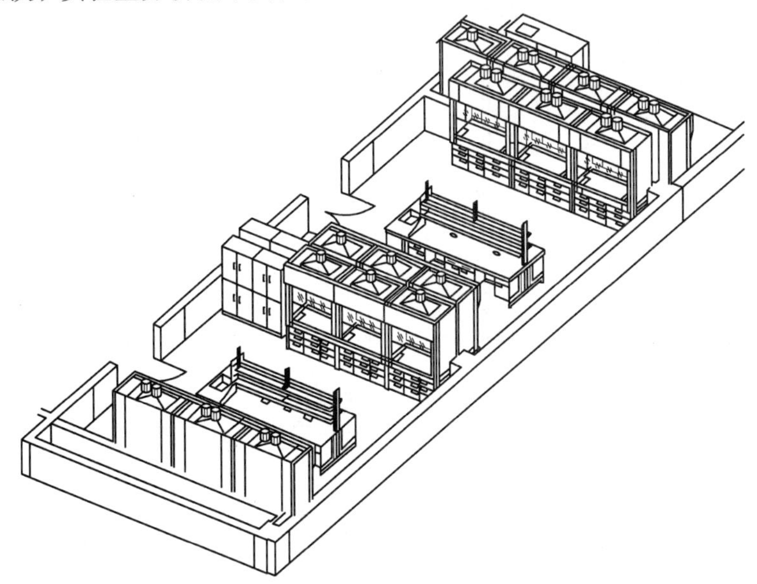

图 2-10 分析化学实验室立体布局图

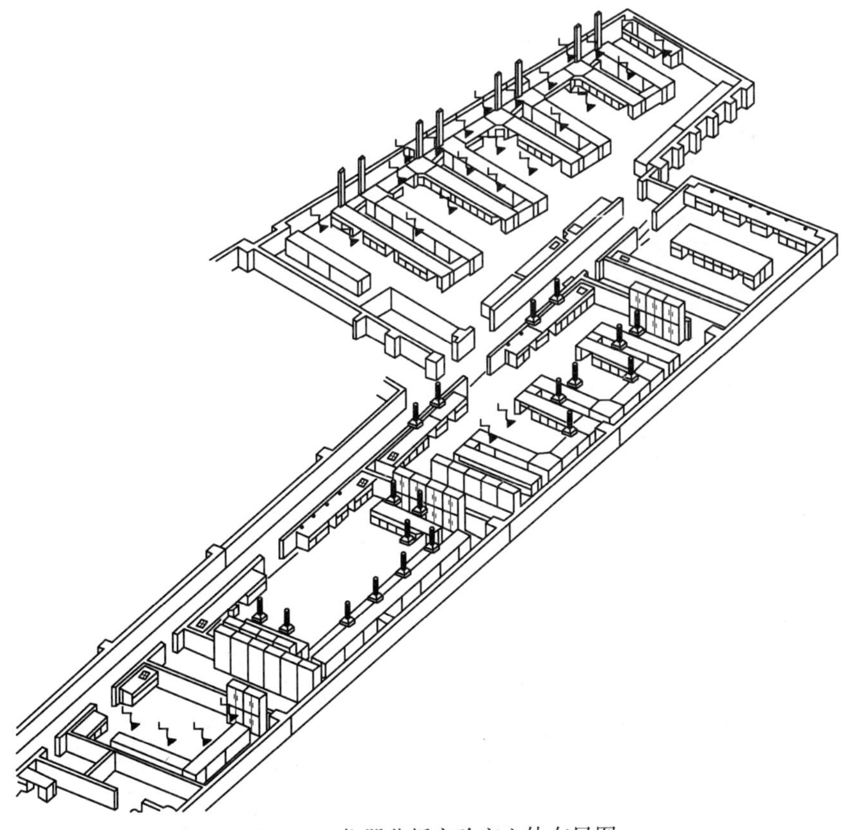

图 2-11 仪器分析实验室立体布局图

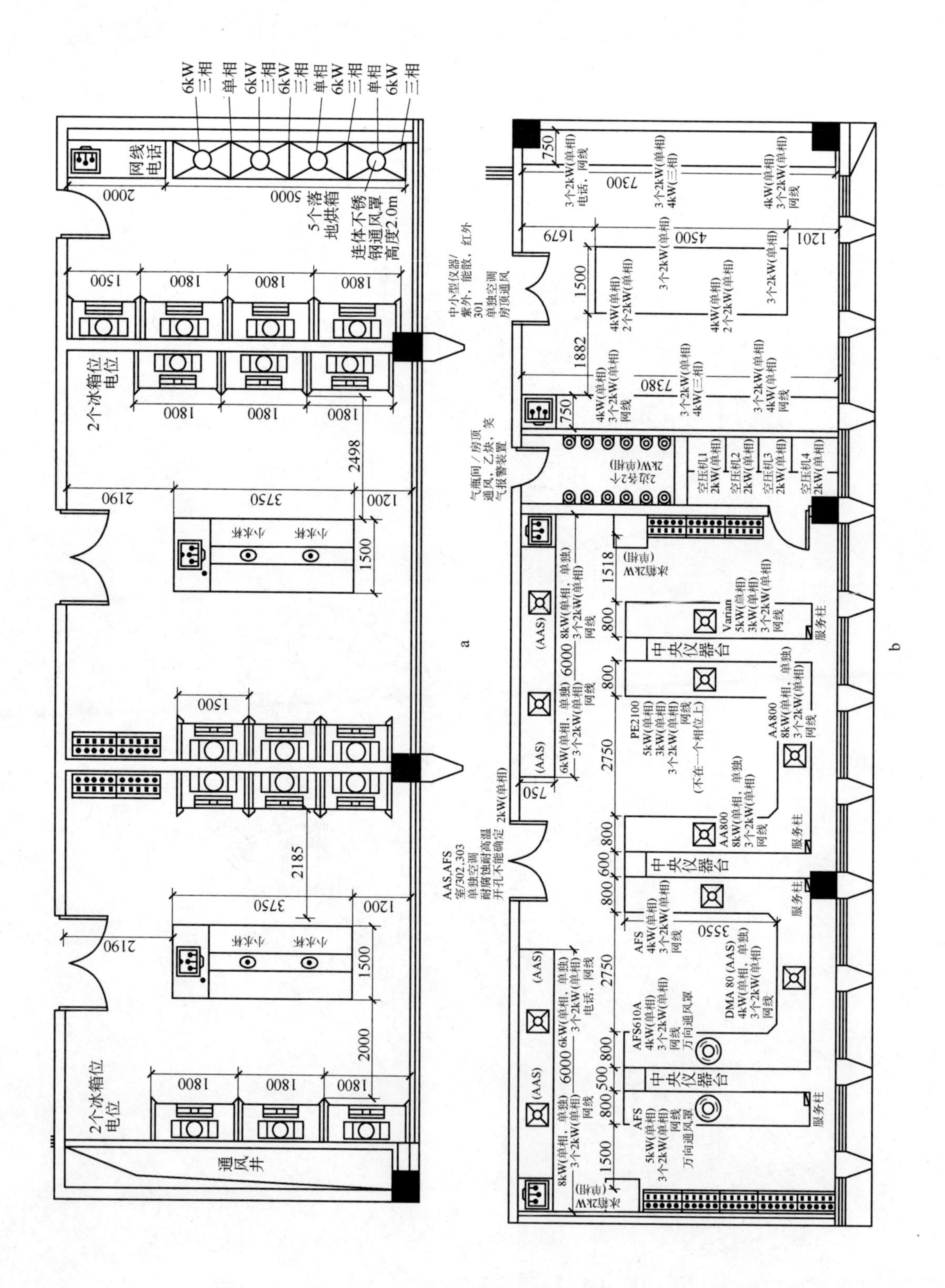

6kW 三相
单相
6kW 三相
6kW 三相
单相
6kW 三相
单相
6kW 三相
网线 电话
2000
5000
5个落地烘箱
连体不锈钢通风罩 高度2.0m
1500
1800
1800
1800
2个冰箱位 电位
1800
1800
1800
2498
2190
3750
1200
1500
小水池
小水池
1500
2185
3750
1200
2190
1500
2000
1800
1800
1800
2个冰箱位 电位
通风井
中小型仪器/紫外，能散，红外 301 单独空调 房顶通风
气瓶间/房顶通风，乙炔，笑气报警装置
AAS.AFS 室/302.303 单独空调 耐腐蚀耐高温 开孔不能确定
2kW(单相)
750
7300
3个2kW(单相) 电话，网线
3个2kW(单相) 4kW(三相)
4kW(单相) 3个2kW(单相) 网线
1679
4500
1201
1500
4kW(单相) 2个2kW(单相)
3个2kW(单相)
1882
7380
4kW(单相) 3个2kW(单相) 网线
3个2kW(单相) 4kW(三相)
3个2kW(单相) 4kW(单相) 网线
750
2位乙炔 2kW(单相)
空压机1 2kW(单相)
空压机2 2kW(单相)
空压机3 2kW(单相)
空压机4 2kW(单相)
1518
水槽2kW (单相)
8kW(单相，单独) 3个2kW(单相) 网线
(AAS)
6000
800
800
2750
800
600
800
Varian 5kW(单相) 3kW(单相) 3个2kW(单相) 网线
中央仪器台
服务柱
8kW(单相，单独) 3个2kW(单相) 网线
AA800
PE2100 5kW(单相) 3kW(单相) 3个2kW(单相) 网线 (不在一个相位上)
6kW(单相，单独) 3个2kW(单相) 网线
(AAS)
750
AA800 8kW(单相，单独) 3个2kW(单相) 网线
服务柱
中央仪器台
AFS 4kW(单相) 3个2kW(单相) 网线
3550
DMA 80 (AAS) 4kW(单相，单独) 3个2kW(单相) 网线
(AAS)
6kW(单相，单独) 3个2kW(单相) 电话，网线
2750
AFS610A 4kW(单相) 3个2kW(单相) 网线 万向通风罩
800
500
800
(AAS)
6000
8kW(单相，单独) 3个2kW(单相) 网线
中央仪器台
AFS 5kW(单相) 3个2kW(单相) 网线 万向通风罩
服务柱
1500
水槽2kW (单相)

a

b

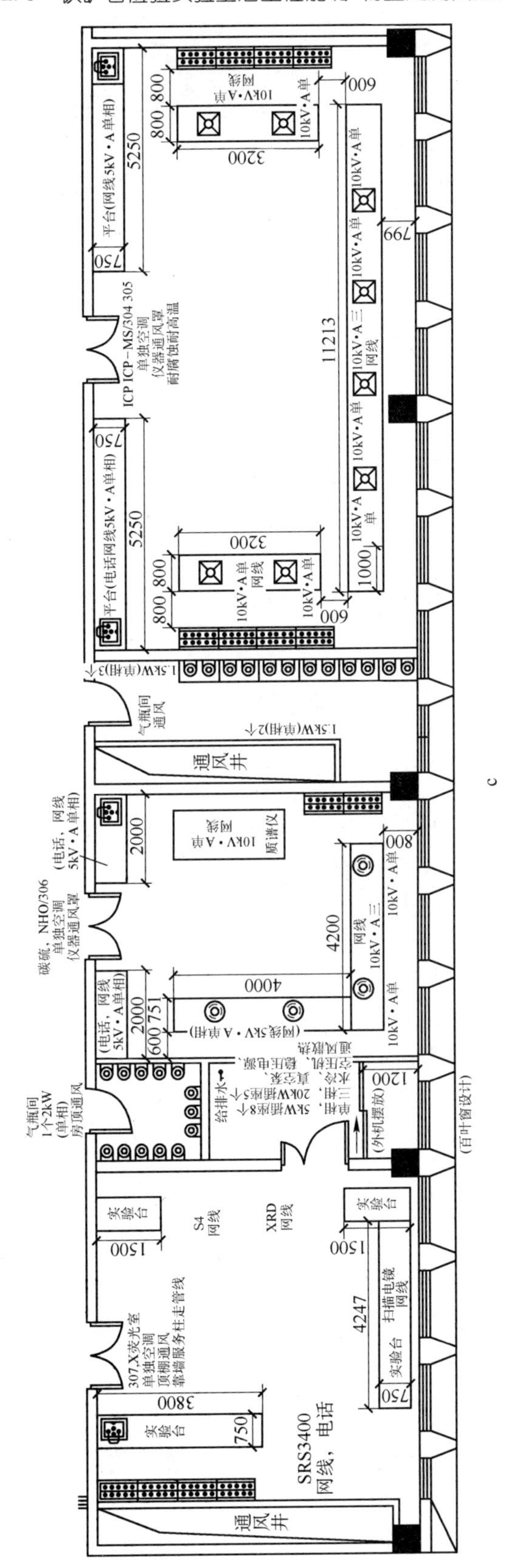

图 2-12 某铁矿石检验实验室总体布局图

a—化学及前处理室；b—仪器室1；c—仪器室2

3 铁矿石检验实验室基础设施

本章介绍了铁矿石检验实验室基础设施的设计。实验室的基础设施对于实验室运行与操作非常重要,除实验室的房屋土建外,实验室的暖通、强弱电、供气、给排水、消防、环保等设施对实验室的工作正常开展也是必不可少的。

3.1 铁矿石检验实验室的暖通设计

3.1.1 铁矿石检验实验室暖通系统的形式

暖通系统具有多种形式,主要为中央空调、多联空调以及单机空调。

3.1.1.1 中央空调

目前常用的中央空调冷热源主要有:溴化锂机组、水冷机组、风冷热泵机组、地源热泵、冰蓄冷等多种形式。

(1) 溴化锂机组。冷热两用,出风温度温和,稍受气温影响,机器运行效率逐年有一定的衰退。运行的费用主要受热气价格决定,市场波动程度相对较大。

(2) 水冷机组。主要有三种形式:活塞式、离心机和螺杆机。为单冷机组(冬季采暖需另配采暖设施,如热力管网、锅炉等),基本不受气温影响。

(3) 风冷热泵机组。冷热两用,受气温影响稍大,前期投入相对较大。

(4) 地源热泵。冷热两用,基本不受气温影响。节能能力比较强,但受区域条件和地方行政规定限制相对较大。

(5) 冰蓄冷。单冷机组(冬季采暖需另配采暖设施,如热力管网、锅炉等),需占用一定的设备空间,前期投入相对较大,但可以在一定程度上减少总配电容量。

3.1.1.2 多联空调

多联空调即目前市场上的 VRV 机组。此类空调系统对于局部区域的配置具有很强的灵活性、经济性等特点。

3.1.1.3 单机

单机分为日常使用的家用空调和恒温恒湿之类的专用空调,可以是立式的或窗式的。主要是起到一定的调节作用,多用于特定的场合。

3.1.1.4 冬季采暖

冬季采暖制热主要通过热交换设备完成。目前普遍使用的是板壳式热交换机组和板式热交换机组。具体使用视提供的热源性质决定。对于过热蒸汽,板壳式热交换机组可以直接进行热交换,而板式热交换机组则需进行降温减压后再进行热交换,根据各地排水要求,热交换后的排水需配套降温池进行降温后进行排放。

3.1.2 暖通系统的配置方案

铁矿石检验实验室一般具有各种类型的实验设备,有些设备对温度、湿度的要求很高,因此实验室内可以根据不同的设备配置对各个实验室进行不同的暖通系统配置方案。

(1) 水冷离心机组和螺杆机组的组合。此组合在发挥离心机组高效率同时,螺杆机起到有效的调节作用,使整个运行效果达到最优化。

(2) 中央空调和 VRV 系统二套系统的组合。中央空调对一般要求状态下能起到很好的保障作用,在部分空间运作的条件下,可以发挥 VRV 局部高效灵活的特点。

(3) 中央空调和单机组合配置。在发挥中央空调基本保障作用的同时,针对特殊环境要求下的实验室通过单机空调的功能去实现。

当然根据实验室不同的外部环境及投资,还有其他不同的配置组合。空调冷热水系统控制原理见图 3-1、图 3-2。

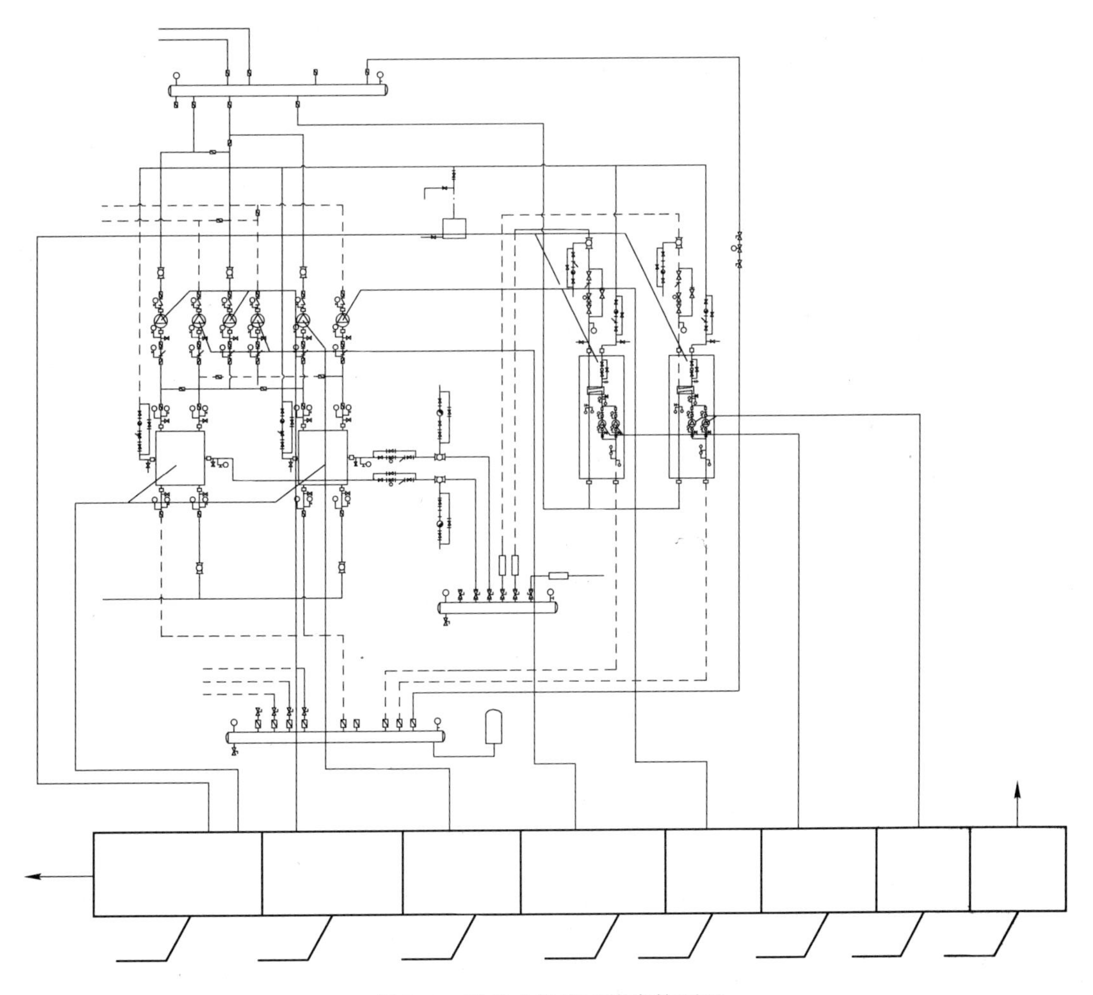

图 3-1 冷热水机房系统自控原理

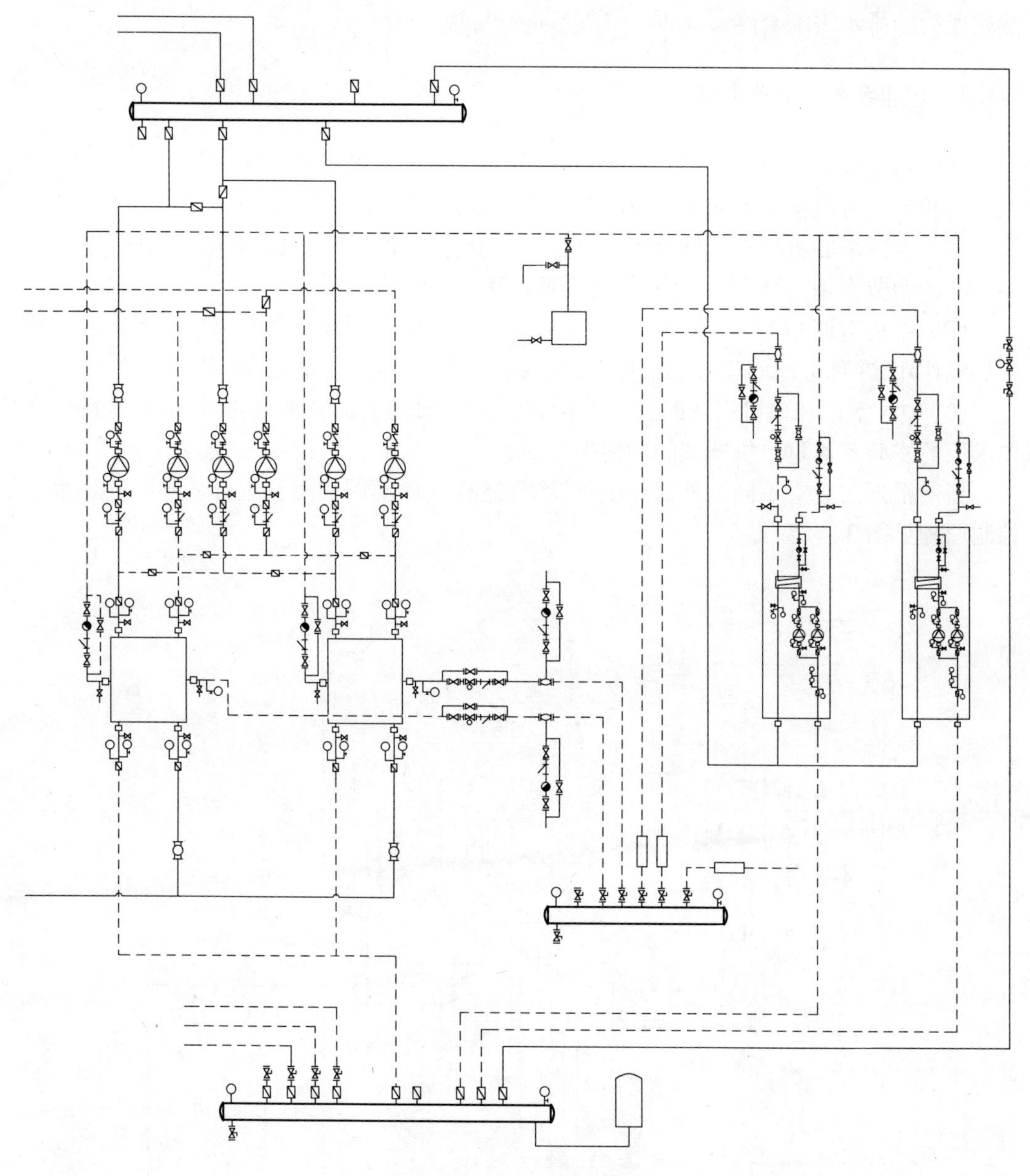

图3-2 空调冷热水系统原理

3.2 铁矿石检验实验室的强弱电设计

3.2.1 强电设计

3.2.1.1 实验室用电结构

实验室的电源来自于高低配间，一般高楼都安置在地下室。有些地方规定高低配间只能放在地面以上空间。条件许可，实验室基本采用双回路供电。由国家电网引入 10 kV 的双回路高压电经过 10/0.4 kV 变配电系统，再通过低配柜由电缆分布到各个实验室区域。一般建筑每个楼层都应配备一个强电间，负责向本层实验室提供动力电源和照明电源。每个实验室都配备一个独立的配电箱,负责向该实验室的各种设备提供动力和照明电源。每个独立的配电箱内设置一个总电源开关和若干套分开关。这样的设置有利于安全合理用电。比如所有设备都不用时或实验室无人时可以把总开关关掉,部分设备用的时候可以把不用的分开关关掉。某实验室强电布置图见图3-3。

3.2.1.2 实验室的配电特点

实验室配电应从以下几方面考虑:

(1) 实验室内有各种设备和实验台等需要提供电源。在满足规范的前提下,尽量在每一实验台上都要设置一定数量的电源插座,要有三相插座、单相插座。这些插座应有开关控制和保险设备,以防万一发生短路时不致影响整个室内的正常供电。插座可设置在实验桌上或桌子边上,但应远离水盆和煤气、氢气等喷嘴口,并不影响桌上实验仪器的放置和操作地位。有的实验室将插座安装在实验桌下面的插座内或柜子内的,这种安装位置在使用上很不方便,以不采用为好。

(2) 室内固定装置的用电设备,例如烘箱、恒温箱、冰箱等,如果是在实验进行中使用这些设备,而在实验结束时就停止使用的,可连接在该实验室的总电源上;若实验停止后仍须运转的,则应有专用供电电源,不至于因切断实验室的总电源而影响其工作。

(3) 在实验室的四面墙壁上,配合室内实验桌、通风柜、烘箱等的布置,在适当位置要安装多处单相和三相插座,这些插座一般在踢角线上面,以使用方便为原则。

(4) 实验室敷线方式,以穿管暗敷设较为理想,暗敷设不仅可以保护导线,而且使室内整洁,不易积尘;并使检修更换方便。

实验室里设置各种三相插座或两相插座时,要从合理、实用、灵活、安全几方面出发,以达到使用方便安全,安装检修便捷。

(5) 有防爆要求的,在电气设计时就要充分考虑防爆要求,防止设备的损坏和人员的伤害。

(6) 实验楼的低压配电系统接地形式一般采用TN—S系统,凡正常不带电,而当绝缘破坏有可能呈现电压的一切电气设备的外壳均应可靠接地。在每个实验室的适当部位离地0.3 m设LEB局部等电位箱。从本层(楼板或柱子)里引出两根不小于D12的结构钢筋到LEB等电位箱里,将房间里所有的金属管道、金属构件连接,并用BVR—1 ×2.5的电线穿PC16的管子与就近的插座的PE线连接。经过等电位连接能提高用电过程中的安全系数,从而降低设备因绝缘破坏后漏电带来的触电隐患。

某实验室强电点位图见图3-4。

3.2.1.3 实验室的用电负荷

实验室的用电负荷在设计时要依据实验室的使用功能及各种设备的技术参数,以及今后的设备增加、更新等各方面综合考虑配置负荷容量。总的来说实验室的用电负荷稍微放大一点,为以后的设备增加做好预留空间准备。

3.2.1.4 实验室的电线插座要求

要求如下:

(1) 严格按国标(GB5023—97)标准选择电线。

(2) 电线截面积在2.5 ~6 mm^2 的标准内选用。

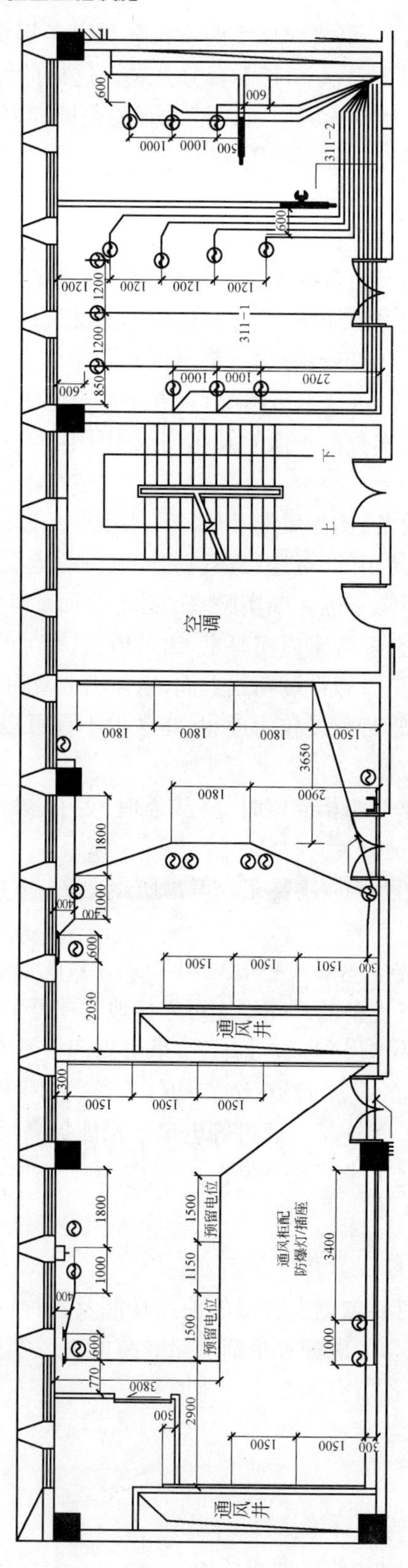

图3-3　某实验室强电布置图

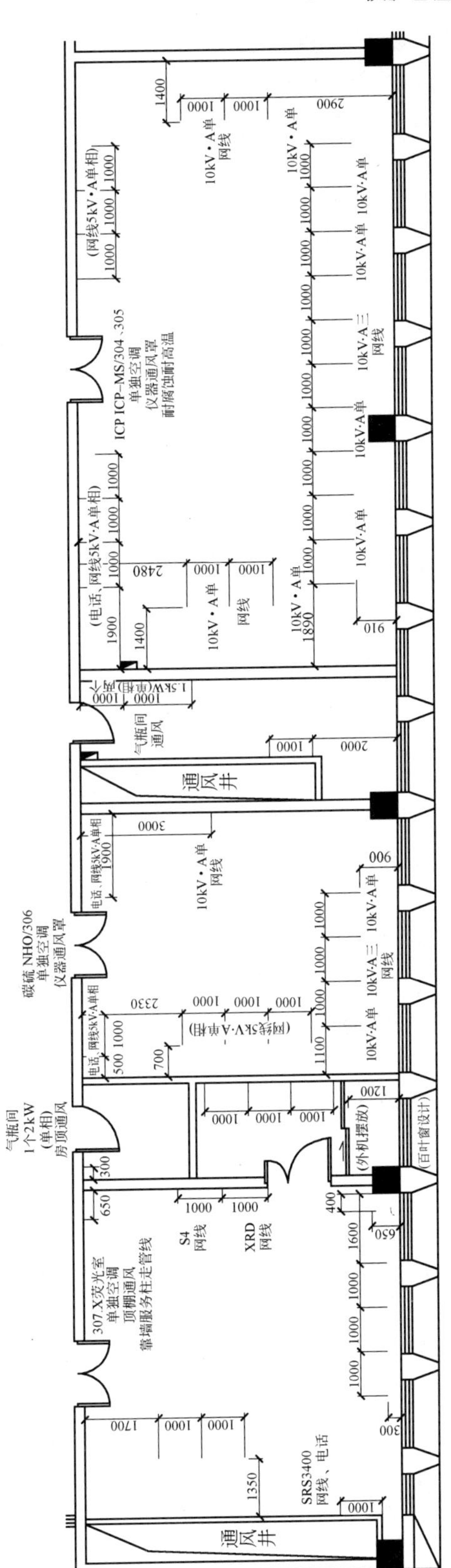

图3-4 某实验室强电点位图

(3) 动力电源所选择的电线,必须是三相五线,并符合国家规定接线标准。

(4) 插座必须符合特殊环境下的使用要求,具有耐腐蚀性、高强度、安全可靠。

(5) 插座分为10 A、16 A/220 V多功能插座;13 A/220 V方脚三插插座(欧式);三相四线380 V的动力插座(中式)。

(6) 对在实验室中使用电源、设备、仪器等配置漏电保护。

(7) 实验室所有配电的电线、电缆有严格的保护措施,安全可靠。

(8) 线管要按布线标准采用专用卡子把绝缘线管牢固地固定在指定的布线位置。

3.2.1.5 实验室的用电管理

实验室是用电比较集中的地方,人员多、设备多、线路多,实验室的安全用电是一个非常重要的问题。必须遵循"安全第一,预防为主"的原则,对实验室的安全用电问题做好相应的管理。

(1) 实验室所在的建筑根据建筑的高度及其周边环境情况,应当安装避雷装置的必须安装符合要求的避雷装置。实验室所在的建筑(或实验室内部)必须安装符合使用要求的地线。避雷装置和地线不能混同使用。

(2) 实验室所用管、线、装置和各种元器件都应从有国家认定生产和制造资质的厂家或销售单位采购。施工工程应有合法的施工合同、工程质量和保修年限等,双方的权利和责任要清楚、明确。竣工后由实验中心组织有关部门进行工程质量验收。用电工程的改、扩建也应照此办理。

(3) 实验室根据工作需要进行改、扩建时,新的用电系统建成后,废弃不用的旧线路、旧装置都需要立即拆除。

(4) 实验室用电容量的确定要兼顾事业发展的增容需要,留有一定余量。实验室用电应严禁超负荷运行。

(5) 实验室内的用电线路和配电盘、板、箱、柜等装置及线路系统中的各种开关、插座、插头等均应经常保持完好可用状态。实验室内不应有裸露的电线头;电源开关箱内,不准堆放物品。熔断装置所用的熔丝必须与线路允许的容量相匹配,严禁用其他导线替代。室内照明器具都要经常保持稳固可用状态。

(6) 可能散布易燃易爆气体或粉体的建筑内,所用电器线路和用电装置均应按相关规定使用防爆电气线路和装置。

(7) 对实验室内可能产生静电的部位、装置要清楚,要有明确标记和警示,对其可能造成的危害要有妥善的防护措施。

(8) 实验室内所用的高压、高频设备要定期检修,要有可靠的防护措施。凡设备本身要求安全接地的,必须接地。自行设计、制作的对已有电气装置进行自动控制的设备,在使用前必须经实验中心组织的验收合格后方可使用。自行设计、制作的设备或装置,其中的电气线路部分,也应请专业人员查验无误后再投入使用。

(9) 实验室应有严格的用电管理制度并认真落实,对进实验室工作的实验技术及其他人员,应经常进行安全用电教育,把安全用电制度落到实处。

3.2.2 弱电设计

某铁矿检验实验室弱电布线桥架布局见图3-5。弱电综合布线系统图见图3-6。

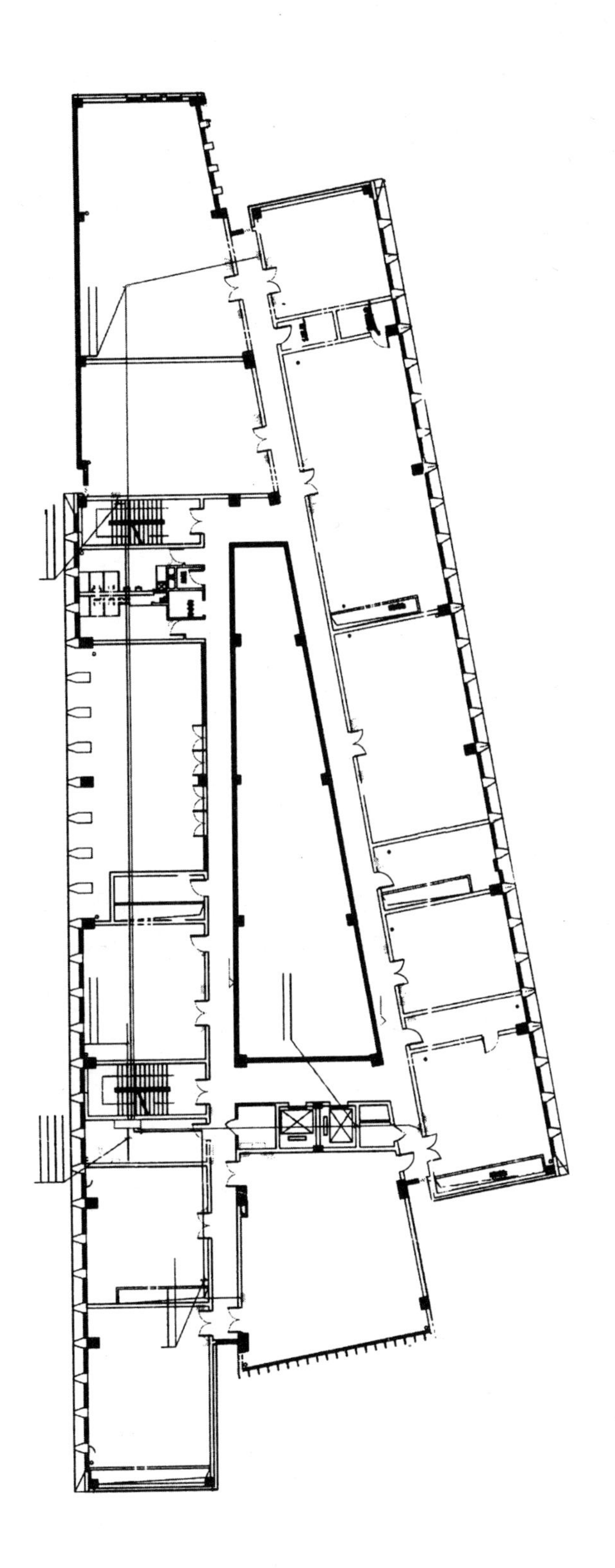

图3-5 某铁矿石检验实验室弱电布线桥架布局

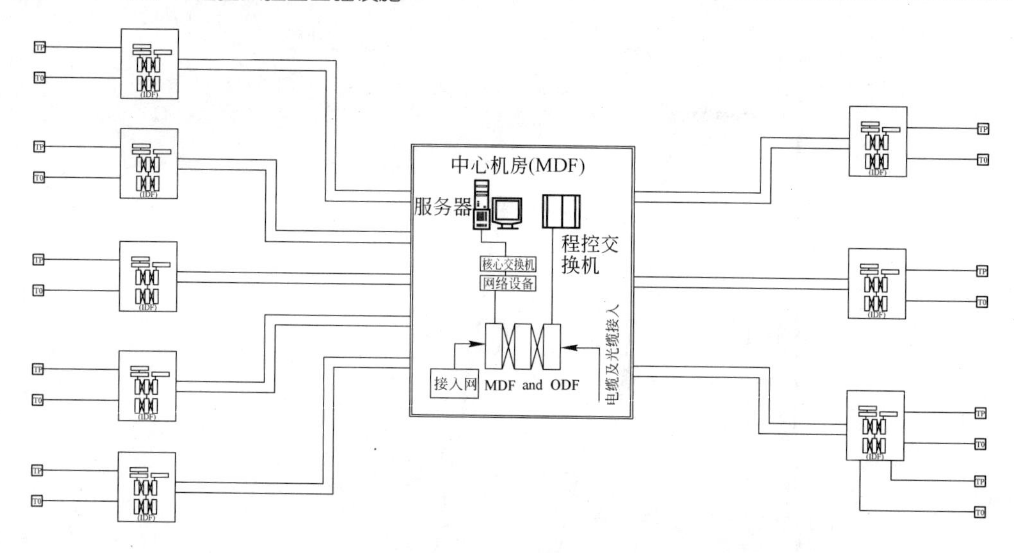

图3-6 弱电综合布线系统图

3.2.2.1 弱电设计的原则

原则如下:

(1) 先进性:采用国际或国内通行的先进技术。

(2) 成熟性:以适用为原则,采用成熟的或经过工程检验的先进技术。

(3) 开放性:采用开放的技术标准,避免系统互联或扩展出现障碍。

(4) 按需集成:根据本项目特点,按照需要分层次、分阶段实现集成。

(5) 标准化:采用标准化的设计和标准化的产品。

(6) 可扩展性:本工程设计应考虑到未来发展,在预埋件和线缆布设上留有冗余。对系统的管理,根据需要按可分可合的要求进行组合,即在保证单体建筑可独立运行的前提下,对未来建筑群实现整体管理作充分考虑。

(7) 安全性:包括系统自身安全和信息传递的安全。

(8) 服务意识:强调以人为本的设计思想,为大楼的用户提供安全、舒适、方便、快捷、高效、环保的生活及工作环境。

3.2.2.2 弱电系统的组成

实验室弱电系统一般纳入到大楼的弱电系统内,主要为以下系统:

(1) 消防设备自动化系统(FAS):公共广播子系统。

(2) 楼宇设备自动化系统(BAS):楼宇自控子系统。

(3) 安全防范自动化系统(SAS):闭路电视监控子系统、防盗报警子系统、门禁控制子系统。

(4) 信息通信自动化系统(CAS):综合布线子系统、计算机网络子系统、语音通信子系统。

(5) 办公自动化系统(OAS):信息服务子系统、智能会议子系统。

方案所设计的各个子系统既相互独立,又互相联系,是有机的集成体。它们各自为实现某种功能而设计,有着不同的特点,同时它们又为特殊的业务需求上下联系或相互支持补充,实现系统的功能集成。

实验室为相对独立的特殊区域,在弱电系统中,门禁控制子系统的重要性尤为突出。本节着重就门禁控制子系统作详细阐述,其他系统参照一般建筑弱电系统。

3.2.2.3 门禁控制子系统

A 系统组成

门禁控制系统主要由六个基本部分组成,即读卡器、非接触式 IC 卡、控制器、电动锁、管理软件、管理服务器。配置一套完整且稳定的门禁系统能够根据不同的安全级别限制并记录出入口人员的出入情况,检测出入口门及数据输入设备的状态,各个门的进出情况可随时控制,并将记录的数据集中于计算机上进行管理,从而进一步提高实验室的安全性,见图 3-7 ~ 图 3-9。

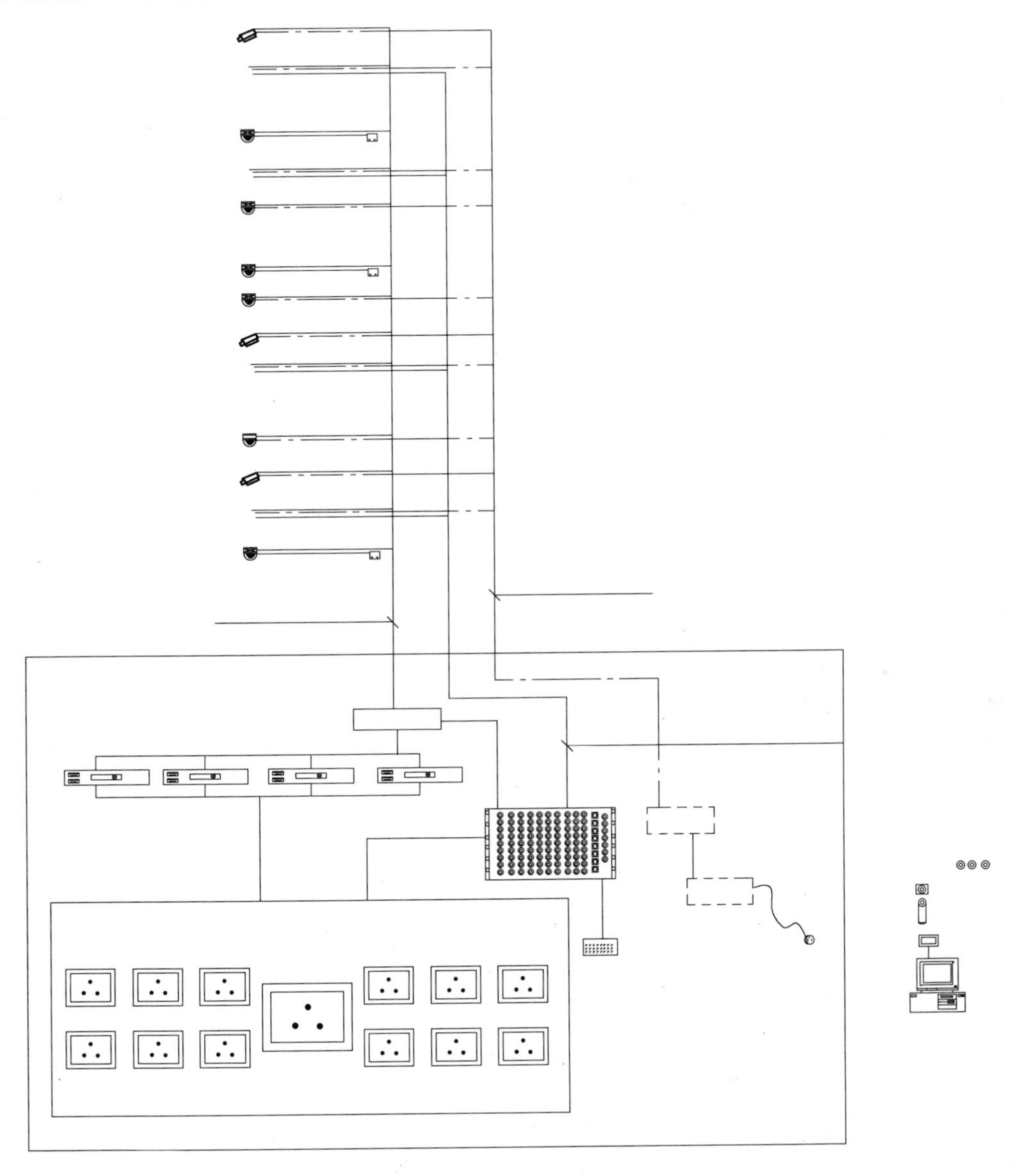

图 3-7 综合安保系统图

设置门禁管理系统后,当员工要进入自己的办公室时,必须先在门禁机前出示 IC 卡,门才能被打开,每道门的门禁机均通过系统集中控制器受到监控终端的控制。系统的非接触式 IC 卡分级别管理,包括管理卡和员工卡。员工卡要通过管理卡授权后才能使用,每张卡根据系统设置只能在规定时间内打开规定范围的门。

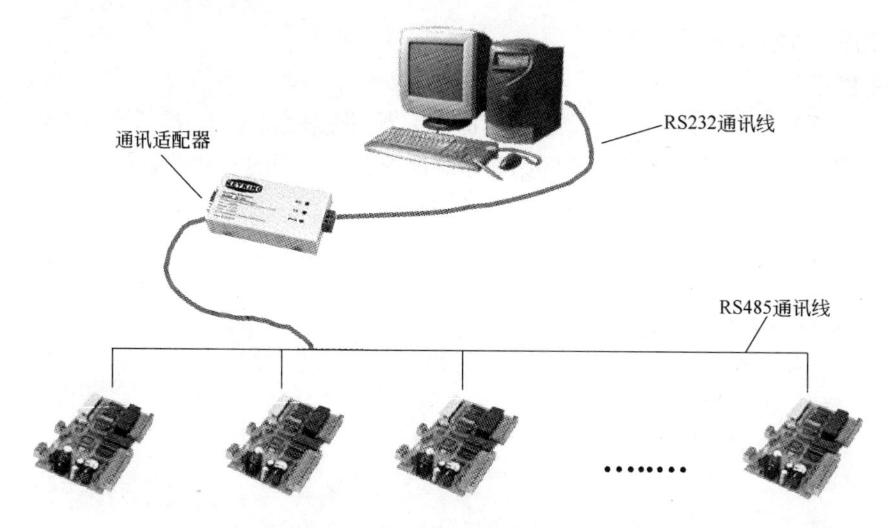

图 3-8　门禁系统网络图

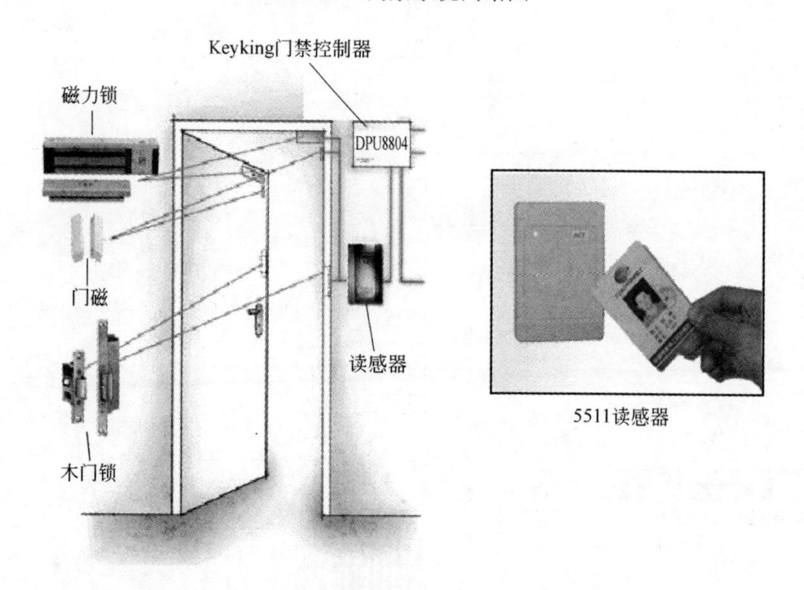

图 3-9　门禁系统构成图(防火门、铁门或者木门)

B　系统功能

a　人员与区域管理

系统可对各种身份人员进行分别管理,对持卡人身份进行分类管理。

系统可对员工所持的卡进行授权和权力设置及变更,实现分时段、分级别、分区域管理,并具有超时报警、非法侵入报警等功能。

针对节假日、人员作息时间、区域开放时间、特殊运行时间进行管理。

对持卡人、权限、路径、时间段等的修改可进行批处理,设定定量或定时批量下载到控制器。

系统可记录和跟踪来自任何工作站对系统的任何操作。

持卡人的行动路线可通过调用历史记录核查。

可提供每张卡通行权限的设定,对人员、出入口设施、区域和时间的对应权限进行管理,及出入口通行权限的验证。

b 系统的操作

系统可在权限范围内,通过交互式的电子地图,对每一个外围设备的电子图标进行操作;

系统可屏蔽控制器、读卡器、输入输出口,用于避免检修带来的误报警干扰;

系统可打开任意一道门或执行机构,实现门的远程中心控制和本地自动控制;

系统可以启用或撤销就地手动控制门的电动开关;

对于需要就地手动控制的应急门或辅助出入口,无需将开关控制箱的钥匙保存在保安中心,只需用鼠标发一条指令即可。

c 报警信息的读取

系统可对不同区域的不同出入口,设置不同的操作和逻辑控制。

系统可对出入卡的编码及密码,按预先设定的逻辑验证权限和顺序,对出入口进行控制。支持多种识别技术。

系统可对持卡人的文字图像信息数据库的动态管理,读卡信息及出入口设施的状态信息和报警信息记录在事件记录文档中。

系统可提供路径管理,并可在权限范围内更改。

d 报警信息的管理

系统可对各种事件的实时信息、状态及报警信号要求进行即时获取,包括:

(1) 功能性报警:控制器、读卡器设备故障报警,电源失电报警,传输线路断线报警。

(2) 技术性报警:任何一种出入方式的非法行为,越权请求操作、门非法打开、门开启过久等。

系统具有防重入、防反传、防尾随和防挟持功能。

对于需双向读卡的门,系统都可作禁止连续两次进入区内而没有离开区域的设定,严格判别持卡人所处的位置,禁止没有读卡进门就企图读卡出门。

各类报表的生成,系统可提供各种检索方式便于查找报表中的记录。

在主要领导及重要实验室采用刷卡及内部双开门按钮开门方式,系统在室内可远控开门,其他实验室采用刷卡及单出门按钮方式。

e 系统的联动

系统对门禁与区域内的闭路电视监控联控。

系统对门禁与区域内的防盗报警系统联控,非授权刷卡作为防盗报警系统的输入。

系统对门禁与火灾报警系统联动,一旦火警信号确认,可自动打开全部门禁。

系统运行时不需要管理主机 24 h 连续开机,一旦控制器和管理计算机的链路中断,控制器可继续工作,数据即时更新。当链路恢复时,中断期间更换的信息被送至管理计算机数据库。

3.3 实验室供气

3.3.1 实验室供气要求

实验室用气主要有不燃气体(氮气)、惰性气体(氩气、氦气等)、易燃气体(乙炔、一氧化碳),剧毒气体(氟气、氯气),助燃气体(氧气)组成。除不燃气体、惰性气体外其他气体不得进入实验室。可以通过输气管接到各实验室内。实验室使用的压缩气体钢瓶,应保持最少的数量,必须牢牢固定,或用金属链拴牢,必须存放在阴凉、干燥、严禁明火、远离热源的房间,并且要严禁明火,防暴晒。气瓶要尽量放置在专门的气瓶室,有条件的要将气瓶放置在具有排风和报警功能的气瓶柜内，气瓶室要注意排风，易发生反应的气体要进行隔离。

3.3.2 铁矿实验室供气方式布局实例

实验室气体供应一般采用集中供气、现场供气及集中与现场相结合三种方式，实验室采用何种方式供气主要看实验室规模、供气种类复杂程度、需气仪器复杂程度。图 3-10 为某仪器实验室平面布局，图 3-11 为某仪器实验室气路安装图。

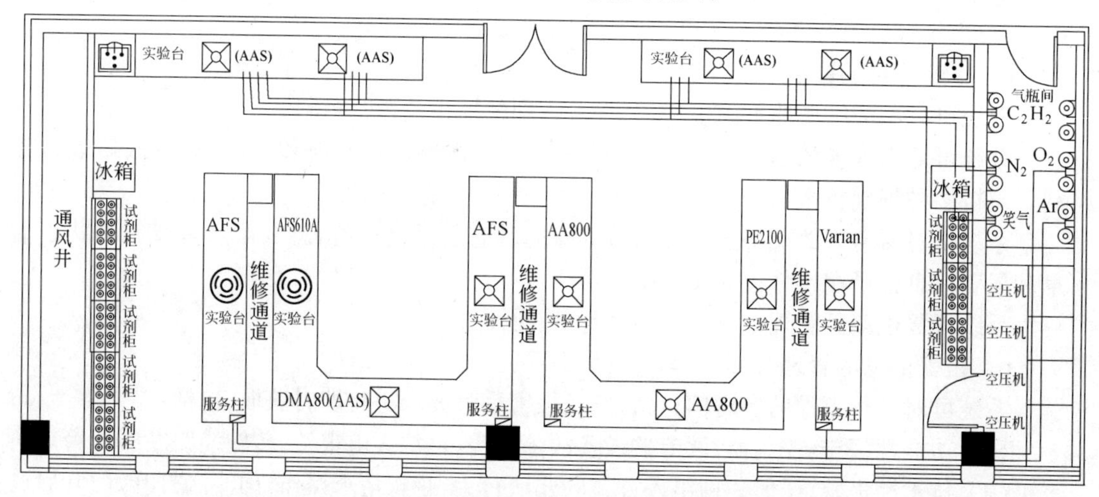

图 3-10 铁矿石原子吸收、原子荧光实验室用气平面布局图

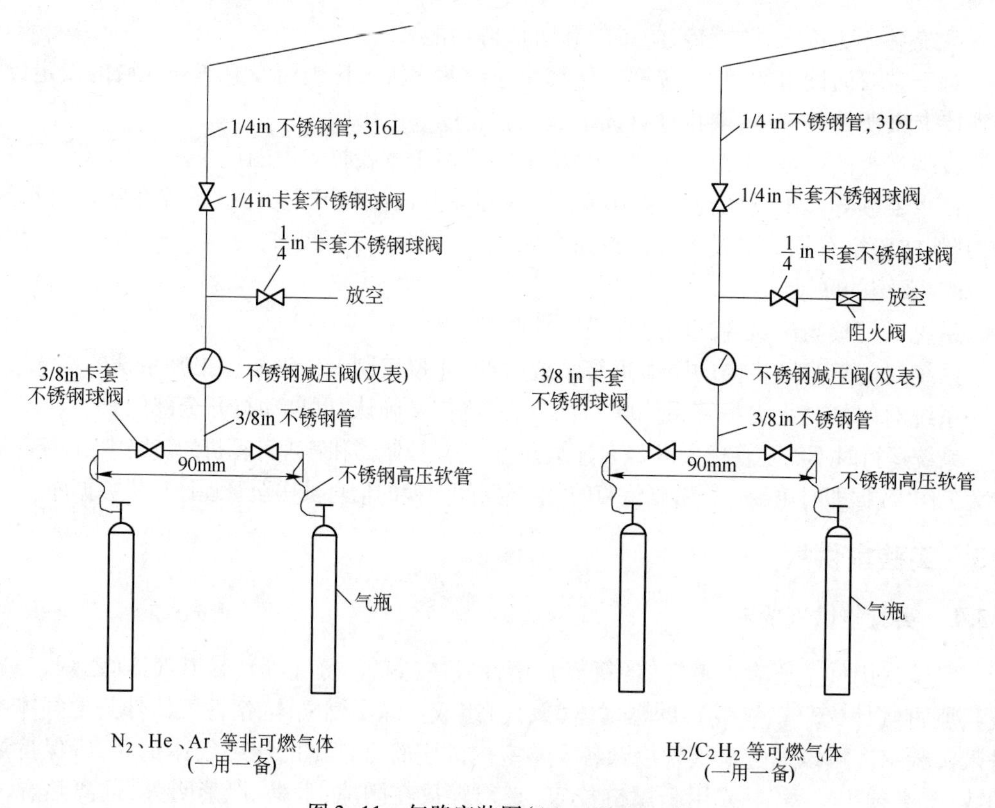

图 3-11 气路安装图(1 in = 2.54 cm)

3.4 铁矿石检验实验室给排水设计

在铁矿石检验实验室中,供水和排水是实验过程的最基本的条件之一。部分实验室特别是在高层建筑中的实验室对水压和水的质量都有一定要求。实验室及排水的设计须遵循有关的设计依据,如:《建筑给水排水设计规范》(GB50015—2003)、《高层民用建筑设计防火规范》(GB50045—2005)、《自动喷水灭火系统设计规范》(GB50084—2001,2005)、《建筑灭火器配置设计规范》(GB50140—2005)等。

3.4.1 水的分类

目前铁矿石检验实验室的用水基本上可分为三类:

(1) 实验用水。包括样品前处理室用于溶剂的用水,试验用纯水的制备原水,试剂洗涤用水,实验设备冷却用水。实验室纯水系统见图3-12。

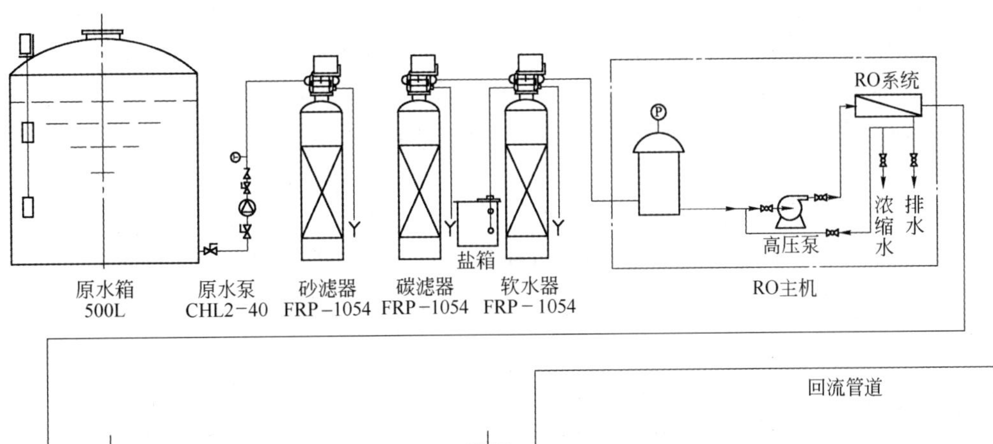

图3-12 纯水系统图

(2) 生活洗涤用水。包括盥洗、淋浴、试验器皿洗涤用水以及其他的清洁用水。

(3) 消防用水。包括室内消防喷淋用水。

实验室用水通常由市政管网供水,即自来水。水源地种类较多,有水库水、江河水及地下水。在给排水设计的时候要考虑到当地供水的水源情况。不同的水源对水的质量影响较大,江河水通常悬浮物较多,有机物多;水库水藻类、菌类含量较高;地下水硬度较大,溶解杂质多。如当地自来水净化不彻底,在其排水设计时需要根据水源类型设计净化措施。

3.4.2　给水系统

铁矿石检验实验室的给水系统通常包含在整个建筑的供水系统中，其任务是从市政管网中引入水，并将其分散输入有需要的建筑室内空间。

3.4.2.1　给水类型

一套给水系统由水泵、水箱、垂直和平面管网系统以及出水设备构成。三种不同的供水类型若均单独设置供水系统，建设成本会大幅度增加，形成浪费。同时大量管道穿越楼板也会影响到建筑结构，考虑到铁矿石实验室对用水的要求相对较低，因此建筑物通常可设置实验用水、生活用水相合并的用水系统。消防水系统的供给尽量与生活用水供给进行合并，除非有特殊需求的建筑或者在两者相合并存在技术难题或增加投资的情况下采取分别设置。

3.4.2.2　给水方式

确定给水方式需要事先了解实验室的性质、建筑的高度、用水设备和消防设备所要求的水压，整个实验室人员的配置情况并考虑到实验室发展余地的需要，然后计算整体用水量，再根据当地市政管网的水压情况科学安排给水方式。

（1）直供水方式。即市政管网直接供水，中间不增加压力水泵，在当地市政管网水压较高且能保证 24 h 供水，供水高峰期水压基本不下降的情况下一般可以供给 4 层以下的实验室。

（2）高位水箱的供水方式。当市政管网水压周期性变化较大，特别是在用水高峰期，压力下降较多不能满足实验室内用水要求时，可在建筑物顶部设置高位水箱。另外当实验设备对供水安全要求较高时也可设置高位水箱作为储存调节方式。

（3）加压水泵和水箱相结合的供水方式。在市政管网水压较低，无法满足实验室的工作需要，或是实验室所在建筑为高层建筑，且实验室处在较高层数时，须采用该种供水方式。另外，如果实验室规模较大，日常用水量较大，且对供水安全要求严格时也可采取该种供水方式。该种方式需要为水箱和水泵提供安放场所，同时要考虑到水泵设备故障时的应急方案，对日常维护的要求也较高。

根据目前我国建筑设计规范和常规的建筑及排水设计方式，在涉及大型公建项目和科研、实验项目时一般采用加压水泵和水箱相结合的供水方式，保证实验室的正常使用。在高层建筑的供水中有时也可根据实验室所处的位置进行设置，在高层建筑中 1 ~3 层也可采用市政直供水，三层以上实用变频水泵供水，在地下室设置不锈钢生活水箱。

3.4.3　排水系统与废水处理

铁矿石实验室的污水排放主要有下列三种：

（1）普通生活用水排放。日常生活中洗手、淋浴等其他用于清洁后的污水以及用以冷却设备的水的排放。此类污水酸碱度在正常范围之内，腐蚀性较低，可以直接进入排水系统。另外，如果设备冷却水温度过高，直接排放会影响管网系统，流入外界区域后会影响生态环境，就需要根据当地环保法规规定，使其冷却到排放温度才能排放。

（2）试剂废液排放。实验用试剂使用后或者进行实验后残余试剂无法利用保存需废弃的，此类排放酸碱度高，对环境影响大，必须经过处理，不得直接进入实验室排水系统。通常情况下，在实验室具备处理条件时可以进行酸碱中和，使其达到中性后再汇总收集，并由专业的化学污水处理单位接收处理。

(3) 实验器皿洗涤排放。在进行实验后,都需要对部分实验器皿进行洗涤,洗涤用水的排放须根据所洗涤器皿的情况进行处理。通常情况下,对含有铁矿石样品的器皿的洗涤用水可以在具有过滤装置的排放池排放,避免固体杂质进入排水系统。对酸碱度正常的器皿的洗涤用水可以直接进入排水系统,对进行过含有强酸强碱实验的器皿的洗涤用水需进行中和处理后才能排放。

处于废水的处理需要,部分实验室需要设置专门的缓冲池,利用酸性碱性液体能够相互混合中和的特点,对废液进行定期处理和排放。

3.4.4 管网材料和布置

由于实验室内各种洗涤盆、化验盆数量众多,位置分散,例如化学检验实验台有可能都应安装水管、水龙头、水槽、紧急冲淋器、洗眼器等,相应的上下水管数量也较普通的办公楼多,因此实验室内的管道布置,要尽量考虑到集中设置,走向要规整,一般来说水平管道敷设要尽量沿墙、沿走廊、沿天棚,垂直管道要尽量靠柱、柱脚、剪力墙。同时对于一些精密实验室,如天平室或放置精密设备的房间要避免管道穿越。

针对部分实验室的污水排放中容易含有杂质的特点,该实验室的排水管道要尽量少设弯头,并留出必要的检修口,管径可以适当放大,排水装置最好用聚氯乙烯管,接口用焊枪焊接。

一般实验室所采用的排水管可分为刚性管和软性管两大类。

刚性管主要包括铸铁管、混凝土管等,这种管型属于传统管,优点是结构强度高,缺点是不耐腐蚀,且管线弯折的灵活性低,使用寿命低(相对于建筑物的使用年限来说)。目前在建筑工程中很少采用此种类型管材。

软性管主要是指塑料管,其又可分为实壁塑料管和结构塑料管两大类。实壁塑料管有聚氯乙烯管、玻璃钢夹砂管和 PE 管;结构塑料管分为单双壁波纹管、加筋管和缠绕管。目前,应用于排水管的主要有聚氯乙烯管(PVCU)、聚氯乙烯芯层发泡管、玻璃钢夹砂管(RPMP)、塑料螺旋缠绕管(HDPE)等。

实验室的排水虽然经过处理但其还是含有一定量的酸、碱液。加之实验室在日常使用中酸雾的挥发,也会导致实验室的排放含有弱酸性,时间一长容易出现管道腐蚀现象。再加上为了建设成本考虑,实验室所在建筑通常采用同一种排水管材。建议室内使用柔性卡箍式离心铸铁管,室外采用加筋 UPVC 管。

3.4.5 消防用水

实验室的消防用水主要是室内消防栓用水和喷淋用水。消防给水管大于 DN100 采用无缝钢管,卡箍连接,镀锌二次安装;小于等于 DN100 的采用热镀锌管,丝接。同时根据建筑设计防火规范计算满足防火需要的喷淋水储量和消防栓用水储量,并在屋顶设置消防水箱。

室内需根据民用建筑设计防火规范在建筑物内所有部位设置消火栓。在实验室适用喷水灭火的部位设置自动喷水系统,在地下消防泵房设两台喷淋主泵,一用一备。室外设地上式水泵结合器。

给排水管图见图 3-13。

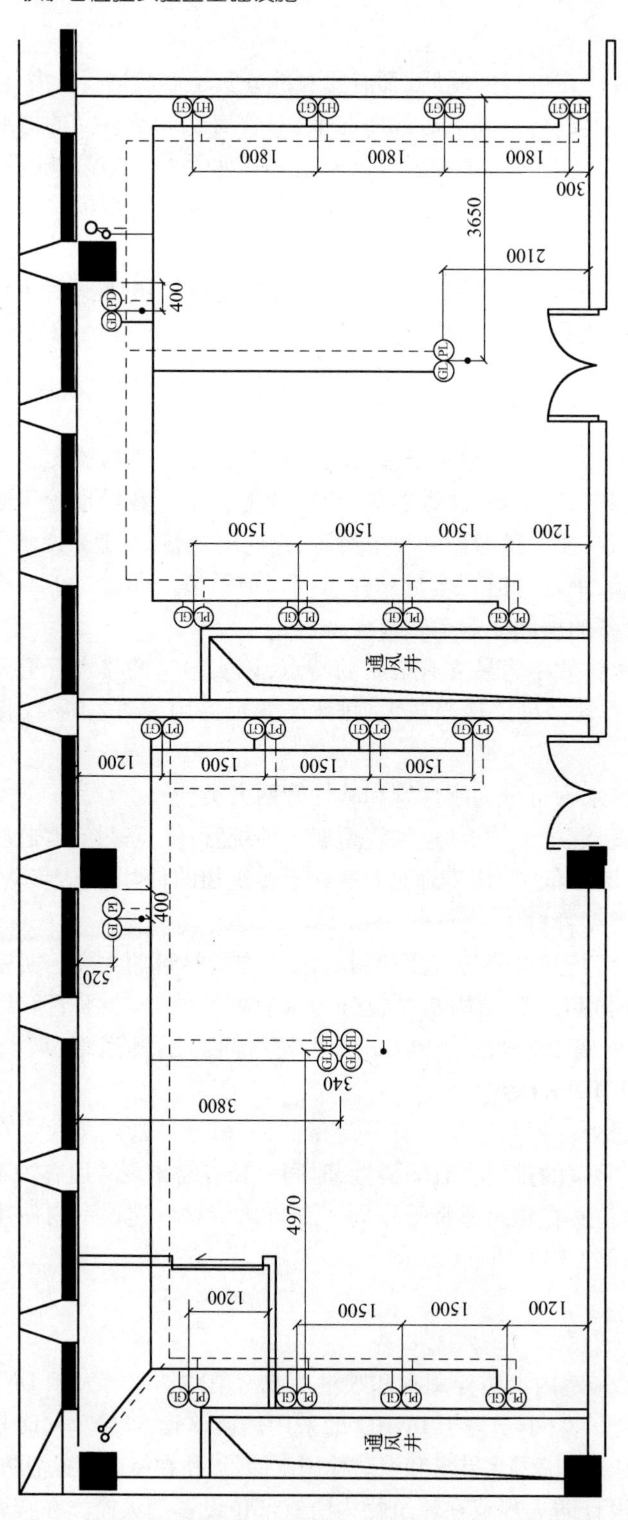
通风井
通风井
GL
PL
GT
HT
1800
1800
1800
300
3650
2100
400
1500
1500
1500
1200
1200
1500
1500
1500
400
520
340
3800
4970
1200
1500
1500
1200

图3-13　给排水管

3.5　铁矿石检验实验室新风及排气系统设计

3.5.1　新风系统设计

随着人们对建筑物室内舒适性及空气品质(IAQ)要求的提高,空调系统作为为人们创造一个健康、良好的室内空气环境而被大量使用。但实验室试验生产的废气、室内材料生产的有毒、有害的挥发性有机污染物(V. O. C)、室内人员产生的CO_2、异味等污染物,都需要向室内引入足够的新风,以稀释室内污染物。现代建筑物的密闭性大大提高,如果室内新风量不足,室内污染物积聚、浓度增加,将使室内人员感到不适,工作效率降低,甚至使人生病。因此,保证室内新风量是空调系统设计时应该重视的问题。

3.5.1.1　保证室内新风量的控制环节

具体如下:

(1) 保证室内新风量,首先,要选取合适的新风量标准。根据国内的设计规范,一般取30 m^3/(h·人)。

(2) 保证室内新风量需要控制3个环节。

1) 新风总量。控制整个系统的新风量,满足该空调系统所有服务区域的人员标准新风量之和;

2) 新风分配量。控制送入系统各个末端服务区域的新风量,满足区域内人员的标准新风量;

3) 新风均匀性。控制送给服务区域内所有人员新风,满足人员需求新风量,避免区域内一部分人得到多于标准的新风量,而另一部分人得到少于标准的新风量。

3.5.1.2　新风量设计

为使环境空气对流畅顺,系统排风量应等于新风量。根据建筑空间体积大小,住宅室内人的呼吸活动带应为2.4 m垂直高度;商业建筑内人的呼吸活动带应为4.5 m的垂直高度,呼吸带占整个空间的体积比约为0.26~0.47。

综合考虑换气次数和最少新风量两个因素,取两者计算最大新风量作为选型依据。住宅、办公建筑其新风量不小于每人30 m^3/h。

体育场馆、大会议厅、影院等,可根据上座率并结合换气次数确定新风量选型,人停留3 h以下的,按50%上座率确定新风量。对于大型商场等中央空调系统空间,按中央空调系统总送风量的30%确定新风量进行选型。工厂、车间、实验室等有毒、有害物散发场所,按稀释浓度所需风量确定新风量,同时回收室内空气排出时带走的能量(冷量或热量——热回收型机组),结合换气次数进行送新风系统的选型。

3.5.2　排气系统设计

3.5.2.1　实验室通风的目的和要求

实验室通风的主要目的是提供安全、舒适的工作环境,减少人员暴露在危险空气下的可能。通风主要解决的是工作环境对实验人员的身体健康和劳动保护问题。

实验室通风要求新风全部来自室外,然后100%排出室外,通风柜的排气不在室内循环。化学实验室换气要求每小时大于10次,物理实验室每小时大于10次,实验室无人时换气可减少为6次。实验室通风柜设计数量要足够，并且不作为唯一的室内排风装置，仪器室或产生危险物质的仪器上方设局部排风系统。

实验室的补风一部分来自空调系统直接送入实验室的新风，这部分新风根据实验室排风量的变化而变化；另一部分通过空调系统送入非实验室区域的走道、房间再通过实验室的门缝补给。实验室的负压通过送、排风风量和送排风口的布置来实现，气流组织从办公、管理用房、内走道到产生危险物质的实验房间。通风柜的位置布置在远离空气流动、紊流大的地方，远离行走区域和空气新风区。新风从远离通风柜的地方引入，空气流动路径远离通风柜。

实验室通风工程的设计、施工和验收规范有：

GB50194—2002《简明通风设计手册》；

GB/T50312—2000《建筑与建筑群综合布线系统工程验收规范》；

GB50168—1992《建筑电气工程施工及验收规范》；

GB50303—2002《建筑工程施工质量验收统一标准》；

GB50204—2002《建筑给水排水及采暖工程质量验收规范》；

GB50243—2002《通风与空调工程施工质量验收规范》。

3.5.2.2 通风柜的类别

建设现代化的实验室是个综合的系统工程。在装备各种仪器设备及其配套设施的同时，既要考虑供电、给水、排水、送风、排风、净化、排污等要求，还要考虑到对人员、物体、周边环境的安全性，噪声、异味、视觉环境的舒适性，仪器设备的可操作性、功能性，以及信息处理的便捷性。因此，现代化的实验室必须有最佳的设计和高品质的通风设备去满足。

在现代化实验室设备中，通风柜在实验室设备中担负着十分重要的功能，通风柜按照排风方式分类，分为：上部排风式、下部排风式和上下同时排风式这三类。为保证工作区风速均匀，对于冷过程的通风柜应采用下部排风式，对于热过程的通风柜采用上部排风式，对于发热量不稳定的过程，可在上下均设排风口，随柜内发热量的变化调节上下排风量的比例，从而得到均匀的风速。

通风柜按照进风方式分类也分三类：

（1）通过室内进风在柜内循环后排出室外称为全排风式，这是应用非常广泛的一种类型。

（2）当通风柜设置于采暖或对温湿度有控制要求房间时，为节省采暖，空调能耗，采用从室外取补给风在柜内循环后排出室外的方式称为补风式通风柜。

（3）再一种就是变风量控制式的通风柜。普通的定风量系统需要人工调整固定叶片的风阀，调节通风柜的排风量，当调节阀门到某一角度时达到希望的面风速。变风量控制是通过调节阀门的传感器改变风量达到给定的面风速，当然标准式成本低、变风量成本高，适用于要求精度高的场合。

通风柜按照使用状态分类可分为整体式下部开放式、落地式、两面式、三面玻璃式、桌上式、连体式以及根据不同实验使用需要而设计的适合于放射性实验的、合成实验的及过氯酸实验的专用通风柜。

3.5.2.3 通风柜的主要功能

通风柜的功能中最主要的是排气功能，在化学实验室中，实验操作时产生各种有害气体、臭气、湿气以及易燃、易爆、腐蚀性物质，为了保护使用者的安全，防止实验中的污染物质向实验室扩散,在污染源附近要使用通风柜。

通风柜处在有害且危险的气体及产生大量热的实验中使用外,为了改善实验环境,原先在实验台上进行的实验逐渐转移到通风柜内,这就要求在通风柜里要有最适于设备使用的功能。

新建的实验室设计有空调,因此通风柜的使用台数必须纳入空调系统的计划。由于通风柜在生化实验室中占有非常重要的位置,从改善实验室环境,改善劳动卫生条件,提高工作效率等方面考虑,通风柜的使用台数日益增多。随之而来的通风管道、配管、配线、排风等都成为实验室建设的重要课题。

使用通风柜的最大目的是排出实验中产生的有害气体,保护实验人员的健康,也就是说要有高度的安全性和优越的操作性,这就要求通风柜应具有如下功能:

(1) 释放功能。应具备将通风柜内部产生的有害气体用吸收柜外气体的方式,使其稀释后排至室外。

(2) 不倒流功能。应具有在通风柜内部由排风机产生的气流将有害气体从通风柜内部不反向流进室内的功能。为确保这一功能的实现,一台通风柜与一台通风机用单一管道连接是最好的方法,不能用单一管道连接的,也只限于同层同一房间的可并联,通风机尽可能安装在管道的末端(或屋顶处)。

(3) 隔离功能。在通风柜前面应具有不滑动的玻璃视窗将通风柜内外进行分隔。

(4) 补充功能。应具有在排出有害气体时,从通风柜外吸入空气的通道或替代装置。

(5) 控制风速功能。为防止通风柜内有害气体逸出,需要有一定的吸入速度。决定通风柜进风的吸入速度的要素有:实验内容产生的热量及与换气次数的关系。其中主要的是实验内容和有害物的性质。通常规定,对于吸入速度,一般无毒的污染物为0.25~0.38 m/s,有毒或有危险的有害物为0.4~0.5 m/s,剧毒或有少量放射性为0.5~0.6 m/s,气状物为0.5 m/s,粒状物为1 m/s。为了确保这样的风速,排风机应有必要的静压,即空气通过通风管道时的摩擦阻力。确定风速时还必须注意噪声问题,通过空气在管道内流动时以7~10 m/s为限,超过10 m/s将产生噪声,通常实验室的噪声(室内背景噪声级)限制值为70 dB(A),增加管道截面积会降低风速,也就降低噪声,考虑到管道的经费和施工问题,必须慎重选择管道及排风机的功率。

(6) 耐热及耐酸碱腐蚀功能。通风柜内有的要安置电炉,有的实验产生大量酸碱等有毒有害气体,具有极强的腐蚀性。通风柜的台面、衬板、侧板及选用的水嘴、气嘴等都应具有防腐功能。

3.5.2.4 气体排放处理

由于实验室气体排放中存在着很多有毒和酸碱腐蚀性极强的气体,所以在排入大气前要对气体进行过滤处理,通常情况下,酸性气体选用立式酸雾塔;有毒和有机气体选用光学催化净化箱。两种设备分别安装在排风系统末端,立式酸雾塔安装在风机的正压段,光学催化净化箱安装在风机负压段。动物房的气体经过初效和中效过滤后,直接排入大气,但在排风口处做高压喷射流处理,喷射高度在3 m以上。

3.5.3 铁矿石检验实验室通风设计

3.5.3.1 设计参数

具体如下:

（1）风管风速：送、排风管内风速6～9 m/s，干管内风速8～14 m/s；

（2）实验室换气次数：8～15次；

（3）实验室通风设计理论风量：1.5 m通风柜为900～1300 cm^3/h、1.8 m通风柜为1300～2100 cm^3/h、万向罩为50～300 cm^3/h、原子吸收罩为400～600 cm^3/h；

（4）悬挂抽风罩面风速为0.2～0.5 m/s；

（5）通风系统运行设计要求：

1）风速、风量稳定，噪声低；

2）通风柜工作面吸风表面平均风速为(0.5±0.1)m/s；

3）能快速有效排放有害气体；

4）确保实验室室内环境要求；

5）通风柜控制系统快速有效；

6）非正常情况下声光报警。

3.5.3.2　通风控制系统

通风系统中通风柜采用变风量控制系统，风机采用变频控制系统来控制风机的转速以达到自动调节风量。

（1）为了保证每个实验室通风柜的单独有效，采用连锁控制系统，来控制风机和变风量阀的联动。

（2）每台通风柜采用控制开关和变频控制系统和风机联动，可根据通风柜使用的数量自动调节风速和风量。

（3）当整个通风系统只使用其中一台或少量通风柜时，通过变频系统来调整风机转速，在相应的数值排风；当整个通风系统所有通风柜都使用时，通过变频处理来控制风机在最高数值以最大风量排风。

通风柜变风量控制的监控功能通过位置传感器测得的信号，液晶监控器在1 s内调节阀门，将风量控制在合适值，面风传感器将实测的面风速转换成电压信号传给控制面板，控制面板根据面风速与设定值（如0.5 m/s）进行比较，对阀门进行微调。如果风速不在设定值范围内，则改变执行器的输出信号，调节阀门的开度，从而调整风量，使面风速回归设定值，通风柜变风量控制系统响应值可以达到3 s。如果面风速传感器给出的面风速实际值小于0.3 m/s，监控面板瞬间发出声光报警。

通风柜的主要元器件有（见图3-14、图3-15）：

（1）变风量阀。为防止长时间使用后变形，建议不采用PP风阀，可采用1.2 mm镀锌钢阀（环氧树脂喷吐防化学腐蚀层）；

（2）快速连续型电动执行器。扭矩为8 N·m；

（3）通风柜风速控制面板。实时显示风速，面风速超出设定范围时能进行声光报警，有最大排风按钮（紧急情况下的最大排风按钮，按下后变风量阀门可开至最大）及最小排风按钮（符合NFPA规定，通风柜具有最小安全排风量）；

（4）通风柜专用传感器。测量范围为0～2 m/s，通风柜专用面风速传感器（不受外界温湿度影响）。

3.5.3.3　送风系统设计及控制

具体如下：

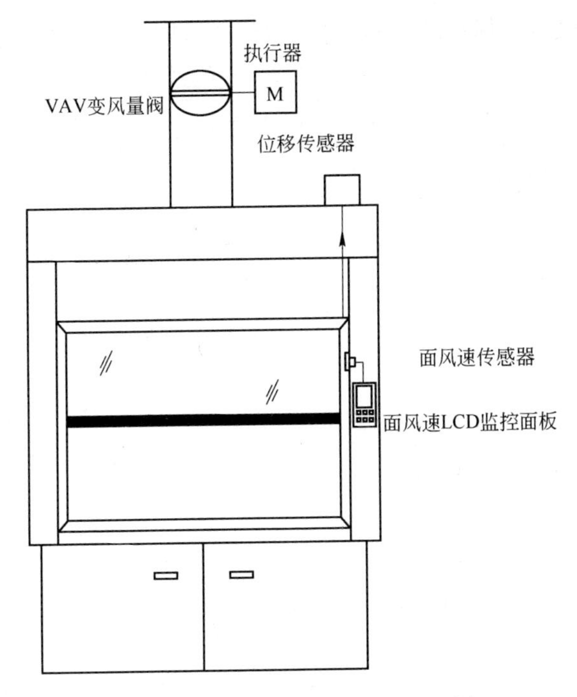

图 3-14　通风柜变风量控制原理图

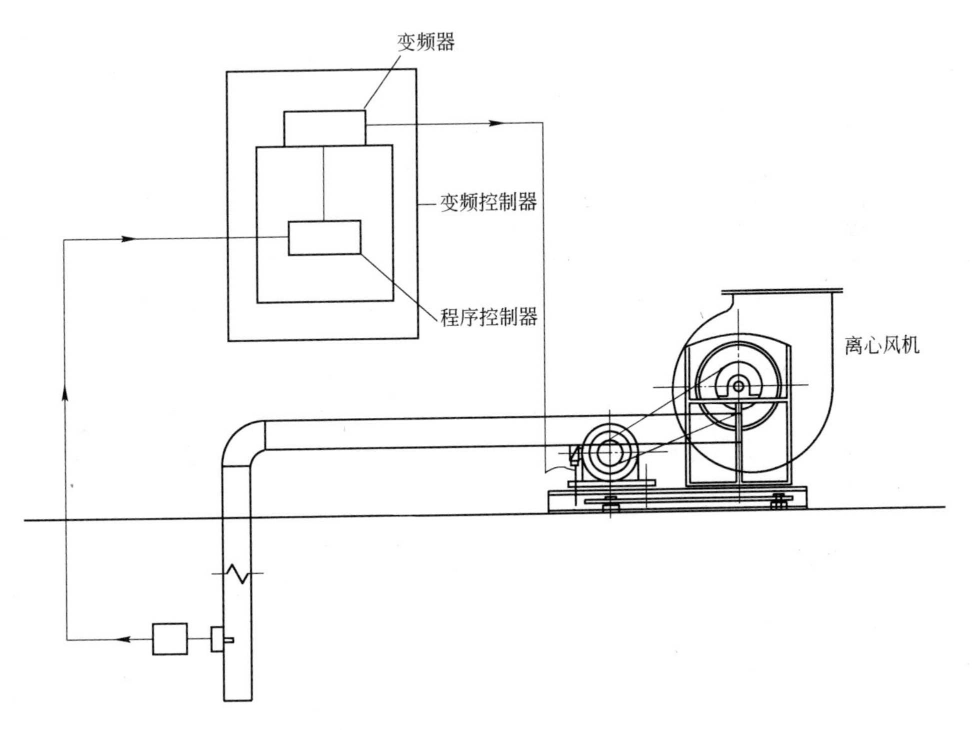

图 3-15　通风柜排风变频控制图
（管道静压传感器取压点在排风机和最后一个排风支管间距离风机 2/3 处）

（1）送风系统风量按照房间排风风量设计，略小于房间总排放量。整个送风系统采用变频控制，当补风送风关闭时即时调整电机转速，以调整系统风量，以达到节能的目的。

（2）所以房间排气罩排风系统与送风系统通过比例积分调风阀联动控制，排风开启时，送风风阀即时打开，以保证室内环境压力。见图3-16、图3-17。

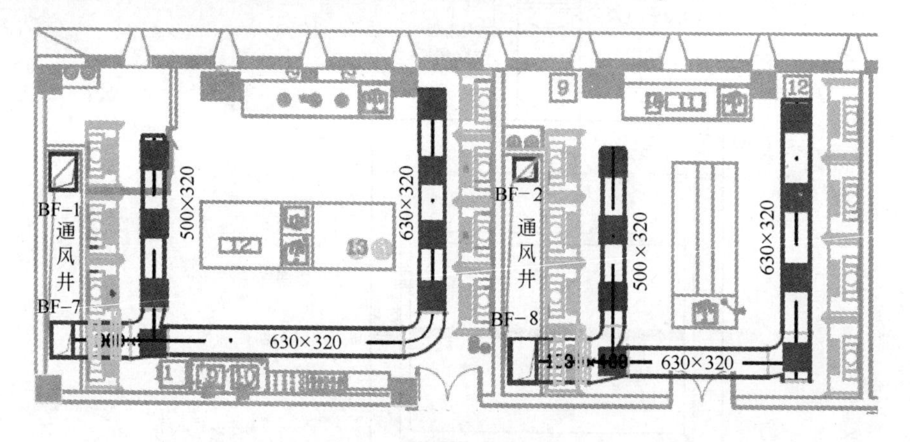

图3-16 实验室补风平面布置图

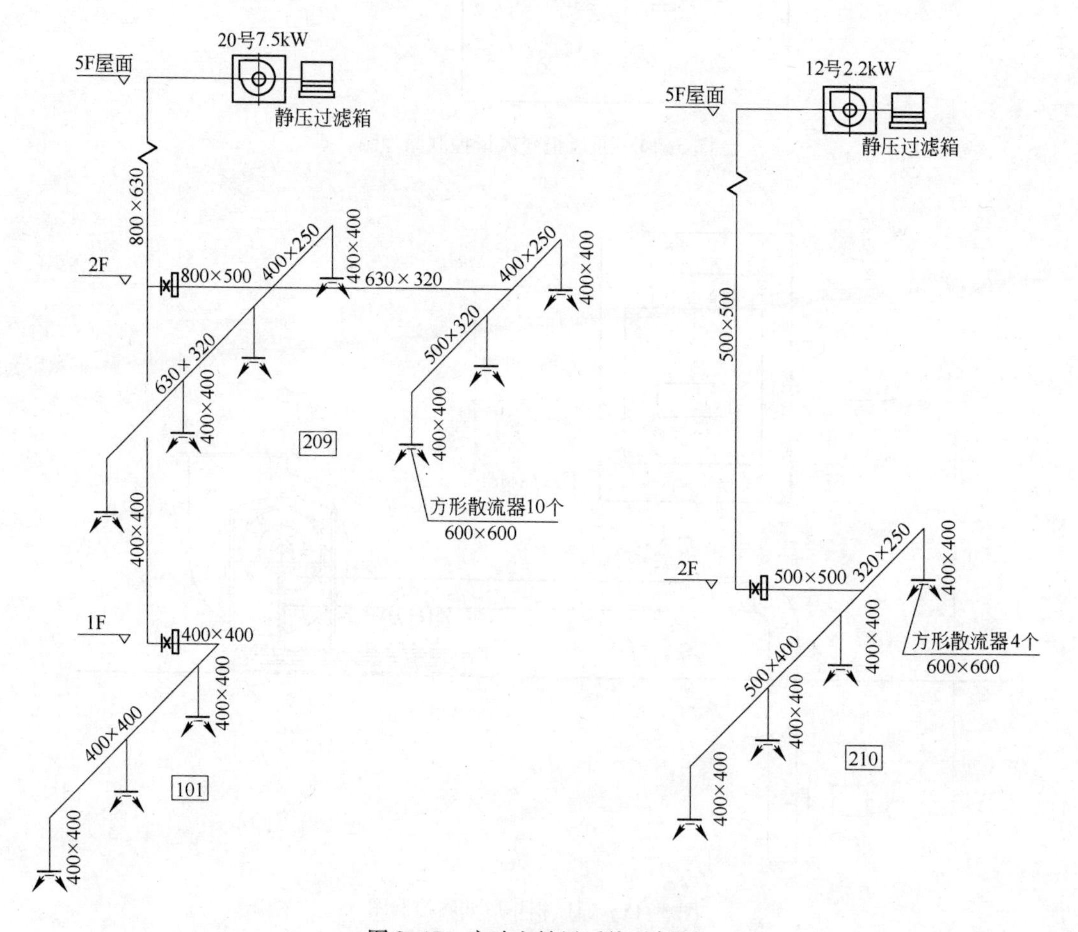

图3-17 实验室补风系统示例图

3.5.3.4 风管及部件的制作

具体如下：

(1) 室内通风管道采用优质的防酸碱防腐蚀的 PVC 管道,室外和管井内管道采用玻璃钢管道。风管吊装高度依现场天花板高度决定。

(2) 水平风管安装后的不水平度的允许偏差为每米不应大于 2 mm;总偏差不应大于 15 mm。

(3) 风管与风机连接处采用 150 ~ 300 mm 的软接头,接口须严密牢固。

(4) 楼顶通风设备设置有基础,风机、消声器均放置在基础上。在设备与基础之间采用弹簧减振器或橡胶减振垫作消声减振处理,设备须按时到位,核对无误后再施工。

(5) 安装时与其他工程配合,穿墙面需考虑安装要求,也需考虑土建防水、美观的要求。

3.5.3.5　废气处理

具体如下:

(1) 活性炭干吸附。有机废气采用活性炭干吸附,为防止实验室废气对大气产生污染,排风系统设置活性炭干吸附废气处理系统。

1) 活性炭干吸附装置的主材采用经过化学吸附而特殊处理的活性炭。活性炭处理装置进风段需设置进口的防护过滤装置。

2) 活性炭干吸附装置箱体材质为 8 mm 厚的 PP 板,并设可拆卸检修面板,方便维护更换。

3) 处理后的废气排放含量低于国家标准。有机溶剂蒸气净化率达到 95% 以上。

(2) 水喷淋净化塔。无机废气采用水喷淋塔,水喷淋塔的主体采用玻璃钢材质,配套有水泵及风机,用于处理实验时产生的酸雾。

1) 内设水喷淋嘴和填料层,填料层采用波纹形 PVC 卷材,阻力低,因此风机转速低,噪声小,节能效果好,气液混合充分,净化效率高。

2) 填料层约 300 mm 厚,气液混合时间长,可以采用高气速,因此结构紧凑、体积小、处理能力大、占地面积小,安装、运输方便。

3.5.3.6　实例

图 3-18 ~ 图 3-22 分别为屋顶风机安装示意图、实验室屋顶风机安装示意图、通风系统安装示意图、罩体通风安装示意图、排风系统示例图。

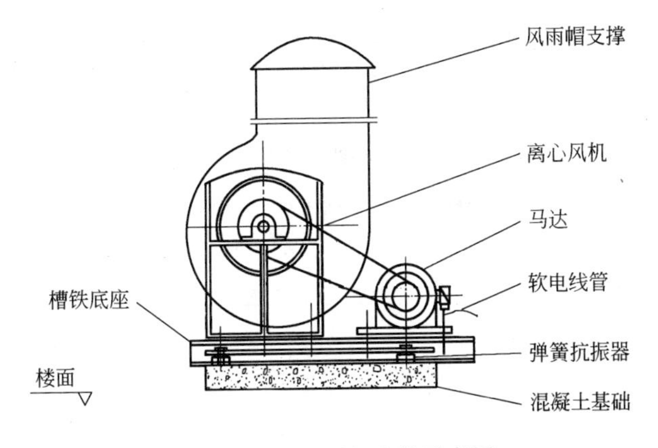

图 3-18　屋顶风机安装示意图

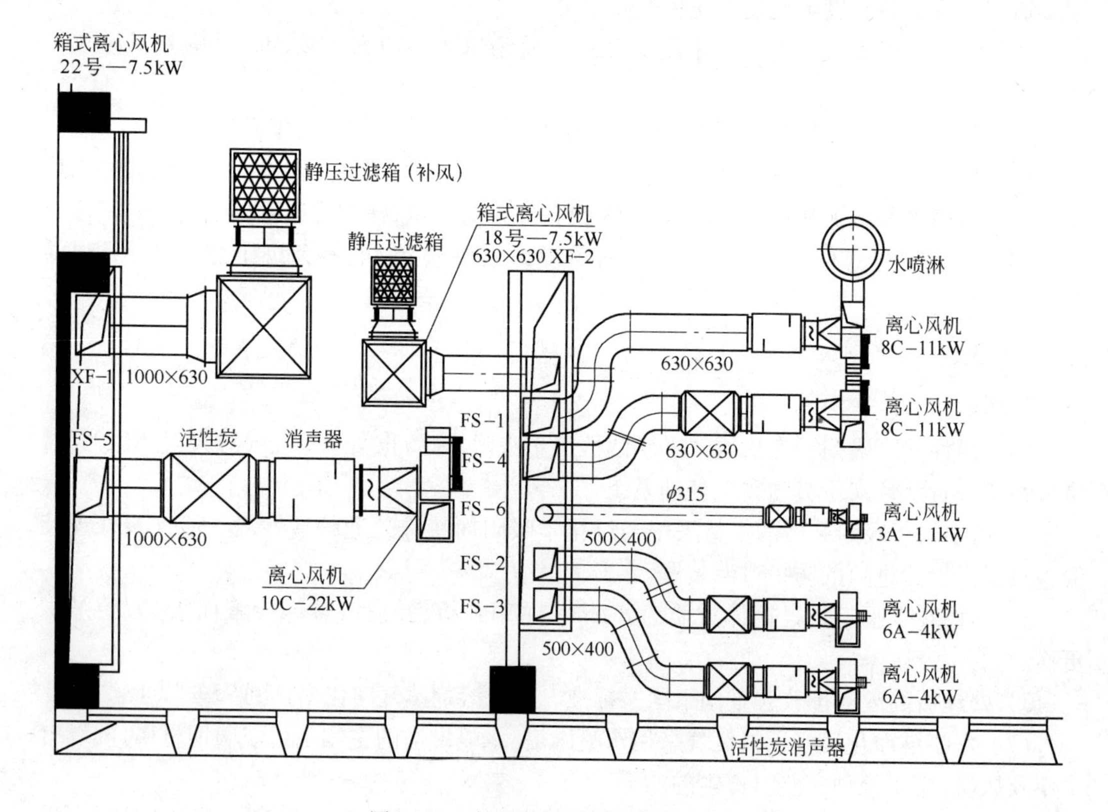

图 3-19　实验室屋顶风机安装示意图

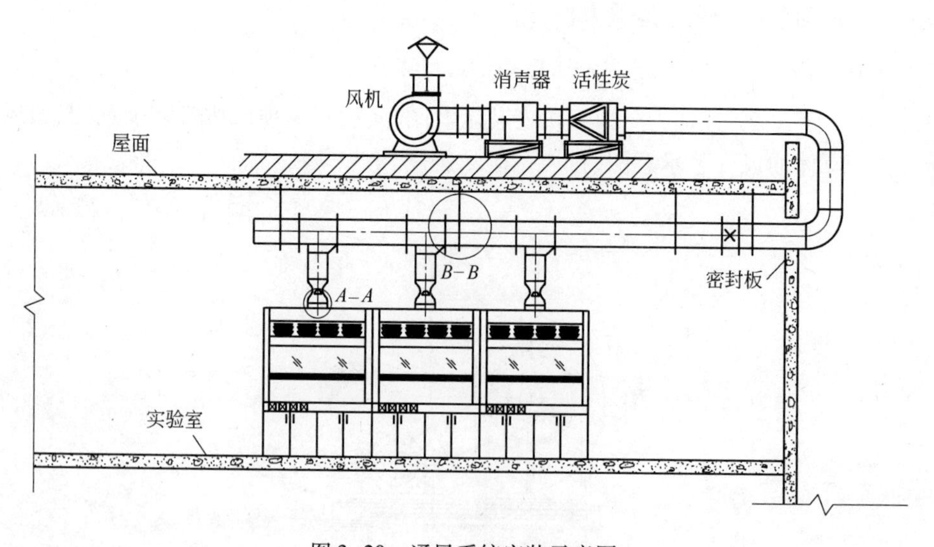

图 3-20　通风系统安装示意图

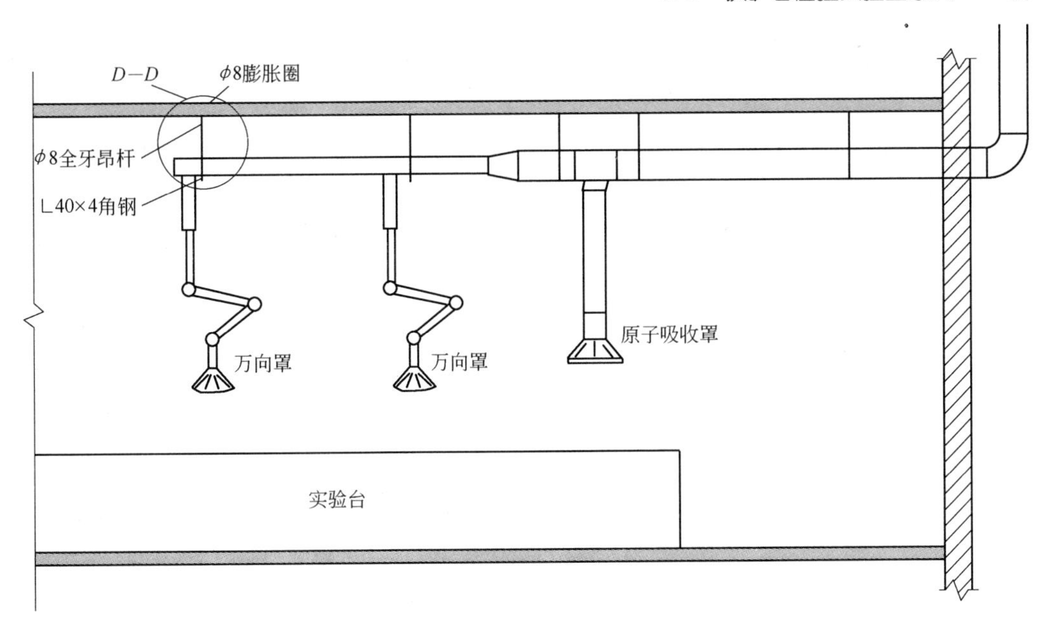

图 3−21 罩体通风安装示意图

3.6 铁矿石检验实验室家具

实验室家具是一种特殊的工业家具，由于需要经常与水、电、气、化学物质接触，因此其制作材料需要耐酸耐碱，而且还需要有一定的承重和耐用性，家具台面根据不同的实验室要求所需材质不同，主要是抗化学腐蚀的材料。

3.6.1 通风系列家具

通风系统由通风系列家具和排风系统、补风系统组成，排风系统见图 3−22 示例，补风系统在 3.5.3.3 节已有介绍。

3.6.1.1 通风柜

A 落地式通风柜

通风柜是一种能将有毒有害及其刺激性气体排到室外的、能保障实验人员的安全健康的实验室设备。通风柜的材料有全钢制、钢木制、铝木制等，多数钢制通风柜外壳和内衬采用环氧树脂粉末静电喷涂，使其能耐酸耐碱，通风柜的下柜一般为储存区域，上柜为通风区域，上柜台板可采用实芯理化板、环氧树脂板、陶瓷板、不锈钢板。大多数通风柜内配置照明装置、上下水、电源插座、气压表、供气接口及其阀门等（见图 3−23）。

B 桌面通风罩

桌面通风罩是一种在桌面上安装的通风罩，主要用于未安装通风管道，但需要进行排烟除废气的实验室。多数桌面通风罩采用顶部过滤装置，因此室内空气可循环使用。桌面通风罩最大的好处是可以移动，但用于过滤的试剂需要定时更换，见图 3−24。

3.6.1.2 抽风罩

A 桌上抽风罩

该抽风设备在实验室最为常见，主要用于高温设施的排风去热、排烟除气，如烘箱、马夫炉等，一般以不锈钢制作最为常见，见图 3−25。

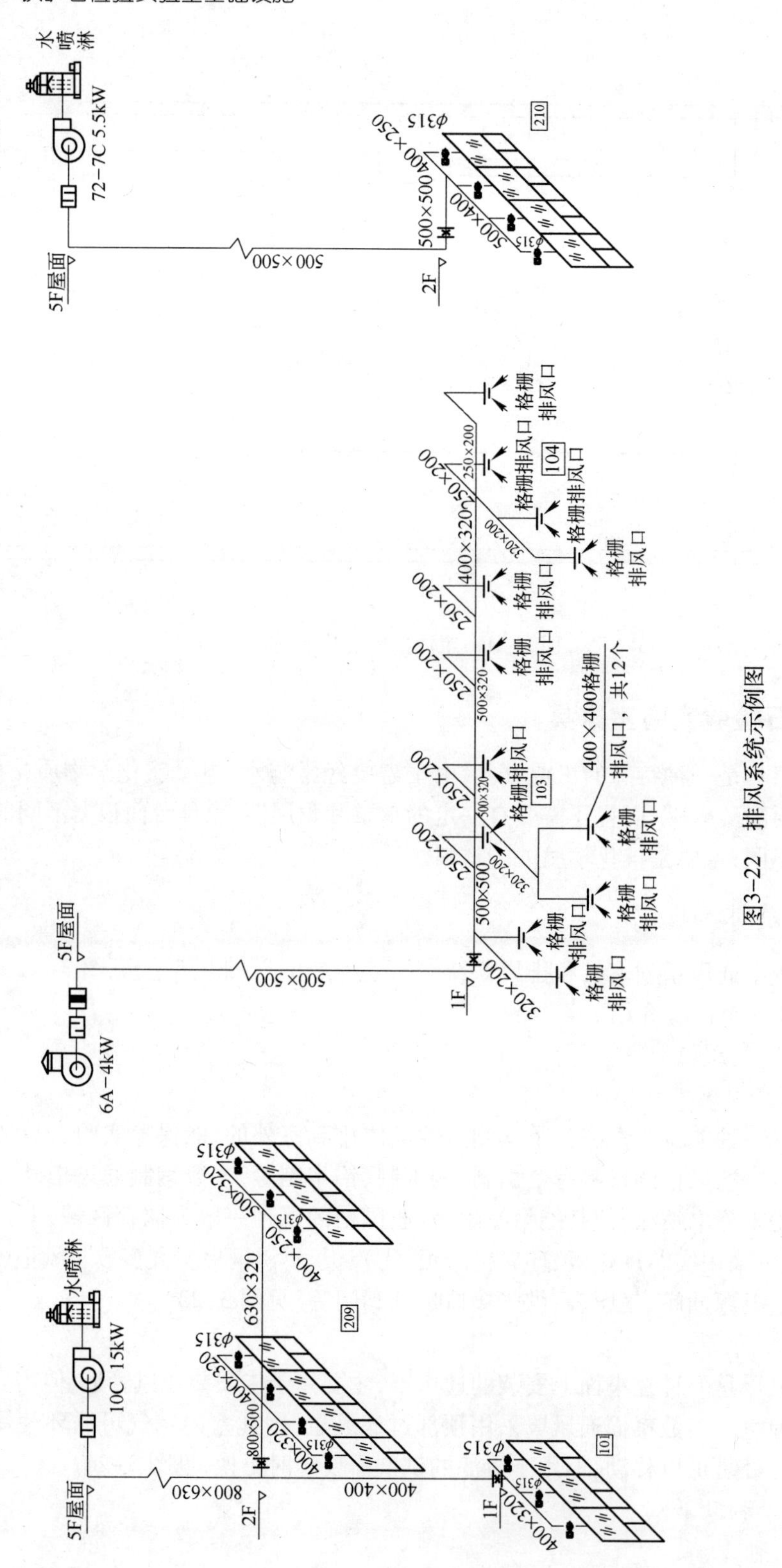

图3-22 排风系统示例图

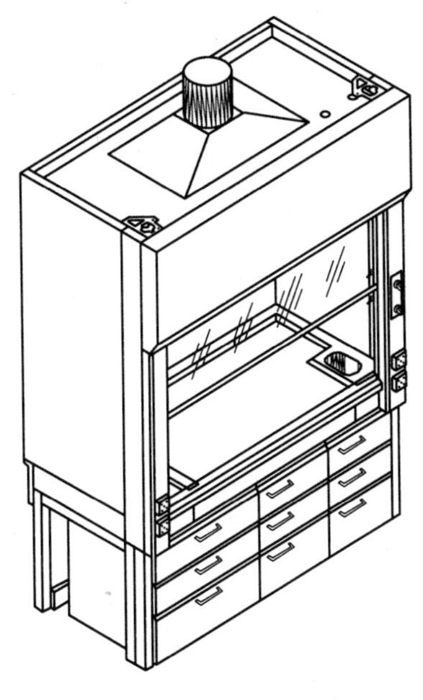

图 3-23 落地式通风柜

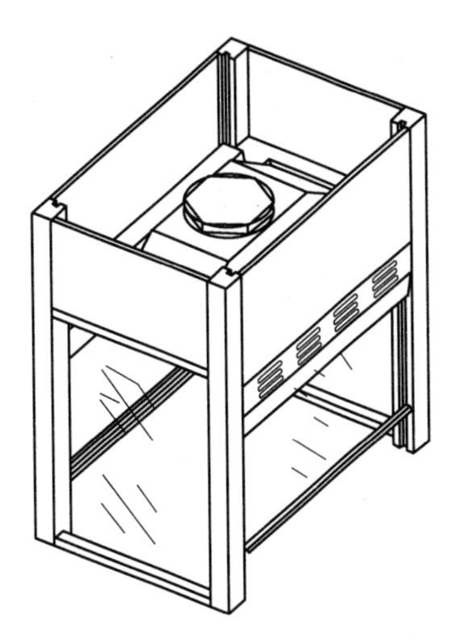

图 3-24 桌面通风罩

B 万向通风罩

图 3-26 所示的万向通风罩主要使用在仪器分析实验室或化学分析实验室,万向通风罩通过几节可折叠的管道安装在天花板上,可将通风罩转向任何位置,方便将仪器或分析化学工作过程中产生的废气排除。该通风罩在色谱类仪器或废气产生量不是非常多的场所使用,见图 3-26。

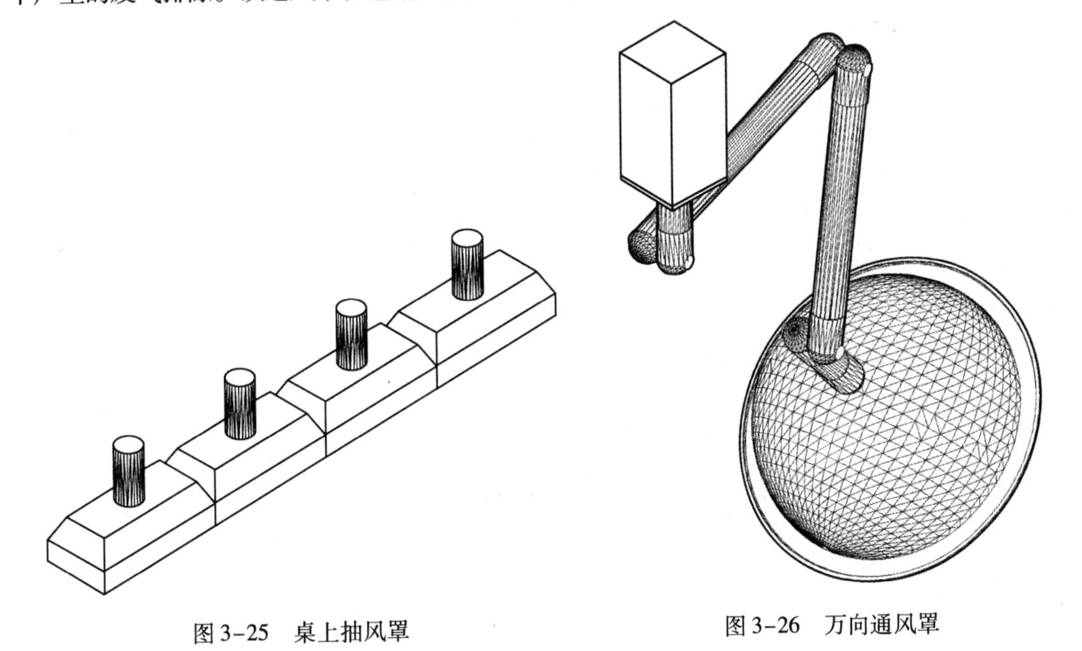

图 3-25 桌上抽风罩

图 3-26 万向通风罩

C 仪器抽风罩

图 3-27 所示的仪器抽风罩多数用于原子吸收、原子荧光、ICP、ICPMS 等需要排除大量热气、废气的仪器设备,多用不锈钢制作。

3.6.2　实验室工作台

3.6.2.1　试验台

具体如下：

（1）中央台。中央台是一种安放在实验室中央的分析化学工作台，一般两侧都可以工作，台中央有试剂瓶架，侧面有洗涤槽，配有上下水、电源等。中央台及其他试验台关键部位是台面，由于需要经常性地与酸碱接触，台面需要防腐蚀，常用台面有实芯理化板、环氧树脂板、陶瓷板、不锈钢板，见图3-28。

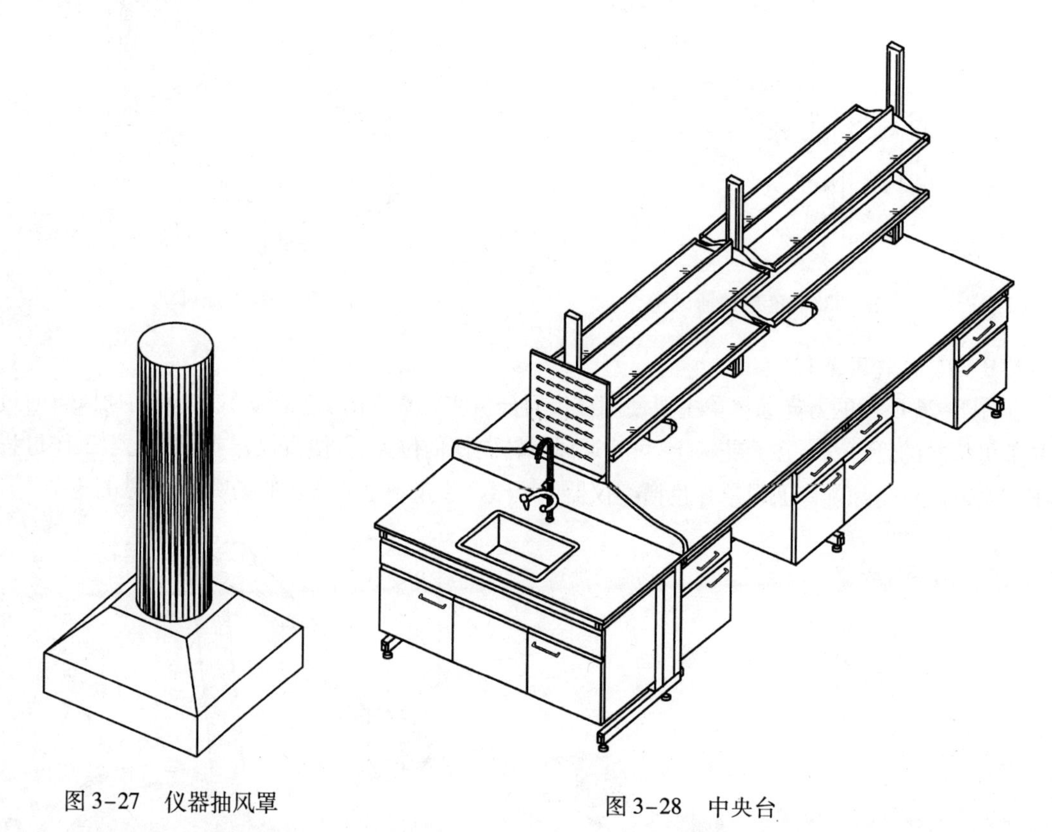

图3-27　仪器抽风罩

图3-28　中央台

实芯理化板以优质牛皮纸浸于特殊酚醛树脂后经高温高压热固成型，表层纸经耐腐蚀处理，具有耐酸碱、耐撞击、耐热等特点。

环氧树脂板为加强型环氧树脂成分，有弧形收边，一次模具成型，该台面板同样具有耐酸碱、耐撞击、耐热等特点，而且具有损伤后可修复还原的优点。

陶瓷板用陶土制坯后经高温烧制而成，表面上釉，陶瓷板耐酸碱、耐热性能非常优越，还可耐刮擦，但不耐撞击。

不锈钢板采用304或316不锈钢制作，易清洁，但不耐酸碱。

（2）边台。边台的基本功能与中央台一样，但它一般靠墙壁安放。也可安放仪器或作仪器工作台使用，见图3-29。

（3）转角仪器台。转角仪器台基本功能与边台一样，但它一般靠墙壁转角安放，见图3-30。

（4）活动推柜。这是一种可移动的试验工作台，见图3-31。

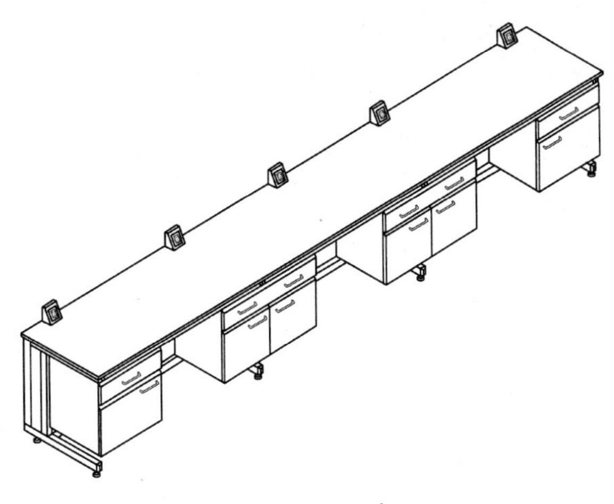

图 3-29　边台

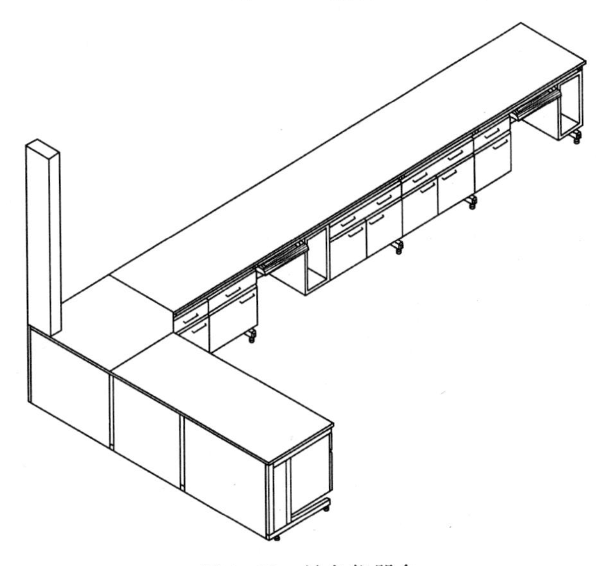

图 3-30　转角仪器台

3.6.2.2　其他试验台

具体如下:

(1) 天平台。专门用于安放天平的工作台,一般采用大理石台面,全钢结构,配有电源插座,见图 3-32。

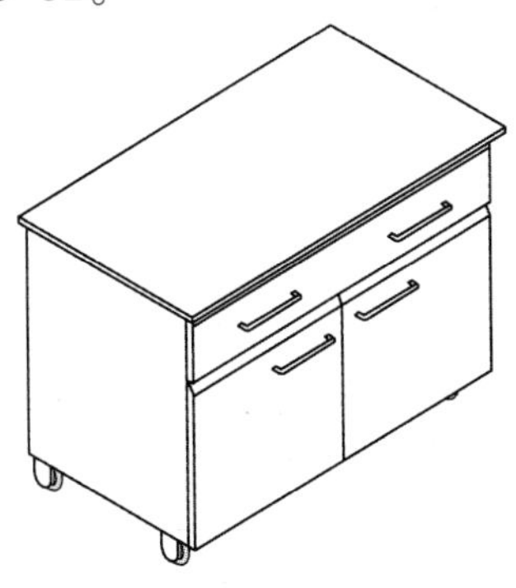

图 3-31　活动推柜

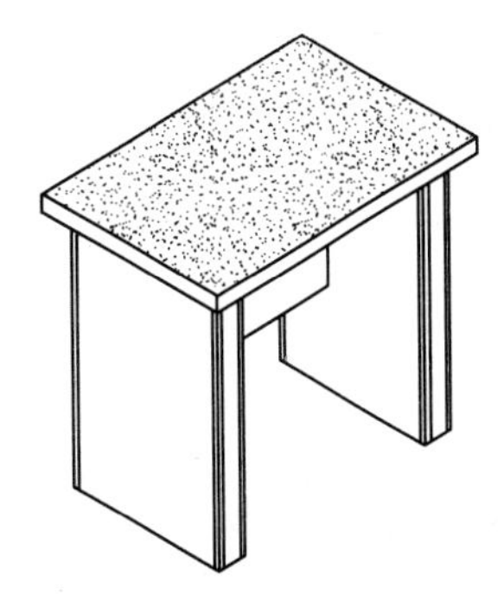

图 3-32　天平台

（2）周转台。周转台多为全钢结构，可用于临时放置实验用品，见图 3-33。

（3）高温矮台（见图 3-34）。高温矮台用于放置烘箱、马夫炉，采用大理石台面，钢木结构，有些台面还配有电源插座。

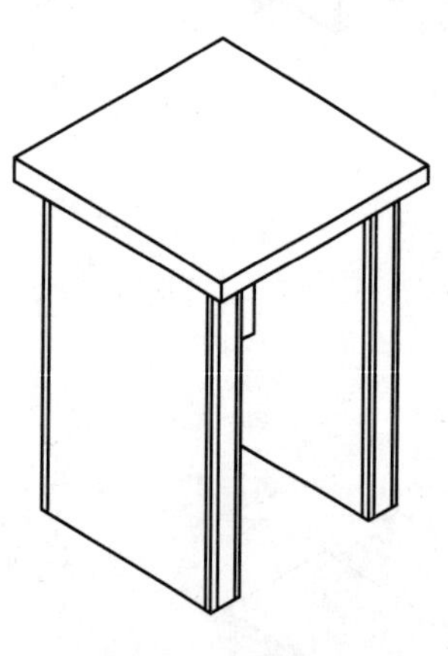

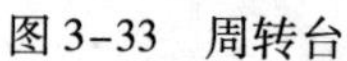

图 3-33　周转台

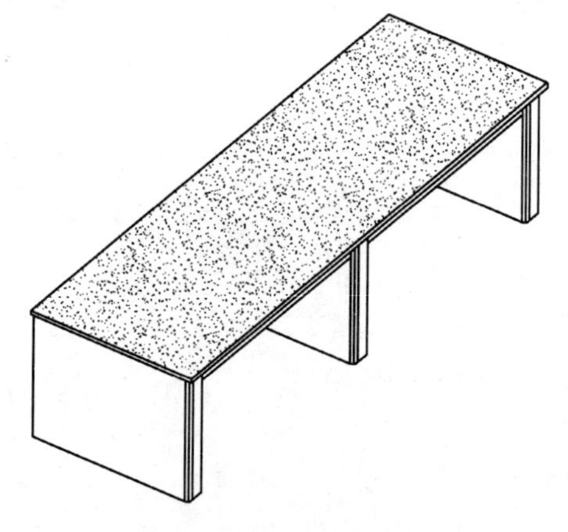

图 3-34　高温矮台

3.6.3　试验柜

3.6.3.1　储存柜

具体如下：

（1）试剂柜。实验室柜体多采用木制或钢制，木制柜体采用三聚氰胺贴面板或中密度纤维板贴面，钢制柜体采用冷轧钢板，经环氧树脂粉末静电喷涂，柜内的层板一般可以活动，见图 3-35。

（2）器皿柜。与试剂柜类似。

（3）样品架。多为全钢结构，木制层板，用于放置样品，见图 3-36。

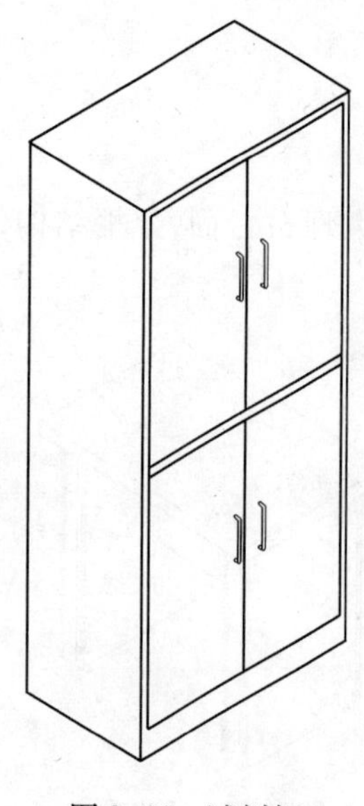

图 3-35　试剂柜

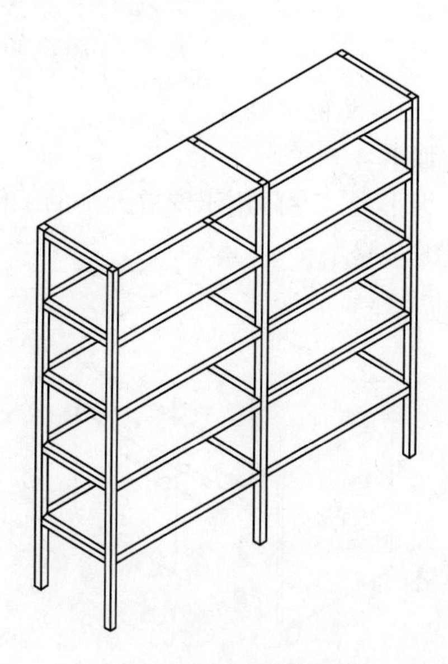

图 3-36　样品架

3.6.3.2 安全储存

具体如下：

（1）气瓶柜。多为全钢结构，可放置2～3个标准气瓶，附链条固定装置，柜内可安装气体泄露探测装置和排气装置，也可安装电源插座，见图3-37。

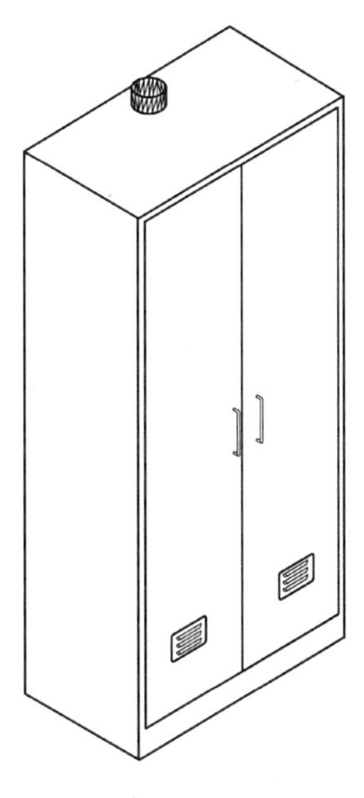

图3-37 气瓶柜

（2）腐蚀品储藏柜。

1）一般腐蚀品储藏柜。适用于储存已密封于安全容器内的腐蚀品，见图3-38。

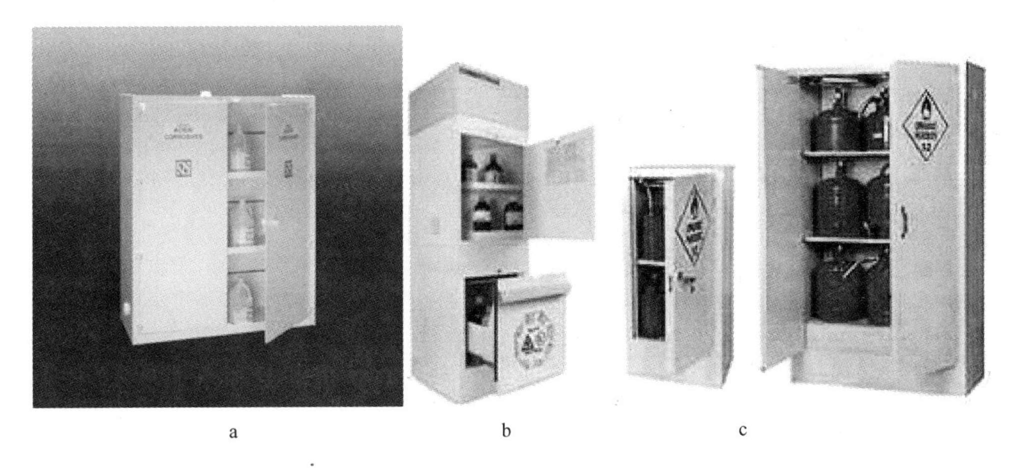

a b c

图3-38 腐蚀品储藏柜（a，b）和防爆柜（c）

2）有机过氧化物储藏柜。柜门可自动关闭但不能上锁，可防治柜内压力过大而发生爆炸，同时柜内还设有水池，可注入整个柜所储存的容量。

3）氧化剂储藏柜。柜门可自动关闭，不能上锁，带磁性。

4）有毒物品储藏柜。适用于除草剂、杀虫剂以及其他有毒物品。

（3）防爆柜。用于储存易燃液体及危险化学品，整体采用镀锌钢板折弯而成，表面经 90 μm 环氧树脂静电粉末喷涂，抗酸碱；整体采用双层防火材料加厚隔热处理，隔板厚度为 60～80 mm，一般经 0～1000℃严格防火安全测试，防火等级达 90 min；常闭式安全防火门；安全柜背部设有 70℃感应自闭式高精度排风阀，利于柜内排风；可设 70℃感应自闭式高精度排风阀，利于柜内排风；有安全锁，可提高安全性，便于规范管理；可配置活性炭过滤吸附器过滤处理装置，利于废气味道消除及有害物质中和反应，净化空气；一般配有静电安全接地器，防止由于静电火花引发的火灾发生，见图 3-38。

（4）聚乙烯安全柜。卧式聚乙烯安全柜主要用于腐蚀品储存，可安全储存 30 个 1 L 瓶或多个容器。任一分隔箱均在起双门上装有可调节架和储藏仓供小容器使用。两个可卸槽可以滑动，以便清洗溅落在其上的物质，见图 3-39。

3.6.3.3 紧急防护装置

具体如下：

（1）紧急喷淋器。紧急喷淋器用于化学试剂溅入人身或人身衣着着火时紧急冲淋，该设备为不锈钢制作，淋身器为连杆式拉动开关，洗眼器为手动推板开关并附脚踏开关，喷淋器为多孔出水孔，洗眼器为喷水雾状扩散式，见图 3-40。

图 3-39 聚乙烯安全柜

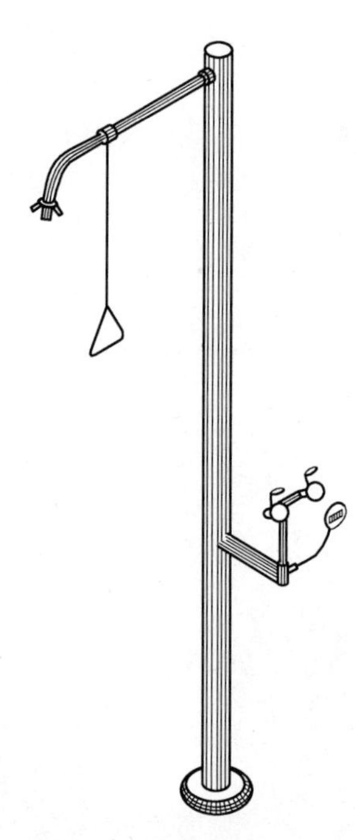

图 3-40 紧急喷淋装置

（2）洗眼器。桌上洗眼器用于化学试剂不慎溅入人眼时的紧急冲淋。一般采用铜质制作，表面采用环氧树脂喷涂处理，耐酸碱、耐高温，喷水呈喷雾状，可快速洗净眼球。

3.7 铁矿石检验实验室安全防护

3.7.1 铁矿石检验实验室的安全防护内容及要求

铁矿石检验实验室的安全防护主要涉及防火、防爆、防雷、防震、防静电等，同时也包括实验室废气、废水的安全排放。因此,从事铁矿石检验的实验室技术人员必须高度重视安全工作,了解相关的防护设施和安全注意事项,熟悉仪器、设备的性能及使用方法,严格遵守操作规程,以确保人身和实验室的安全及检测工作的顺利进行。

3.7.1.1 防火

A 一般防火

在实验室的多数严重事故中,火灾是最普遍的起因之一。面积大、工作人员较多或者具有火灾危险性的实验室以及库房,应设两个或两个以上的安全出口。所有的实验室均宜设置备用的安全出口。安全出口应有合宜的宽度与高度。对于仪器分析室,在消防时,不适于用水消防或要求灭火剂对这些器材设备尽可能不产生沾污和腐蚀作用,因此室内除设置普通消防给水系统外,还应考虑设置一些二氧化碳灭火机、四氯化碳灭火机、干粉灭火机或卤化物灭火剂装置等消防设施。一般的灭火措施、灭火器等应装在实验室门口外面附近处,更便于取用。要有简便的报警设备,如烟感报警器、温感报警器等。

B 智能型自动喷水灭火系统

根据 GB 50084—2001《自动喷水灭火系统设计规范(附条文说明)(2005 年版)》和 GB 5135.1~15—2003 进行设计。"智能型"是指产品将红外传感技术、计算机技术、信号处理技术和通信技术有机地结合在一起,完成自探测火灾至判定火源、启动系统、射水灭火、持续喷水和停止射水等全过程的控制。装置对所保护的区域始终处于全方位监视状态。智能型自动喷水灭火系统是由智能型灭火系统装置、信号阀组、水流指示器等组件以及管道、供水设施、喷淋装置等组成。其中智能型红外探测组件为监控部分,灭火部分由大流量喷头和电磁阀组组成。装置能主动探测着火部位并开启喷头喷水灭火,灭火喷水面为圆形,保护半径为 4~6 m、安装高度为 2.5~6 m,喷水流量不小于 5 L/s,工作压力 0.12~0.25 MPa。

智能型自动喷水灭火系统在设计时应注意:

(1) 空间系统为湿式系统,设置场所环境温度不应低于 4℃,不高于 55℃;

(2) 适用于 A 类火灾,即含碳固体可燃物质火灾;

(3) 喷头喷水时,不应受到障碍物的阻挡;

(4) 空间系统可独立设置,也可与喷淋湿式系统或消火栓系统综合设置;

(5) 被保护面积可为正方形或矩形;

(6) 喷头按最多 4 行 4 列布置 16 个喷头同时开启计算,并下垂型安装;

(7) 边墙式或悬空式安装,且喷头以上空间无可燃物时,设置场所净空高度可不受限制;

(8) 电磁阀应采用优质材质,性能应可靠;

(9) 管网末端最不利点处设模拟末端试水装置,其流量系数分别为 190、97 和 122;

(10) 持续喷水灭火时间不小于 1 h。

C 惰性气体 IG-541 灭火

可根据 GB 50370—2005《气体灭火系统设计规范(附条文说明)》进行设计。惰性气体 IG-541 技术已面世多年,在国内也已应用并积累了一定经验,许多实验室采用 IG-541 灭火系统。IG-541 灭火系统目前的充装压力有不同规格,一般以 14.9 MPa(20℃)充装压力。

防护区设计要求为:

(1) 规定全淹没灭火系统防护区的建筑构件最低耐火极限。参照国家标准《建筑设计防火规范》对非燃烧体及吊顶的耐火极限的要求；

(2) 对防护区围护结构及门窗的最低允许压强作出规定。IG－541 灭火系统启动时会向防护区喷放大量气体，引起防护区压力升高。在喷放灭火剂之前，燃烧所产生的热也会使压力有所升高。在喷放时火烧得越大，时间越长，压力升高的值就越大。在系统设计中，这部分未计入在内。防护区的建筑强度取决于建筑材质，建筑构件强度，以承受 IG－541 气体喷放增压而产生的荷载。当设计的耐压强度难以确定时，可由专业检测机构对防护区建筑构件的耐风压强度进行测定；

(3) 空气和灭火剂通过孔洞向防护区外排放，可降低防护区内因喷放灭火剂而引起的压力升高。如果防护区内的压力升高到一定的值而没有及时予以释放，防护区的结构就会出现危险。因此对于密封性较好的防护区，规定安装泄压口。据有关资料表明，安装泄压口的防护区过压峰值为 180 ~ 550 Pa。较佳的系统设计可以限制泄压孔径大小和过压持续时间。泄压孔的大小不应与决定防护区内灭火剂持续时间的最大允许的泄漏面积相混淆。

每次安装所需要的灭火剂用量由一系列因素计算而得。在确定了防护区的环境温度和容积后，可以查阅 IG－541 灭火剂淹没系数进行计算。这些因素包括防护区空间、设计浓度、环境温度、海拔高度等。当防护区所处的海拔高度的大气压力与标准大气压力相差超过 11% 时，灭火剂设计用量应进行校正。

灭火剂的设计浓度确定为：

(1) 规定灭火剂的设计浓度不应小于 1.3 倍可燃物灭火浓度，而各种不同可燃物的灭火浓度可通过具体的试验确定，因而也可以计算出它们所需灭火剂的设计浓度；

(2) 同时规定在 IG－541 灭火剂能够扑灭的火灾中，其最小设计浓度应为 37.5%。因此当计算出的某些可燃物所需的设计浓度小于 37.5% 时（如甲烷为 15.4%、甲苯为 31.3% 等），仍应满足 37.5% 的要求；

(3) 另外，由于某些可燃物所需的设计浓度已大于规定的最小设计浓度 37.5%，此时应将它们的实际设计浓度作为最小设计浓度。本规程附录 B 中列举了部分这样性质的可燃物；

(4) 当防护区处于预期最高环境温度下，如果喷入的 IG－541 灭火剂的设计浓度大于 43% 时，将造成防护区内的氧气浓度降至 12.5% 以下，使得人员无法在防护区中生存。在具体设计中，按防护区预期最低环境温度确定最小设计浓度，并计算出灭火剂的设计用量后，实际确定的灭火剂充装量往往会大于设计用量，因此规定必须进行实际的设计浓度安全性的复核。

系统管网计算：

(1) IG－541 灭火系统为气体单相流，灭火剂是由 52% 的氮气、40% 的氩气、8% 的二氧化碳配置而成，只有保证防护区中的各个部位均达到了上述规定的灭火剂组分，特别是二氧化碳的组分，才能在保证灭火效果的同时，保证停留在防护区内人员的安全性，因此必须进行精确的计算。这样的计算用手工来完成是不可能的，因此规定宜采用专用的计算机软件计算。同时考虑到这样的专用计算机软件并未商业化，多数掌握在产品供应商手中，一般的设计单位暂时还无法取得，因此规定设计单位和产品供应商应共同对计算结果负责；

(2) 喷射时间是用于 IG－541 灭火系统流体计算的一个重要参数，规定灭火剂的喷射时间应保证在 60 s 内达到最小设计浓度的 95%，并规定不同设计浓度下 IG－541 灭火剂喷射时间。由于 IG－541 灭火剂喷放时，其压力和流量是逐渐变化的，国外有关资料指出，喷放最后10%灭火剂所需的时间是和喷放前面90%灭火剂所需的时间相当。当设计浓度为37.5%时,它的喷射时间是40 s,远远小于60 s,这是因为它在喷放40 s后,虽然已喷放出了绝大部分的灭火剂,但并未达到设计浓度的95%,只有在继续喷放20 s后,才会满足设计要求;相反,当设计浓度为43.4%时,它的喷射时间为80 s,远远超过了60 s,但实际它在喷放60 s后,就已经达到了最小设计浓度(37.5%)的95%,满足设计要求,而60 s后喷放的是多余的药剂,它们最终能使防护区达到43.4%的设计浓度;

(3) 计算流动条件可参照相关标准或气体灭火系统设计安装手册所提供的数据。

3.7.1.2 防爆

有爆炸危险性的房间(如气瓶间),在与邻室相接处必须采用防爆墙(或防火墙),且只能一面贴邻。墙上不得设单扇门直接与邻室相通。必要时可设外廊、阳台或双门斗,以供联系。要求防爆的实验室,面积不宜过大,尽量用防爆墙分隔,以便在发生爆炸时缩小事故范围。同时要加强防爆监测。

3.7.1.3 防雷与防振

实验室建筑设计中对防雷措施的要求,应按照全国通用设计标准《电力设计技术规范》中的"建筑物和构筑物的防雷篇"所规定的建、构筑物防雷等级的划分来加以取舍。

对于实验室内部的防振措施主要有:

(1) 凡振动较大或防振要求较高的精密仪器应尽可能设置在底层,以有利于采取有效的隔振措施;

(2) 可将精密仪器设备放置在防振基础或防振工作台上;

(3) 对实验室内产生较大振动的设备需要采取相应的隔振措施等。

3.7.1.4 接地

铁矿实验室内所用的大型仪器设备均应按要求接地,这是为了保证设备和人身的安全,也为了设备工作时有一个统一的电位参考点和防止外界电磁场的干扰。设备接地最普通的方法是连到一个金属系统去接触地面,对于X射线荧光光谱、X射线衍射仪等大型设备,需要根据要求安装一个单独的接地系统,这种系统需要较多的费用,但比较可靠,可保证合适和有效地接地。

3.7.2 实验室的废气、废水处理

实验室的废水是在试验操作过程中,各种器皿、仪表、工具、衣服的洗涤及设备冷却等而产生的,这些废水按其性质、成分等可采取不同的处理方式。有的废水可以回收利用其中有用的物质,有的可以直接排至外部排水管网,有的可以直接排至外部排水管网,有的则采用适当方法处理,然后再排至外部管网。

铁矿实验室产生的废水还是以酸性和碱性为主。酸性废水处理方法为:利用碱性废水进行中和,使混合废水pH值接近中性;在酸性废水中投加中和剂;酸性废水通过碱性滤层过滤中和;离子交换法,电解法。碱性废水处理方法为:利用酸性废水进行中和,在碱性物质中投放酸性中和剂;向碱性废水中鼓入烟道废气(酸性气体CO_2及SO_2);利用水体中二氧化碳中和碱性废水。实验室的废气主要是在样品前处理过程中产生,一般产生废气的实验均在局部排风的设备中进行(如通风柜),但是排放前也需要进行一定的处理,以达到环保的效果。处理废气的流程见图3-41和图3-42。

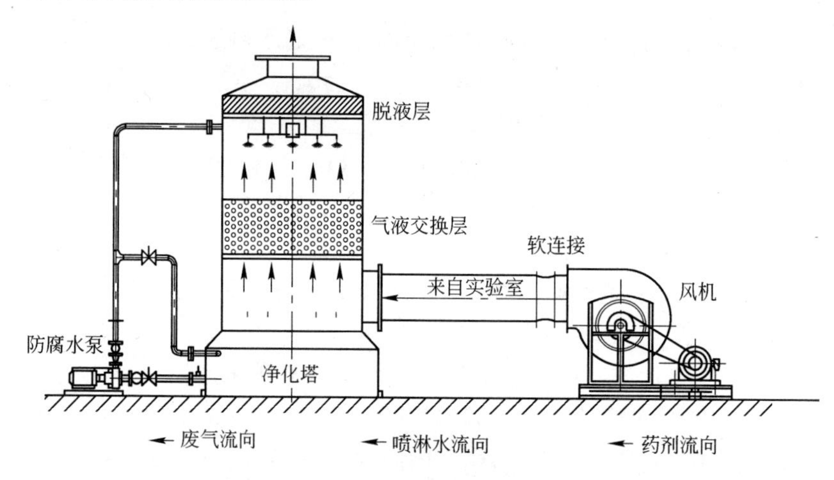

图 3-41　废气净化塔废气处理原理图

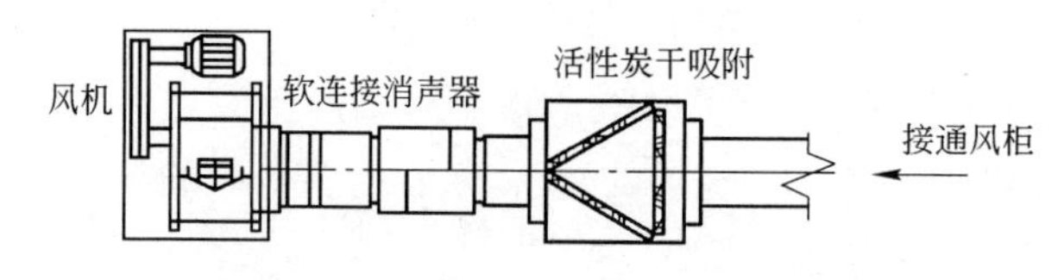

图 3-42　活性炭废气处理工艺平面图

3.7.3　取制样站安全防护

取制样设备总体布置设计时,应充分考虑楼层及层高设置。设备检修平台其负载能力不应小于 3 kPa。步道、楼梯踏板和平台必须是具有足够刚度的镀锌格栅,一切敞开的边缘均应设置安全防护栏杆,步道和楼梯的最小宽度为 1000 mm,格栅必须按实际尺寸提供并且必须平放,以免变形。设备检修平台的大小应适合于进行维修工作,至少应能并排容纳两人,最窄不得小于 600 mm。

每个设备检修平台至少应装设一部易于达到的钢制扶梯,扶梯与水平面的夹角不应大于 60°(跨越梯除外),每个扶梯均应设有扶手。扶梯应有足够的刚度并应牢固装设,以防晃动。楼梯、设备检修平台、步道的扶手栏杆及立杆必须用 30 mm 直径的标准钢管,立杆的最大间距为 1 m,扶手栏杆的高度最好为 1.2 m,离平台面高度 600 mm 处应设有横杆,扶手栏杆下部必须有一个高出设备检修平台 100 mm 的踢脚板。踢脚板可以固定到支撑钢结构上。焊缝必须光洁,必要的地方还需研磨,横杆转角处必须是平滑过渡,不允许斜接,其最小半径为 50 mm,最大半径为 100 mm,现场拼接必须用内衬环,并且必须在横杆处,不允许在立杆处。

所有机械设备应操作方便、运转平稳。所有的电机均设置过热过负荷保护。

在对人身易造成危害的外露转动部件及运动部件处应设置安全防护罩或安全网,防护罩用钢板或钢网板制作,要拆装方便。

整个取制样系统设备都采用全封闭形式,防止粉尘的溢出。制样间应安装除尘系统,在每个单机设备上安装一个吸尘口,整个制样间形成一个回路。

4 铁矿石检验实验室化学分析设备

铁矿石化学检验设备包括制样设备、前处理设备、分析化学设备和仪器分析设备，仪器分析是铁矿石分析化学的重要手段，常用铁矿石分析化学仪器包括电子分析天平、可见－紫外分光光度计、X 射线荧光光谱仪、原子吸收分光光度计、电感耦合等离子光谱仪、自动电位滴定仪、微波溶样炉、高频红外碳硫仪及一些常规辅助仪器等。本章介绍了铁矿石化学检验所需所有设备，即从接收分析小样开始到最终数据出具所需所有设备的介绍，包括仪器结构、部件、原理、用途、特点、计量校正、维修维护、安装环境、外围辅助设施配置。列举主要设备的参数及不同典型厂家性能对比及参考型号。

4.1 仪器分析设备

4.1.1 可见－紫外分光光度计

铁矿石有关元素的检测，一般用到可见光分光光度技术比较多，只有个别元素在试样处理后需在紫外区检测。除可见光外，紫外可分为远紫外光区和近紫外光区。远紫外光区（10～200 nm）又称为真空紫外光区。因为空气中的氧对远紫外光有强烈吸收，为避免干扰，可将分光光度计抽成真空或充惰性气体，如氨、氖等。惰性气体不同，其分析范围也有所不同，但这些情性气体对于波长较短的远紫外光仍然有吸收。由于真空紫外分光光度计复杂繁琐而且昂贵，故在实际应用中受到一定限制。我们通常所说的紫外与可见分光光度法，并未包括远紫外光区。其实有些可见光分光光度计在设计时涵盖了部分近紫外区域。

4.1.1.1 紫外—可见吸收光谱的基本原理

A 基本概念

分子的紫外—可见吸收光谱是由价电子能级的跃迁而产生的，通常电子能级间隔为 1～20 eV，这一能量恰好落于紫外与可见光区。每一个电子能级之间的跃迁，都伴随分子的振动能级和转动能级的变化，因此，电子跃迁的吸收线就变成了内含有分子振动和转动精细结构的较宽的谱带。

B 电子跃迁类型

有机化合物最主要的电子跃迁类型是：(1) 成键轨道与反键轨道之间的跃迁，即，$\sigma \rightarrow \sigma^{n}$，$\pi \rightarrow \pi^{n}$；(2) 非控电子激发到反键轨道，即 $n \rightarrow \sigma^{n}$，$n \rightarrow \pi^{n}$；(3) 电荷迁移跃迁，即在光能激发下，导致电荷从化合物的一部分迁移至另一部分。金属配合物的主要电子跃迁类型有：(1) 配位体微扰的金属离子 d－d 电子跃迁和 f－f 电子跃迁；(2) 电荷迁移跃迁，配合物的电荷迁移跃迁可分为：配位体→金属的电荷转移；金属→配位体的电荷转移；金属→金属间的电荷转移；(3) 金属离子微扰的配位体内电子跃迁。

C 生色基团

有机化合物的颜色与化合物存在某种基团有关，例如—N ══N—、—N ══O 等，这些基团使物质具有颜色,故称为生色团。现在我们知道所谓生色团就是能在一分子中导致在200～1000 nm的光谱区内产生特征吸收带的具有不饱和键和未共享电子对的基团。

D　助色基团

助色团可分为吸电子助色团和给电子助色团。吸电子助色团是一类极性基团,给电子助色团是指带有未成键少电子的杂原子的基团。

4.1.1.2　紫外—可见吸收光谱的特点

A　测量范围广

该法多用于微量和痕量组分的测定,当物质的含量为常量(1%～50%)(示差分光光度法)、微量(1%～10^{-3}%)、痕量(10^{-4}%～10^{-5}%)时,采用紫外与可见分光光度法均可直接或间接测定。如采用富集或其他措施,甚至对含量为10^{-5}%～10^{-8}%的物质亦可测定。

B　应用范围广

在定量分析方面,紫外与可见分光光度法应用范围极为广泛,几乎元素周期表中所有金属元素无机化合物均能测定,能分析测定氮、硼、硅、砷、氧、硫、硒、碲、氟、氯、溴、碘等非金属元素,也能定量测定大部分有机化合物。例如,某些醛、醇、酮、胺(脂肪族或芳香族)、酚、芳烃、羧酸、腈、肼、卤代烃、醌、糖、烯、席夫碱、酰胺、异氰酸脂、硝基化合物、芳基磺酸、磺胺、二硫化物、亚甲醚、吡啶及其取代物、糠咯及其取代物、糠醛及其取代物、吲哚及其取代物、氨基酸、蛋白质、生物碱等。在定性鉴定方面,对于许多有机化合物而言,紫外与可见分光光度法可作为红外光谱、激光喇曼光谱、核磁共振谱等定性技术的一种重要辅助工具。此外,分光光度法在配合物化学平衡及动力学研究等方面亦有其重要用途。

C　操作较简便、快速

紫外与可见分光光度计的仪器成本相对较低,易于普及推广。该法是在经典的比色法基础上逐步完善而发展起来的。1930年,第一台光电比色计和分光光度计引进实验室。这样,基于光电效应的检测器代替了人的眼睛,单色器代替了滤光片,使分析的灵敏度和准确度大为提高。由于单色器材料的改进,导致这种分析方法由可见光区扩展至紫外和红外光区。近30年,由于有机试剂和配合物化学的迅速发展以及仪器的不断改进,目前使用分光光度法人数已占使用分析仪器人数的64%。在经典的分光光度法的基础上,又进一步发展和派生了许多新型吸收光谱法,如双波长光谱法(又称双波长分光光度法)、一阶导数吸收光谱法和二阶导数吸收光谱法、光声光谱法和相干光谱法。新型的光声光谱分析技术能直接用于固体薄板的测定。激光及计算机技术引入经典的分光光度仪器,如:以激光作为光源制成了激光光声光谱仪,利用激光技术生产的全息光栅已作为单色元件安装于紫外与可见分光光度计上。计算机使原有的经典分光光度向自动化方向大大发展了一步。微处理机控制的紫外—可见分光光度计,可自动调零、自动筛选波长、参数自动设定、自动报警、自动显示故障、自动进行功能检查、外部终端远程设定和控制。由分光光度计与其他仪器联用也是发展的方向之一,如双波长薄层色谱扫描仪、光声光谱与气相色谱联用,能替代气相色谱—质谱联用仪解决相关分析测试问题。

4.1.1.3　紫外—可见吸收光谱的定量分析

利用紫外—可见吸收光谱技术对某一组分进行定量分析,既可使用待测物质本身在某一波长有吸收,也可利用对本身无吸收的待测物质加入某一显色剂,使其转化成为在紫外或可见光区具有吸收的配合物或化合物,也可采用间接法,如待测物质本身无吸收,利用某一配合物或化合物在紫外或可见光区某一波长有吸收,置换显色组分,间接测定显色组分。定量分析的依据均遵循朗伯–比尔定律,即,$A = Kbc$,它表明:当入射光强度一定时,溶液的吸光度与溶液的浓度 c 和液层厚度 b 的乘积成正比。

下面介绍定量分析的基本方法。

A 单一组分的测定

如果待测定的是某一单组分,则可根据具体情况选择采用下述各种不同的方法。

(1) 绝对法。根据朗伯–比尔定律,如果液池厚度 b 和待测化合物的摩尔吸光系数 ε 已知,则可从分光光度计测得的吸光度 A 代入该式求出待测物质的浓度,即:$c = \frac{A}{\varepsilon b}$,通常,某化合物的摩尔吸光系数值 ε 可以从有关手册上查到,这种方法称为绝对法。

(2) 直接比较法。这种方法是采用一已知浓度 c_s 加待测化合物的标准溶液,测量其吸光度 A_s,然后测量待测未知液的吸光度 A_x,根据比尔定律计算求出待测未知液的浓度 c_x,所以,这种直接比较法有时又称为计算法。因为摩尔吸光系数值 ε 相同,液池厚度 b 亦可在测量时控制其相同,故有:$c_x = \frac{A_x}{A_s} \times c_s$。

(3) 加入法。这种方法是先测其浓度 c 的待测液的吸光度 A_x,然后在此待测液中加入一浓度为 c_Δ 的标准溶液,再测量其吸光度 A_x,根据比尔定律应有:

$$A_x = \varepsilon \times b \times c_x$$

又根据吸光度的加合性应有:

$$A_{x+\Delta} = A_x + A_\Delta$$

得:$c_x = \frac{A_x}{A_{x+\Delta} - A_x} \times c_\Delta$,即可计算待测溶液的浓度 c_x。

用加入法进行定量分析时,亦可采用直线外推作图法求出待测溶液的浓度。横坐标为浓度 c,纵坐标为吸光度 A,曲线延长线在横坐标轴上的截距即为对应于待测液的浓度。

(4) 工作曲线法。在测试样品较多的情况下,利用工作曲线法较为简便。先配制一系列浓度不同的标准溶液,在试样相同的条件下显色,即直接显色或转化为在紫外与可见光区具有吸收的相应化合物,分别测量其吸光度。将吸光度与对比浓度作图,得一条直线,称为工作曲线或标准曲线。然后测出试样经“显色”后的相应吸光度,再从工作曲线上读出试样溶液的浓度。

B 多组分同时测定

如果要在同一试样内同时测定两个以上的待测组分,首先是混合物中各组分之间不起化学反应。多组分同时测定需应用化学计量学理论。

(1) 两组分同时测定,如果两组分吸收曲线互不重叠,可以在波长 λ_1 和 λ_2 分别测定各组分。如果两组分吸收曲线部分重叠,则分别在 λ_1 和 λ_2 测定各组分就会有很大误差,甚至不可能进行测定。但可利用吸光度的加合性同时测定各组分的含量。

(2) 各组分同时测定,如果溶液中有 N 个组分同时存在,则与两组分同时测定类似,仅当各组分均遵循比尔定律,但只有最大吸收峰相互不重叠时才能进行多组分的同时测定。可以写出多组分混合液中求算各组分浓度的多元一次方程组。可采用计算机程序计算混合物中各组分的含量,计算机会自动处理在指定的(或机器自动选定的)波长所测得的吸光度数据。

C 示差分光光度法

在一般光度测定中，如果吸光度值在0.2～0.8范围之内，则读数误差较小。所以，我们应尽量控制测试液最终测试的吸光度值落于上述范围之内。否则为避免测量时读数误差过大，可以采用示差分光光度法（示差法或微差法）。

（1）示差法定义及公式。所谓示差法，就是用一已知浓度的标准溶液作参比溶液，与未知试样溶液相比较，测量其吸光度，再从测得的吸光度求出未知浓度的分析方法。设参比的标准溶液浓度为 c_s，未知溶液的浓度为 c_x。根据朗伯－比尔定律应有：

$$A_s = \varepsilon \times b \times c_s; \quad A_x = \varepsilon \times b \times c_x$$

式中，A_s用作参比的标准溶液的吸光度；A_x 为未知溶液的吸光度；ε 和 b 分别为该物质的摩尔吸光系数值及液池厚度。经整理，得：$A_{相对} = \varepsilon \times b \times (c_s - c_x)$，两溶液的相对吸光度 $A_{相对}$值的大小与标准溶液和未知溶液的浓度差成正比。根据此式可以计算未知溶液的浓度 c_x。用示差法进行定量分析时，可用单一组分测定的各种方法，但以标准加入法和工作曲线法应用较多。

（2）示差法的操作方法。示差法中，按照使用一份或两份参比溶液，以及参比溶液是稀于待测溶液或相反，可将操作方法分为三种：高吸光度法、低吸光度法、最高精度法。相对于非示差分光光度法而言，低吸光度法和最高精度法均有放大刻度标尺的作用，故均有较高的测量精确度。

D 双波长分光光度法

在用经典的（单波长）分光光度法进行定量分析时，常会遇到以下问题难以解决；多组分吸收曲线若干部分重叠，必须解联立方程才能同时测定，此时计算繁琐且测定具有一定误差；多组分吸收曲线若绝大部分重叠或全部重叠，则不能用经典的分光光度法同时测定；当样品背景吸收（包括比色皿及溶剂的吸收等）较大或为混浊样品时亦不能测定；在经典分光光度法中因使用两个比色皿，故比色皿差异而引起的误差不能消除。为了解决上述问题，在经典分光光度法的基础上，提出了双波长分光光度法，从而显著提高了分光光度计的灵敏度和选择性，同时扩大了分光光度法的应用范围。

4.1.1.4 紫外—可见光分光光度计设备

A 单光束分光光度计

单光束分光光度计只有单色器色散后的一束单色光，它通过改变参比池和样品池的位置，进行参比溶液和样品溶液的交替测量。该类仪器因光源强度波动和检测系统不稳定会引起测量误差，故必须配备稳压电源。其优点是信噪比高，光学、机械及电子线路结构简单，价格便宜，适于在给定波长处测量吸光度，常用于定量分析，见图4-1。

B 双光束分光光度计

双光束分光光度计是将单色器色散后的单色光分成两束，一束通过参比池，一束通过样品池，一次测量即可得到样品溶液的吸光度。双光束分光光度计的特点是便于自动记录，由于样品和参比信号进行反复比较，消除了光源不稳定、放大器增益变化以及光学和电子学元件对两条光路的影响。该类仪器适合于结构分析，单色光分为两束的方法又有时间分隔和空间分隔两种。

时间分隔式双光束分光光度计的单色器和样品室之间装置一切光器，使单色器射出的色光转变为交替的两束光，分别通过参比池和样品池，然后将两透射光束聚焦到同一检测

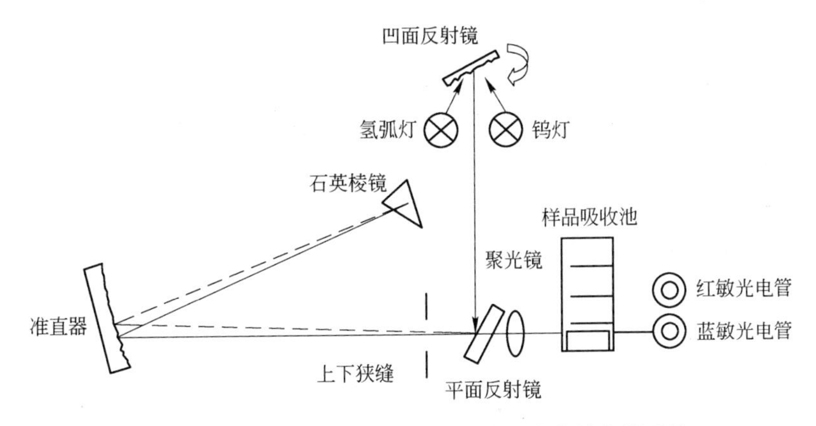

图 4-1 普通单光束紫外-可见光分光光度计光学系统

器,它交替接收两光路的光信号。空间分隔式双光束分光光度计是利用光束分裂器和反射镜来获得两个分离光束,然后分别进入参比池和样品池,通常采用两个匹配得很好的检测器测量二光束强度之比。目前采用分时双光束形式的分光光度计较为普遍。

双光束分光光度计是自动记录仪器,其电子测量系统有两种类型:光学零位平衡式和电子比例记录式。在光学零位平衡式仪器中,来自样品和参比的信号直接输到伺服马达,当两者信号不等时,伺服马达带动位于参比光路中的光栅,使参比光束和样品光束达到平衡。在电学比例双光束系统中,斩波器置于样品池和参比池之前,将单色光调制成一定频率的断续光后交替通过样品池和参比池,然后在检测器中产生相应的样品信号和参比信号,由解调器将两个信号分开,并测量两信号的比例。

C 双波长分光光度计

双波长分光光度计可同时提供两种不同波长的单色光,经切光器后,这两束光被分时交替照射于同一样品池,然后由检测器测量和记录样品溶液对波长为 λ_1 和 λ_2 的两条光束的吸收差 ΔA。一般双波长分光光度计可以双波长方式工作,亦可以单波长双光束的方式工作。

D 紫外-可见分光光度计的基本组件

紫外-可见分光光度计由四大部分组成,即光源、色散系统、吸收池与检测读数系统。

(1) 光源。紫外—可见分光光度计选用的常用光源主要有热光源和放电光源两大类,如钨丝灯和氢(氘)灯。钨丝灯主要用于可见及近红外光域,其辐射与黑体的辐射相近。在紫外光域,各种类型的放电光源如氢灯、氘灯、氙灯或汞灯等均可应用。这些光源都是以电子流通过一充气的放电管,电子与气体分子碰撞,激发相应的电子光谱、振动光谱及转动光谱。当气体压力低时,主要发射线状光谱;而当气体压力高时,则由于原子间的相互作用,导致产生连续光谱。氢灯是在紫外光域最常用的光源。常见的氢灯有高压、低压的两种,后者较常用。氢灯的辐射由约 350 nm 延伸至约 160 nm。在低波长端受到灯体材料的吸收限制,石英在 200 nm 以下吸收较强。熔融的二氧化硅在 185 nm 以下也显著吸收。在 375 nm 以上氢灯的辐射已太弱,恰能与钨丝灯有用的辐射波段相衔接,在 375 nm 以上可用钨灯。氘灯与氢灯的特性相仿,唯辐射强度高 2~3 倍,寿命亦较长,其成本则高约 1 倍。氙灯与汞灯的强度一般高于氢灯,但欠稳定,这两种光源具有从紫外一直到近红外的辐射,但如只用于紫外区,仍以氢(氘)灯为佳,因为可见区的辐射可能造成因散射而引起误差。汞灯即使在使用较高气压时仍有明显的线状光谱与连续光谱的重叠,故用作连续光源不及氢灯方便。低压汞灯从127~405 nm发射35条清晰的谱线(其中200~400 nm区域占24条),是校正分光光度计波长较好的光源。对真空紫外光域,选择适宜的光源困难较多,一般难找到适用于整个真空紫外区的光源。莱曼式的充填氢或惰性气体的高压毛细放电管是较适用的一种光源。激光光源在一般紫外－可见分光光度计中尚少应用,可能在测定吸光度极高的试样时,采用激光光源有一定优点。对于光声光谱,激光光源有其独特的长处。

(2) 色散系统。通常紫外—可见分光光度计的色散系统是一个单色器。单色器的功能是产生光谱纯度很高的单色光束,其波长能在紫外—可见光域内任意调节变化。单色器一般由下述基本组成部分构成:1)入光狭缝:光源的光由此进入单色器;2)准光器:一般是透镜或四面反光镜使入射光成为平行光束;3)色散器:这是单色器的核心部分,起分光的作用;4)投影器:一般为一透镜或四面反射镜,将分光后所得单色光投影至出光狭缝;5)出光狭缝。

入光与出光狭缝的宽度,既控制了进入和输出单色器的辐射能量,同时也决定了相应辐射的波宽与光谱纯度。一般在设计分光光度计时,将入光与出光狭缝位置固定,而仅变化其宽度。当狭缝宽度(以mm计)缩小时,辐射的强度降低,其光谱宽度(nm)亦变窄,因此能使色散系统的分辨能力改善,但分辨能力的改善有一定的限度,即受衍射现象的限制。当入射狭缝足够窄时,其光谱宽度与狭缝宽度成正比。当入射狭缝与出射狭缝宽度相等时,光谱宽度等于入射狭缝宽度的2倍。

单色器所用的色散部件是棱镜或光栅。在紫外光域,棱镜用石英制作,石英具有旋光活性,石英棱镜在紫外区有较高的色散率,而在可见光区则色散率较小,用玻璃替代能得到较好的色散。光栅取代棱镜用作色散部件,在光线通过平面透射光栅时,光栅的色散近似是线性的,随波长变化不大,这对分光光度计的设计带来很大方便。在真空紫外光域,使用反射光栅会遇到反射能力随波长变小而下降。镀铂与铝能改善反射能力,现已有用镀铂的铝面刻制的光栅。光栅制造技术的不断提高,特别是复制光栅技术,使其成本降低。基于全息照相技术生产的"全息光栅",其优点是线槽密度高,杂散光少,无鬼线等。

(3) 吸收池。吸收池是将试样送入分光光度计使其与光辐射相互作用,即发生吸光过程的装置。简单的吸收池是用于液体试样的液槽。吸收池需用在待测定的光域中不吸光的材料制作,在紫外光域用石英,在可见光域用玻璃或透明聚合物材料。用于远紫外光域的吸收池,常用氟化钙、氟化锂制作。用于参比试样与分析试样的吸收池必须严格挑选配对(尤其在紫外光域)。不同厂商为液体、气体及固体试样设计了各种特殊形式的吸收池。

(4) 检测读数系统。经过色散系统的单色光在通过样品吸光后(或在近红外光域先经过样品吸光后再经色散系统分光),需用适当的检测器来测定其辐射强度,并以一定形式读出或记录。

半导体光电池是最简单的检测器。在金属铁(或铝)作成的电极上覆盖有一半导体材料(如硒),而在半导体材料上再覆盖一层银作为另一电极。银层极薄,光可以通过银层达到半导体材料上。在光照激发下,在银－硒界面将有电子流由硒表面流向银层,而反方向电子难于流动。因此,在铁极与银极之间将出现电动势。这种光电池的特点是能产生可直接推动微安表或检流计指示的光电流,无需使用电子放大系统。但硒光电池仅限于在可见光域使用，其对不同波长光线的灵敏度与人眼相仿。光电池的响应时间一般较长，故不宜用于对光波进行调制的仪器。此外，光电池还具有“疲劳效应”，即在初始照射时的光电流较稳态值高。光电池用久有老化现象。

真空光电管的工作原理是基于经典的光电效应，光电效应是指当具有大于某一临界能量的光量子撞击金属表面时，将释出电子。光电管的结构是以一弯成半圆柱形的金属片作阴极，其内面覆盖有光敏层。在圆柱的中心置一金属丝作阳极，以承接阴极释出的电子。两电极密封于玻璃或石英管内并抽真空。当光波照射阴极的光敏层时，光电子释出达到阳极。在外部电路中加有电压 E，我们可将光电管看成一光敏二极管或电阻。在无光照射时其电阻高达 250 MΩ，而当光照时这一电阻将显著降低，且其降低程度与光辐射的强度成正比。阴极覆盖的光敏层对不同波长的灵敏度与其本身特性有关。碱金属中钠与铯比较，后者相对光电响应降低，但其响应波长范围变宽。低波长一端（紫端）的界限实际是受处于阴极光敏层表面附近的碱金属原子吸光的限制。真空光电管的主要优点是借助于外部放大电路能得到较光电池高的灵敏度，响应速度较快（10^{-8} s 数量级），而且适用于紫外光域。因此，在紫外—可见分光光度计中应用较多。

光电倍增管实际上是一个灵敏度极高且响应快速的真空光电管。在光电管的阳极与阴极之间，增添了一系列放大屏或对阴极。光辐射在阴极上，从靠近阴极的放大屏或对阳极板起，电极电压逐渐增加，经多次倍增后，产生的光电流为一般真空光电管的 $10^5 \sim 10^8$ 倍。光电流与所施电压有密切关系，因此，要求良好的稳压措施。用于真空紫外光域的光电倍增管，使用熔融石英窗可延伸至 160 nm。对更短的波长，可在窗壁涂覆荧光物质如水杨酸钠，后者吸收短波辐射，放出较长波长的光可由光电倍增管检测。在光电管或光电倍增管未受到光的激发而电子线路已接通时，即有少量电子由阴极流出，称为暗电流。暗电流形成的原因较复杂，其中最主要的是阴极的热电子辐射，只有在温度降至例如 -40℃时才能完全消除。在室温下，一般真空光电管的暗电流在 5×10^{-9} A 左右，而光电倍增管的暗电流高出此数值约一个数量级。在分光光度计的线路设计中，应考虑暗电流的补偿。近年来，新的光检测技术的发展，为紫外—可见分光光度计提供了新的检测手段，如光电子成相检测器，这类检测器的品种颇多，如自扫描硅光敏二极管阵列、硅靶光导摄像管、次级电子导电管、硅增强靶管等。

与检测器直接相联系的是相应的电子放大线路或读数系统。光电池不用电子放大线路，可直接推动检流计读数。光电管及光电倍增管则通过相应电子放大线路将微弱信号进行放大，因此可采用窄的入射/出射狭缝获得较纯的单色光，再将此单色光信号放大。放大器的输出可供自动记录或以其他方式读数显示。放大线路可用直流放大与交流放大，前者多用于单光束仪器，后者用于双光束仪器较多。在进行交流放大时，如检测器输出的是直流信号，需用适当的方法将直流光电信号调制为交流信号，例如用机械截光器产生的交流光电流。采用交流放大能减少噪声水平和检测器疲劳效应对测定的影响。交流放大在电子线路上亦较直流放大易于实现。放大电路的输入阻抗必须与光检测器的阻抗匹配。光检测器接受的光辐射信号变为电信号后，或直接推动检流计读数输出，或经放大后经相应仪表读数输出，一般多用数字显示输出。直读式仪表的输出本身与光辐射强度成正比。补偿式仪器则将输出信号与一标准信号比较，借电位器补偿至输出恰好为零。自动记录仪器将吸收光谱等测定结果直接绘图或打印输出。

4.1.1.5 紫外－可见分光光度计的计量

原国家技术监督局批准颁布的各类紫外、可见及近红外分光光度计的检定规程有：JJG 178—89《可见分光光度计检定规程》，JJG 375—85《单光束紫外—可见分光光度计检定规程》，JJG 682—90《双光束紫外—可见分光光度计检定规程》，JJG 689—90《紫外、可见、近红外分光光度计检定规程》。

A 可见分光光度计的检定

a 技术要求

具体如下：

（1）仪器的分类分级，仪器的性能按表4-1分类分级。

（2）外观与初步检查。

表4-1 可见分光光度计的类级与性能指标

允许值＼项目 仪器类级		稳定度/%			波长准确度/nm					波长重复性/nm	透射比准确度/%	透射比重复性/%	杂散光/%		光谱带宽/nm	换挡偏差/%
		零点	光电流	电压变动	(320)360~500	500~600	600~700	700~800	800~1000				$NaNO_2$	$NiSO_4$		
光栅式	1	±0.1	±0.3	±0.5	±1					相应波长准确度绝对值的一半	±0.8	0.2	0.3		6	±0.002
	2	±0.2	±0.5	±1.0	±2						±1.5	0.3	0.7		12	±0.004
	3	±0.3	±0.8	±1.5	±3						±2.5	0.5	1.2		20	±0.007
棱镜式	1	±0.2	±1.0	±1.0	±2	±3	±4	±5	±6		±1.5	0.3		2.0		±0.004
	2	±0.5	±1.5	±1.5	±3	±5	±6	±8	±10		±2.5	0.5		4.0		±0.007

仪器应有下列标志：仪器名称、型号、制造厂名、出厂时间及编号。

仪器应能平稳置于工作台上，各紧固件均应紧固良好。各调节器、按钮均能正常工作。电缆线的接插件均应紧密配合，接触良好。

仪器样品架应推拉自如，无松动卡住现象，并能正确定位。各透光孔的透光量应一致。

仪器指示器应显示清晰。刻线、数字等应粗细均匀、完整。指示线宽度不大于刻线宽度，并应与刻线平行。

仪器处于工作状态时，光源发光应稳定无闪耀现象。当波长置于580 nm处时，在样品室内应能看到完整、清晰、均匀的黄色光斑。

仪器光谱范围的两端波长处（有灵敏度换挡开关的仪器可选在合适的灵敏度档次），光量调节系统在其调节范围的80%内调节时，应能使透射比达到100%。数显仪器在光量调节系统调节至最高限时，透射比应大于125%。

用检流计作指示器的仪器阻尼时间不得大于4 s（其他类型仪器不检）。

仪器所配吸收池的透光面应光洁，不应有划痕、斑点，任何一面不得有裂纹。

（3）稳定度。仪器零点在3 min内漂移引起的透射比示值变化应符合表4-1要求。

光电流在3 min内漂移引起的透射比示值变化应符合表4-1要求。

电源电压220 V变动其±10%时，仪器透射比示值变化应符合表4-1要求。

（4）波长准确度与波长重复性。仪器波长准确度与波长重复性应符合表4-1要求。

（5）透射比正确度与透射比重复性。仪器的透射比正确度与透射比重复性应符合表4-1要求。

(6) 杂散光(杂散辐射率)。棱镜式仪器在420 nm及700 nm处杂散光应不大于表4-1要求。光栅式仪器在380 nm处杂散光应不大于表4-1要求。

(7) 光谱带宽。光栅式仪器光谱带宽应不大于表4-1要求。

(8) $\tau-A$换挡偏差,带有$\tau-A$转移的数显仪器,选择开关(或按键)换挡所引起的吸收比示值之差应符合表4-1要求。

(9) 吸收池的配套性。配套使用的同一光径处(440 nm与700 nm)不得超过0.5%。

b 检定条件

具体如下:

(1) 环境温度为(10~30)℃;相对湿度小于85%。

(2) 仪器检定处不得有强光直射;放置仪器的工作台应平稳。

(3) 仪器电源必须接地良好,没有强电磁场的干扰;对于用磁饱和稳压器的仪器,供给被检仪器的220 V电源的频率为(50±0.5)Hz范围内的任一值,其稳定性用0.5%频率表监视时,不应有可察觉到的变化。

c 检定方法

首先进行外观与初步检查。按仪器说明书要求如下:

(1) 稳定度。在工作状态下预热仪器后检定以下各项:

仪器在接收元件(光电池或光电管)不受光的条件下,用零点调节器将仪器调至零点,观察3 min,读取透射比示值的变化,即为零点稳定度。

仪器波长分别于仪器光谱范围两端往中间10 nm处,调整零点后,打开光门,使接收元件受光。用光量调节系统的有关调节器或旋钮将仪器透射比调至95%(数显仪器调至100%)处,观察3 min,读取透射比示值的变化,即为光电流稳定度。

把仪器波长置于650 nm处,待调压变压器接入外电源与仪器之间,用调压变压器输入220 V电压,调节仪器透射比示值至95%(数显仪器调至100%),然后将电压降至198 V,记录仪器透射比的示值变化;再用调压变压器把电压调至220 V,将仪器透射比仍调至95%(数显为100%)处,然后将电压升至242 V,记录仪器透射比的示值变化,即为电压变动稳定度。

(2) 波长准确度与波长重复性。对于波长准确度大于、等于2 nm的仪器,按照被检仪器的光谱范围选择合适的干涉滤光片(不少于3片),分别垂直置于样品室内的适当位置,并使入射光通过滤光片的有效孔径范围内,自短波向长波逐点测出滤光片的波长——透射比示值,求出相应的峰值波长λ_i,连续测定3次。

对于波长准确度小于2 nm的仪器,用汞灯光谱线或氧化钬玻璃滤光片的吸收峰作参考波长,从短波向长波方向对谱线进行测量,连续测量3次,记录波长测量值λ_i。用汞灯的仪器仍需用镨铷滤光片在528.7 nm及807.7 nm处的吸收峰作参考波长,再次测量。

波长正确度按下式计算:

$$\Delta\lambda = \frac{1}{3}\sum_{i=1}^{3}\lambda_i - \lambda_\tau \tag{4-1}$$

式中,λ_i为各次波长测量值,nm;λ_τ为相应参考波长值,nm。

波长重复性按下式计算:

$$\delta_\lambda = \max\left|\lambda_i - \frac{1}{3}\sum_{i=1}^{3}\lambda_i\right| \tag{4-2}$$

波长准确度按下式计算：

$$U_\lambda = \Delta\lambda \pm \delta_i \tag{4-3}$$

式中，正负号的取用原则为与 $\Delta\lambda$ 符号同向。

（3）透射比正确度与透射比重复性。用透射比分别为20%、40%和70%左右的光谱中性玻璃滤光片，分别在440 nm、546 nm、635 nm 波长处，以空气为参比，分别测定各滤光片的透射比，连续测量3次（每次测定前允许对零点与100%进行校正）。按下式计算透射比正确度：

$$\Delta_\tau = \frac{1}{3}\sum_{i=1}^{3}\tau_i - \tau_\delta \tag{4-4}$$

式中 τ_i——每一滤光片第 i 次透射比测定值；

τ_δ——每一滤光片在相应波长下的透射比标准值。

按下式计算透射比重复性：

$$\delta_\tau = \max\left|\tau_i - \frac{1}{3}\sum_{i=1}^{3}\tau_i\right| \tag{4-5}$$

式中，τ_i 为透射比为20%左右的滤光片在红光区的测定值。

（4）杂散光（杂散辐射率）。用1 cm 配套合格的吸收池。

光栅式仪器在380 nm 处，以蒸馏水为参比，测定50.0 $g \cdot L^{-1}$ 的亚硝酸钠标准溶液透射比值（透射信号与该波长下的入射信号之比率），即为仪器在相应波长处的杂散光。

棱镜式仪器在420 nm 与700 nm 处，以0.05 mol 稀硫酸标准溶液为参比，测定饱和硫酸镍的0.05 mol 硫酸标准溶液透射比值，即为仪器在相应波长处的杂散光。

（5）光谱带宽。装上汞灯，将波长调节至435.8 nm 附近。调整仪器，测出此汞灯谱线的最高输出信号（用透射比值表示，下同）。然后将波长退回足量纳米数后由短波向长波方向移动，读取该谱线两侧输出信号为谱线最高输出信号一半的波长 λ_1 与 λ_2，则仪器光谱带宽：

$$\Delta\lambda = |\lambda_1 - \lambda_2| \tag{4-6}$$

可变狭缝仪器可在最小狭缝挡测量。

（6）$\tau - A$ 换挡偏差。对于有 $\tau - A$ 转换的数显仪器，将波长置于500 nm 处，按仪器说明书的要求校正透射比与吸收比的转换后，调节光量调节系统的有关调节器或旋钮等，使透射比示值为50.0，按下吸收比测量开关，吸收比的数值与0.301之差即为 $\tau - A$ 换挡偏差。

（7）吸收池的配套性。仪器在其他项目检定合格后，把波长置于440 nm 处，在仪器所附的同一光径吸收池中分别注入含铬量为30 $\mu g \cdot mL^{-1}$ 的重铬酸钾溶液；在仪器波长700 nm 处，分别注入蒸馏水。将其中一个池的透射比调至95%（数显仪器为100%）处，测量其他各池的透射比值。凡透射比之差不大于0.5%的池可以配成一套使用。仪器用户可根据实际使用波长（自行或要求计量部门）进行吸收池配套检定。必要时，可以在检定前事先清洗吸收池。

检定周期为半年，两次检定合格的仪器检定周期可延长为一年。在更换或修理影响仪器主要性能的零配件或单色器、检测器等或对测量结果有怀疑时应随时进行检定。

B 单光束紫外可见分光光度计的检定。

a 技术要求

具体如下:

(1) 外观与初步检查。与可见分光光度计的检定方法类似,但刻线宽度不得超过 0.1 mm。

(2) 波长准确度与波长重复性。仪器的波长准确度应符合表 4-2 的要求。

表 4-2 单光束紫外—可见分光光度计的波长准确度

λ/nm	准确度/nm		λ/nm	准确度/nm		λ/nm	准确度/nm	
	棱镜	光栅		棱镜	光栅		棱镜	光栅
200	±0.2		404.66	±0.7		546.07	±1.3	
253.65	±0.3		435.83	±0.9		579.07	±1.4	
293.73	±0.7		486.13	±1.0		600	±1.5	
300	±0.4	±0.5	(486.00)	±1.0	±0.5	690.72	±2.7	±0.5
313.15	±0.5		500	±1.1		800	±4.0	
365.02	±0.6		528.7	±1.2		808	±4.0	
400	±0.7							

波长重复性应不大于相应波长准确度绝对值的 1/2。

(3) 分辨率。仪器应能分辨汞 365.02 nm、365.48 nm、366.33 nm 三条谱线。

(4) 示值灵敏度和光度灵敏度。仪器的透射比改变 1% 时,指零仪表指针的偏转应大于 2 mm。数字显示仪器不作要求。在相应波长下仪器的狭缝宽度应不大于表 4-3 的规定。

表 4-3 单光束紫外—可见分光光度计的狭缝宽度

λ/nm		200	625	800
狭缝宽度/mm	蓝敏光敏管	0.5	0.1	
	红敏光敏管		0.06	0.1

(5) 稳定度。暗电流在 3 min 内漂移所引起的透射比示值变化应小于 0.2%。光电流在 3 min 内漂移所引起的透射比示值变化应小于 0.5%。电源电压 220 V 变化 ±10% 时,所引起的透射比示值变化应不超过 ±0.5%。

(6) 换挡偏差。仪器选择开关(或按键)换挡所引起的透射比示值偏差应不超过 ±0.2%。

(7) 透射比正确度与透射比重复性。仪器的透射比正确度和透射比重复性不超过表 4-4 的规定。

表 4-4 单光束紫外—可见分光光度计透射比正确度与透射比重复性

仪器情况	新制造的		使用中和维修后的
准确度/%	紫外区	±0.6	±0.7
	可见光区	±0.5	
重复性/%	0.2		0.3

(8)杂散光。新制造仪器的杂散光不大于0.6%；使用中和修理后的仪器杂散光不大于0.8%。

(9)吸收他的配套性。吸收他的配套性应符合表4-5规定。吸收池的内部几何长度与标称值之差应不超过±0.1 mm。

表4-5　单光束紫外—可见分光光度计吸收池的配套性

吸收池材料	λ/nm	配套性/%
石　英	220,350	0.5
玻　璃	400,600	0.5

b　检定环境条件

仪器应放置在不受强光照射的地方；室内不受气流影响，且没有强电磁场干扰；仪器电源必须接地良好；室温在(20±5)℃范围内，相对稳定；相对湿度小于85%。

c　检定方法

具体如下：

(1) 外观与初步检查按上述要求进行。开机预热30 min后进行以下各项检定。

(2) 波长准确度与波长重复性。用石英汞灯的光谱线作参考波长，缝宽一般为0.02 mm，从短波向长波方向对汞谱线进行测量。然后，氢灯用486.13 nm谱线(氘灯用486.00 nm谱线)、钨灯用镨钕滤光片的528.7 nm和808 nm吸收峰作参考波长，再次测量波长准确度。上述测量连续3次，各波长测量值均须符合表4-2的要求。波长正确度、重复性、准确度计算公式与可见分光光度计的检定方法相同。

(3) 分辨率。仪器的狭缝宽度用0.02 mm，对波长为365.02 nm，365.48 nm，366.33 nm的汞三线进行测量，应能观测到相应的波长峰值。

(4) 示值灵敏度和光度灵敏度。仪器的灵敏度旋钮按使用说明书要求旋至适当位置；波长置于500 nm处；选择开关置于"×1"挡，透射比度盘置于100%刻线处。调节狭缝宽度使指零仪表指0。当透射比改变±1.0%时，观测指零仪表指针向左右偏转的程度。数字显示仪器不进行这项检定。

仪器灵敏度旋钮按使用说明书要求旋至适当位置；选择开关置于"校正"挡；波长置于200 nm处用氢灯(或氘灯)，625 nm处用钨灯和蓝敏光电管；调暗电流为零后打开光门调节狭缝宽度，使指零仪表指0，选取相应的狭缝宽度。然后，波长置于625 nm和800 nm处用钨灯和红敏光电管，重复上述测量。数字显示仪器用透射比测量挡，测量条件同上。调节暗电流为零后打开光门，调节狭缝宽度，便透射比为100.0，读取相应的狭缝宽度。

(5) 稳定度。仪器选择开关置于"×1"挡；灵敏度旋钮按使用说明书要求旋至适当位置；透射比度盘旋至0%刻线处；关闭狭缝(若狭缝漏光，可用黑纸遮挡)，打开光门，用蓝敏光电管，调暗电流旋钮使指零仪表指0。观测3 min，将指针漂移转换为透射比示值变化。然后，用红敏光电管重复上述测量。

仪器的灵敏度旋钮按使用说明书要求旋至适当位置；选择开关置于"×1"挡；将透射比度盘旋至100%刻线处；波长置于200 nm处，用氢灯(或氘灯)和蓝敏光电管，打开光门，调节狭缝宽度使指零仪表指0。观测3 min，将指针的漂移转换为透射比示值的变化。然后，在625 nm处用钨灯,重复上述测量。测量条件同上,波长分别置于625 nm和800 nm处,用钨灯和红敏光电管测量光电流漂移。数字显示仪器,测量条件同上,用透射比测量挡,调节狭缝宽度使透射比示值为100.0,在3 min内读取透射比示值的最大变化。

将波长置于200 nm处,采用氢灯(或氘灯)和蓝敏光电管,选择开关置于"×1"挡(或透射比测量挡);调节透射比示值为100%(或100.0)。用调压变压器改变输入电压220 V±10%,观测电压变化引起的透射比示值变化。然后,在625 nm处用钨灯和红敏光电管,重复上述测量。

(6)换挡偏差。仪器的波长置于200 nm处;用氢灯(或氘灯)和蓝敏光电管,选择开关置于"校正"挡。经暗电流调零和透射比100%校正后,将选择开关从校正挡转至"×1"挡;调透射比度盘,使指零仪表指0。选取透射比示值与100%线之差。然后,关闭狭缝,调节透射比度盘,使指零仪表指0,读取透射比示值与0%线之差。数字显示仪器不进行这项检定。

将波长置于200 nm处;用氢灯(或氘灯)和蓝敏光电管;选择开关置于"×1"挡;透射比度盘调至10%刻线处;调节狭缝宽度和灵敏度旋钮,使指零仪表指0后,将选择开关转至"×0.1"挡,调透射比度盘,使指零仪表指0,读取透射比示值与100%线之差乘以0.1。数字显示仪器不进行这项检定。

数字显示仪器,将波长置于200 nm处;用氢灯(或氘灯)和蓝敏光电管,经透射比100.0和吸收比0.000校正、透射比为10.0和吸收比1.000校正后,调节狭缝宽度和光电流旋钮,使吸收比示值为0.3010,按下透射比测量开关,读取透射比示值与50.0之差。

(7)透射比正确度与透射比重复性。用质量分数为0.006% $K_2Cr_2O_7$ 的0.001mol·L^{-1}的 $HClO_4$ 标准溶液,1 cm工作标准石英吸收池,以0.001 mol·L^{-1} $HClO_4$ 为参比,分别在235 nm、257 nm、313 nm、350 nm处测量其透射比,连续3次。按下式计算透射比的正确度:

$$\Delta T = \frac{1}{n}\sum_{i=1}^{n} T_i - T_{标准值} \tag{4-7}$$

式中 T_i——透射比测量值;

$T_{标准值}$——标准溶液在相应波长下的透射比。

按下式计算透射比重复性:

$$\delta_\tau = \max\left| T_i - \frac{1}{n}\sum_{i=1}^{n} T_i \right| \tag{4-8}$$

用光谱中性玻璃滤光片,以空气为参比,在可见光区检定仪器的透射比误差,分别计算其正确度与重复性。

(8)杂散光。

用浓度为10 g·L^{-1}的NaI水溶液,1 cm石英吸收池,蒸馏水作参比,在缝全高条件下,于380 nm波长处测量溶液的透射比。

用浓度为50 g·L^{-1}的 $NaNO_2$ 水溶液下,1 cm石英吸收池,蒸馏水作参比,在缝全高条件下,于380 nm波长处测量溶液的透射比。

(9)吸收池的配套性和内部几何长度。用经检定合格的紫外可见分光光度计进行吸收池配套性的检定。

石英吸收池装蒸馏水，在 220 nm 处，装 $K_2Cr_2O_7$ 的 0.001 mol · L^{-1} $HClO_4$ 溶液，在 350 nm 处检测；玻璃吸收池装蒸馏水，在 660 nm 处，装 $K_2Cr_2O_7$ 的 0.001 mol · L^{-1} $HClO_4$ 溶液，在 400 nm 处检测。将一个池的透射比调至 100% 刻线处（或透射比为 100.0 处）测量其他各池的透射比。凡透射比之差小于 0.5% 的池可以配成一套。

新制造的吸收池，除检定其配套性外，还须在两透光面之间的不同位置（不少于 3 个点，每个点之间的距离不小于 5 mm）进行测量，按平均值计算其内部几何长度。测量方法的精度不低于 ±0.02 mm。

检定周期为半年。经两次检定以后，对性能稳定的仪器检定周期可延长为 1 年。

4.1.1.6　紫外－可见分光光度计主要厂商产品性能对比

对于铁矿石有关元素的定量检测，一般配单光束分光光度计为多。目前，国内使用比较多的型号有日本岛津公司 UV2550 型、美国珀金埃尔默公司 Lambda 35 型、美国瓦里安公司 CARY—100 型。

这几家公司生产的紫外－可见分光光度计有多系列多型号，可以满足不同的需要，仪器还可以配备许多附件，如可采用积分球检测固体样品；样品量比较大的，还要多配一些样品池；样品比较少，还可以配微量样品池，另外还可以配备专门的软件等。

选择紫外－可见分光光度计的几个主要技术指标是波长范围、光谱带宽、波长重复性、光度准确性、检测器等。这几家公司主要适用仪器的性能对比详见表 4-6，仪器见图 4-2。

表 4-6　主要适用仪器的性能对比

对比项目		日本岛津 UV2550 型	珀金埃尔默（美国） Lambda 35 型	瓦里安（美国） CARY—100 型
技术参数	波长范围/nm	190～900	190～1100	190～1100
	波长重复性/nm	±0.1	±0.05	±0.1
	光度准确性/Abs	±0.002	±0.003	±0.005
	光　源	氘灯、钨灯	氘灯、钨灯	氘灯、钨灯
	单色器	全息光栅 双单色器	光栅	光栅
	检测器	光电倍增管	晶体管	光电倍增管
	光谱带宽	0.1 nm、0.2 nm、0.5 nm、1 nm、2 nm、5 nm 六段转换	0.5 nm、1 nm、2 nm、4 nm	0.2 ～ 4 nm，间隔为 0.1 nm
	扫描速度/nm · min^{-1}	900～1600	2880	3000
	杂散光	<0.0003%	<0.01%	<0.02%
	软　件	UVprobe 软件（光谱、动力学、光度值、GLP/GMP 功能）	UV WinLab 分析软件包（准直、浓度测定、GLP 管理、验证、扫描、动力学等）	“Win”UV 浓度型软件包（扫描、时间驱动、波长编程、浓度测定以及多种的生化方法程序等）
	比色皿	1 对 1 cm 石英比色皿	1 对 1 cm 石英比色皿 1 对 1 cm 玻璃比色皿 1 对 5 cm 石英比色皿	1 对 1 cm 石英比色皿

日本岛津公司 UV 系列

美国瓦里安公司 CARY 系列

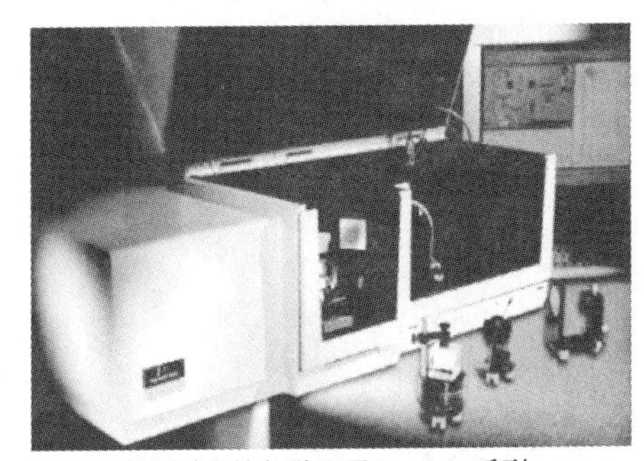

美国珀金埃尔默公司 Lambda 系列

美国热电公司 Heliosx 系列紫外—可见分光光度计

图 4-2 紫外-可见分光光度计主要厂家产品

4.1.2 原子吸收光谱仪

原子吸收光谱分析法具有灵敏度高、选择性好、适用的元素多、分析速度快等优点，在冶金分析中具有重要地位。在铁矿石分析中，原子吸收光谱分析技术应用非常普遍，是分析微量杂质金属元素的常规手段，如铁矿石 ISO 标准中有 14 个微量元素的分析采用原子吸收光谱技术（至 2005 年）。将样品中待测元素转变为基态原子的过程叫原子化。根据手段不同，原子化可分为火焰原子化和无焰原子化两大类，铁矿石分析采用的多为火焰原子化。

4.1.2.1 原子吸收光谱的基本原理

A 基本概念

以光作为激发源，基态原子选择性地吸收特定波长的光，且光吸收的程度与原子蒸气的浓度具有正比例函数关系，这就是原子吸收光谱。

B 基态原子和激发态原子的分布

在热平衡条件下，不考虑次级过程，激发态原子数和基态原子数服从玻耳兹曼分布定律：

$$\frac{N_j}{N_0} = \frac{P_j}{P_0} \times e^{\frac{E_j}{kT}} \tag{4-9}$$

式中，P_j、P_0 分别为激发态和基态原子的统计权重；E_j 为基态与激发态的能级差；k 为玻耳兹曼常数；T 为绝对温度。

在热力学平衡条件下，激发态原子与基态原子数之比（N_j/N_0）取决于温度和元素的激发能。在火焰温度(T)范围内，大多数元素的 N_j/N_0 值远小于1%，易激发的碱金属元素在温度较高时才有较多的激发态原子。由于基态原子数目很大，温度对基态原子数的影响很小，而且原子吸收所用火焰的温度变化不大，因此，原子吸收光谱分析具有较高的灵敏度和精密度。

C 吸收线

如果使一束连续光通过一种元素的原子蒸气，就会发现有一部分光被原子蒸气吸收。用高分辨率的单色仪观测透射光，会得到如图4-3b所示的随波长变化的透射光强度分布曲线。这种峰形吸收曲线称为谱线轮廓。图4-3中 υ_0 是曲线中心波长的频率，与峰值高度1/2对应的波长区间 $\Delta\upsilon$ 称为谱线半宽，也称为谱线宽度。用高分辨率单色仪观测发射谱线，也能观测到谱线的轮廓，并能求出其半宽。

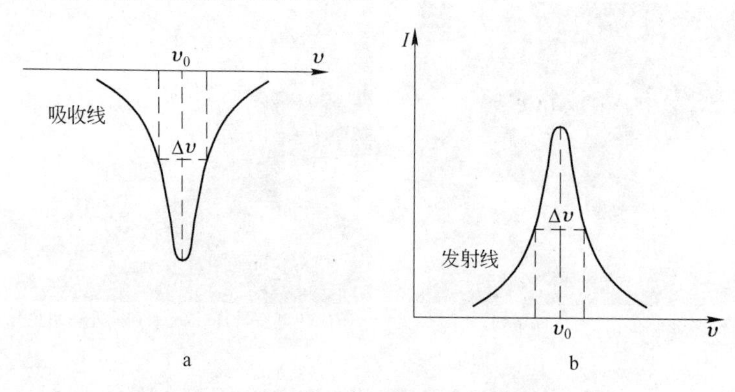

图4-3 吸收线(a)和发射线(b)的轮廓和半宽

原子的谱线与跃迁的能级对应。一种原子有许多跃迁能级，由不同激发态直接跃迁到基态的辐射均称为共振发射线。反之，共振发射线都可能被基态原子吸收，所以吸收线也称为共振吸收线。

D 谱线的宽度

谱线的自然宽度，就是不受任何变宽因素影响时谱线的宽度，这是一种理想的情况。根据测不准原理可导出谱线自然宽度公式：

$$\Delta\upsilon_N = \frac{1}{4\pi\Delta\tau} \tag{4-10}$$

由此可见，谱线的自然宽度取决于激发态原子的平均寿命 $\Delta\tau$。由于 $\Delta\tau$ 是 10^{-8} s的数量级，所以自然宽度约为 10^{-5} nm。实际上谱线总是被实验条件所变宽。谱线变宽有多普勒变宽、压力变宽、斯塔克变宽。多普勒变宽是一种由于原子在空间无规则热运动引起的谱线变宽，与温度成正比，与相对原子质量成反比，变宽幅度约为 10^{-3} nm级。光源的发射线和吸收线都存在多普勒变宽。压力变宽是由于粒子相互碰撞引起的谱线变宽。同种原子相互碰撞引起的谱线变宽叫赫鲁兹马克变宽，也称为共振变宽。不同种类原子或分子相互碰撞引起的谱线变宽叫洛伦兹变宽，也称碰撞变宽。碰撞变宽与涉及跃迁的体系内气体粒子的分压成正比，变宽幅度在0.001～0.02 nm之间。共振变宽只有在该元素的原子蒸气的分压大于1 Pa时才产生明显影响，在日常分析中可不予考虑。斯塔克变宽属于场致变宽。在外界电场和体系内带电粒子形成的电场作用下，谱线会分裂成一系列超精细结构。用分辨率低的单色仪观测，不能将谱线的超精细结构分开，精细结构的叠加造成谱线变宽。原子蒸气在磁场作用下也会导致发射线或吸收线分裂,称为塞曼变宽,在原子吸收分析中常利用谱线发生塞曼分裂的现象校正背景吸收。

E 积分吸收和峰值吸收

根据朗伯-比尔定律,一束单色光通过吸光物质,光的吸收程度与吸光物质的浓度及吸收层的厚度成正比,表达式为:

$$\lg \frac{I_0}{I_t} = kbc \tag{4-11}$$

式中,I_0 为入射光的强度;I_t 为透射光的强度;k 为吸光系数;b 为吸收层厚度;c 为吸光物质的浓度。式4-11 成立的前提是入射光是单色光,但在原子吸收测量中,吸收线宽度较窄,要想获得相对于吸收线的单色光就不那么容易。积分吸收就是针对这一问题进行的理论探讨。从理论上导出积分吸收系数 $\int k_v d_v$ 和原子浓度 N 之间的定量关系:

$$\int k_v d_v = \frac{\pi e^2}{mc} fNL \tag{4-12}$$

式中,c 为光速;m 为电子的质量;f 为相应能级跃迁的振子强度;N 为基态原子蒸气的浓度;L 为吸收层厚度。

对于特定吸收线而言,f 为常数。令$\frac{\pi e^2}{mc}f = K$,则 $\int k_v d_v = KNL$。

可见,基态原子蒸气的浓度和吸收层厚度与积分吸收成正比。在实际操作中很难获得能将一条谱线按波长分割测量的高分辨率单色仪,积分吸收理论无法直接应用。

为了实现原子吸收测量,必须寻找比吸收线更窄的锐线光源。Walsh 提出用空心阴极灯作锐线光源,从而奠定了原子吸收测量的基础。原子吸收分析用锐线光源测量时,光吸收与原子蒸气浓度和吸收光程成正比,其数学关系式为:

$$A = \log \frac{I_0}{I_t} = KNL \tag{4-13}$$

式中,A 为吸光度。这种测量值称为峰值吸收。式4-13 是原子吸收定量分析的依据。

4.1.2.2 原子吸收光谱的特点

特点如下:

(1) 分析范围广。目前应用原子吸收法可测定的元素超过70种。就含量而言,既可测定低含量和半微元素,又可测定微量、痕量甚至超痕量元素;就元素的性质而言,既可测定金属元素、类金属元素,又可间接测定某些非金属元素,还可间接测定有机物;就样品的状态而言,既可测定液态样品,也可测定气态样品,甚至可以直接测定某些固态样品。

(2) 应用领域宽。原子吸收光谱分析现已广泛应用于各个分析领域,主要有四个方面:理论研究、元素分析、有机物分析、金属化学形态分析。

(3) 操作快速简便,价格适中,易于推广普及。

原子吸收光谱法具有灵敏度高、选择性好、适用的元素多、分析速度快、操作简便等特点,在同一时期,原子吸收分析技术的发展比其他分析技术的发展快得多。原子吸收光谱分析经过40~60年的发展,一方面向测定灵敏度和精密度更高的方向发展,如火焰原子吸收的原子捕集技术——水冷石英管捕集法和缝式石英管原子捕获技术;另一方面就是与其他分析技术结合的联用技术,如流动注射-原子吸收联用技术、色谱-原子吸收联用技术,联用技术综合了其他技术的分离优势和原子吸收的检测优势,构成了金属化学形态,特别是金属有机化合物形态分析的有利手段。

4.1.2.3 原子吸收分光光度计设备

A 原子吸收分光光度计的基本类型

目前,原子吸收分光光度计已发展有多种类型,有单道型、双道型、多道型,这些仪器又有单光束和双光束两种(见图4-4)。单道仪器只有一个单色器和一个检测器,双道仪器有两个单色器和两个检测器,多道仪器则具有多个单色器和多个检测器。使用最普遍的是单道仪器。单道单光束仪器的光路和电路都比较简单,光源的能量损失小,空心阴极灯能在较为理想的状态下工作。这种仪器有助于获得较高的测定灵敏度和较宽的线性范围,仪器的

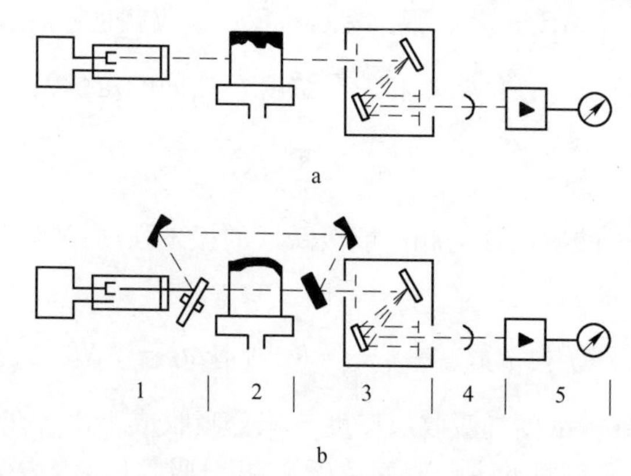

图4-4 原子吸收分光光度计

a—单道单光束;b—单道双光束

1—光源;2—火焰;3—单色器;4—检测器;5—放大及显示系统

造价也比较低。双道双光束仪器是将光源的光分为两束,一束作为测量光,另一束作为参比光。双道双光束仪器的优点是能够消除因光源发光强度变化而引起的基线漂移和基线噪声。这种仪器的缺点是光能量损失大。光能量的损失造成信噪比变坏,往往限制了检出限的进一步改善。仪器的结构复杂,造价也比较高。它们的原理如图4-5所示。

图4-5 单光束原子吸收原理图

B 原子吸收分光光度计的基本组件

原子吸收分光光度计的结构与分光光度计相近,只是光源和吸收池两部分有较大差异。不管何种类型的原子吸收分光光度计,其基本结构主要由光源、原子化系统、光学系统和电学检测系统四大部分组成。

a 光源

原子吸收光谱分析,除需使用锐线光源外,还要求光源具有足够的发光强度和良好的稳

定性。目前普遍使用的是空心阴极灯。无极放电灯和高强度空心阴极灯的应用，明显地改善了许多元素的分析性能。在校正背景中，还需使用氘灯等连续光源。

(1) 空心阴极灯。空心阴极灯由密闭的管形玻璃壳和密封在玻璃壳中的一个阴极和一个阳极组成，阴极呈杯形，位于管形玻壳的轴心，杯口对着玻璃壳一端的出射光窗口。阴极通常用纯金属制作，阳极由具有吸气性的金属材料制作。玻璃壳内充有 200 ~ 1500 Pa 的惰性气体。绝大多数空心阴极内充氖气，灯发光呈橙红色。分析线波长位于紫外区的元素灯，玻璃壳的窗片用石英制作，结构如图 4-6 所示。

空心阴极灯属于辉光放电，有两种效应，溅射和激发。通电时，在电场作用下，电子从阴极向阳极做加速运动，电子在运动中与灯内充气原子发生非弹性碰撞，引起气体原子的电离，并放出二次电子。电离产生的正离子向阴极做加速运动。高速运动的大质量的正离子轰击阴极度表面，使阴极材料的原子从金属表面溅射出来，在阴极空腔内形成原子云。阴极元素的原子在碰撞中被激发而发光。空心阴极灯的谱线发射强度主要取决于灯的工作电流，$I = ai^n$，加大灯电流，不仅会使溅射加剧，激发作用加强，还会导致阴极温度上升，对于低熔点元素的灯来说会发生自吸收，使发射线中心频率的强度降低。现在普遍使用的是单元素空心阴极灯，单元素灯具有谱线单纯、发射强度高、长时间使用性能不变等优点，但操作麻烦。而多元素空心阴极灯操作简便，但使用寿命较短。在分析前，空心阴极灯都要预热 20 ~ 30 min，为使溅射与激发平衡、灯温与环境温度平衡。

(2) 高性能空心阴极灯。高性能空心阴极灯增加了一个辅助阴极，主阴极由被测元素的金属制作，辅助阴极由另一种金属制作，辅助阴极与阳极间放电产生的一束粒子流只参与主阴极溅射出来的原子的激发，这样可以通过调节辅助电流，提高灯的发射强度，改变了普通灯溅射和激发作用不能独立调控现象，提高了灵敏度，现已在原子吸收分析中得到广泛应用。结构如图 4-7 所示。

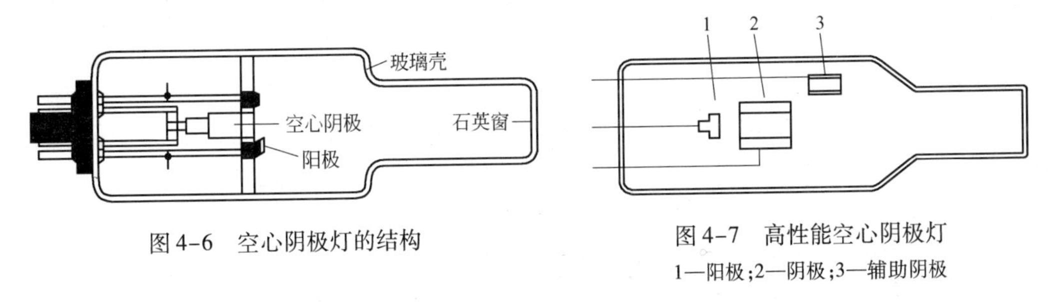

图 4-6 空心阴极灯的结构

图 4-7 高性能空心阴极灯

1—阳极；2—阴极；3—辅助阴极

(3) 无极放电灯。无极放电灯又称微波激发无电极放电灯。在石英管内封入数毫克待测元素的单质或其挥发性盐类，再充入惰性气体，就构成了一个没有电极的放电管。无极放电灯置于与微波发生器匹配的空腔谐振器中，依靠微波电磁场提供能量使放电管点燃。放电管引燃后，充入气体的原子被激发，接着气化的金属原子或化合物解离出的金属原子被激发，发射出金属元素的特征谱线。无极放电灯具有较强的谱线发射，谱线宽度也较小，但由于受元素蒸气压等因素的限制，只有 As、Se、Sb、Bi 等少数几种元素的无极放电灯比空心阴极灯优越。大多数元素无极放电灯的发光强度和稳定性很不理想。

(4) 连续光源。在原子吸收分析中，连续光源主要用于背景校正，其中氘灯的应用较为广泛。铁矿石中铅的测定就采用氘灯用于背景校正。

b 原子化系统

原子化系统由雾化器、雾化室、燃烧器和供气管路构成,它使试样中待测元素形成自由原子蒸气。

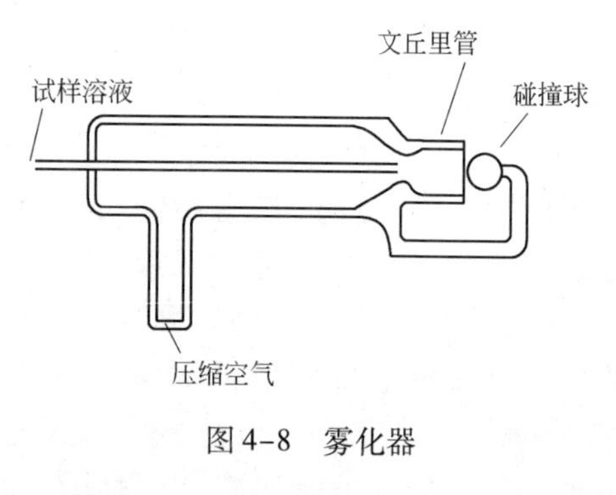

图 4-8 雾化器

(1) 雾化器。作用是吸喷雾化,使试样溶液形成细雾,并伴随燃气和助燃气进入火焰。雾化器是原子化系统的核心部件,其性能对测定灵敏度、精密度和化学干扰的程度都有很大影响。目前商品仪器大多使用气动同心圆式雾化器,如图 4-8 所示。好的雾化器要求具有足够的溶液吸喷速率,一般控制在 5 ~ 8mL/ min;雾化效率高,不低于 8%,一般在 10% ~ 12%;雾滴细且均匀;喷雾稳定。

(2) 雾化室。雾化室是连接雾化器和燃烧器的部件,作用是细化雾滴;使空气和乙炔充分混合;脱溶剂;缓冲和稳定雾滴输送。要求雾化室具有细化雾滴作用大,气体混合效果好,输送雾滴平稳,排液通畅,记忆效应小,噪声低等性能。

现在商品仪器通常采用设置碰撞球或扰流器的办法。应仔细调节碰撞球与雾化器喷嘴之间的相对位置。相互靠近,则细化雾滴效果显著,灵敏度高,但噪声显著上升,对检出限不利;相互远离,细化雾滴效果差,但雾滴输送平稳,噪声小。需通过实验来综合考虑。

另外,废液管一定要保持畅通,防止堵塞产生大的基体效应。若有问题,清洗燃烧头,然后从燃烧头上倒一杯水下去,清洗整个系统。

(3) 燃烧器。雾滴进入燃烧器,在火焰中经历脱溶剂、熔融、蒸发、解离还原等过程,产生大量的基态自由原子。燃烧器应有高的脱离剂效率、挥发效率和解离还原效率,噪声小,火焰稳定,燃烧安全。现普遍采用预混合燃烧器,应用最多的是空气 - 乙炔火焰。

(4) 供气管路。作用是给火焰输送燃气和助燃气体,必须连接牢固,不漏气。灵敏度与供气系统也有一定关系,不能直接与空压机相连,需有气液分离器、过滤稳压阀。

c 光学系统

在空心阴极灯的发光中,有待测元素的分析线,也有待测元素的其他谱线和灯内充入气体的谱线,以及阴极材料中杂质元素的谱线。要进行原子吸收分析,需通过单色器分离出特定波长的分析线。

(1) 单色器。单色器的作用是将复合光分解为按波长顺序排列的单色光,靠出射狭缝分离出某一特定波长的分析线。目前原子吸收分光光度计大多采用光栅单色器。单色器由入射狭缝、准直镜、光栅、物镜和出射狭缝组成。单色器的核心部件是光栅,光栅是具有一系列等缝宽、等距离的平行狭缝,平行光束照射光栅,每一狭缝都产生衍射,而来自同一方向同一波长的光束是相干光束,结果就会出现缝衍射和干涉现象,从而把复合光分解成按波长顺序排列的单色光。常用的光栅单色器有垂直对称式、水平对称式和自准式三种类型,结构如图 4-9 所示。光栅单色器的特性可用分辨率、波长色散率来表征。

(2) 分辨率。分辨率表示单色器可以分开波长相距很近的两条谱线的能力。根据瑞利判据,当一条谱线的最大值恰为另一条谱线的极小值时,则认为刚好能分辨开这两条谱线。这就是理论分辨率,公式为:$R=\dfrac{\lambda}{d_\lambda}=Nn$,式中,$R$为理论分辨率;$\lambda$ 为两条谱线波长的平均值;d_λ为两条谱线的波长差;n 为光谱级次;N 为光栅的刻线总数。光栅刻线总数越多,光谱级数越高,分辨率越大。

(3) 波长色散率。线色散率表示两条波长相差 $\Delta\lambda$ 的谱线在成像焦面上被分开的距离,用 $\mathrm{d}l/\mathrm{d}\lambda$ 表示。公式为:$\mathrm{d}l/\mathrm{d}\lambda=\dfrac{nf}{d\cos\theta}$。式中,$n$ 为光谱级次;f 为物镜焦距;d 为光栅常数;θ 为衍射角。单色器的线色散率越大,两条谱线在焦面上被散开的距离越大。在日常工作中,更多使用线色散率倒数 $\mathrm{d}\lambda/\mathrm{d}l$ 来表示单色器的色散能力,其意义是指在焦面上单位距离内所容纳的波长数,单位是 nm/mm。线色散率倒数越小,分辨能力越强。由单色器的线色散率倒数和出射狭缝的机械宽度可以计算出出射狭缝覆盖的波长范围的宽度,这一宽度称为通带宽度,可以更直观地判断分析线和邻近线分离的情况。

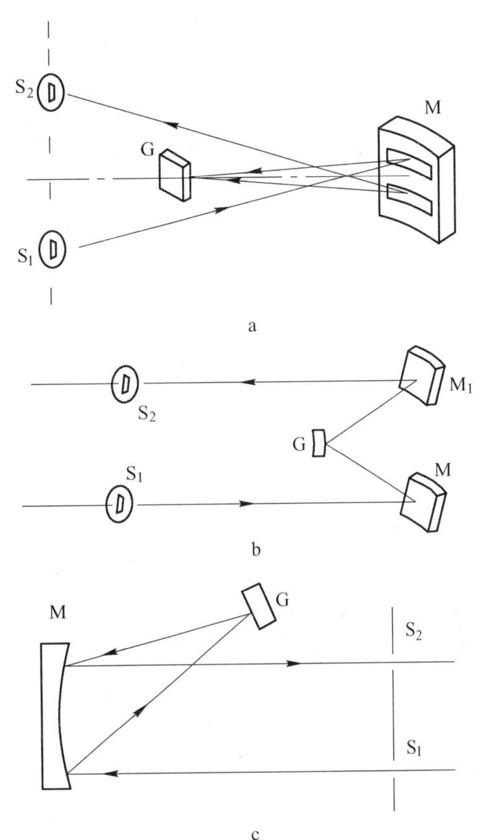

图 4-9 单色器光路

a—垂直对称式光栅单色器;b—水平对称式光栅单色器;c—自准式光栅单色器

d 电学检测系统

电学检测系统首先提供一个光信号,然后把光信号转变为电信号,并以规范化的电信号将这种变化显示出来。单道单光束仪器的电学检测系统电路原理如图 4-10 所示。

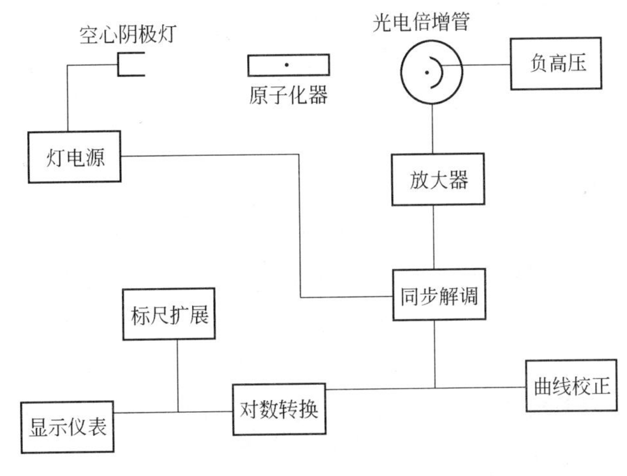

图 4-10 电路原理图

电学检测系统主要器件是光电倍增管。光电倍增管的电流放大倍数与所施加的电压成正比,但过高的电压也会增大噪声。光电倍增管输出的光电流经过阻抗转换和解调放大电路的处理,得到与透射光成比例的电压信号。大多数原子吸收还配有标尺扩展、曲线校准、阻尼变换等电路。随着微机的普遍使用,电信号处理的许多工作直接由计算机完成,自动化程度越来越高。

4.1.2.4 火焰原子吸收光谱的定量分析

A 火焰原子吸收分析最佳条件选择

a 分析线的选择

为了获得较高的灵敏度、稳定度,较宽的线性范围及无干扰测定,我们需要对分析线进行选择,一般根据分析要求、待测元素浓度、干扰情况、仪器、波长范围等来综合考虑。

(1) 灵敏度。选择分析线,首先考虑测定灵敏度的要求。对于微量元素分析,通常选用最灵敏的共振吸收线,而分析高含量元素时,可选择次灵敏线。

(2) 稳定度。在灵敏度能满足要求的情况下,应从考虑稳定度来选择吸收线。

(3) 干扰度。当分析线附近有其他非吸收线存在时,将使灵敏度降低和工作曲线弯曲。有时宁愿牺牲一点灵敏度而选择吸收系数稍低的分析线。吸收线的选择,还应考虑背景吸收。如果最灵敏吸收线受到干扰大,难以保证准确度,一般选择次灵敏线,通过采取其他措施来补偿灵敏度。

(4) 线性范围。实际分析中,总是希望获得直线性好的工作曲线。线性范围宽,适用的分析区间大,测定精密度好。

(5) 光敏性。一般的原子吸收分光光度计波长范围是 190 ~ 900 nm,对紫外和可见光光敏性强。因此对于那些共振吸收线在真空紫外区或红外区的元素,常选用次灵敏线作吸收线。吸收线的选择,应根据具体情况,通过实验来确定。先了解有几条可供选择的谱线,再通过吸喷标准溶液,观测吸光度、稳定度、工作曲线线性范围,最后根据分析要求、样品性质组成、待测元素浓度、干扰情况来确定。

b 灯电流的选择

从灵敏角度考虑,灯电流宜小些,但灯电流太小,元素灯放电不稳,噪声增加,读数稳定度降低,测定精密度差。从稳定角度考虑,灯电流宜大些,对常量和高含量元素分析,可提高测定的精密度。对于微量元素,在保证读数稳定下,尽量选用小一些的灯电流。对于高含量元素,在保证足够灵敏度下,尽量选用大一些的灯电流。一般灯上都标有额定(最大)工作电流,日常分析工作电流一般选择在额定工作电流 40% ~60% 比较适宜,特别是国产的空心阴极灯。

c 光谱通带的选择

光谱通带的宽度直接影响测定的灵敏度和标准曲线的线性范围。选择时既要考虑谱线的纯度,又要照顾光强度。选择原则是,在保证只有分析线通过出口狭缝到达检测器的前提下,尽可能选用较宽的光谱通带,以获得较高的信噪比和读数稳定性。

d 燃助比的选择

火焰的温度和气氛对脱溶剂、熔融、蒸发、解离或还原过程有较大影响。火焰种类分为贫燃火焰、化学计量火焰、发亮性火焰、富燃火焰四种。通过实验选择最佳燃助比。一般是固定助燃气流量的条件下,改变燃气流量,吸喷测定标准溶液的吸光度,绘制吸光度 - 燃助比曲线。吸光度大而且读数稳定时的助燃比为最佳助燃比。

e 观测高度的选择

火焰分四个区域:预热区、第一反应区、中间薄层区、第二反应区。不同区域具有不同的温度和不同的氧化性或还原性,因此,火焰不同区域的待测元素自由原子密度及干扰成分浓度也不同,为了获得较高的灵敏度和避免干扰,应选择最佳观测高度,即让光束通过火焰的最佳区域。观测高度的影响是与火焰助燃比密切相关的,最好对助燃比和观测高度进行综合考察。

B 仪器调整

a 空心阴极灯位置的调整

通过调整,使其发光阴极位于单色器的主光轴上。办法是调节灯座的前后高低左右位置,使接收器得到最大光强。调整时不必点火。

b 燃烧器位置的调整

通过调整,使其缝口平行于外光路的光轴并位于正下方,以保证空心阴极灯的光束完全通过火焰并汇聚于火焰中心而获得较高的灵敏度。可用卡片对光,当静态调整完毕后,若有必要,可在点火情况下,吸喷铜标准溶液,调节位置,测吸光度,对应于最大吸光度的位置为最佳位置。

c 喷雾器的调整

喷雾器是原子化系统的核心部件,吸收灵敏度和精密度很大程度上取决于喷雾器的雾化质量。喷雾器调整主要是吸液毛细管喷口和碰撞球的位置。一般最佳吸喷量为3.5~7 mL/min(用量筒来测量),碱金属吸喷量大些,有机样品小些,难熔金属小些。吸喷量与灵敏度的关系复杂,吸喷量大,灵敏度不一定大。碰撞球的最佳位置是与文丘里管相切且偏下。调节时,把它拆下来,通气,看到雾滴轻飘飘的,且发出"咝咝"类似超声波声音为最佳。也可以通过吸喷标准溶液测吸光度来判断。绝对禁止在笑气-乙炔火焰中调节喷雾器,否则会发生回火。

C 分析方法

定量分析方法分为直接测定法和间接测定法。直接测定法是直接测量待测元素产生的分析信号;间接测定法并不直接测定待测元素本身,而测量与待测元素发生定量化学反应的元素信号,间接计算出待测元素的含量。

a 标准曲线法

也叫校准曲线法或工作曲线法,其原理是配制一系列标准溶液,在相同条件下,由低浓度到高浓度依次测量吸光度,得一吸光度与浓度直线,然后在相同条件下测量试液的吸光度,从直线上查出待测元素的浓度。标准溶液系列的选择,一般要求吸光度在0.05~0.6之间,标准溶液与样品溶液的基体匹配,测定条件一致。注意在整个分析过程中使操作保持恒定(一致),一般先燃烧几分钟,尽量使燃烧头温度一致,操作速度快。每次测量需重新绘制工作曲线,或用控制样校正。

b 标准加入法

也叫标准增量法、直线外推法,其原理是将不同量的标准溶液分别加入数份等体积的试样溶液中,其中一份试样溶液不加标准溶液,定容至相同体积测定,得一吸光度与试样加标准溶液的浓度直线,将直线延长,与横轴的交点就是试样中待测元素的浓度。根据公式 C_x

$=\frac{A_x(C_2-C_1)}{A_2-A_1}$，式中，$C_2$、$C_1$ 分别是测定溶液中外加标准溶液的浓度；A_2、A_1 分别是浓度为 C_2、C_1 溶液的测定值；C_x 是试样溶液的浓度，A_x 是试样溶液的测定值。采用标准加入法时，试样溶液与标准溶液的组分一致，因此当难以配制与待测试样基体相匹配的标准溶液时，或者为了消除某些化学干扰，常采用标准加入法。使用标准加入法时要注意几点：

(1) 方法只能在吸光度与浓度成直线的范围内使用，标准曲线应通过原点。

(2) 为了得到较为精确的外推结果，至少采用四个点（包括未加标准溶液的试液本身）来制作外推曲线。

(3) 首次加入标准溶液的浓度最好与试样浓度大致相当，以后最适当的加入量是首次的2倍、3倍、4倍，最低浓度的吸光度应以0.1~0.2为宜。

(4) 空白值不为零时，必须同时用标准加入法求出空白值，然后从试液浓度中扣除。

(5) 标准加入法只能消除某些物理干扰（如相乘干扰）及与浓度无关的化学干扰，存在不能消除的干扰时不宜使用标准加入法。有背景吸收时须扣除背景后才可应用。

c 其他

其他如线性插法、浓度直读法、内标法、差示法等，有些与仪器配置有关，有些是在特殊情况下使用，日常分析较少使用。

D 氢化物发生法

这种方法是通过强还原剂使试液中待测元素转化为气态共价氢化物，再将氢化物导入原子化器进行原子吸收测定。这种方法的灵敏度比常规提高3~4个数量级，操作简便、干扰少、分析速度快，已广泛应用于各个分析领域。目前，普遍使用硼氢化钠作还原剂，分析元素已有As、Sb、Bi、Se、Te、Ge、Sn、Pb等八种。常用的有两种氢化物发生装置，即间歇式氢化物发生器和流动注射式氢化物发生器。加热方式有电加热和火焰加热两种。

a 间歇式氢化物发生器

这种发生器一般是将一定量试液置于反应器中，依靠控制电路和电磁阀等自动添加硼氢化钠溶液。这种装置多与加热石英管式原子化器连用，靠惰性气体将氢化物送入原子化器。这种方法的进样量较大，测量吸收信号的瞬时峰值，再加上避免了火焰气体的稀释作用，能够获得最高的测定灵敏度。

b 流动注射式氢化物发生器

这种发生器靠蠕动泵输送是试液和硼氢化钠溶液，两种溶液混合后发生反应，经气水分离器除去反应的废液，由载气送入加热石英管原子化器，这种方法自动化程度高，分析速度快，具有较好的测定灵敏度和精密度。见图4-11。

图4-11 美国瓦利安VGA-77流动注射式氢化物发生器

E 石墨炉法

早期电热石墨坩埚炉分析技术使用体积极小的微型石墨炉坩埚，采用电弧放电的方式快速加热坩埚，能分析很多元素，可获得比较高的灵敏度。之后发展的管式石墨炉，使用低压大电流来加热圆筒形石墨炉,使石墨炉分析技术实现了商品化,分析平均灵敏度已约为火焰方法的10~100倍。此后,美国PE公司首先推出具有纵向Zeeman扣背景的石墨炉分析技术在扣背景方面前进一步。所开发的横向加热石墨炉管,能实现石墨管的等温分布。可同时采用D_2灯扣背景(或自吸扣背景)的Massmann型纵向加热石墨管。原子吸收对石墨炉分析用的基本要求是:对大多数元素具有高的分析灵敏度,高的分析精度,能长期稳定可靠地工作。见图4-12。

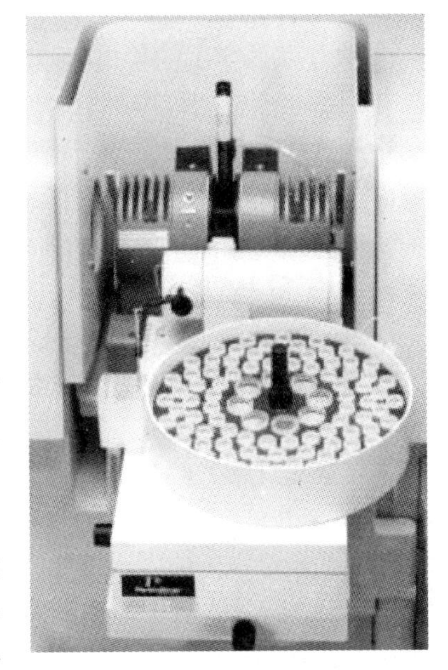
图4-12 PE AS800石墨炉

F 冷原子吸收技术

冷原子吸收技术专门针对汞及其化合物的检测。由于汞元素在室温下,不加热就可挥发成汞蒸气,并对波长253.7 nm的紫外线具有强烈的吸收作用,在一定的范围内,汞的浓度和吸收值成正比,符合比尔定律。

4.1.2.5 原子吸收分光光度计的计量

原子吸收分光光度计属于国家强检项目。每两年由国家计量部门进行检定,修理后的仪器应随时进行检定,计量规程为JJG694—1990《原子吸收分光光度计检定规程》。对于检验人员来说,经常按规程进行自检也很有必要。

A 技术要求

a 外观与初步检查

具体如下:

(1) 仪器应有下列标志:仪器名称、型号、制造厂名、出厂编号与出厂日期等。

(2) 仪器及附件的所有紧固件均应紧固良好;连接件应连接良好;运动部位应运动灵活、平稳;气路系统应可靠密封,不得泄漏。

(3) 仪器的各旋钮及功能键应能正常工作;由计算机控制或自带微机的仪器,当由键盘输入指令时,各相应的功能应正常。

b 波长示值误差与重复性

波长示值误差不大于±0.5 nm,波长重复性优于0.3 nm。

c 分辨率

仪器光谱带宽为0.2 nm时,应可分辨锰279.5 nm和279.8 nm双线。

d 基线稳定性

30 min内静态基线和点火基线的稳定性应不大于表4-7所列指标。

表4-7 基线稳定性

项目		新制造	使用中和修理后
静态基线	最大零漂/%	±0.005	±0.006
	最大瞬时噪声/%	0.005	0.006
点火基线	最大零漂/%	±0.006	±0.008
	最大瞬时噪声/%	0.006	0.008

e 边缘能量

在仪器边缘波长处，应能对砷 193.7 nm、铯 852.1 nm 谱线进行测定，其瞬时噪声应小于 0.03 A。

f 火焰法测定铜的检出限（$C_{L(K=3)}$）和精密度（RSD）。

新制造仪器铜的检出限（$C_{L(K=3)}$）和精密度（RSD）应分别不大于 0.008 μg/mL 和 1%；使用中和修理后的仪器应分别不大于 0.02 μg/mL 和 1.5%。

g 石墨炉法测定镉的检出限（$Q_{L(K=3)}$）、特征量（*C. M.*）和精密度（*RSD*）

新制造仪器三项指标应分别不大于 2 pg、1 pg 和 5%；使用中和修理后的仪器分别不大于 4 pg、2 pg 和 7%。

h 样品溶液吸喷量和表观雾化率

吸喷量应不小于 3 mL/min；雾化率应不小于 8%。

i 背景校正能力

在背景衰减信号约为 1 A 时，校正后的信号应不大于该值的 1/30。

j 绝缘电阻

仪器的绝缘电阻应不小于 20 MΩ。

k 新制造仪器必须全面进行第（a）~（j）条的检定；使用中和维修后的仪器原则上进行第（b）~（h）条及第（i）条的检定，必要时增加第（h）条的检定。

B 检定条件

a 环境条件

仪器应安放在无剧烈振动，无腐蚀性气体，通风良好的实验室内，附近应无强电磁场干扰，仪器上方应有排风系统。室温应为 5 ~ 35℃，相对湿度不大于 80%，仪器供电电压为（220 ± 22）V，频率为（50 ± 1）Hz。

b 检定设备

具体如下：

（1）空心阴极灯：Hg，Cu，Mn，Cd，As，Cs 等，其起辉性能及稳定性等经检查合格。

（2）标准溶液：该溶液必须是国家计量行政部门批准颁布并具有相应标准物质《制造计量器具许可证》的单位提供的标准物质，其浓度和不确定度列于表 4-8。

表 4-8 标准溶液的浓度及其不确定度

溶液名称	浓度	不确定度
空白	0.5 mol/L HNO_3	
铜/μg · mL^{-1}	0.50 1.00 3.00 5.001①	1%
镉/μg · mL^{-1}	0.50 1.00 3.00 5.001①	3%
氯化钠/mg · mL^{-1}	5.0	3%

① 供必要时选用。

(3) 微量移液管:10 μL,20 μL,30 μL。

(4) 秒表:最小分度 1 s。

(5) 量筒:容量 10 mL,最小分度 0.2 mL。

(6) 500 V 兆欧表。

(7) 光衰减相当于 1 A 的衰减器。

(8) 去离子水:电导率不大于 0.1 μS/cm。

C 检定项目和检定方法

a 外观与初步检查

首先进行外观与初步检查。

b 波长示值误差与重复性检定

具体如下:

(1) 波长的测定

按空心阴极灯上规定的工作电流,将汞灯点亮,在光谱带宽 0.2 nm 条件下,从下列汞、氖谱线 253.7 nm、365.0 nm、435.8 nm、546.1 nm、640.2 nm、724.5 nm、871.6 nm 中按均匀分布原则,选取三～五条逐一做三次单向(从短波向长波方向)测量,以给出最大能量的波长示值作为测量值,然后计算波长示值误差与重复性。对于自动设定波长的仪器,可从打印出的谱线轮廓图或显示屏幕上读出波长的测量值。

(2) 波长示值误差与重复性的计算。波长示值误差($\Delta\lambda$)按下式计算:

$$\Delta\lambda = \frac{1}{3}\sum_{1}^{3}\lambda_i - \lambda_r \tag{4-14}$$

式中 λ_r——汞、氖谱线的波长标准值;

λ_i——汞、氖谱线的波长测量值。

波长重复性(δ_λ)按下式计算:

$$\delta_\lambda = \lambda_{max} - \lambda_{min} \tag{4-15}$$

式中 λ_{max}——某谱线三次波长测量值中的最大值;

λ_{min}——某谱线三次波长测量值中的最小值。

(3) 分辨率检定。

点亮锰灯,待其稳定后,光谱带宽 0.2 nm,调节光电倍增管高压,使 279.5 nm 谱线的能量为 100,然后扫描测量锰双线,此时应能明显分辨出 279.5 nm 和 279.8 nm 两条谱线,且两线间峰谷能量应不超过 40%。

(4) 基线稳定性检定。静态基线稳定性,光谱带宽 0.2 nm,量程扩展 10 倍,点亮铜灯,在原子化器未工作的状态下,按以下步骤测量:

1) 单光束仪器与铜灯同时预热 30 min,用"瞬时"测量方式,或时间常数不大于 0.5 s,测定 324.7 nm 谱线的稳定性,即为 30 min 内最大漂移量和瞬时噪声(峰－峰值)。

2) 双光束仪器预热 30 min,铜灯预热 3 min,再测定 30 min 内最大漂移量和瞬时噪声(峰－峰值)。

点火基线稳定性,按测铜的最佳条件,点燃乙炔/空气火焰,吸喷去离子水,10 min 后在吸喷去离子水的状况下,重复上述(4)1)的测量,30 min 内最大漂移量和瞬时噪声应符合技术要求的规定。

(5) 边缘能量检定。点亮砷和铯灯,待其稳定后,在光谱带宽为0.2 nm,响应时间不大于1.5 s的条件下(使用中和修理后的仪器可用生产厂推荐的条件)对As193.7 nm和Cs852.1 nm谱线进行,按下述要求测量。

两谱线的峰值能量应该可以调到100%,且背景值/峰值应不大于2%。

测量谱线的瞬时噪声,5 min内最大瞬时噪声(峰-峰值)应不大于0.03 A。

两谱线调到能量为100%时,光电倍增管的高压不超过650 V,使用中和修理后的仪器可放宽到最大高压值的85%。

(6) 火焰原子化法测铜的检出限($C_{L(K=3)}$)检定。将仪器各参数调至最佳工作状态,用空白溶液调零,分别对三种铜标准溶液进行三次重复测定,取三次测定的平均值后,按线性回归法求出工作曲线的斜率,即为仪器测定铜的灵敏度(S,单位为:A/(μg·mL))。

$$S = \mathrm{d}A/\mathrm{d}C \tag{4-16}$$

在与上述完全相同的条件下,将标尺扩展10倍,对空白溶液(或浓度三倍于检出限的溶液)进行11次吸光度测量,并求出其标准偏差(s_A)。

按下式计算仪器测铜的检出限(μg/mL):

$$C_{L(K=3)} = 3s_A/S \tag{4-17}$$

(7) 火焰原子化法测铜的精密度检定。在进行第(6)项测定时,选择系列标准溶液中的某一溶液,使吸光度为0.1~0.3范围,进行7次测定,求出其相对标准偏差(RSD),即为仪器测铜的精密度。

(8) 石墨炉原子化法测镉的检出限($Q_{L(K=3)}$)检定。

将仪器各参数调至最佳工作状态,分别对空白和三种镉标准溶液进行三次重复测定,取三次测定的平均值后,按线性回归法求出工作曲线斜率,即为仪器测镉的灵敏度(S,单位为A/pg)。

$$S = \mathrm{d}A/\mathrm{d}Q = \mathrm{d}A/a(C \times V) \tag{4-18}$$

式中 C——溶液浓度,ng/mL;

V——取样体积,μL。

在与上述完全相同的条件下,对空白溶液进行11次吸光度测定,并求出其标准偏差(s_A)。

按下式计算仪器测镉的检出限(g):

$$Q_{L(K=3)} = 3s_A/S \tag{4-19}$$

仪器测定镉的特征量($C.M.$ 单位为:pg)按下式计算:

$$C.M. = \frac{0.0044}{S} \tag{4-20}$$

(9) 石墨炉原子化法测镉的精密度检定。在进行第(8)项测定时,对3.00 ng/mL的镉标准溶液进行7次重复测定,并求出其相对标准偏差(RSD),即为仪器测镉的精密度。

(10) 样品溶液的吸喷量(F)和表观雾化率(ε)检定。在与第(6)项相同条件下,在

10 mL 量筒内注入去离子水至最上端刻线处，将毛细管插入量筒底部，同时启动秒表，测量1 min 时间内量筒中水所减少的体积，即为吸喷量(F)。

将进样毛细管拿离水面，待废液管出口处再无废液排出后，将它接到10 mL 量筒(量筒1)内(注意:保持一段水封)。在另一量筒(量筒2)内注入10 mL 水，在与第(10)条相同的条件下，将毛细管插入水中，直至10 mL 水全部吸喷完毕，待废液管中再无废液排出后，测量排出的废液体积 V(mL)，并计算表观雾化率(ε，单位为%)：

$$\varepsilon = \frac{10 - V}{10} \times 100 \tag{4-21}$$

(11) 背景校正能力检定。对于仅有火焰原子化器的仪器，在 Cd228.8 nm 波长下，先用无背景校正方式测量，调零后将屏网(吸光度约为1)插入光路，读下吸光度 A_1，再将测量方式改为有背景校正方式，调零后，再把屏网插入光路，读下吸光度 A_2。

对于带石墨炉的仪器，将仪器参数调到石墨炉法测镉的最佳状态，以峰高测量方式先进行无背景校正测量，用移液管加一定量的氯化钠溶液(该溶液浓度为5.0 mg/mL，必要时可稀释)，使产生1 A 左右的吸收信号，读下吸光度 A_1，再用有背景校正方式测量，加入相同量的氯化钠溶液并读下吸光度 A_2。

按第(11)项中的两种方法测出 A_1 和 A_2 后，所计算的 A_1/A_2 值应符合技术条件4.1.2.5节 A(i)条的规定。

(12) 绝缘电阻检定。用500V 兆欧表测量电源线与仪器外壳之间的电阻，应符合技术条件4.1.2.5节 A(j)条规定。

对使用中或修理后的仪器，在所列的检定项目中，以基线稳定性、精密度和检出限(石墨炉还包括特征量)为主要项目。这几项中有一项不合格，则整机计量性能为不合格；如这几项都合格，而其他个别项目不合格，但又不影响使用的话，可以发给检定证书，但必须在证书背面"结论"一栏中注明不合格的项目名称，或注明该仪器允许在什么情况下使用。

4.1.2.6 原子吸收光谱仪主要厂商产品性能对比

原子吸收仪是铁矿石杂质元素检测的主要分析仪器，但目前相关标准尚未涉及原子吸收的联用及石墨炉、氢化物发生、冷原子吸收。在国际上，使用比较多的原子吸收仪中，美国瓦里安公司和美国珀金埃尔默公司的系列产品平分天下，日本岛津公司、日本日立公司、美国热电等也占有少量市场份额。下面以美国瓦里安公司的 AA 系列和美国珀金埃尔默公司 AAnalyst 2/4/6/7/800 为例介绍原子吸收的性能参数对比。仪器见图4-13，参数对比见表4-9。

珀金埃尔默公司 AAnalyst 800

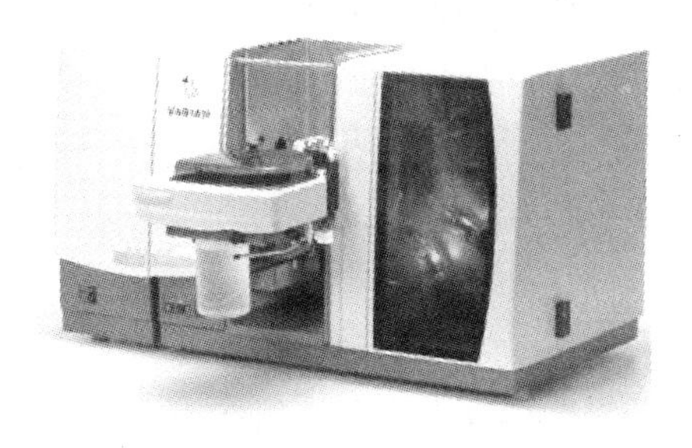

瓦里安公司的 AA 系列

图4-13 原子吸收仪器

表 4-9 原子吸收参数对比

项 目	珀金埃尔默公司 AAnalyst 800	瓦里安公司的 AA 系列
波长范围	189 ~ 900 nm	185 ~ 900 nm
狭 缝	宽度、高度自动选择	特有的窄光束设计结合旋转光束合成器,可使光通量提高一倍
检测器	全谱高灵敏度阵列式多像素点 CCD 固态检测器,含有内置式低噪声 CMOS 电荷放大器阵列。样品光束和参比光束同时检测	PMT
灯	空心阴极灯和无极放电灯	空心阴极灯
石墨炉	内、外气流由计算机分别单独控制。管外的保护气流防止石墨管被外部空气氧化,从而延长管子寿命,内部气流则将干燥和灰化步骤气化的基体成分清出管外。石墨炉的开、闭为计算机气动控制以便于石墨管的更换。石墨炉电源内置,红外探头石墨管温度实时监控,具有电压补偿和石墨管电阻变化补偿功能	AA Duo 的火焰/氢化物和石墨炉同时操作可以双倍提高工作效率
速 度		AA240FS 快速序列式原子吸收光谱仪可达到 ICP-OES 的分析能力和分析速度

4.1.3 X 射线荧光光谱仪

作为铁矿石多元素同时分析,X 射线荧光光谱技术是应用最广泛的一种技术,只要铁矿石化学分析比较频繁的单位,就必定配备 X 射线荧光光谱仪,这种技术为进口铁矿石检验赢得了许多宝贵时间,也减少了贸易关系人因结算时效问题而产生的风险,这里主要介绍与铁矿石检验有关的 X 射线荧光光谱技术。

4.1.3.1 X 射线荧光光谱技术原理

X 射线光谱分析(XRF)可以分为波长色散和能量色散两大类。能量色散 X 射线光谱仪结构简单,价格便宜,但它的分辨率不如波长色散,目前替代液氮冷却的电子冷却半导体探测器,使能量色散 X 射线光谱仪使用更加方便,而计算机软件技术的进步也已使能量色散 X 射线光谱仪的分辨率有很大的提高。但铁矿石检验领域还是波长色散型多,以下以波长色散型为例介绍 X 射线光谱仪原理。

A X 射线的产生与 X 射线光谱

在具有高度真空的 X 射线管内,由阴极发射的热电子在高压电场的作用下,以高速撞击金属靶(阳极),此时电子的一部分动能转变为 X 光辐射能,并以 X 射线形式辐射出来。通常由 X 射线管所产生的 X 射线称为初级 X 射线,它由本质上不同的两类 X 射线组成,即连续 X 射线谱与特征 X 射线谱。

a 连续 X 射线谱

连续 X 射线谱是由某一最短波长(短波限)开始的包括各种 X 射线波长所组成的光谱。连续 X 射线产生的机理可用经典的电磁理论和近代的量子理论来解释。电子在撞击金属靶时,大多数电子的动能仅有一部分转变为 X 射线,其波长最短,这就是连续 X 射线谱出现短波限的原因,其余均转化为热能。初级 X 射线通常作为 X 射线荧光分析法的激发光源,其强度大小会直接影响测定灵敏度,为提高连续 X 射线的强度,除使用尽可能大的管电压及管电流外，还应采用重金属靶。

b 特征X射线

特征X射线是由原子内层电子被激发而产生的。因为电子的动能随X射线管电压的增大而增大，当管电压达到某一临界值（激发电势）时，高速运动电子的动能就可以把靶原子的内层电子激发出去，形成一个电子空位。此时原子便处于不稳定的激发态，外层电子会立即跃迁到能量较低的内层轨道以填补电子空位，并以X射线的形式释放能量。此X射线即为特征X射线，不同元素由于其原子结构不同，它们的特征X射线的波长也就各不相同。特征X射线的波长（nm）可由式4-22求得：

$$\lambda = \frac{hC}{E_j - E_i} \tag{4-22}$$

式中 j——原子的某一外层；

i——原子的某一内层；

E_j——原子 j 电子层的能量；

E_i——原子 i 电子层的能量；

h——普朗克常数；

C——光速。

B X射线的性质

a X射线的散射

X射线射入物质后，会发生一系列复杂现象。入射X射线的一部分能量透射过物质并产生热能，其余的能量分为两部分，一部分用来产生散射和X荧光（次级X射线），另一部分则转移给物质中的电子。X射线的散射可分为相干散射及非相干散射。X射线作用于物质时，会产生波长及相位与入射X射线相同的散射X射线，这种散射作用即为相干散射（瑞利散射）。原子序数越大，原子中所含的电子数目越多，则相干散射X射线的强度就越大。X射线作用于物质时，所产生的散射X射线的波长及相位与入射X射线无确定关系，不能发生干涉效应，这种散射作用即为非相干散射（康普顿散射）。元素的原子序数越小，则非相干散射就越强。

b X射线的衍射

X射线的衍射起因于相干散射线的干涉作用。当X射线投射到晶体上时，各原子对入射X射线发生相干散射，这些很大数目的原子所产生的相干散射会发生干涉现象，干涉的结果可以使散射的X射线的强度增强或减弱。根据光的干涉原理，只有当光程差为波长的整数倍时，光波的振幅才能互相叠加使光的强度增强，这种现象即为X射线的衍射。发生相长干涉产生的X射线称为X衍射线。发生相长干涉，产生X射线衍射线的条件是：$n\lambda = 2d\sin\theta$，式中，n 为衍射级次；d 为两个相邻平行晶面的间距，称为晶面间距；θ 为掠射角，即入射或衍射X射线与晶面间的夹角，这就是布喇格公式。根据布喇格公式，用已知波长的X射线来测量 θ 角，从而计算出晶面间距，这就是X射线结构分析；若用已知 d 的晶体来测量 θ 角，从而计算出特征辐射的波长（λ），并从波长进一步查出样品中所含的元素，这就是X射线光谱分析。

c X射线的吸收

物质对X射线的吸收可以有两种情况。一种是散射吸收，它主要是由非相干散射引起;另一种是真吸收,是由入射X射线引起物质原子内层电子的激发而产生的吸收。大多数元素的吸收都是以真吸收为主,散射吸收较少可以忽略。物质对X射线的吸收遵守吸收定律,即:$I = I_0 e^{-\mu_L X}$,式中,I为透射X射线强度;I_0为入射X射线强度;X为物质的厚度,cm;μ_L为线吸收系数,cm^{-1}。

质量吸收系数μ_m($cm^2 \cdot g^{-1}$)被定义为:$\mu_m = \mu_L / \rho$,式中,ρ为物质的密度,$g \cdot cm^{-3}$。多元素混合体(如混合物、化合物、合金等)的总质量吸收系数为:$\mu_m = \sum_{i=1}^{n} x_i \mu_{m_i}$,式中,$x_i$为元素占混合体的质量分数;$\mu_{m_i}$为$i$元素的质量吸收系数。$\mu_m$与入射X射线的波长($\lambda$)和吸收体的原子序数($Z$)有关,而与吸收体存在的物理状态无关,即:$\mu_m = K\lambda^3 Z^3$,式中,$K$为常数,入射$X$射线波长越长,吸收体的原子序数越大,则X射线越易被吸收。质量吸收系数用得很广泛,它是化学元素的一种原子属性,与物质的化学状态及物理状态无关。

利用吸收可计算X射线管的最低管电压,设被测元素的某内层吸收边为λ_{ab},为激发该内层电子而产生X射线荧光,则要求初级X射线中必须包含波长稍小于λ_{ab}的X射线,因此X射线管的管电压应满足:$V > 1240/\lambda_{ab}$。

d 俄歇效应和荧光产额

以初级X射线作为激发源,照射样品物质,使原子内层电子激发所产生的次级X射线叫X射线荧光,或称荧光X射线。某元素所产生的荧光X射线光子可向原子外辐射,同时也可能在它的行程中继而击出该样品原子的较外层电子,这种电子叫俄歇电子,称此现象为俄歇效应。由于俄歇效应的存在,X射线荧光的强度减小,从而影响测定的灵敏度。所谓荧光产额,是指原子中某内层电子因受X射线照射所产生的空位被较外层电子填充,并辐射出X射线荧光的分数几率。由荧光产额可大体了解各元素的测定灵敏度。

4.1.3.2 X射线光谱定量分析

铁矿石中多元素X射线光谱定量分析一般是均匀样品的分析,X射线光谱定量分析方法有多种,一般可以分为:数学校正法和实验校正法。数学校正法也随计算机技术的发展而发展。

A 数学校正法

数学校正法是用数学方法处理测量数据并校正元素间的基体效应。基体效应是指样品的化学组成和物理-化学状态的变化对于待分析元素的特征X射线强度所造成的影响,大致分为元素间吸收增强效应和物理-化学效应两类。元素间吸收增强效应可以通过基本参数法或影响系数法的准确计算预测。物理效应主要指粉末样品时的颗粒度、不均匀性及表面结构的影响。化学效应是指元素的化学状态(价态、配位和键性等)差异对谱峰位、谱形和强度的变化所产生的影响。数学校正法可分为经验系数法和基本参数法及理论影响系数法。

a 基本参数法

它是根据分析线的测量强度和三种基本参数(初级谱线强度分布、质量吸收系数、荧光产额)的数值,计算分析元素浓度的一种方法。根据基本激发方程推导出基本参数方程,测出试样和标样特征分析线强度,用迭代法计算出试样中分析元素的浓度。基本参数法以Sherman和Shiraiwa等推导的荧光X射线强度的理论公式为基础,基本参数法的参数方程和计算都非常复杂,需采用计算机程序,只需调用程序即可。

b 理论影响系数法

理论影响系数法分为基本影响系数法和推导影响系数法。这两者的差别在于：基本影响系数法是由已知或假设组分浓度的试样，以理论公式计算出“精确的”理论影响系数；而推导影响系数法是由一个或几个基本影响系数及所选的校正方程推导出理论影响系数。现有的数学校正模式均可以从 Sherman 方程表达式推导出来，只是有的模式采用了某种假设或者近似，因而应用范围受到限制，而有的模式则完全根据 Sherman 方程表达式推导出来，所以应用范围不受限制。目前在商品仪器中常用的理论影响系数法有：(1) Lachance-Traill (L-T) 方程，即：$C_i = R_i\left(1 + \sum_j^n \alpha_{ij}C_j\right)$，该方程适用于单色激发和仅考虑吸收效应的情况。(2) de Jongh 方程，即：$C_i = D_i + E_iR_i\left(1 + \sum_j^n \alpha_{ij}C_j\right)$，该方程是建立在 Shiraiwa 和 Fujino 理论强度公式基础上的。de Jongh 模式在形式上与 L-T 模式一样，但 α 系数的含义和求解方法均有所不同。de Jongh 模式中 α 系数是包含第三元素影响的。上述平均组分可以人为设定，也可通过所用标准样品计算出各组分的平均值。所计算的 α 系数，在应用时适用于标准样品所给出的有限的浓度范围。另外，由于在使用时可使用消去项或平衡项，应用起来很方便。可将 X 射线荧光光谱不能测定或测定结果不理想的元素作为消去项或平衡项。(3) Claisse-Quintin (C-Q) 方程，即：$C_i = R_i\left[1 + \sum_j \alpha_{ij}C_j + \sum_j \alpha_{ijj}C_j^2 + \sum_j\sum_k \alpha_{ijk}C_jC_k\right]$，式中，$\alpha_{ij}$、$\alpha_{ijj}$是二元影响系数；$\alpha_{ijk}$是三元影响系数。该理论阐述了在采用多色激发时，理论影响系数随组成而变化。(4) COLA 方程（模式），即：采用假设的二元和三元体系样品，用 Sherman 方程计算理论强度，再依据强度和浓度计算理论影响系数。(5) Rousseau 的基本算法，该算法依据理论上严密而明确的 Sherman 方程表达式，推导出用于计算吸收和增强效应的校正系数。

c 经验系数法

该方法具有简便、快速、准确的特点，商品化 X 光谱仪一般带有相应软件程序，铁矿石检测采用该法较多。常用的经验系数法有个别三元法、回归法和理论计算法、影响系数 α，其中回归法应用得最多。在经验系数法中，对于含量与强度关系的方程组，在确定了相互作用系数之后，都可以运用代数的方法，直接求出试样中各元素含量。经验系数法和理论影响系数法的区别在于经验系数法不是建立在 Sherman 方程基础上的，而是依据一组标准样品，根据所给出的组分参考值和测得的强度，使用线性或非线性回归的方法求得影响系数。经验系数法的适用性，在很大程度上受标准样品的形态、化学组成及含量范围的限制。经验系数法通常分为两种类型：(1) 浓度校正模式，该模式的 L-T、C-Q 方程虽具有明确的物理意义，但在实际工作中经常当作经验系数法予以应用。除 L-T 和 G-Q 模式之外，还有 R-H 方程：$C_i = R_i\left[1 + \sum_{i\neq j} \alpha_{ij}C_j + \sum_{i\neq j} \frac{\beta_{ij}C_j}{1 + C_j}\right]$，式中，$i$ 代表待分析元素；j 为基体元素。(2) 强度校正模式，表达式为：$C_i = D_i + I_i\left(1 + k_0 + \sum_{j=i}^{j=n} k_{ij}I_j\right)$，式中，$D_i$ 是校正背景值；k_0，k_{ij}是校正系数，这些系数与实验条件有关。强度校正模型是以测量的强度而不是浓度为根据进行计算的，该式适用于任何元素。校正系数用于未知样分析时，计算是简单的，不需要通过迭代法求解，但对组成不同于标准样的试样进行分析时其偏差相当大。

校正模式中经验系数的测定。强度校正模式的计算程序是利用一些单独方程，测定 n 个元素，至少需要 $n+2$ 个标准样品。浓度校正模式中经验系数的测定，通常采用二元体系和多元体系法。二元体系计算 n 个系数，至少要求 $n(n-1)$ 个二元标准样品，多元体系要求标准样品的化学组成和物理形态与待测样品相似，原则上测定 n 个元素，用 L-T 和 R-H 模式仅需 $n-1$ 个标准样品，G-Q 模式则要求 $2(n-1)$ 个标准样品。

B　实验校正法

a　校正曲线法

早期 X 射线荧光光谱定量分析主要使用校正曲线法。通常以浓度 C_i 为横坐标、I_i 为纵坐标进行作图。现在多采用最小二乘法，曲线上各数据点与曲线上相对应的数据偏差的平方和最小。在测定痕量元素时，若背景能准确扣除，也可强制通过零点，以便获得更准确的结果。校正曲线以直线表示最好，也可用二次曲线，只是用二次曲线需要较多的标样，且可能存在危险。通常希望曲线的斜率陡一些，这样在浓度变化很小时，分析线强度变化很大。曲线斜率的大小与基体的质量吸收系数成反比。同时斜率与特征谱线的波长有关。小于 10 nm 的短波范围内，斜率居中；大于 30 nm 的长波范围内，斜率低；在上述两者之间时斜率低，背景也低，因此分析方法灵敏。校正曲线法要求标准样和样品的物理化学形态、分析元素的浓度范围尽可能一致。

b　内标法

在校正曲线法中，用于绘制分析元素浓度函数的强度，可用分析线与内标线强度比、分析线强度与靶线的相干散射线的强度比、分析线强度与靶线的康普顿散射线的强度比以及分析线强度与其邻近背景强度比。用强度比与浓度绘制工作曲线的方法，本质上都是内标法。

（1）内标元素加入法。内标法除了可以补偿吸收增强效应和仪器漂移的优点外，还可减少非规则样品对分析结果的影响，如松散粉末和压块试样的密度差异、玻璃熔融块表面纹理、液体试样气泡和热膨胀不一致等因素的影响。对于待测的多元素试样，欲测定元素 A，加入内标元素 B，内标元素 B 的特征线的吸收和增强效应等特性均与待分析元素 A 的分析线相似，那么该元素即构成了分析元素 A 的理想内标元素，因此有：$\frac{C_A}{C_B}=\frac{I_A}{I_B}$，式中，$C$ 和 I 分别表示浓度和强度，在实际工作中，上述条件的内标元素按一定浓度加入到各个试样和标准样中。试样和标准样的制样方法要严格一致。在理想的情况下，内标元素和待分析元素的特征 X 射线波长均位于基体元素吸收限的同一侧，而且在两个基体元素的特征 X 射线波长的同一侧，同时分析元素和内标元素的吸收限靠近，这样，基体对分析元素和内标元素的吸收和增强效应基本相同。当然在原始样品内不能含有要加入的内标元素。对原子序数（Z）大于 23 号元素的 K_a 线，$Z\pm1$ 为理想内标元素。Z 小于 22 号时，$Z-1$ 元素强烈吸收 Z 元素的 K_a 线，最好选用 $Z+1$ 的元素作内标元素。总之，内标元素和待分析元素之间不应存在强的吸收增强效应。

（2）散射背景内标法。当分析元素含量一定时，分析线强度和散射辐射强度比基本上与基体无关，这种比值对于诸如激发条件、样品的物理状态如颗粒度、粉末致密度等多种变化因素不灵敏，但对激发效应无补偿作用。在一定的条件下，散射背景内标法对基体校正有良好的效果。最佳散射背景内标的确定方法为：在待分析元素的含量变化范围较大时，谱线强度和所选背景强度之比与被分析元素浓度之间关系仍保持良好的线性关系，这样的背景称作最佳背景。要确定最佳散射背景,首先要确认待分析样品对分析元素谱线是否存在最佳背景,然后才能找出最佳背景。

(3) 靶线的康普顿散射线内标法。靶线的康普顿散射线强度与无限厚样品的质量吸收系数成倒数关系,该法的优点是可以补偿基体影响和节省背景的测量时间。

c　标准加入法和标准稀释法

在所分析元素范围内,分析线强度与分析元素浓度呈线性正比。当需要测定一些复杂样品中的单一元素时,可以考虑用加入法。标准加入法或标准稀释法,一般不需要标样和校正曲线,这种方法一般只适用于低于1%含量范围内的元素的熔融物和液体试样测定。多次标准加入法是最常用的方法,这种方法特别适用于标准样品制备困难但又有足够数量样品,并且仅测试个别元素的情况。测得的强度和相应加入的被测元素量呈线性关系。

4.1.3.3　铁矿石样品制备

铁矿石X荧光样品制备一般采用固体样品制备法,在X荧光测定中涉及的样品包括:标准样品(标准物质或有证参考标准物质)、试样、监控样(用于校正X射线荧光光谱仪器漂移)、重校正样品。

A　粉末压片法

粉末压片法的制样步骤大体为:干燥和焙烧、混合和研磨、压片。干燥的目的是除去吸附水,焙烧过程可克服矿物效应及除去结晶水和碳酸根,混合与研磨可降低或消除不均匀效应,一般采用机械振动磨。在研磨样品和标准样品过程中,加入助磨剂有助于提高研磨效率。若试样本身的黏性较小,在研磨前,按一定比例称取样品和黏结剂,混合后,振动研磨。常用的黏结剂及配方列于表4-10。

表4-10　黏结剂及配方

黏结剂	配　方	黏结剂	配　方
微晶纤维素	5 g样品 +2 g黏结剂	硼　酸	5 g样品 +2 g黏结剂
低压聚乙烯	5 g样品 +2 g黏结剂		
石　蜡	15 g样品 +1 g黏结剂	硬脂酸	10 g样品 +0.5 g黏结剂

除固体黏结剂,还可用液体黏结剂,如聚乙烯醇(PVA)、甲苯、聚乙烯吡咯烷酮(PVP)和甲基纤维素(MC)混合溶于乙醇和水中。液体黏结剂容易制成均匀、重复性好、坚固耐用的压片。将制备好的粉末,小心地放入模具中,用压机在一定压力下压制成片。压机有手动、半自动之分,半自动的可自动选择压力和保持压力的时间。为便于保存和防止压制的试样片边缘损坏,可使用铝环、钢环或塑料环。若试样量少,或黏结性不好,则可用钢模压制带盒的压块试样。其制备过程是先用小的压柱在内套筒中将试样压成块,然后取出内套筒和小的活塞;倒入一些黏结剂,如淀粉、低压聚乙烯或微晶纤维素等,然后用大的活塞用压机加压,并保持预定的压力和时间。纯物质的X射线荧光强度随颗粒的减小和压力的增大而增大;压力的选择也视样品而异。图4-14的模具可保证样片体积恒定,从而克服原始粉末相组成变化所引起的误差。模具设计时采用了硬质有弹性的材料制成的环,它通过限制压柱的运动,保持试样体积恒定。对于X荧光样品前处理的压片机与振动磨,目前国内也有,如中科院长春光学精密机械研究所研发的YYJ-40压样机型及ZM-1振动磨,国际上公认比较好的有德国HERZOG公司的产品,图4-15为德国HERZOG公司生产的振动磨与压片机。

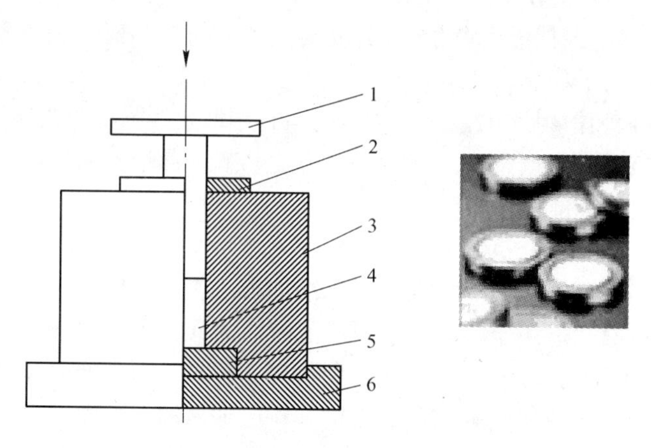

图 4-14 保持试样体积恒定的模具图及压片后试样

1—活塞;2—分离限制环;3—模体套;4—待压样品;5—衬垫;6—底座

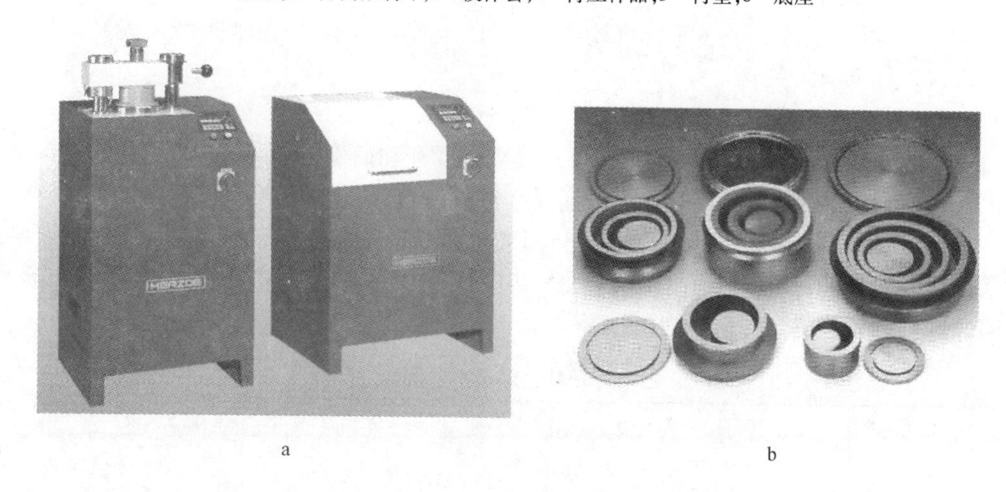

图 4-15 德国 HERZOG 公司 HTP-40 压片机和 HP-M100 型半自动样品磨(a)及各种磨样研钵(b)

B 熔融法

有些岩石、矿物类样品即使磨成很小的颗粒,也是不均匀的。其原因是矿物组成很复杂,只有通过熔融形成玻璃体,方能消除矿物效应和颗粒度效应。除此之外,熔融法的优点是还有用纯氧化物或用已有的标准样品中加添加物的方法制得新的标准样品,这样可以使标准样品所含元素的含量范围扩大,由于熔剂和试样比通常大于 5:1,因此可有效地降低元素间吸收增强效应,但也会降低强度,因含有大量的轻元素如硼、氧等,使背景强度增加,熔融后的标准样品可长期保存。缺点是消耗试剂,制样时间较长,增加分析成本。另外在熔融过程中有些元素容易挥发,影响测定准确度。

a 熔剂和添加剂

在周期表中可形成玻璃的元素有硼、硅、锗、砷、锑、氧、硫和硒等,前 6 个元素可形成酸性玻璃,其他元素则形成普通玻璃。目前常用的熔剂多为锂、钠的硼酸盐,它们与样品在高温熔融过程中所产生的化学反应是相当复杂的,以四硼酸锂熔融二价金属氧化物(MO)为例:

$$Li_2B_4O_7 \longrightarrow 2LiBO_2 + B_2O_3$$

$$LiBO_2 + MO \longrightarrow LiMBO_3$$

$$B_2O_3 + MO \longrightarrow M(BO_2)_2$$

$$M(BO_2)_2 + 2LiBO_2 \longrightarrow Li_2M(BO_2)_4$$

实际反应产物要比上述方程复杂，它在很大程度上取决于熔融温度、熔剂与样品间比例以及样品的组成。

对熔剂的基本要求为：(1)在一定温度下能将试样很快地完全熔融；(2)容易浇铸成玻璃体，玻璃体有一定的机械强度、稳定、不易破裂和吸水；(3)熔剂中不能含有待测元素或干扰元素。根据上述原则，将常用熔剂及其应用实例列于表4-11。常用的熔剂为四硼酸锂和偏硼酸锂混合熔剂，其优点是熔点低，流动性好，便于浇铸。其比例有 $w(Li_2B_4O_7):w(LiBO_2)=12:22$ 和 $66:34$ 等，它们几乎适用于所有含有硅或含有铝的氧化物矿物及无机非金属材料，有时加入 Li_2CO_3 以提高碱度。

表4-11 常用的熔剂及其性质和应用

熔剂基本组分	熔剂组成	性质	应用
偏硼酸锂及其与四硼酸锂混合物	$LiBO_2$，$LiBO_2$ 和 $Li_2B_4O_7$ 混合物	好的力学性能，低的X射线吸收，熔融玻璃有时易破	酸性氧化物（如 SiO_2，TiO_2），硅、铝耐火材料
四硼酸锂	$Li_2B_4O_7$	具有良好的力学性能	碱性氧化物（Al_2O_3），金属氧化物、碱金属、碱土金属氧化物、碳酸盐、水泥
四硼酸钠	$Na_2B_4O_7$	熔块黏度低，吸潮	金属氧化物，岩石，耐火材料，铝土矿
偏磷酸钠	$NaPO_3$		各种氧化物（如 MgO，Cr_2O_3）
偏磷酸锂	$LiPO_3$		$YBa_2Cu_3O_x$，$LiNbO_3$，$CdWO_3$，$\gamma-Al_2O_3$，$\alpha-Al_2O_3$
偏磷酸锂和碳酸锂混合物	$90\% LiPO_3 + 10\% Li_2CO_3$		$Bi_{0.7}Pb_{0.3}SrCaCu_2O_x$，$SrTiO_3$，$Gd_2SiO_3$，$La_3Ga_5SiO_{14}$，$La_2O_3$ 等
硫酸氢钠（钾）	$Na(K)HSO_4$		非硅酸盐矿
焦硫酸钠（钾）	$Na_2(K)S_2O_7$		（铬酸盐，钛铁矿）

为降低基体中元素间吸收增强效应，在熔融过程中可加重吸收剂如 BaO、CeO_2、$BaSO_4$ 或 La_2O_3。对于非硅酸盐试样，有时需加入占样品总量25%以上的 SiO_2 以促使形成玻璃体。若样品本身需分析Si或Al时，也可用 CeO_2 代替 SiO_2。用普通的氧化剂硝酸钠和硼酸试剂与试样相混合，经预氧化和高温熔融，可以对难熔化合物或材料进行分解，并最后形成硼酸钠盐玻璃体（$35\% Na_2O-65\% B_2O_3$ 熔块）。还用 $NaNO_3-H_3BO_3$ 试剂与 Na_2O_2 通过烧结制成 $35\% Na_2O-65\% B_2O_3$ 熔剂，熔剂与样品比例为9:1。使用这两种方法熔融黄铁矿，硫（50.4%）的回收率可达98.8%～99.0%。若用 Li_2CO_3 和 $Li_2B_4O_7$ 试剂配制成比例为4:1的低共熔点混合物 $Li_2B_4O_7-LiBO_2$ 试剂，这时，硫的回收率可高达99.9%～100%。在采用这些方法熔融时，所用硝酸钠与硼酸或硝酸铵与 Li_2CO_3，能促使熔体放出气体和水蒸气，使氧在熔融过程中起主导地位，并在熔融时能对熔体进行强烈搅拌，从而加快难熔融物质的氧化和分解。

b 坩埚材料的选择

在X射线荧光光谱分析中，坩埚及模具的材料主要是5% Au－95% Pt，其优点是熔融物粘在坩埚壁上的现象远比用纯Pt好，熔剂不会浸润坩埚壁，熔融物可方便地从坩埚中倒出和脱模。过去用石墨坩埚及模具也较多，但此类坩埚在空气气氛中寿命短。

使用5% Au－95% Pt坩埚时，要注意在熔融过程中，某些元素（如As、Pb、Sn、Sb、Zn、Bi、P、S、Si和C等）可与Pt形成低熔点合金或共晶混合物，造成对坩埚的损害。如As与Pt形成低熔点化合物As_2Pt，其熔点为1500℃（Pt熔点1769℃），而该化合物与72% Pt形成共晶混合物，其熔点为597℃，因此坩埚由于少量As的存在，在600℃即破裂。这些元素以及铁合金等，只要在熔融前充分氧化成氧化物，则对坩埚就不构成损害。另外，Ag、Cu、Ni等元素也容易与Pt形成合金，熔融这类试样，尤其要注意选择熔剂和氧化剂。此外若用燃气喷灯熔融，坩埚外壁切忌放在还原焰上，以免Pt与碳形成碳化物。用炉子熔融时，坩埚不能放在SiC片或皿上，SiC在高温状态下对坩埚损害很大。试样中存在硫时决不能使用含Rh的坩埚。坩埚受损后，可以用图4-16的工具进行修整。

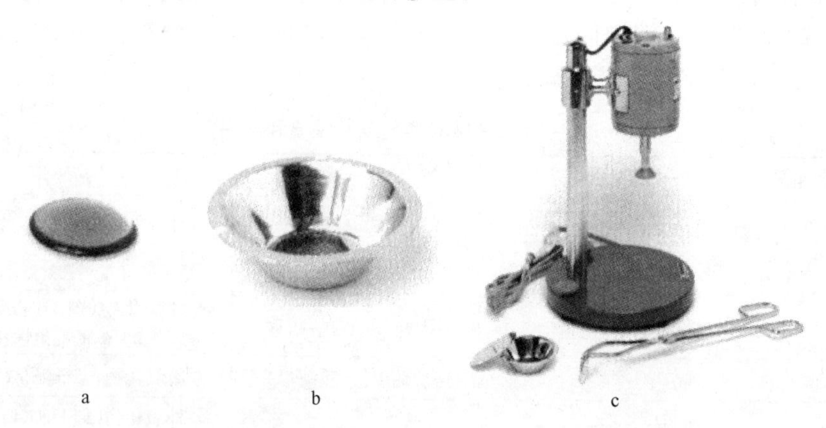

图4-16 熔片样品(a)、铂金坩埚(b)、坩埚抛光机(c)

c 熔融步骤

通过实验确定熔剂与试样比例。这一比例应视样品和分析要求而定，常用的是10∶1，有时也可低到5∶1甚至2∶1；面对难熔融的矿物这一比例可提高到25∶1，当然这对超轻元素和痕量元素的测定是不利的。含有有机物的样品应在熔融前于450℃以上预氧化，使有机物分解。对于硫化物、金属、碳化物、氮化物、铁合金之类的试样，必须在熔融前对试样进行充分预氧化，氧化剂有NH_4NO_3、$LiNO_3$、KNO_3、BaO_2、CeO_2。要依据样品性质，并通过实验选择氧化剂，所加的量要保证试样氧化完全，使之在熔融过程中不损坏坩埚。

矿物等试样与熔剂在高温下熔融，熔融温度随试样种类和所用熔剂而变，其原则是保证试样完全分解，形成熔融体，通常熔融温度为1050～1200℃。浇铸前，熔融体必须预先加入NH_4I、LiBr、CsI等脱模剂中的一种，有助于脱模，也有助于将坩埚中熔融物全部倒入模具中。这些试剂可与熔剂一起加入，每次仅需加30 mg LiBr或CsI即可，NH_4I可多加，因在熔融时挥发。浇铸前熔融体必须不含气泡，模具要预加热，其温度接近于1000℃左右，熔融物倒入模具后，将含熔融体的模具用压缩空气冷却其底部，使之逐渐冷却至室温，取出熔融玻璃体，供测定用。模具表面应保持平整、清洁。若玻璃片表面不平，需用砂纸磨平并抛光，总之试样与标样表面的粗糙度应尽可能保持一致。

d 熔融法制备标准样品

标准样品的来源主要有：标准参考物质。我国及美国、日本、英国等国家均有各类标准参考物质生产和出售。用熔融法合成标准样是简单、经济而又实用的方法，可用市售的高纯或光谱纯化学试剂配制，这些化学试剂需通过加热处理，有些热处理温度需达1000～

1250℃。二氧化硅和氧化铝等高纯试剂,最好选用晶粒状。标准样品熔融块的配制方法为:直接用与分析样品组成相似的标准样品与熔剂熔融制成玻璃片;或以纯氧化物直接配制。加 LiF、Li_2SO_4、$LiPO_3$ 等配制标样时,应将 Li 从熔剂中扣除,再加入相应量的 B 量,以等价于原来的样品与熔剂之间的比例。用氧化物直接配制标准样品制定的校正曲线应以国家标准样品作为未知样,按制备标准样品的方法进行熔融,制成熔融块后进行测试,将测得值与推荐值进行比较,以确认所作校正曲线是否能满足分析要求。

e 熔融设备的选购

(1) 自动熔样炉种类。

高频炉:高频熔样炉是以高频感应为原理,以高频电流通过感应线圈使炉内的加热铁矿产生涡流,从而产生大量的热量,该炉有升温梯度大、温度高、自动化程度高、熔样时间快等优点,但价格较贵。

煤气炉:煤气熔样炉一般以丙烷气为加热原料,对试样及容器进行加热,该炉有升温快、温度恒定、自动化程度高、价格低等优点,但受燃气的限制比较大。

电加热炉:是一种专用马弗炉,一般用电阻丝或硅碳棒为加热体,可控硅控温,有温度恒定、技术稳定等优点,该炉价格适中,有一定的自动化程度,但加热速度慢,详见图 4-17、图 4-18。表 4-12 为自动熔样炉性能对比。

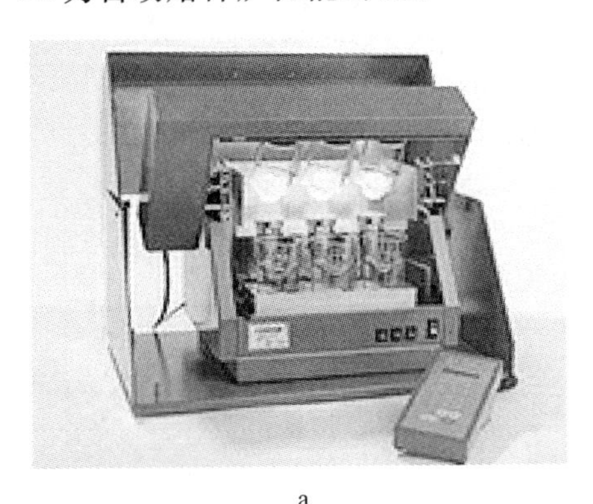

a

b

图 4-17 加拿大 CLISSE 公司的 CLISSE FLUXY10 煤气熔样炉(a)及法国飞利浦公司产的 PERL'X3 高频自动熔样机(b)

a

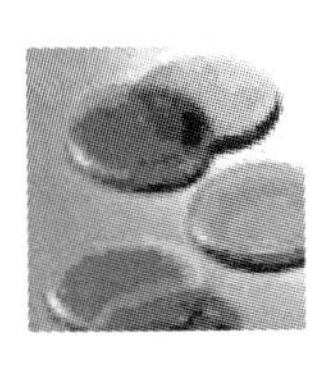

b

c

图 4-18 澳大利亚产的 ISP 及 MODUTEMP 可控硅电热熔样炉(a)、熔片样品(b)及普通箱式电阻炉(c)

表 4-12 自动熔样炉性能对比

项目		飞利浦 PERL'X3 高频炉	MODUTEMP 可控硅电热炉	ISP 可控硅电热炉	CLAISSE 煤气炉
主机	产地	法国飞利浦	澳大利亚 MODU-TEMP	澳大利亚 ISP	加拿大
	型号	PERL'X3	SC142BM	BFF-1	FLUXY10
	加热	高频	电热	电热	煤气
	加热范围	400～1500℃	＜1250℃	＜1100℃	1000～1100℃
	加热梯度	最大 1000℃/min（空载）	常用 1100℃/h	常用 1100℃/h	快
	控温	高温计（参数控制）±15℃	可控硅精确控温	可控硅精确控温	不精，但较恒定
	加热位	1 位	4 位	4 位	1～3 位
	冷却	风冷＋水冷	风冷	风冷	风冷
	自动化	微电脑控制，可编制 38 种包括氧化、熔融、铸造、冷却的可变程序全自动过程，带 RS232C 接口可与计算机或 1 至多台 X 荧光仪相连，可摇可转	半自动，PLC7 段程序预设控温，过温保护，可调速度摇晃。 无旋转。 可控硅热电熔融机、自动摇晃、自动控温、自动模具加热冷却、4 头	半自动，程序预设控温，过温保护，可调 7 种速度、3 种幅度摇晃。无旋转	微电脑控制，可编制 10 种程序，9 种密码可锁定（1 种点燃、6 种加热、1 种倾注、1 种传送、1 种强制冷却，后 3 种可用于溶液搅拌），气流、混合速度、坩埚角度等可优化，对称旋转。 3 头、微处理器、安全柜、自动熔样炉
坩埚	Pt/Au 坩埚 5% Au	×1	×4（每 30 g）	×4（每 30 g）	×3（25 mL，26 g）
模具		×1（ϕ＝30 mm）	×4（每 100 g）	×4（每 80 g）	×3（35 mm，25 g）
外供	电力	220 V，单相，50～60 Hz，5.6 kV·A，32 A	380～415 V，三相，50～60 Hz，6 kW	220～240 V，单相，50～60 Hz，15 A，3 kW	100 V、120 V、240 V，150 W，50～60 W
	配套设施	外接水源或内循环水装置，空压机或压缩空气瓶			气源：丙烷

（2）全自动机器人熔样。澳大利亚 ESSA 公司开发机器人系列中，其中用于 XRF 前处理的样品熔融技术在 XRF 自动熔融机中最为先进。

单炉熔融机：该设备既可手动，又可自动，熔融一个样时间为 3 min，4～5 min 可以完成一个熔样周期，见图 4-19。

多炉熔融机：该设备专门用于超微量元素检测的 XRF 样品前处理。系统有一个工业机器人，一套 12 个转炉的多炉熔融机，一套坩埚洗涤设备，一套坩埚加入和退出的传送设备，一套旋转 XRF 熔珠成模设备。见图 4-20。该系统以小型工业机器人为核心，可自动完成坩埚装载、12 炉同时熔融、模具倾注、坩埚和模具清洗、坩埚退出等一系列动作。

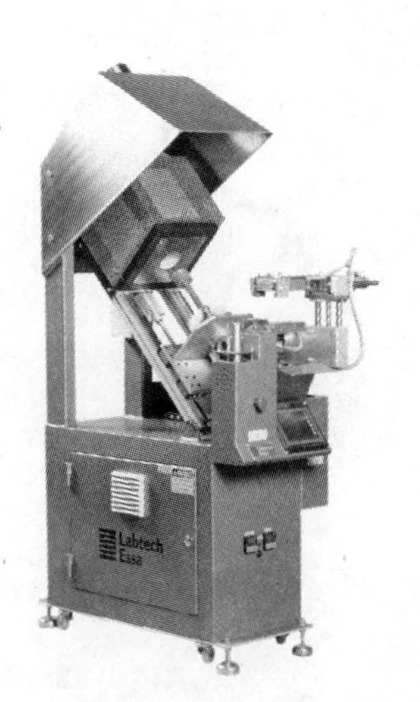

图 4-19 单炉熔融机

4.1.3.4 波长色散 X 射线荧光光谱仪设备

自 1948 年，波长色散 X 射线荧光光谱仪出现以来。经过半

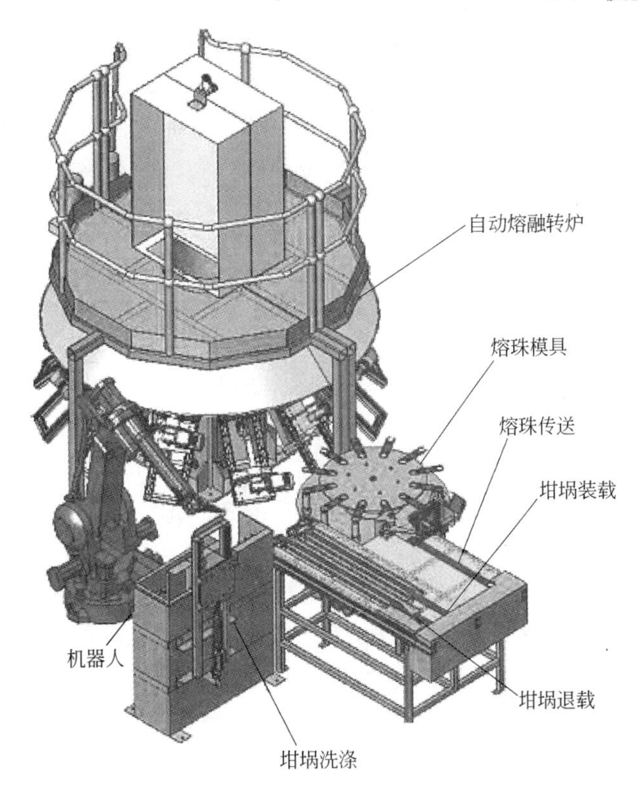

图 4-20 超微量元素分析多炉自动熔融机系统

个多世纪的发展,X 射线荧光分析技术和数据处理及仪器制造等方面的进步巨大。从 20 世纪 90 年代起,世界各主要仪器制造商相继推出了由计算机控制的高智能化、自动化、专业化和小型化的波长色散 X 射线荧光光谱仪,目前这些产品已发展到第 4、5 代,但无论怎样发展,其光谱仪本身的基本结构并没有根本变化,依然是由光源 X 射线管、滤光片、原级(入射)准直器、分光晶体、二级(出射)准直器、探测器和测角仪等主要部件组成(见图 4-21)。波长色散 X 射线荧光光谱仪分为扫描型(单道)、多元素同时分析(多道)型谱仪和扫描型与固定元素通道组合在一起的组合型三大类。单道型波长色散 X 射线荧光光谱仪,是对试样

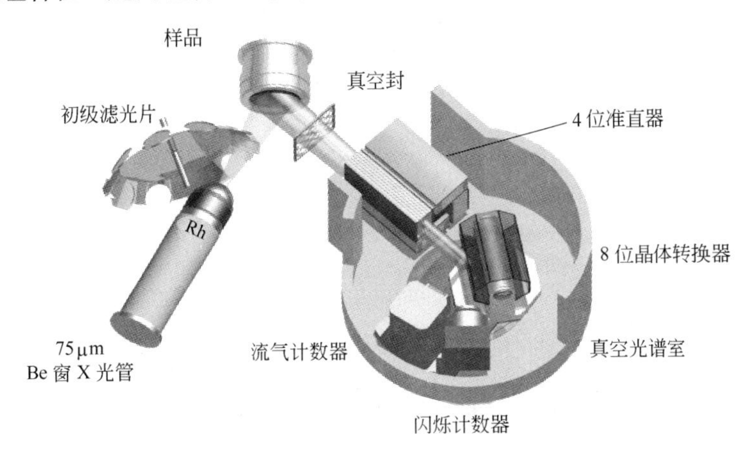

图 4-21 顺序式波长色散 X 射线荧光光谱结构图

中待测元素逐一进行角度扫描顺序进行测定的;多道型是每个元素预先配置一个固定道,同时分析多个元素;所谓组合型有两种:一种以通用型为主,为节省测量时间对经常需要测定的轻元素如硼或痕量元素使用固定通道;另一种是使用多元素同时分析型谱仪的同时,加一扫描道,为测定其他元素提供方便。有的光谱仪采用一固定的分光晶体,但探测器则几个元素共享。新一代波长色散 X 射线荧光光谱仪在性能上有很大改善。

A X 射线管

用于 X 射线荧光激发的 X 射线管从机械结构上可分为侧窗靶、端窗靶和透射靶。目前在波长色散谱仪中,高功率 X 射线管一般用端窗靶,功率 3 ~4 kW,其结构示意于图 4-22。X 射线管本质上是一个在高电压下工作的二极管,包括一个发射电子的阴极和一个收集电子的阳极(即靶材),并密封在高真空的玻璃或陶瓷外壳内。发射电子的阴极可以是热发射或场致电子发射,热阴极 X 射线管是根据热电子发射的原理制成的。阳极有反射式或透射式的,高功率靶如 3 ~4 kW 和低功率靶如 60 W 以下的常用反射式靶。发射电子的阴极,一般由螺旋状的灯丝组成,灯丝的材料是钨丝。灯丝在一稳定的灯丝电流加热下发射电子,在灯丝周围形成一定密度的电子云,电子在阳极高压作用下,被加速飞向阳极,与阳极材料中原子相互作用,发射原级 X 射线,它由特征 X 射线和连续谱组成。改变灯丝电流的大小可以改变灯丝的温度和电子的发射量,从而改变管电流及 X 射线照射量率的大小。端窗靶在电子束轰击下所产生的 X 射线由靶材表面射出,通过铍窗射向试样。灯丝发射的电子流是发散的。为获得足够通量密度的 X 射线,电子轰击阳极靶面的区域应限制在一定范围内,通常称作靶面焦斑。电子从阴极飞向阳极的路径中,设有一聚焦极,保证电子在阳极高压的加速下飞向阳极,能在阳极表面形成一个较大的焦斑。焦斑的形状和大小取决于灯丝和质焦极的结构、阴极和阳极之间的距离,以及靶面相对于电子束照射方向的倾角等因素。

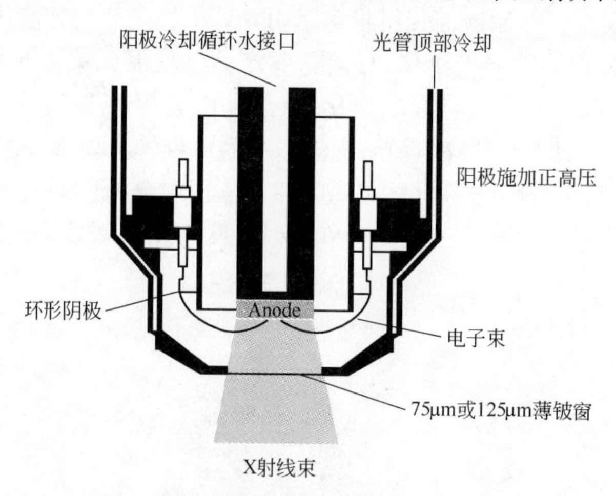

图 4-22 端窗靶产生 X 射线管示意图

B 高压发生器

X 射线管高压发生器的稳定性是谱仪性能的主要指标之一。商用 X 射线荧光光谱仪的高压发生器基本上有以下三大类型。早期的采用高压放大器稳压—自耦变压器调压—高压变压器变压—高压整流电路。这种高压发生器的稳定,主要靠磁放大器稳压。它的最好稳定度为 0.03% 左右。这种电路在电源波动时响应速度慢,整机功耗大,现一般已不用。

第二类高压发生器,采用双向可控硅、脉冲触发电路—高压变压器升压—高压整流电路。这类发生器用脉冲触发控制双向可控硅输出的交流电压,达到控制高压电压的目的。同时高压取样信号又和参比信号比较,控制触发脉冲及双向可控硅的电压输出,并将电源脉动的影响,迅速馈送到脉冲触发电路以控制高压的稳定性。它的特点是整机体积小、重量轻,稳定度一般可达0.002%。第三类为谐波调制电路,它的高压控制采用300 Hz以上的谐波控制调波信号,以触发可控硅使之形成方波交流电源,经变压器件变压,再整流为高压直流电源供X光管使用。同样,仪器的电流控制也采用谐波调制电路,只是频率采用20~25 kHz。由于这种电路的稳定性主要取决于电路直流电源的稳定程度,而获得高稳定性的直流电源是较为容易的。外电源波动,只能轻微地影响直流电源并迅速得到响应和校正。如外电源电压变化±10%时,稳定度可达到0.0005%,而且不同管压管流的交换在2.5 s之内可以完成。

C 初级滤光片

使用滤光片的目的是消除或降低来自X射线管发射的原级X射线谱,尤其是靶材的特征X射线谱对待测元素的干扰,可改善峰背比,提高分析的灵敏度。大多数仪器中,滤光片可装4~10块:如黄铜,厚度分别为0.30 mm和0.10 mm,铝片,厚度分别为0.75 mm和0.20 mm。原级X射线谱的滤光片也可用Ti、Al、Ni和Zr等。

D 通道面罩和准直器

在准直器(又称索拉狭缝)和试样之间装有可供选择的通道面罩,通道面罩的作用相当于光阑,其目的是消除样杯面罩上发射的X射线荧光的干扰。每种谱仪配备的通道面罩有所不同,通常选择3~4块。如布鲁克AXS配有直径8 mm、23 mm、34 mm等的通道面罩。通道面罩对灵敏度是有影响的,若以不用通道面罩时强度为100%,使用$\phi=24$ mm的通道面罩时强度仅为60%。准直器由平行金属板材组成,两块金属片之间的有多种距离供选择,见图4-23。准直器有两类:(1)在样品和晶体之间的准直器又称一级准直器,其作用是将样品发射出的X射线荧光通过准直器变为平行光束照射到晶体,该准直器又称为入射狭缝。入射的X射线荧光经晶体分光后,通过二级准直器又称出射狭缝变为平行光束进入探测器。其目的是为了满足布喇格定律,通过测角仪的调节,X射线荧光经入射和出射准直器后,可确保入射光束以θ角进入晶体,出射光束以2θ角射入探测器。同时一级准直器对谱仪分辨率起着重要的作用。准直器的角发散度可用狭缝长度L和片间距S表示,关系为:$a=\tan^{-1}\left(\frac{S}{L}\right)$,即:在狭缝长度$L$固定的情况下,两片之间距离越小,$a$值越小,分辨率越好,但强度也越低,若不测超轻元素(Be~O),选用0.150 nm、0.300 nm和0.700 mm。0.150 mm对于U~K之间的元素有很高的分辨率,0.300 mm对于U~K之间的元素分辨率差些,但强度很高,0.700 mm则用于轻元素的测定,适用于Cl~F之间的元素分

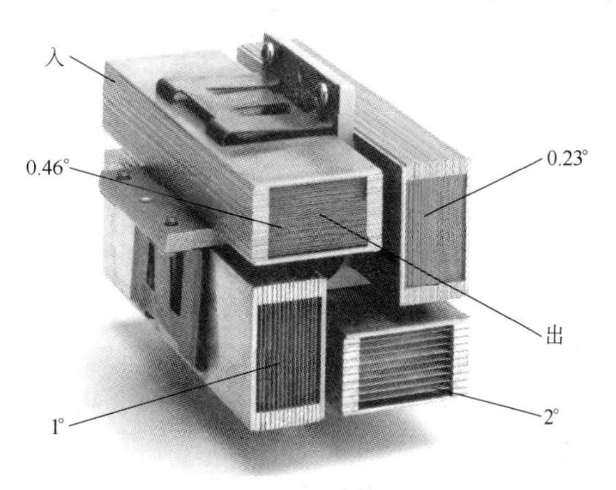

图4-23 准直器示意图

析。(2)二级(出射)准直器,在仪器上是固定的,是不能选择的。

E 分光晶体

在波长色散谱仪中,晶体是获得待测元素特征 X 射线谱的核心部件,为了获得最佳的分析结果,晶体的选择是十分重要的。顺序式 X 射线荧光光谱仪配备晶体最多可达 8 ~ 10 块,以满足从 Be 到 U 的诸元素测定,在测定超轻元素如 B 或 Be 时均选择专用晶体。根据布喇格定律,所选晶体的 $2d$ 值(d 为晶面间距)必须大于待分析元素的波长。实际上,衍射角 2θ 的适用范围,不仅取决于晶面间距,还决定于整个 X 射线谱仪的结构。根据布喇格定律 $\sin\theta = n\lambda/2d$,由于 $\sin\theta$ 值不能大于 1,故 θ 角最大只能是 90°。但是,在高 2θ 角度的条件下,谱峰的宽度增大,因而峰值强度也随着下降。同时由于谱仪结构的限制,不允许探测器 2θ 接近于 180°。因此,2θ 角度一般小于 148°。在选用晶体时应依据上述原则结合实际情况予以综合考虑。测定元素的范围若从 U 到 O,选用三块晶体即可满足要求,这三块晶体是:U ~ K 采用 LiF(200);Cl ~ Al 采用 PET(002);Mg ~ O 采用 PX1 或 TlAP(100)。当然,为了提高分辨率和探测效率,以满足多种需要,可多选一些晶体,如 LiF220,对测稀土元素来说,其分辨率优于 LiF200。此外在测定高含量元素时,使用 LiF220 可在较高管压和管流情况下测定。常用晶体的 $2d$ 值和应用范围列于表 4-13。

表 4-13 常用晶体的 2d 值和应用范围

晶 体	材料/应用元素	$2d$/nm
LiF(420)	氟化锂/从 Co K_{β}	0.1801
LiF(220)	氟化锂/从 V	0.2848
LiF(200)	氟化锂/从 K	0.4028
Ge	锗/ P, S, Cl	0.653
InSb	锑化铟/ Si	0.7481
PET	Pentaerythrit/Al ~ Ti	0.874
AdP	磷酸二氢铵/ Mg	1.0648
TlAP	Thalliumhydrogenphtalate/F, Na	2.5760
OVO-55	人工复合(W/Si)/(C) O ~ Si	5.5
OVO-160	人工复合(Ni/C)/B, C, N	16
OVO-N	人工复合(Ni/BN)/N	11
OVO-C	人工复合(V/C)/C	12
OVO-B	人工复合(Mo/B4C)/B (Be)	20

对于同一元素,$2d$ 值越小,晶体衍射效率越低,分辨率越好,如 ZnK_{α} 和 CuK_{β} 线之间 2θ 角度差,随所用晶体 PET、Ge、LiF200、LiF220、LiF420 的 $2d$ 值减小而逐渐增大,其 2θ 角度差分别为 0.6°、0.8°、1.3°、2.0°、4.4°。

OVO 晶体均为人工多层薄膜晶体(LSM)。这类晶体是由低原子序数和高原子序数的材料,以纳米级水平的厚度交替沉积在基片上。钨、钼、钛、铌和镍等金属可分别用作重元素层,碳或硅元素作为填充层。碳是非常理想的,因为能形成碳化物而大大降低扩散现象。其层间距离($2d$ 值)可以人工方式控制,$2d$ 值在几十个纳米至几个微米之间,这取决于待分析元素的波长，从这些人工多层薄膜晶体(LSM)的 $2d$ 值可以看出，它们适用于轻元素和超轻元素分析。人工多层薄膜晶体的优点除衍射效率高外，还有无高次线干扰。最近经过特殊处理使 LiF200 晶体的 $2d$ 值与 LiF200 一致，用作重元素的测定，其衍射强度比 LiF200 高出 1.5 倍多。InSb 用于硅分析时灵敏度特别好，但对磷、硫和氯等元素则远不如 Ge 晶体，这是因为 InSb 晶体在测定上述元素的分析线时，产生晶体荧光(In 和 Sb 的 L_α 和 L_β)，使背景大幅度升高所致。因此，选用 Ge 晶体不存在晶体荧光对磷、硫和氯谱线的干扰，而且它不产生二级反射，避免了高次线的干扰。晶体有平面晶体和弯面晶体之分。由弯面晶体得到的衍射强度将比平面晶体大许多，起到一种“强聚焦”的作用。

由于晶体的膨胀系数不同，不同晶体的晶面间距，随环境温度变化而改变的程度也有差异。晶体的晶面间距(d)随温度而变化，结果使所探测的 2θ 角发生变化，从而引起强度变化。PET 晶体在温度变化 3℃时，其强度变化高达 34.5%。因此，现代波长色散 X 射线荧光光谱仪的分光室系统普遍采用恒温装置，通常温度保持在 ±(0.05～0.1)℃，以避免温度对晶体 $2d$ 值的影响。

F 探测器

波长色散谱仪常用计数器为正比计数器(流气式或封闭式)、闪烁计数器，这些探测器的作用，是将 X 射线荧光光量子转变为一定形状和数量的电脉冲，表征 X 射线荧光的能量和强度。它实质上是一个能量－电量的传感器，通常用电脉冲的数目表征入射 X 射线光子的数目，幅度表征入射光量子的能量。不同的探测器具有不同的特性，因此在使用探测器时要考虑其特性与 X 射线的特征，做出最佳的选择。

a 正比计数器

正比计数器是以某种气体(如氙、氦、氩或甲烷等)在 X 射线或其他射线照射下产生电离而形成电脉冲为依据的核辐射探测器。在外加电压足够高的情况下，由 X 射线光子所引起的每个电子只发生一次雪崩，且这种雪崩限制于阳极丝附近的区域内，这样各个雪崩之间不发生任何相互作用。雪崩次数基本上与气体初始电离对的数目相同，由于所有电子都被收集，故所收集的总电荷数正比于 X 射线光子的能量。电流脉冲幅度与初始电离成正比。在正比区中，输出脉冲幅度与入射线能量成正比，其比例系数与探测器所充气体气压、外加电压和计数器结构具有很大的关系。在外加电压稳定时，这一正比关系也相当稳定，因而可以得到较好的分辨率。同时脉冲幅度较大，便于电路处理，更有利于测量某些能量较低、电离密度较小的 X 射线荧光。由于它使用寿命长、体积小、重量轻并在常温下工作，能量分辨率优于闪烁计数器，因此，它的应用受到广泛的重视。图 4-24 表示常用的流气式正比计数器的机械结构和电路的接法。正比计数器的阳极一般用铂、钨或钼等牢固而又稳定的金属丝制成。丝状阳极直径在 10^{-5} m 数量级，因为在相同结构、相同电压下，在细丝附近可以得到更高的电场强度。阳极表面的粗糙度对电场的分布影响尤为明显，极小的毛刺就会引起放电，因而要求阳极金属丝直径均匀，且经过严格的抛光。其中心线(阳极)与金属管壳(阴极)是绝缘的，而且可耐 1500～1800V 的正高压。为了操作安全，金属壳接地。

封闭式正比计数器的入射窗口由铍片制成，铍片的厚度为 25～100 μm，视被测量的 X 射线能量而定。最近为了测 Na 和 Mg 等轻元素，采用 13 μm 的铍窗厚度。流气正比计数器的窗口材料通常用聚丙烯膜或对二苯酸酯聚乙烯膜制成，厚度为 1～6 μm。膜的内层镀很薄的金属铝。

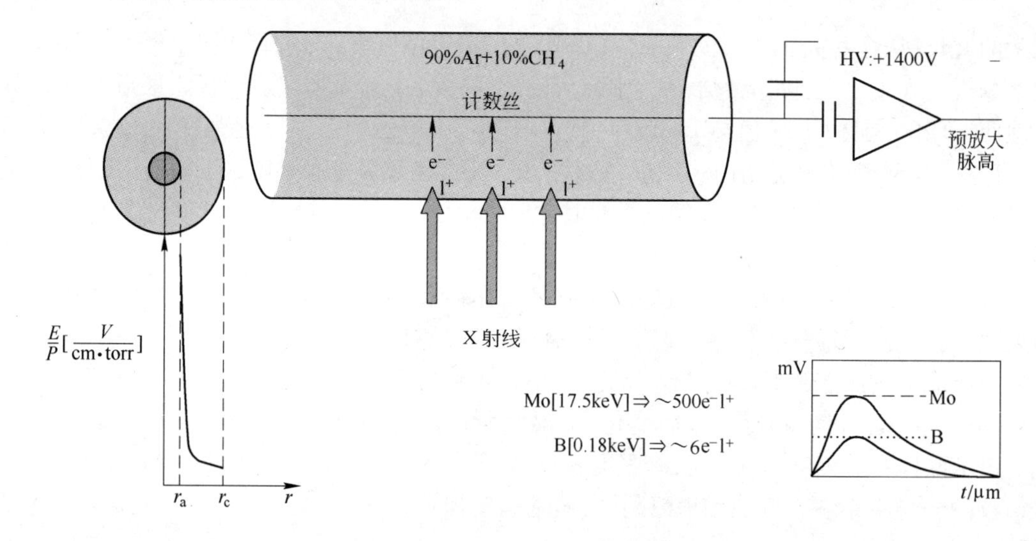

图 4-24　流气正比计数器示意图

正比计数器内所充气体与需要测定的入射 X 射线的能量有关。气体的主要作用是使入射 X 射线的能量成比例地转变成电荷。同时,还要防止正离子移向阴极时,从阴极上逐出电荷而引起二次放电,即使之猝灭。通常选用惰性气体(Ne、Ar、Kr、Xe)作为探测气体,将 X 射线光子的能量转变为电荷。加入一定量的有机气体如甲烷、乙烷、丙烷和二氧化碳等作为猝灭气体。所充气体的成分和纯度对测量结果有很大影响,如气体中混入空气、水蒸气等容易形成负离子的气体,在雪崩放电中,因负离子运动缓慢与电子引起的雪崩性质不同而改变了气体放大倍数,使输出电脉冲幅度降低。在长期工作过程中,猝灭气体分解所产生的碳可能附着在探测器壁和阳极丝上,尤其是阳极上的少量附着物会影响电场的形状。

X 射线光子进入探测器后,在正比计数区与所充气体(假定气体是氩)相互作用,其过程可分为四种类型。第一,X 射线光子进入探测器后,通过气体时完全未吸收,而被探测器壁吸收或从后窗口逸出,不会输出脉冲信号。X 射线光子波长愈短,发生的可能性愈大。第二,X 射线光子可使探测气体原子发生外层电子光电离,并将其能量交给光电子。光电子在获得能量后,又在其路径上电离探测气体原子,生成 Ar^+ 和 e^- 离子对,这些离子对引起一个复杂的气体放大过程,有大量的雪崩放电冲击阳极,使高压瞬时降落。这种电位降以脉冲形式,经电容器输入放大器和测量电路,而形成一个输出脉冲,该输出脉冲所拥有的电子数相当于 X 射线光子引起的初始电子数的 $10^2\sim10^{10}$ 倍。这种放电过程发生在 X 射线光子被吸收后 0.1~0.2 μs 的时间内。在阳极电压的恢复过程中(约 1 μs),正比计数器对另一个入射 X 射线光子不发生响应,这个时间叫做探测器的死时间。其实,即使是单色 X 射线光子,所产生的离子对数并不完全相等,而是呈高斯分布。每个输出脉冲的平均幅度都正比于入射光子的能量。第三,若 X 射线光子的能量大于氩的 K 层电子的激发电位,氩原子的 K 层电子被激发,发射出 ArK_α 射线,由于 Ar 的外层电离电位为 15.7 eV,而其 K 层电子激发电位为 3.2 keV。ArK_α 射线几乎不为 Ar 吸收而逸出。这样,K 层电离产生的光电子的能量应为入射 X 射线光子的能量 E_x 减去 ArK_a 射线的能量(2.96 keV),将使 Ar 产生离子对,形成一个脉冲输出,该输出的平均幅度正比于 $E_x-2.96$ keV。该脉冲形成的峰称作逃逸峰。第四,入射 X 射线光子在激发氩原子的 K 层电子过程中,即可能产生氩的俄歇电子。

正比计数器所充气体的种类很多,窗口材料也有所不同,但上面所述 X 射线与所充气体相互作用过程也适用于其他各种探测气体。选择合适的正比计数器的一般原则,通常使用原子序数小的材料制成薄的窗口,使入射 X 射线吸收较少,提高探测效率。原子序数较低的工作气体,如 Ne 等,对低能 X 射线的吸收系数较大,因而探测效率就高;而能量较高的 X 射线就需要用原子序数较大的工作气体,如 Kr 或 Xe 等。对所充气体配比和纯度要求较高,如流气正比计数管所充 Ar 和 CH_4,其体积比为(89% ~91%):(9% ~11%),而杂质含量:N_2 小于 $200\times10^{-4}\%$,O_2 小于 $40\times10^{-4}\%$,H_2O 和 H_2 小于 $10\times10^{-4}\%$,C_2H_4 小于 $250\times10^{-4}\%$。

b 闪烁计数器

X 射线荧光分析所用的闪烁计数器由闪烁体、光导、光电倍增管及相关电路组成。入射的 X 射线与闪烁体作用使之发光。光子经光导进入光电倍增管光电阴极并产生光电子。光电子在电位不同的各个再生极之间加速并产生倍增,在阳极上形成较强的电脉冲讯号。电讯号经前置放大器输出,供电路处理。闪烁计数器构造参见图 4-25。

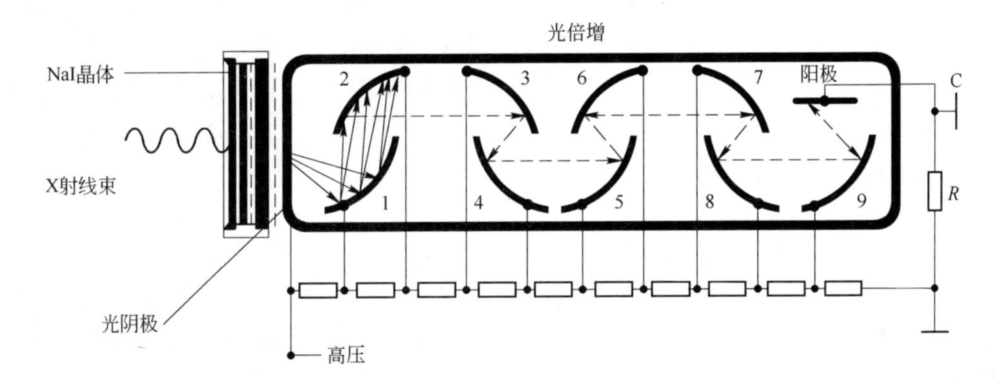

图 4-25 闪烁计数器构造

闪烁体:闪烁体是指在 X 射线或粒子作用下会发光的器件。这类器件可将 X 射线或粒子的能量转换成便于探测的光讯号。闪烁体一般分为有机闪烁体和无机闪烁体。无机闪烁体是 X 射线荧光光谱常用的,它们通常都是一些加入用作激活剂的少量杂质的无机盐晶体。常用的有用铊激活的且密封于窗口中的碘化钠晶体和碘化铯晶体,分别记作 NaI(Tl)和 CsI(Tl)。NaI(Tl)晶体属于离子型晶体,使用纯物质如碘化钠晶体并不是有效的闪烁体。其原因是晶体中价带电子获得能量被激发到导带,返回满带时以光形式释放出一较大的能量,其波长范围处在紫外光区,不便于测量;另一原因是释放的能量与晶体中电子被激发的能量相当,使电子再次激发而不发射光子。若在晶体中加入少量(在 10^{-3} mol 量级)激活剂,这种物质在晶体中形成发光中心,它在禁带中形成一套激发能级比导带低,而基态能级比价带高的附加能级。当电子在这些附加能级跃迁时释放光子的能量比禁带宽度 E_g 低,波长在可见光段,因此不会再次激发其他原子中的电子。也就是说由附加能级的激发态向基态跃迁时,将发射能量低的可见光。1 ~2 mm 厚的 NaI(Tl)晶体已能完全吸收几万个电子伏特量级的 X 射线。

光导:光导的功能是使闪烁体发射的可测光子打到光电倍增管的光阴极上。为此,一方面要防止光子散失;另一方面要防止在界面上产生反射。闪烁体的出射窗口与光电阴极的形状和尺寸并不一定相同,因而常用一些透光性很好的折射率相当的物质制成一定形状的光导,一端连接闪烁体,另一端连接光电阴极,形成可测光子的通道。

光电倍增管:光电倍增管的功能是将闪烁体发射的可测光子讯号转变为电讯号的器件。它由光电阴极、聚焦栅极、倍增极(打拿极)和阳极组成。由高压电源和分压电阻分别供给不同电极及不同电位。电子在极间聚焦、加速并得到倍增。光阴极的作用是吸收闪烁体发射的光子能量后,发射出光电子。常用的光阴极材料有锑铯化合物和双碱阴极(K_2CsSb)等。选择光阴极材料时,首先应选择具有高的光电转换效率;其次是热电子发射率低,以避免产生明显的热噪声。由光阴极产生的光电子经聚焦打在第一个倍增极上,倍增极的作用是有效收集前一级发射的电子,并使之倍增。阳极是倍增极发射二次电子的收集电极,它处于较高的电位,以吸引电子。为防止阳极上的二次电子发射,常在阳极附近加上栅网,并使之处于较阳极低的电位,以防止电子散失,保证阳极能收集到全部由最后一个倍增极发射的二次电子。每个入射的 X 射线光子能在光电倍增管的输出端形成一个很大的脉冲。因每产生一个可见光子需要 2 ~3 eV 的能量,而在正比计数器中,引起一对电离要 20 ~30 eV 的能量,故在闪烁计数器中,每一个入射的 X 射线光子所引起的远大于正比计数器中的离子对数。但每 20 ~30 个可见光子中只有一个光子能使光电倍增管的光阴极表面发射一个电子。因此,由每个 X 射线光子所引起的有效可见光子数,实际上低于正比计数器中所产生的离子对的数目。这样,闪烁计数器计数的相对统计误差与正比计数器相比要大些,因此闪烁计数器的脉冲分布要比正比计数器大 2 ~3 倍。

c 测角仪

测角仪是顺序式 X 射线光谱仪的核心部件,直到 20 世纪末,大多数仪器采用的测角仪,以步进马达——机械齿轮分步传动,控制 $\theta-2\theta$ 轴。采用机械齿轮传动的测角仪体积大,扫描速度较慢,定位精度一般只能达到 ±0.001°,但基本上能满足常规定性和定量分析的要求。新的定位技术有:无齿轮摩尔条纹测角仪,其特点是探测器和晶体系统可以单独转动,转动速度可达 80°/s,其精度达到 ±0.0002°。晶体和探测器 $\theta/2\theta$ 关系的调节,由微处理器自动完成;激光定位光学传感器驱动测角仪(DOPS);$\theta/2\theta$ 可独立转动的光学定位传感器控制定位。用机械齿轮传动的测角仪中,流气正比计数器和闪烁计数器通常是串联在同一个转动臂上,闪烁计数器离晶体较远,强度较低。在使用 DOPS 装置时,闪烁计数器离晶体较近,可提高重元素的计数强度。

d 脉冲高度分析器

由正比计数管或闪烁计数管记录每个入射的光子所引起的离子对数的值,即产生离子对数最可几值 N 为:$N\approx\dfrac{\text{X 射线光子能量}}{\text{电离电位}}$,由正比计数管或闪烁计数管将光信号转换为电脉冲信号,输送到前置放大器。经前置放大器预放大后再送至主放大器。主放大器输出的脉冲信号包括待测元素脉冲信号、噪声及高次线脉冲信号。每一个电脉冲的幅度正比于 X 射线光子能量。实际上,由每个入射光子所引起的离子对数目并不是一个定值,而是在平均值上下波动。离子对数分布的标准偏差以 $\sigma=\sqrt{N}$表示。因而电脉冲的幅度分布也随之而变。脉冲高度分析器(PHA)的作用是,通过选择脉冲幅度的最小和最大阈值,将分析线脉冲信号从某些干扰线(如某一谱线的高次衍射线、晶体荧光或待测元素特征谱和高次线的逃逸峰)和散射线中分辨出来。在某种程度上,可用来消除干扰和降低背景,以改善分析灵敏度和准确度。如经适当调节门电路,下限仅允许幅值大于 24 V 的脉冲通过,再调节上限门电路,仅允许幅值小于 30 V 的脉冲通过,这样,24 ~ 30V 幅值范围成为一个通道。此通道只允许铁的大部分脉冲通过,而 CuK_α 的大部分脉冲被除去。这种门电路就叫脉冲高度分析器。在波长色散 X 射线荧光光谱仪中,入射到晶体的 X 射线波长只要满足布喇格定律,就能被晶体衍射。因此,即使波长不同,但只要波长(λ')满足 $\lambda = n\lambda'$ 的关系就能在同一衍射角下被衍射。所以除 $n=1$ 的一次线外,高次线 X 射线的波长是待测元素特征谱线波长的 1/2 ~ 1/5 倍时($n=1\sim5$)也可被检测。如前所述,不同波长的 X 射线将产生相应的脉冲信号。但一次线和高次线所产生的脉冲幅度是与其相应的能量相对应。探测器输出的电脉冲信号幅度与 X 射线能量成正比,这样就可用电子学线路——脉冲高度分析器将其分离。为实现这一点,设计了上限、下限甄别器和反符合电路。

e 系统软件

现代 X 射线荧光光谱仪不仅有可靠的硬件技术,而且有很强的软件功能。

(1) 光谱仪状态控制。可将仪器的工作状态实时地显示。显示的内容有 X 射线管的管压、管流,所用晶体和准直器的名称,真空度和冷却水的温度,冷却水和流气正比计数器气体流量与压力等。在屏幕上可看到已分析的元素、计数率和尚未测定的元素等。

(2) 分析程序智能化。分析程序的汇编,最简单的情况下,只要操作者从周期表中或化合物数据库中用鼠标点入所要分析的元素或化合物名称,软件对所分析元素各种条件诸如所用分光晶体、准直器、探测器、管压、管流和脉冲高度分析器上、下限等均会自动设定。对于有经验的工作者应根据不同样品类型做适当修改。

(3) 吸收增强效应的校正程序和专业用分析软件。常规定量分析用程序有基本参数法、影响系数法、内标法和康普顿散射线作内标等。其中影响系数法有理论 α 系数法和经验系数法及两者相结合使用的方法。经验系数法则有浓度校正模式和强度校正模式。所需的标准样品可以是纯元素或多元素的薄膜标样或无限厚的块状标样。其分析结果明显优于检量线法,体现了基本参数法的优点。自著名学者 De Jongh 推出 UniQuant 无标样定量分析软件后,各个厂家均相继推出半定量分析软件。

(4) 光谱仪漂移校正和远程遥测。许多仪器用监控样校正仪器漂移,从而保证所制定的校正曲线可以长期使用,监控样可以用 1 个,也可用 2 个。远程遥测是基于通讯技术的飞速发展,仪器上装有调制解调器后,可以直接与仪器制造厂商维修部门或在远处的维修工程师联系,做到及时的维修和定期检查。

4.1.3.5 波长色散 X 射线荧光光谱仪计量

我国于 1993 年由原国家技术监督局出版《波长色散 X 射线荧光光谱仪的计量检定规程(JJG 810—93)》。规程适用于新生产、使用中和维修后的各种类型波长色散 X 射线荧光光谱仪的检定。波长色散 X 射线荧光光谱仪的结构、原理见以上内容。

A 技术要求

a 外观

仪器应有仪器名称、制造厂、出厂日期和编号的标志。所有部件连接良好、动作正常。面板上的仪表、指示灯和安全保护装置工作正常。

b 技术性能

技术性能分为 A、B 两个级别,分别包括精密度、稳定性、X 射线计数率、探测器分辨率和仪器的计数线性(见表4-14)。对在质保期内的新仪器,此项技术要求按产品技术标准执行。

B 检定条件

具体如下:

(1) 实验室条件。

电源:有三相和单相两种电源,220 V,电源波动不超过 ±10%。

接地:单独接地电阻 <30 Ω。

冷却水:水温 <30℃,水压 >9.8×10^4 Pa/cm^2,流量 >4 L/min。

室温:(15~28)℃ ±3℃。

湿度:<75% RH。

不同类型的仪器对实验室工作条件的要求有所差别,具体要求可按仪器制造厂家的规定。

(2) 仪器检定前在测量功率下至少预热 2 h。

(3) 检定用样品。

纯铜或黄铜圆块、纯铝圆块、镍铬不锈钢圆块。可以根据被检仪器的特殊要求制作其他检定用品。

C 检定项目和检定方法

具体如下:

(1) 用目视方法检查仪器外观。

(2) 精密度的检定。精密度以 20 次连续重复测量的相对标准偏差 RSD 表示,每次测量都必须改变机械设置条件,包括晶体、计数器、准直器、2θ 角、滤波片、衰减器和样品转台位置等。

$$RSD=\frac{S}{\overline{N}}\times100\% \tag{4-23}$$

$$\overline{N}=\sum_{i=1}^{n}\frac{N_i}{n} \tag{4-24}$$

$$N_i=I_i\times T \tag{4-25}$$

$$S=\sqrt{\frac{\sum_{i=1}^{n}(N_i-\overline{N})^2}{n-1}} \tag{4-26}$$

式中 I_i——i 次测量的计数率;

T——测量时间;

n——测量次数;

$\overline{N}$——n 次测量的平均计数值;

S——n 次测量的标准偏差。

连续 20 次测量中,如有数据超出平均值 ±3S,实验应重做。

精密度检定按下列条件进行。测定条件 1:纯铜或黄铜块样品,测量 CuK_α 的计数值或计数率,LiF 晶体,细准直器,无滤波片,无衰减器,闪烁计数器,真空光路,计数时间 10 s。测定条件 2:纯铝块样品,测量 AlK_α 的计数值或计数率,PET 晶体,粗准直器,加滤波片和衰减器,流动气体正比计数器,真空光路,计数时间 1 s 或 2 s。X 射线源电压设置在 40 kV 或 50 kV。调节电流,使测定条件 1 中 CuK_α 的计数率为 100 ~ 200 kCPS。条件 1 和条件 2 交替测定,每个条件分别测定 29 次,对于铜样品每测定一次,必须变换进样转台中的样品位置。如果转台中的样品位置少于 20 个,可以循环使用。如仪器有样品自旋装置,应使样品自旋。计算 CuK_α 线 20 次测定的 *RSD*。

检验同时式仪器中的扫描道时,测定条件中的变化因素视具体仪器而定。对无扫描道的同时式 X 射线荧光光谱仪,不检验该项。测定条件 2 仅作为变化测试条件用,结果不必计算。

D 稳定性的检定

仪器的稳定性用相对极差 *RR* 表示:

$$RR = \frac{N_{max} - N_{min}}{\overline{N}} \times 100\% \tag{4-27}$$

式中 N_{max}——测量过程中,最大计数值;

N_{min}——测量过程中,最小计数值;

$\overline{N}$——整个测量的平均计数值。

用不锈钢块样品测量 CrK_α 或 NiK_α 的计数值或计数率,LiF 晶体,调节电压和电流,使 CrK_α 或 NiK_α 的计数率高于 100 kCPS,计数时间 40 s,连续测量 400 次。对同时式 X 射线荧光光谱仪,测量可在固定道或扫描道进行。

E X 射线计数率的检定

按被检仪器技术标准规定的测试条件,测量每一块晶体和每一个固定道对某一个分析元素特征 X 射线的计数率。

F 探测器能量分辨率的检定

探测器的能量分辨率以脉冲高度分布的半峰宽和平均脉冲高度的百分比表示:

$$R = \frac{W}{V} \times 100\% \tag{4-28}$$

式中 *R*——探测器的能量分辨率;

W——脉冲高度分布的半峰宽;

V——脉冲高度分布的平均高度。

图 4-26 表示探测器的脉冲高度分布的曲线。

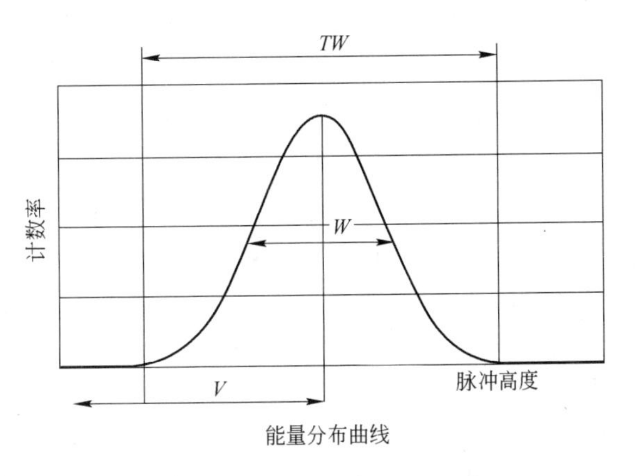

图 4-26 脉冲高度分布的曲线

(1) 流动气体正比计数器。用纯铝块样品测量 AlK_α 辐射。设置脉冲高度分析的窗宽,使窗口通过脉冲高度分布的全宽度 *TW*(见图 4-26),调节 X 射线源的电压和电流,使计数率在 20 ~ 50 kCPS。选择窄的道宽(平均脉冲高度的 2% 左右),逐次提高下限,以微分形式绘制脉冲高度分布曲线,并计算能量分辨率 *R*。

(2) 闪烁计数器。用纯铜或黄铜块样品测量 CuK_α 辐射,测量步骤同(1)。

(3) 封闭气体正比计数器。该类型计数器主要用于同时测定式 X 射线荧光光谱仪的固定道。对每一个固定道的计数器,按该道规定的元素测定探测器的能量分辨率,方法同第(1)项。

G 仪器计数线性的检定

a 流动气体正比计数器

用纯铝块样品测量 AlK_α 辐射。X 射线源电压设置在 30 kV 或 40 kV,电流(mA)分别为 2、5、10、15、20、25、30、40、50、60、70,依次测量 AlK_a 辐射的计数率,计数时间取 10 s,每个电流值的计数测量 3 次,取平均值。测定结果按图 4-27 的形式绘制计数率对电流的曲线,并计算 90% 或 60% 仪器规定最大线性计数率偏差 CD:

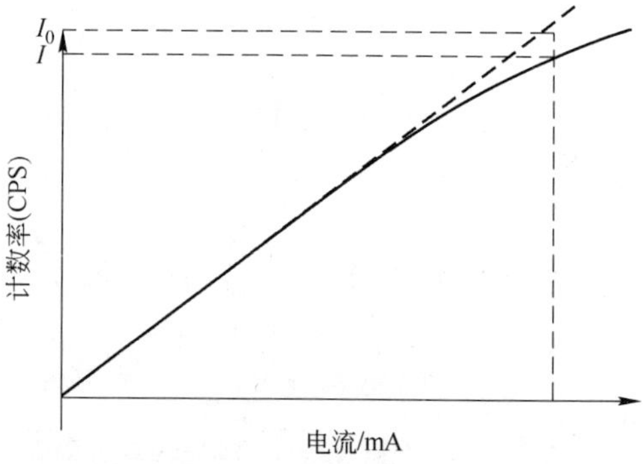

图 4-27 计数率对电流的曲线

$$CD = \frac{|I - I_0|}{I_0} \times 100\% \qquad (4-29)$$

式中 I_0——由线性直线给出的计数率值,在此 90% 或 60% 仪器规定最大线性计数率;

I——由实测工作曲线给出的计数率值。

测量时,X 射线管的使用功率不超出额定功率。

b 闪烁计数器

用纯铜或黄铜块样品测量 CuK_α。X 射线源的电压设置在 40 kV 或 50 kV,电流(mA)分别为 2、5、10、15、20、25、30、40、50、60,依次测量 CuK_α 的计数率,计数时间 10 s,每个电流值的计数率测量 3 次,取平均值。以 a 节相同的方法计算计数率值的偏差。

c 封闭气体正比计数器

从 Ti、Fe、Ni、Cu 或 Zn 等固定道中任选一个进行测试,方法同 a 节。

H 检定结果处理和检定周期

新制造仪器的外观检查都应合格,根据表 4-14 技术要求,将被检仪器判定为 A 级、B 级或不合格三种情况。B 级的仪器在使用过程中应采取某些措施,确保测试数据的准确性,不合格的仪器修理后重新进行检定。

判定仪器标准规定如下:

(1) A 级仪器。仪器能在表 4-14 所列的各检定项均属 A 级的情况下测定 ^{23}Na 至 ^{92}U。以下情况仍按 A 级仪器处理:对顺序式和复合式 X 射线荧光光谱仪,X 射线计数率为非 A 级晶体,可为其他 A 级的晶体替代;对复合式和带扫描道的同时式 X 射线荧光光谱仪,非 A 级的固定道可为复合式全部属 A 级的测试条件替代,或测角仪和扫描道中没有全部达到 A 级测定条件的元素,可用 A 级的固定道测定,对只有固定道的 X 射线荧光光谱仪,各道都应属于 A 级。对在质保期内的新仪器,X 射线计数率不得低于出厂指标值,否则仪器不能判定为 A 级。这里衡量晶体级别的标准仅指 X 射线计数率,而衡量固定道级别的标准仅指 X 射线计数率和探测器的分辨率。

(2) B 级仪器。仪器能在表 4-14 所列的各检定项目达 A 级或 B 级的情况下测定 ^{23}Na

至^{92}U。以下情况仍按B级仪器处理：对顺序式和复合式仪器，X射线计数率不合格的晶体可为其他A或B级的晶体替代，对复合式和带扫描道的同时式仪器，不合格的固定道可为复合式中的测角仪或扫描道中A或B级的测定条件替代，或测角仪和扫描道中某元素不合格的测定条件可为A或B级的固定道替代，对只有固定道的仪器，各道都应符合A或B级标准。

表4-14 技术指标

级别 检测项目		A	B
精密度(*RSD*)		$\leqslant 2.0\times\frac{1}{\sqrt{N}}\times 100\%$	$\leqslant 3.0\times\frac{1}{\sqrt{N}}\times 100\%$
稳定性(*RR*)		$\leqslant\left(0.2+6\times\frac{1}{\sqrt{N}}\times 100\right)\%$	$\leqslant\left(0.3+6\times\frac{1}{\sqrt{N}}\times 100\right)\%$
X射线计数率		不小于仪器技术标准规定的测量条件下初始计数率的60%，或不小于仪器出厂指标值的90%	不小于仪器技术标准规定的测量条件下初始计数率的60%，或不小于仪器出厂指标值的80%
探测器分辨率	流动气体正比计数器	$\leqslant 40\%\ (AlK_{\alpha})$	$\leqslant 45\%\ (AlK_{\alpha})$
	闪烁计效器	$\leqslant 80\%\ (CuK_{\alpha})$	$\leqslant 70\%\ (CuK_{\alpha})$
	封闭气体正比计数器	封闭He，$\leqslant 54\sqrt{\lambda}\%$ 封闭Ar，$\leqslant 45\sqrt{\lambda}\%$ 封闭Kr，$\leqslant 52\sqrt{\lambda}\%$ 封闭Xe，$\leqslant 60\sqrt{\lambda}\%$	封闭He，$\leqslant 65\sqrt{\lambda}\%$ 封闭Ar，$\leqslant 55\sqrt{\lambda}\%$ 封闭Kr，$\leqslant 71\sqrt{\lambda}\%$ 封闭Xe，$\leqslant 89\sqrt{\lambda}\%$
仪器的计数线性		90%仪器规定最大线性计数率的计数率偏差$CD\leqslant 1\%$	60%仪器规定最大线性计数率的计数率偏差$CD\leqslant 1\%$

凡不符合A级和B级的仪器判为不合格仪器。

波长色散X射线荧光光谱仪的检定周期为1年，由于修理或其他原因使仪器状态发生变化时，应重新进行检定。

4.1.3.6 X荧光光谱仪故障解析

以西门子SRS300型X荧光光谱仪为例，对该光谱仪几种故障原因分析以及对该仪器有关部件的维修。

A 水冷系统故障

a 外部循环水冷

具体如下：

(1) 故障1。

故障现象：加热黄灯开启后，仪器内部发出蜂鸣警报声，待高压绿灯亮后几秒，黄灯、绿灯自动熄灭，高压更不能升起。

分析排查：根据蜂鸣警报声判断应该是外部水冷循环故障，检查整个外部水冷装置正常，因此怀疑外部水冷回路水流传感器有问题或过滤网有堵塞，打开光谱仪右后盖，先找到外冷水过滤器检查过滤网,看到过滤网上有一点点污物,但不影响正常过滤,洗净重新装上,再拆卸水流传感器(SW1)密封盖,取出传感器内的水流叶轮,当用手指拨动叶轮时,叶轮咬死不能转动,细察发现叶轮轴已断,故障原因为外冷水流动时未能带动水流传感器内叶轮转动,光谱仪误以为外部水冷回路无循环水流而使高压发生器关机。

故障排除:由于西门子维修站已无该型号的水流传感器备存,而新型号的西门子X荧光光谱仪所用的外水冷水流传感器又不与SRS300通用,最后只得拆卸3000型水流传感器叶轮轴替代,故障排除。

(2) 故障2。

故障现象:外部水冷装置冷却风机、压缩机、水泵停止工作。

分析排查:由于大楼配电房三相电缺相故障,故怀疑水冷装置保护开关跳闸或元器件损坏,检查总电源开关S1及F1、F2正常,使三个保护开关复位故障依旧,但检查接触器K1、K2、K3时发现控制风机(M3、M4)的K1及控制水泵(M1)、压缩机(M2)的K2线圈烧坏。

故障排除:更换接触器K2、K3,水冷装置恢复正常。

b 内部循环水冷

具体如下:

(1) 故障1。

故障现象:内循环水电导大于电导保护设定值1.4 μS,电导过高指示灯亮,高压不能升起(为保护X光管不被击穿,电导保护设定一般低于1.8 μS)。

分析排查:能正常显示电导值,说明仪器机载电导仪正常,该故障一般是热交换系统内循环水所含离子量过高引起。更换内循环水故障依旧,在内循环水中加几滴有机防腐剂,电导则小于1.4 μS了,电导过高指示灯也灭,但过一两周后,同样故障又出现,说明内循环系统去离子柱中离子交换树脂失效或已受有机藻类污染。

故障排除:更换离子交换树脂及更换高纯去离子水,故障排除。

(2) 故障2。

故障现象:加热黄灯能开启,待绿灯亮高压却不能升起,按绿灯时机内有马达声但无蜂鸣声,水警示灯亮。

分析排查:马达能转说明水流能驱动,检查内循环水过滤器过滤网正常,检查水路时发现水箱进水阀开关丝口断裂,更换进水阀,但故障未能排除,因此判断内循环水系统控制部分故障,先检查内循环水控制电路,发现控制电路所有控制板、继电器、保险丝(F12 ~ F19)及水位、水温传感器正常,问题应该出在水流传感器,该水流传感器与外循环水流传感器不同,属感应式,估计是该传感器损坏或感应位不正常,所有传感器只要有一处不正常就不能使高压发生器总继电器(K4)吸合,也就无法使高压升起。

故障排除:松开水流传感器固定螺丝,检查传感器未损坏,不断更换感应位,同时在加热状态下测试高压开关,待传感器放置在能使高压升起的某一位置时,拴紧固定螺丝。

B 安全回路故障

故障现象:平时偶尔会跳掉高压,但有一次跳掉高压后,却发现加热黄灯能开启,高压绿灯也会亮,高压却不能升起,按下高压绿灯开关时,X-ray on 警示灯不亮。

分析排查:应该是安全保护回路有故障,先检查前、后、左盖安全微动开关,似乎S28、S29开关不灵活,干脆用小纸团塞住使其不起作用,但故障未能排除,再检查高压发生器控制电路也正常,但检查样品转换器上的X-ray on警示灯灯泡时发现该灯泡中灯丝有一点点错开,灯泡触电焊锡有熔化现象,用万用表检出灯泡开路,但给灯泡通12V电却有时能亮,说明平时偶尔会跳高压是因该灯泡灯丝接触不良,同时电阻增大生热造成灯泡触电焊锡熔化,灯泡开路时造成高压发生器控制电路断路保护。荧光仪的外侧面板安装不到位有时也会使高压不能开启。

故障排除:更换X-ray on警示灯灯泡(12~15 V,2 W)。

C 测角仪故障

故障现象:测角仪经常在θ角为90°左右停止,不能复位,监视器出现"DEF"出错信号。

分析排查:正常情况下,当步进马达驱动测角仪从4°转到90°时,闪烁计数器触动微动开关使电磁气阀(Y3)动作,接通空压机给气缸(ZYL3)供气,气缸使闪烁计数器右转90°,即使闪烁计数器避开X光管,使测角仪继续进到150°。但此时未能听到该电磁气阀有动作声,也就是说气缸没能获得动力气,闪烁计数器被X光管卡死,测角仪就在90°处不能前进了。电磁气阀(Y3)动作不灵活有可能是该阀有油污或润滑不良,监视器出现"DEF"出错信号大多为测角仪有故障,这是因为光谱仪微处理机收到脉冲信号而$\theta/2\theta$驱动器部分机件咬合却不一致。

故障排除:拆卸电磁气阀(Y3),把内部零件用酒精棉球擦净,给阀芯加润滑油,重新装上。为使光谱仪气动装置保持良好润滑,仪器在气路中设有润滑维护单元,由它给电磁气阀、气缸供润滑油,应时常在该维护单元中添加润滑油至合适液面。维护后测角仪工作正常。

D X光管故障

故障现象:高压发生器电压升到46 kV(电流30~50 mA)以上,高压自动关闭。

分析排查:先检查电子箱电源正常,再更换高压发生器中所有涉及电压、电流调节的线路板,即L5、L4、B31、B1等,还是未能奏效,故障焦点集中到X光管,更换一新的X光管发现该故障消失,估计是X光管耐高压性能不良。

故障排除:更换新X光管,电压能升到59 kV(电流30~35 mA)。

E 真空系统故障

a 光谱室

具体如下:

(1) 故障现象1:光谱仪在开机检测中,突然高压发生器停,光谱室真空度最低只到80(计算机脉冲数,1个atm(1×10^5 Pa)为255)。

(2) 故障现象2:打开光谱仪总开关,监视器键盘按Control"P"发现屏幕上有"FOL"出错信号,在Mode栏目VAC有未就绪信息,按Control"D"发现故障诊断栏目FF22-D0无星闪。

分析排查:上述故障都是由光谱室内流气计数器膜破引起,故障2已明确指示膜破,且真空泵未能开动,即使真空泵开动,由于P10气不断从流气计数器泄漏到光谱室,使真空泵抽真空困难。一般膜破的很厉害时监视器才有"FOL"出错信号。

故障排除:更换计数器膜后正常,膜不宜绷得太紧,更换计数器膜后要进行光路校准。

b 样品室

故障现象：样品室真空不能抽到45以下，真空泵工作5 min后自动停止，无法进行正常检测。

分析排查：正常情况下，若设定真空，计算机检测到样品室和光谱室真空度小于45，就给光谱仪发出指令使样品位、滤光片、测角仪、准直器、晶体、检测器等部件到达设定位，就绪后检测开始。由于样品室和光谱室是互为独立的两个真空系统，样品室真空抽不下去说明该室密封不好，为使真空泵避免长时间工作而损坏，可以对真空抽取时间进行设定（一般5 min）。检查样品室上盖盖封、安全锁定杆及射线保护装置未见异常，打开光谱仪左上、左前、左后、左侧盖，从样品室底下检查密封情况，由于样品室内外传动机件及O形圈比较多，同时查漏很困难，只得采用各种规格橡皮塞，逐个拆卸有密封圈的机件，并用合适的橡皮塞替代抽真空检查，最后终于发现升盘机密封O形圈老化。

故障排除：更换该密封O形圈，样品室真空正常。

F 晶体

故障现象：仪器能正常检测晶体位，在使用PET晶体时，只有噪声无峰位。

分析排查：估计晶体转换器中PET晶体有故障，打开光谱室，发现PET晶体从转换器底座上脱落摔碎。

故障排除：更换PET晶体或用相关晶体替代。

G 样品转换器故障

故障现象：样品转换器时常不灵，多数发生在6号位。

分析排查：估计样品室6号位微动限位开关不灵。

故障排除：更换6号位微动限位开关S56（备件号27015），故障排除。

H 面罩（Mask）转换器故障

故障现象：监视器显示面罩长时间不能到位，无法正常检测。

分析排查：正常的话，根据面罩设定位，光谱仪给电磁气阀Y2（控制3位）或Y3（控制1、2位）指令使其动作，给气缸ZYL. 2（控制3位）或ZYL. 1（控制1、2位）供气使面罩到位。因此从现象看应该是电磁气阀或气缸有问题，先检查电磁气阀发现Y2有漏气，更换O形圈虽不漏气了但故障依旧，再检查气缸发现Y3有动作时ZYL. 1却未见动作，说明ZYL. 1有问题。

故障排除：更换气缸ZYL. 1（ϕ12 mm、H125 mm，P = 1 MPa）及气缸活塞接口，故障排除。

I 空压机故障

故障现象：光谱仪监视器显示气压不够，即"PRU"出错。

分析排查：检查空压机发现该机气压已降到下限4 MPa以下，而空压机却未工作，检查空压机电源良好，因此怀疑空压机电机、继电器、压力传感器或启动电容有问题，先拆卸电容，用万用表测其电容值，发现该电容已损坏失效。

故障排除：用国产电容（15 μF ±5%，耐压450 V）替代进口损坏电容，故障排除。

4.1.3.7 波长色散X射线荧光光谱仪主要厂商产品性能对比

我国用于进口铁矿石检测的顺序式波长色散X射线荧光光谱仪一般采用国外知名品牌，目前国际上生产该类仪器的厂家中有五家比较著名：荷兰思百吉（PANalytical）公司，即原先的飞利浦公司(Philips);德国布鲁克(Bruker)公司下属的AXS公司,即原先的西门子公司;美国热电公司下属的ARL公司(瑞士);日本的理学(Rigaku)公司;日本的岛津(Shimadzu)公司。五家公司于近几年推出最新型号的X射线荧光光谱仪如下:思百吉公司的Axios系列,AXS公司的S4系列,ARL公司的OPTIM'X,理学公司的ZSX Primus,岛津公司的LAB CENTER XRF-1800。

思百吉(PANalytical)公司是专业生产X射线分析仪器的公司,主要产品为X射线衍射仪和X射线荧光仪,该公司在该领域有50多年的研发历史,公司前身为菲利浦公司分析仪器部(2003年前),总部设在荷兰Almelo,分布世界各地的公司雇员有800多人,在日本、美国、荷兰设有应用实验室,并以英国布赖顿的苏塞克斯大学和荷兰Almelo为研究基地,在60个国家与地区设有销售维护中心。德国布鲁克(Bruker)公司下属的AXS公司也是专业生产X射线分析仪器的公司,布鲁克AXS X射线分析仪器公司由原西门子X射线分析仪器部独立而成,因此完全继承和延续了原西门子X射线分析仪器研制、生产、销售及维护体系,公司总部设在德国卡斯鲁尔。1997年10月西门子将AXS股份转让给著名的材料分析仪器制造商——德国Bruker公司,从而成为Bruker AXS。AXS生产研制X射线分析仪器已有80多年历史。几十年来,AXS一直领导着世界X射线分析技术的潮流。ARL原为瑞士一家X射线分析仪器专业生产公司,20世纪90年代末,该公司被美国热电公司收购,使热电公司成为一个门类较全的大型分析仪器及医疗设备的生产商。日本理学株式会社是一家生产X射线衍射仪、X射线光谱仪、X射线探伤机、半导体分析装置为主的专业公司,该公司生产的X射线光谱仪在我国占有一定的市场份额。日本岛津公司是一家以生产分析仪器和医疗器械为主的公司,X射线光谱仪是它所生产产品的其中一个领域,它所生产的LAB CENTER图4-28~图4-30和表4-15为这几家公司X射线荧光光谱仪的上一代产品的主要技术性能指标及规格比较。

XRF-1800X射线荧光光谱仪带有一个独特的功能,即微区分析。

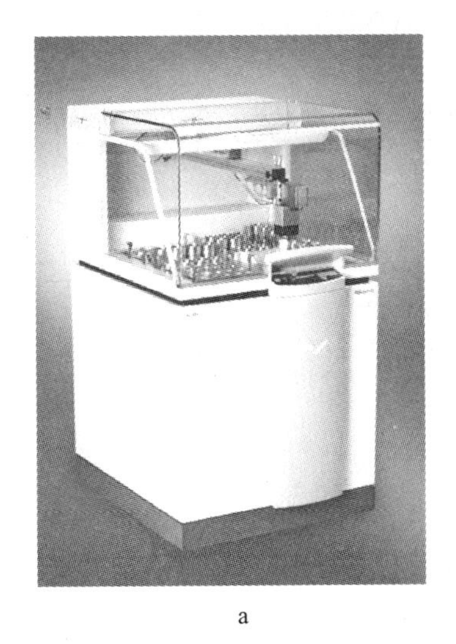

a

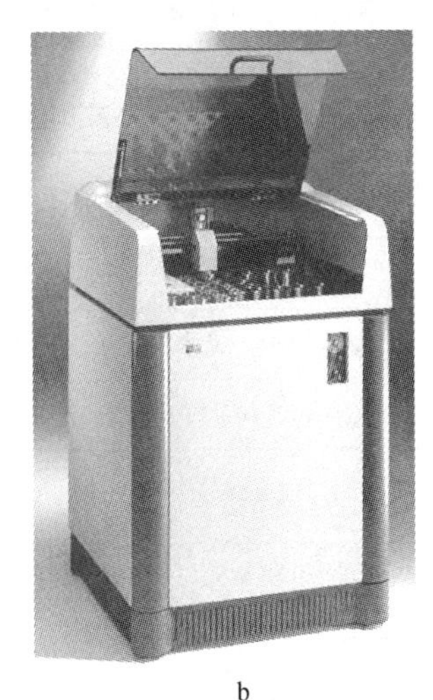

b

图4-28 思百吉公司Axios系列(a)和AXS公司的S4系列(b)
顺序式波长色散X射线荧光光谱仪

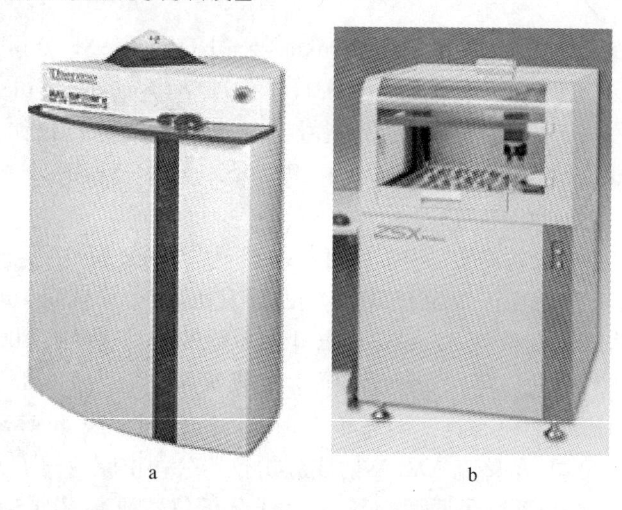

a b

图 4-29 美国热电-ARL 公司 OPTIM'X(a)和日本理学公司 ZSX Primus(b)顺序式波长色散 X 射线荧光光谱仪

图 4-30 日本岛津公司 LAB CENTER XRF-1800 顺序式波长色散 X 射线荧光光谱仪

表 4-15 最新顺序式 X 射线荧光光谱仪主要部件技术指标比较

比较项目		德国 Bruker AXS S4 PIONEER	日本理学公司 ZSX101E	荷兰飞利浦公司 Axios	日本岛津公司 XRF-1800	瑞士 ARL 公司 ARL ADVANT'XP
分析元素范围		$^{4}Be \sim ^{92}U$	$^{4}Be \sim ^{92}U$	$^{4}Be \sim ^{92}U$	$^{4}Be \sim ^{92}U$	$^{4}Be \sim ^{92}U$
适用范围		固体、粉末、液体	固体、粉末、液体	固体、粉末、液体	固体、粉末、液体	固体、粉末、液体
该型号推出时间		2001 年 10 月	—	2004 年 4 月	2000 年底	—
高压发生器	最大输出功率	4 kW	4 kW	4 kW	4 kW	3.6 kW（可选 4.2 kW）
	电　流	5 ~ 150 mA（1 mA 连续可调）	150 mA	125 mA	140 mA（150 mA 可选）	0 ~ 120 mA（1 mA 连续可调）
	电　压	20 ~ 60 kV（1 kV 连续可调）	60 kV	60 kV	60 kV	0 ~ 60 kV（1 kV 连续可调）
	电流、电压快速切换功能	能非等功率切换（<2 s）	不能	<2 s	零切换	能等功率和非等功率切换（<2 s）

续表 4-15

比较项目		德国 Bruker AXS S4 PIONEER	日本理学公司 ZSX101E	荷兰飞利浦公司 Axios	日本岛津公司 XRF-1800	瑞士 ARL 公司 ARL ADVANT' XP
高压发生器	能否满功率运行	能(默认),可根据需要设定	不能	不能	能(默认),可根据需要设定	能(默认),可根据需要设定
	内、外部水冷机	有	有	有	有	高压风冷设计
	发生器稳定性(电压波动1%时)	±0.0005%	±0.0005%	±0.0005%	±0.0005%	±0.0001%
X 光管(Rh)	生产厂家	西门子公司	东芝	菲利浦公司	美国瓦里安公司	—
	型　式	超尖锐端窗(AG66-G)	端窗型	超尖锐端窗	端窗型	超尖锐端窗
	铍窗厚度	75 μm	75 μm	75 μm	75 μm	75 μm(可选 50 μm)
光路设计	样品照射方式	下照射	上照射	下照射	上照射	下照射
	滤光片位置数	10 位(标准配置 7 位 Cu[0.2/0.3 mm] Al[0.0125/0.1/0.2/0.5/0.8 mm])	4 种自动变换	3 种自动变换	5 种自动变换(Al、Ti、Ni、Zr、OUT)	3 位初级滤光片(优化配置 Cu、Al 滤光片及防尘滤光片)
	样品室/光谱室之间高透光性真空封档	计算机控制	没有	计算机控制	无需	计算机程序控制
	真空/氦气状态切换时间	小于 1 min,氦气消耗量小于 20 L/h	—	—	—	小于 1 min,氦气消耗量小于 20 L/h
	预真空时间	真空度控制	4 s	真空度控制	几秒钟	真空度控制
	准直器	最多 4 位、双向转动(标准配置 2 位:0.23°、0.46°,可选:1°、2°、0.12°、0.17°、0.35°)	2 种自动变换	3 种自动变换	3 种自动变换	4 位、双向转动(标准配置 2 位:0.25°、0.6°,可选:0.15°、2.5°)
	准直器面罩	5 位(8 mm、18 mm、23 mm、28 mm、34 mm)	6 位	4 位	5 位	4 位(与准直器配置相同)
	晶体交换器	双向旋转 8 位	双向旋转 8 位	单向旋转 5 位	双向旋转 10 位	双向旋转 9 位
	晶体数	标配 LiF200、PET、INCO-55 通用晶体,可选 Ge、InSb、ADP、TlAP、INCO-B、INCO-C、INCO-N 等专用晶体			标配 LiF200、PET、Ge、TAP 通用晶体,可选 LiF220、SX-52、SX-1、SX-14、SX-48、SX-58N、SX-76、SX-410 等专用晶体	标配 LiF200、PET、AX-06 通用晶体,可选 Ge、InSb、LiF220、TlAP、AX-20(B)、AX-16(C)、AX-09(N)等专用晶体
	光谱室温度稳定性	(37±0.05)℃	(35±0.1)℃	(35±0.05)℃	(35±0.3)℃	(38±0.1)℃
测角仪	形　式	$\theta/2\theta$ 独立驱动	$\theta/2\theta$ 独立驱动	$\theta/2\theta$ 独立驱动	$\theta/2\theta$ 独立驱动	$\theta/2\theta$ 独立驱动
	定位方式	光学编码系统		DOPS(直接光学位置传感器)	光学定位	无齿轮磨损的第四代莫尔条纹

续表 4-15

比较项目		德国 Bruker AXS S4 PIONEER	日本理学公司 ZSX101E	荷兰飞利浦公司 Axios	日本岛津公司 XRF-1800	瑞士 ARL 公司 ARL ADVANT' XP
测角仪	角度准确度	0.001°	0.001°	0.001°	0.001°	0.001°
	角度分辨率	0.001°	0.001°	0.001°	0.001°	0.001°
	扫描速度	0.06～200°/min (2θ)	0.1～240°/min (2θ)	0.06～120°/min (2θ)	0.1～300°/min (2θ)	0～327°/min (2θ)
	转角速度	1000°/min(2θ)	1000°/min(2θ)	2400°/min(2θ)	1200°/min(2θ)	4800°/min(2θ)
	角度重现性	优于±0.0001°	优于±0.0002°	优于±0.0001°	优于±0.0003°	优于±0.0002°
检测系统	计数器类型	SC、FPC	SC、FPC	SC、FPC	SC、FPC	SC、FPC
	计数器窗膜	0.6 μm 镀铝膜窗口	1 μm 镀铝膜窗口	1 μm 镀铝膜窗口	0.6 μm 镀铝膜窗口	0.9 μm 镀铝膜窗口
	角范围(2θ)	SC:0°～114° FPC:14°～149°	SC:1°～118° FPC:7°～148°	SC:0°～104° FPC:13°～148°	SC:0°～118° FPC: 7°～118°	SC:0°～115° FPC:17°～145°
	最大线性计数	SC:1500 kcps FPC:2000 kcps	SC:1500 kcps FPC:2000 kcps	SC:1500 kcps FPC:3000 kcps	SC:1000 kcps FPC:2000 kcps	SC:1500 kcps FPC:2000 kcps
	探测器位置	平行放置,均在光谱室内	平行放置,一个在光谱室内,一个在外	平行放置,一个在光谱室内,一个在外	平行放置于分光室内	平行放置,均在光谱室内
进样系统	最大试样尺寸	ϕ52 mm×H47 mm	ϕ51 mm×H40 mm	ϕ51 mm×H40 mm	ϕ51 mm×H38 mm	ϕ52 mm×H47 mm
	样品自旋速度	0 或 30 r/min	30 r/min	30 r/min	60 r/min	0 或 30 r/min
	标准配置	60 位 X-Y 进样器	8 个样品旋转台	1 位	8 个样品旋转台	60 位旋转自动进样器
	可选配置	82 位、108 位	50 位、100 位	6 位、30 位、120 位	40 个样品 X-Y 进样器	98 位 X-Y 激光定位进样器
	进样方式	链条式进样	链条式进样	手动一个个进样	摇臂机械手进样	程控双位置进样
	样品选择	单向运送	双向运送	无	双向运送,最短随机选择	单向运送
分析软件	基本软件	SPECTRA PLUS (定性、定量、无标样分析)	定性、定量、无标样分析	定性、定量、无标样分析	AI 软件系统	WinXRF 多任务定性、定量分析软件包
	包含软件	扫描测量和定点测量模式无标样软件;理论 Alpha 系数校正、经验 Alpha 系数校正、基本参数法校正、变动 Alpha 系数校正软件;样品厚度校正软件;制样方法校正软件;自动角度偏移校正软件;PC Anywhere 远程诊断软件等	理论 Alpha 系数校正、经验 Alpha 系数校正、比对分析软件、微区分析软件	理论 Alpha 系数校正、经验 Alpha 系数校正、变动 Alpha 系数校正软件;远程诊断软件等	定性、定量、无标样、微区分析软件;模块及比对软件,制表软件等	专家系统 WinXRF Wizard;无标样定量分析软件包;远程诊断软件等

续表 4-15

比较项目		德国 Bruker AXS S4 PIONEER	日本理学公司 ZSX101E	荷兰飞利浦公司 Axios	日本岛津公司 XRF-1800	瑞士 ARL 公司 ARL ADVANT' XP
分析软件	可选软件	Oliquant 油品无标样定量分析软件；ML^{PLUS} 多层膜分析软件；Petro-Quant 软件；GEO-QUANT 软件	—	—	—	三十余种专用的无标样校正分析程序
计算机系统	主　机	P4（2.4 GHz、512 MB RAM、40 GB 硬盘、1.44 MB 软驱、40 倍速可擦写光驱、AGP 显卡）	—	P3 计算机	P4（2.4 GHz、128 MB RAM、20 GB 硬盘、1.44 MB 软驱、40 倍速可擦写光驱、AGP 显卡）	DELL 品牌机
	显示器（1 in = 2.54 cm）	17 in 液晶显示器	19 in 液晶显示器	19 in 液晶显示器	19 in 液晶显示器	17 in 液晶显示器
	打印机	高性能彩色喷墨打印机	彩色激光打印机	彩色激光打印机	彩色激光打印机	惠普彩色打印机
仪器特征	电　源	230 V，50 Hz，允许电压波动 ±10%	220 V，50 Hz，允许电压波动 ±10%，单独地线 < 30 Ω	220 V，50 Hz，允许电压波动 ±10%	220 V，50 Hz，允许电压波动 ±10%，单独地线 < 30 Ω	230 V，50 Hz，允许电压波动 ±10%
	尺　寸（$H \times W \times D$）	131 cm × 84 cm × 99 cm	—	—	135 cm × 108 cm × 177 cm	94 cm × 109 cm × 83 cm
	重　量	450 kg	—	—	760 kg	450 kg

4.1.4 电感耦合等离子光谱仪

20 世纪 60 年代早期就有人提出了电感耦合等离子体原子发射光谱法（ICP-AES），电感耦合等离子体（ICP）是一种高效原子发射光源，从理论上讲，它可用于测定除氩以外的所有元素，该法表示被测元素浓度与仪器响应之间关系的校准曲线为直线，其线性范围一般宽达 5 个数量级；各元素的检测限一般都很低，它适合于从超微量到常量成分的所有浓度的测定。

4.1.4.1 电感耦合等离子光谱原理

ICP-AES 其优良的特性来源于所用的特殊激发光源——电感耦合等离子体，图 4-31 为其示意图。氩气连续通过绕有两匝或三匝感应螺管（或称"感应线圈"）的等离子炬管。然后通过螺管（其中有高频的交变电流）的感应加热，把能量转移给氩气，使氩气成了电离的等离子体气体，而这种导电的气体又起了变压器二级线圈的作用，将气体本身加热至 10000 K 左右的高温。

炬管的几何形状使载有样品的中心氩气流能够从等离子体的平坦底部吹开一条垂直通道。这样，ICP 最高温的区域就成了环形，试样可以穿过中心通道并达到 8000 K 左右的高温。在如此高的温度下，元素实际上已完全原子化，而且原子呈高度激发状态并有部分电离。等离子体非常明亮部位的上方为发射光谱观测区，此处背景低，适

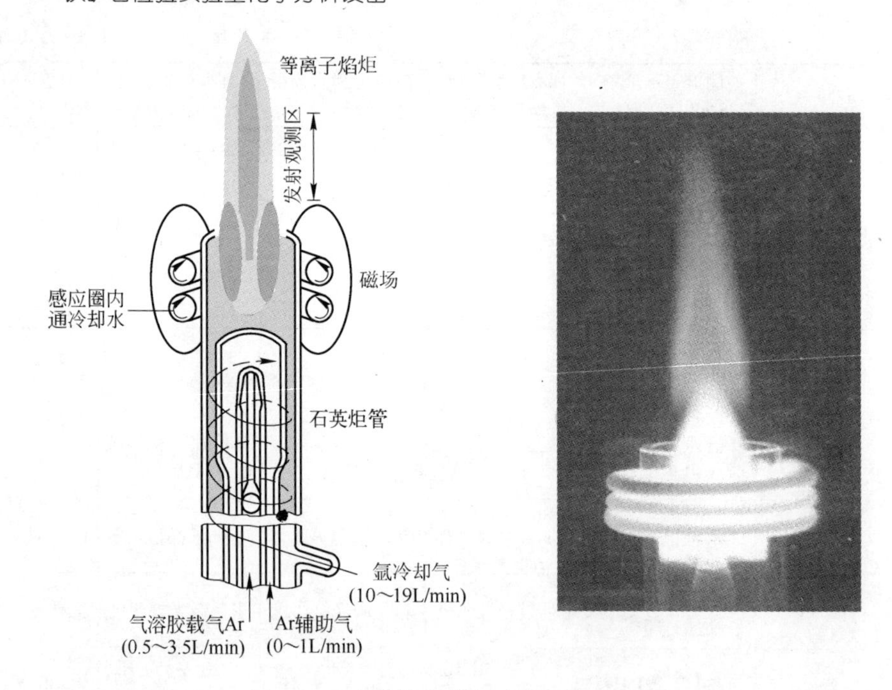

图 4-31　电感耦合等离子体及火焰结构

合原子发射的测量。正是等离子体炬管的特殊几何形状赋予了 ICP 许多优良的光谱特性。受激发的试样必须依靠中心气流——“注入气流”来载入等离子体。在大多数情况下，呈水溶液状态的样品仅被雾化器部分地转化成微滴，而只有这些微滴组成的气溶胶才能进入等离子体。事实上，比 10 μm 细的任何粒子都可在气流中传输而不会在管道上沉积很多，因此固体粒子的气溶胶也得以注入。此外，只要待测物能形成适当的挥发性化合物，它就能以气相注入。

A　ICP 环状结构形成原因

ICP 的环状结构(通道效应)的形成，一般认为是由于高频电流的趋肤效应及内管载气的气体动力学双重作用所致，所谓高频趋肤效应是指高频电流在导体(等离子体也是导体)表面挤聚现象。电流在导体中所产生的焦耳热是与电流平方成正比，因此功率密度由表向里的减弱较电流密度的衰减更为显著。根据电磁波传播理论，对于非磁性物质，趋肤深度 δ 为：$\delta = \frac{1}{\sqrt{\pi f \mu \sigma}}$，式中，$f$ 为高频电流的频率，s^{-1}；σ 为电导率，其值为电阻率 ρ 的倒数(S/cm)；μ 为磁导率，其值为 $4\pi \times 10^{-9}$ μ(H/cm)。由于 δ 值的大小与电流频率 f 的方根成反比，因此增大频率将使趋肤效应加剧，电流密度及功率密度将更集中在等离子体的表层，越有利于等离子体环状结构的形成。但所选用的频率仍然必须足够高(如大于 5 MHz)，使得趋肤深度比等离子体半径小得多，以保证等离子体的轴向通道在电学上是屏蔽的。一般载气流速过小将引起轴向通道的收缩，并导致样品导入的稳定性变坏。炬管直径太小，很难形成环状结构，因为在此场合，高频趋肤效应不足以造成中心“薄弱环节”(即电流密度及功率密度很小)，而注入的载气流可能“扰乱”靠近等离子体边缘的能量输入区(即感应区或环形外区)，可能使放电不稳或者熄灭。加快外管气流的涡流速度，以造成较大的中心负压，对于等离子体轴向通道的形成，同样是有益的。显然，当形成等离子体环状结构的条件一旦遭到破坏（如频率太低，中心气流太小，炬管直径太小等），自然将导致环状结构的消失，而形成泪滴状的实心等离子体，由于等离子体的高度黏滞性，在光谱分析时使得样品（常以气溶胶形式）注入等离子体发生困难，对注入的样品形成气体动力学屏障，其结果将使样品粒子从等离子体表面反射回来，或者沿着等离子体外层表面滑过。在ICP放电中，由于趋肤效应使等离子体半径具有扩大的倾向，当其扩大因炬管的外管及冷却气流的限制和“热箍缩”及“磁箍缩”作用（后者系由自感磁场的相互作用所引起）而受到抑制，使得等离子体的电流及功率在其表面更加集中。因此，即使较低的功率，等离子体表层（感应区）亦可能达到很高的能量密度，其放电温度可达10000 K以上，这是一般非箍缩的电弧放电所无法实现的。十分清楚，频率低时，由于趋肤深度大，功率将消耗在一个较大的体积内，如要达到同样的能量密度则需增大功率，因此低频常需采用大功率的发生器。

B ICP放电的功率平衡

高频发生器通过负载线圈耦合到等离子体的那一部分功率，即入射功率（incident power），可能消耗在三个方面：增长的气体热焓（即焓，包括工作气体加热和电离、溶剂加热和离解、样品蒸发所消耗的能量）、热传导至炬管壁（亦包括热辐射等）和光学辐射（主要是背景辐射，由于线光谱宽度仅为10^{-2} A左右，即使严重掺杂的等离子体，信背比（检出信号与背景信号的比值）超过10的谱线一般不超过1000条，这些谱线的贡献仅等效于10 nm宽度的连续背景）。其相对消耗的情况，随ICP装置类型及操作条件而异。一般增大功率，炬壁热传导和等离子体的光学辐射消耗将增大，而气体受热的功率损耗的增大却不显著，因此过分地增大功率并不能有效地提高等离子体的温度；固定功率而增加频率时，光学辐射部分的功率可能减少，但炬壁热传导的损耗将增大。工作气体流量对这些功率平衡亦有较显著的影响。因此，增大外气流量对于减小炬壁热传导功率损耗是有利的。载气流量对功率平衡的影响更为明显，增大载气流量对于减小炬壁热传导功耗同样是有利的。在一般情况下，光学辐射造成的功率损耗（功耗）是很小的，常不及总功耗的10%。

C ICP放电温度、电子密度及其空间分布

放电温度和电子密度是各种光谱分析用光源（或原子化装置）的两个十分重要的参数。它们对分析物的蒸发、原子化相激发具有决定性的作用。ICP放电温度和电子密度与耦合到等离子体的功率、高频频率及炬管结构（限制等离子体半径）等有着密切的关系，若增大功率则使等离子体温度升高，等离子体体积增大；而增大频率则可能使等离子体温度降低，正如已经指出的那样，由于趋肤效应，等离子体的体积具有扩大的倾向。当功率及频率达到某一数值后，等离子体温度随功率及频率的变化似乎并不显著，而等离子体半径减少将使其温度升高。在ICP放电中，不同空间位置的等离子体温度及电子密度是很不相同的。这种温度和电子密度空间分布的不均匀性，正是ICP放电具有环状结构的主要特征。为了阐明这种结构对于分析物蒸发、原子化和激发过程的积极贡献，必须对等离子体温度和电子密度的空间分布特性进行概略的了解。随着观测高度的增大，电子密度减小，通道效应变小，当不用载气时，通道效应亦明显变小（或消失），但电子密度（及温度）较高（这可能与载气的冷却作用减小有关）。由于ICP放电温度和电子密度的这种空间分布特性，将对分析物蒸发、原子化和激发过程带来复杂的影响，见图4-32。

4.1.4.2 电感耦合等离子光谱定量分析

A ICP 定量分析的基础

a 样品引入(雾化)

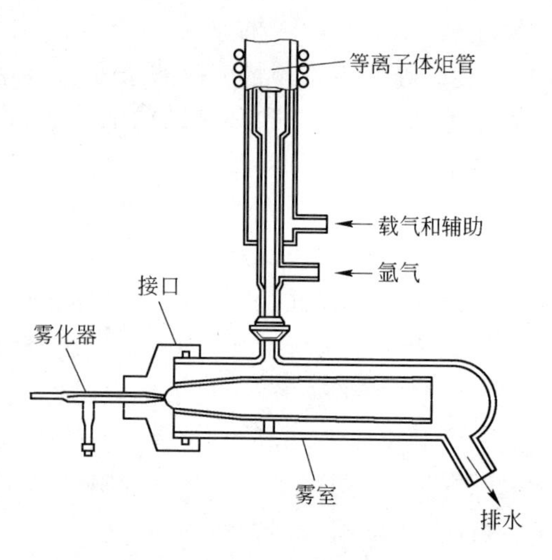

图 4-32 样品引入系统示意图

ICP 分析的第一步就是要将样品引入 ICP 炬管。在原理上,样品可以是固态、液态或气态。固体进样和气体进样仅作为特殊应用。溶液进样是样品引入的常规方法,其进样方式有好几种。对 ICP 来说,样品引入最通用的装置是气动雾化器,有同心式和交叉流动式两种,为了高效率地产生气溶胶,这两种雾化器都要求有很高的气流速度(与声速差不多),因此使用很细的毛细管。若气流量为 $1\ L \cdot min^{-1}$,则用直径为 0.5 mm 的气体毛细管。为了使气溶胶能有效地输入等离子体,雾化器最好能产生直径小于 1 μm 的微滴。但实际上却同时产生了许多较大的液滴,必须将其除去。

注入气速度是影响 ICP 光谱分析精密度(重现性)的一个关键,气流速度的变化不仅使气溶胶的产率发生明显变化,而且也能引起等离子体激发条件的波动,这种波动是不允许的。因此,需用一个流量控制器来稳定气流速度,也可用一些别的装置来控制。除了雾化器本身外,雾室的作用也非常关键。雾室的主要作用是,在气溶胶进入 ICP 炬管之前,将其中较大的液滴除去。在许多情况下还要用撞击球,不仅有助于除去较大的液滴,而且较大的液滴撞上时可产生更细的液滴。雾室内的压力只要有微小的变化就会对发射信号产生严重的影响,因此装配排液系统(除去不能达到 ICP 炬管的溶液)以减少压力波动。我们常用(尽管不一定用)蠕动泵来控制进入雾化器的液体流量。虽然进入雾化器的液体流量的变化对 ICP-AES 发射信号的影响不大,但是蠕动泵有助于控制雾室的压力波动,同时对减少因溶液的黏度变化而造成的影响也有帮助。

b 样品激发系统

等离子体是一种原子呈电离状态存在的气体。对靠电磁感应维持的等离子体来说,电离了的原子必须有足够大的比率才能使气体导电。当高频电流在感应线圈内流动时,在线圈范围内就会产生一个迅速变化的电磁场。若带电粒子(如电离气体)穿过有高频电流通过的线圈(切割磁力线)时,就会产生焦耳热或电阻热、振荡磁场与流动气体之间的这种交互作用(或感应耦合)产生了 ICP 火焰。为触发气体的导电性,在气体流过线圈时用特斯拉火花“点火”,然后流动气体的感应热就将等离子体维持在 6000 ~ 10000 K 的“燃烧”状态。高频发生器的功能是为感应线圈提供高频电流。

ICP 炬管由三个精确定位的同心石英玻璃管组成,最外层的管子也是最高的管子,其外面环绕着用水冷却的铜螺管。高频交变电流在螺管范围内感应产生磁场,同时氩气流过石英管。最外层的气体(冷却气)以切线方向进入外管并旋流上升。气溶胶载气是通过最里面的内管射入等离子体的平底,造成一个穿过高温“火焰”的通道。明亮的等离子体上方的较冷的“尾焰”是用作观察和测量光谱的区域。外管和内管之间的中管气流即辅助气流可以使等离子体的位置提高,有助于防止盐分在喷管嘴部的固结。有机溶剂喷入 ICP 时,一定要用此气流，见图4-33。

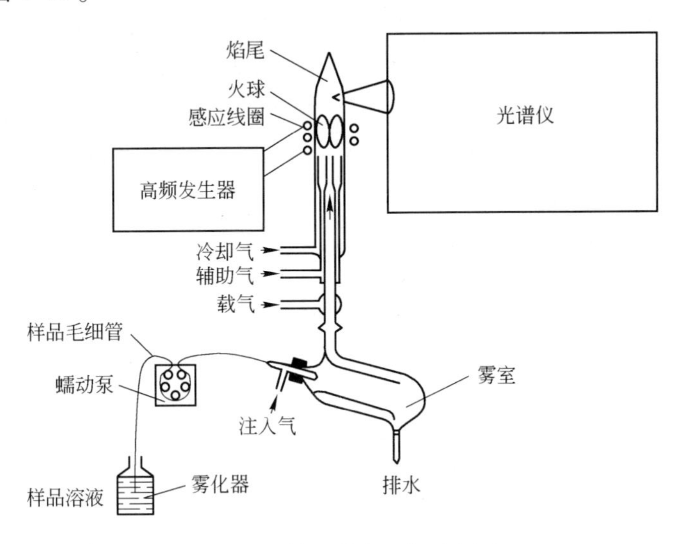

图4-33　样品激发系统示意图

处于激发态的原子或离子自发地返回低能态，同时发射出光能，这是所有发射光谱的基本原理。对定量发射光谱分析法来说，人们假设发射能与原子或离子的浓度成正比。可是，发射出来的某些光子有可能被同样的发射原子或离子所吸收，结果使测量到的辐射减少，进而破坏了元素浓度和发射光之间的比例关系。ICP光谱分析法在非常宽的浓度范围内都能获得线性校准曲线，这反映了ICP成功地克服了自吸效应和自蚀效应。用ICP的火焰作光谱发射源时，其背景很低，这更有助于线性校准曲线（或宽的动态范围）低端浓度的测定，同时也降低了检测限。其电灵敏度来源于激发原子线或离子线的ICP的高温以及低背景辐射，不存在化学干扰主要归因于激发源的高温，见图4-34。

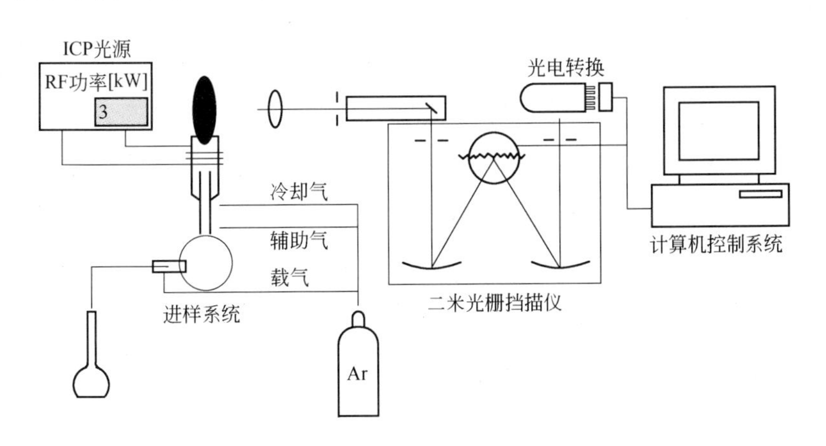

图4-34　电感耦合等离子光谱定量原理图

c　发射光谱的分析和定量

ICP中元素的原子发出的光必须转变为可以定量测量的电信号。为此，先将光分解为光谱线（一般用衍射光栅），然后用光电倍增管或其他种类的检测器在每条元素谱线的特定波长处测量光的强度。每个元素都有许多条可供分析用的光谱线，要善于选择分析所用的最佳谱线，与ICP装置联用的光谱仪主要有两种类型——多色仪和扫描单色仪。这两种类型之间的基本差别在于：多色仪是同时型仪器，即在同一时间内能测量全部谱线（通道）；而扫描单色仪是一个元素接一个元素地测量，可无限制地选择测定的波长，但是如对每个元素都用同样的积分时间，则需更多的分析时间。光谱仪的高分辨率和滤除散射光的水平对ICP光谱分析非常重要。虽然分辨率高的仪器不能完全消除谱线部分重叠（侧重叠），但在许多情况下它能减少这种重叠。

B 电感耦合等离子光谱定量分析方法

光谱定量分析就是根据样品中被测元素的谱线强度来准确确定该元素的含量。

可以根据所选的波长来确定光电倍增管的位置。照在光电倍增管上的光既包括被测元素的发射光，又包括其他来源的背景信号。识别"峰"和"背景"可以在许多情况下进行背景校正。背景校正在某些情况下可以大大地改进分析的效果和消除一些干扰，在大多数商品ICP系统中，光线照在光电倍增管上能产生很小的电信号，该电信号立即给微法拉电容器充电（一般充电时间为5～15 s），信号就被积分，这样能够提高系统的精密度。分析周期结束时，电容器上的电荷就被释放出来，并转换成数字信号，然后送入电子计算机。大多数ICP系统可将早先测得的强度对浓度的校准曲线拟合成一次、二次或三次多项式，在某些情况下可用多边形逼近法。

a 光谱定量分析的基本关系式

元素的谱线强度与元素含量的关系是光谱定量分析的依据，可用如下经验式表示：$I = Ac^B$，式中，I 为谱线强度；c 为元素含量；A 为发射系数；B 为自吸系数。若对该式取对数，则：$\lg I = B\lg c + \lg A$，该式为光谱定量分析的基本关系式，可以以 $\lg I$ 对 $\lg c$ 作图，在一定的浓度范围内为直线。

b 内标法光谱定量分析的原理

为了提高定量分析的准确度，通常测量谱线的相对强度。即在被分析元素中选一根谱线为分析线，在基体元素或定量加入的其他元素谱线中选一根谱线为内标线，分别测量分析线与内标线的强度，然后求出它们的比值。该比值不受实验条件变化的影响，只随试样中元素含量变化而变化。这种测量谱线相对强度的方法，称为内标法。内标法定量关系式为：$\lg\dfrac{I}{I_0} = B\lg c + \lg\dfrac{A}{A_0 C_0^B}$，采用标样系列可绘制校准曲线。在分析时测得试样中线对的相对强度，即可由校准曲线查得分析元素含量。

c 光谱定量分析方法

具体如下：

（1）校准曲线法。光谱定量分析中最基本和最常用的一种方法。即采用含有已知分析物浓度的标样制作校准曲线，然后由该曲线读出分析结果。

（2）标准加入法。在试样中加入一定量的待测元素，以求出试样中的未知含量。该法无需制备标样，可最大限度避免标样与试样组成不一致造成的光谱干扰，对微量元素的测定尤为适用。

（3）浓度直读法。在光电光谱分析中，根据所测电压值的大小来确定元素的含量。在含量较低时，分析物浓度与电压的关系可表示为：$c = \alpha + \beta V + \gamma V^2$，式中，$c$ 为元素浓度；V 为积分电容器电压之读数；α、β、γ 为待定常数，可通过实验用三个标样来确定。在实际分析时,只要测出各样品中分析物的 V 值及干扰值,便可自动校准干扰,直接读出分析物的浓度,并通过电子手段自动报出分析结果。此法的主要特点是分析速度快,精密度好,自动化程度高。

4.1.4.3 电感耦合等离子光谱仪设备

A 多元素同时测定系统

ICP-AES 本质上是一种多元素分析方法。目前,这种 ICP 系统已繁衍了好几代。它们被广泛地用于样品量大,所分析元素又很多的单位,如地质和环境部门。最早的仪器有多道仪,虽然这种仪器缺乏选择分析波长的灵活性,但可通过下述途径予以弥补,如附加扫描道。

ICP 系统所用的多道仪的基本结构非常简单,主要包括透镜、入射狭缝、衍射光栅和出射狭缝(将已色散的谱线分离)。其典型的结构如图 4-35 所示,各组件装置在一个密闭不透光的箱内,而真空光谱仪还需要密闭不透气。实际上,大多数 ICP 多道仪都是如此简单,为了保证具有足够的分辨率、弱散射光、机械稳定性以及良好的聚光等基本性能,精细的设计是非常重要的。有的多道仪要稍微复杂一点,具有额外的反光镜、两个光栅和两套出射狭缝架等,这样可测量更多的光谱线。

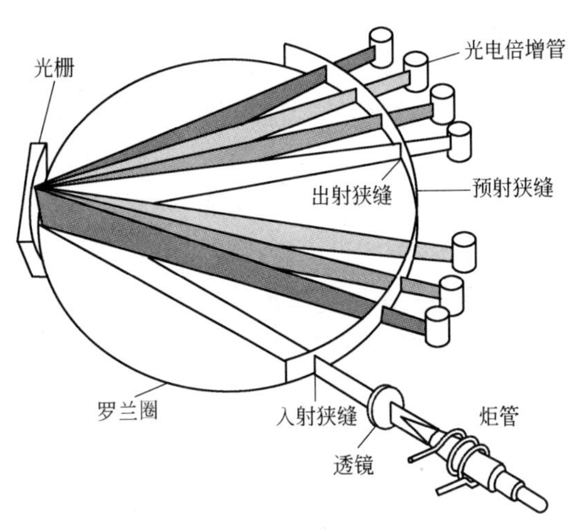

图 4-35 多道仪光谱室

真空光谱仪用于测量小于 200 nm 的波长。在 200 ~ 170 nm 左右的光谱区内,有许多有用的元素谱线,这对碳(193.1 nm)、磷(178.2 nm)和硫(180.7 nm)的测定是必不可少的。低于 170 nm 时,由于石英光学零件造成的吸收,光谱仪的能力受到了限制。应当指出,可以用空气光路光谱仪来测定 Se196.1 nm 和 As193.7 nm 这两条很有用的谱线。

a 透镜

凸透镜是主要的光学部件,由高纯石英制成,安装在等离子体和入射狭缝之间,它把光线聚焦在入射狭缝附近(但不必聚焦在狭缝上)。在真空光谱仪中,透镜可同时用来密封仪器以防止空气泄漏,因此,要将透镜取出进行清洗,而又不破坏真空,必须采用特殊的装置。在真空光谱仪中,通向透镜的光路还用一根末端靠近等离子体的短管来封闭,在短管内通入氩气排出空气,以便达到更大的透光率。透镜的清洁是很重要的,尤其是真空光谱仪。由于微量的真空泵油能迅速地积聚在透镜上,形成吸收紫外光的有机薄膜,这种污染严重地影响了短波线的灵敏度。因此,最好每周清洗一次透镜。

b 入射狭缝

通过透镜的光照射到入射狭缝上,这种狭缝通常为 20 mm × 20 μm,与等离子炬管的长轴平行(但并非所有光谱仪都是这种布局)。狭缝装在光栅的“罗兰圈”上起到光谱仪光源的作用。大多数多色仪有使狭缝在其中间位置的两边沿罗兰圈做短距离移动的装置,其移动方式或者靠人工来转动测微器,或者在电子计算机控制下用一台步进电动机来实施。移动的结果是略微改变一下落到光栅上的入射光的角度,从而使照在出射狭缝上的光谱发生移动,这样可以对每个分析波长的两边 1 nm 的小范围内(一级谱线)进行扫描。通过这样的短距离扫描,可以考察分析线附近的光谱情况,以便进行基体校正和背景校正,此外还能检查出射狭缝的定位情况。用一个称作"光谱换相器"的交变装置也可达到与移动入射狭缝相同的结果。"光谱换相器"是一个紧靠着入射狭缝后边的石英折射镜,在正常位置上它与入射光垂直,但可围绕与狭缝平行的轴转动。当折射镜转动一个小角度时能使从狭缝射入的光通过折射而发生横向位移,从而产生了与入射狭缝的物理运动相类似的效果。

c 衍射光栅

ICP-AES 多色仪总是用凹面光栅作色散元件。棱镜不能提供所要求的色散。多色仪中的光栅有两种,即复制机刻光栅和全息光栅,这两种光栅各有优缺点。复制机刻光栅存在各种不同的缺陷且大小有限。其刻线误差能产生光谱"鬼线",它们是在不应该有谱线的地方出现的"假线",会引起干扰问题,但这在 ICP 实际应用中一般并不产生什么麻烦,虽然复制光栅的有限的宽度影响了分辨率,但似乎没有产生什么问题。全息光栅是将激光产生的干涉条纹用全息照相法记录下来而制成的光栅。其制作成本相对便宜一些,从特性上看比复制光栅大得多,因而可提供较好的聚光率和较高的分辨率。另外,这种光栅也避免了在光谱中出现鬼线的缺陷。这些优异的性能使它们在 ICP 光谱仪中得以被广泛地采用。不过,全息光栅的较高级光谱的灵敏度比较低,因此人们并非总是选用它。倘若复制机刻光栅能在恰当的角度闪跃,则能在第二谱级和第三谱级提供高强度光谱,这样就提供了非常宽的波长范围。有的制造厂在光谱仪内部装一个小型辅助光谱仪,使其测定范围扩张至长波光谱区。辅助光谱仪是利用干涉滤光片或第二个光栅将长波线与零级谱线的反射分开。这种结构的光谱仪所得结果是很好的。

凹面光栅一般以帕邢－龙格几何结构来装配。当入射狄缝和光栅均位于"罗兰圈"上,光栅与圈相切时,从小孔射入的光产生的衍射谱线也聚焦在圈上。罗兰圈的直径与光栅的曲率半径相等,ICP 多色仪一般具有直径为 1 nm 或更大的罗兰圈。

d 出射狭缝装置

多色仪中的各个通道由出射狭缝、一个反射镜、一个光电倍增管以及对分析信号进行积分、放大和输出所需的电子线路组成。此狭缝是在薄的金属狭长片或膜片上精确地雕刻而成的,这种情况的狭缝是不可调的,另一种是内独立支持的两块膜片构成的分离装置,其内的狭缝要宽得多,它沿着罗兰圈做微小的移动可以精确地调节波长。这两种狭缝系统各有其优缺点。雕刻的膜片狭缝是比较容易校直的,但它不能修改以适应后来安装的附加谱线;可调狭缝系统对校直要求相当高的技巧和很长的时间,但只要狭缝框架不太拥挤,以后安装的附加谱线不会妨碍现有的谱线。

在狭缝架后面,用一块小的凹面镜把分离的谱线聚焦在光电倍增管上。光谱仪内的谱线通道数取决于狭缝架后面可容纳凹面镜和光电倍增管的空间大小。有的光谱仪利用谱线反射离开光学平面来缓和此空间的矛盾,因此光电倍增管可安装在狭缝架的上方和下方。用这种排布方法,在 ICP 光谱仪内最多可安装 100 个通道。各套狭缝装置酌总宽度限制了两条相邻的有用谱线的靠近,若两条谱线比要求的限度更相近,则必须设法用不同的谱级。

虽然为 ICP 光谱分析设计的光谱仪内的光散射特别微弱,但从狭缝射出的光的光谱纯度仍有提高的余地。在各个狭缝后面都装有窄通带干涉滤光片,而不再用单纯按谱级分类的滤光片。但是,出射狭缝滤光片只能滤掉不同颜色的光,而不能滤掉纯连续光谱背景或从其他元素射出来的重叠光谱线。

e 温度控制

在多色仪中，热胀冷缩是不允许的，因为光栅和出射狭缝的相对位移会使穿过狭缝的光谱发生变化，这样波峰就会偏离图形（即在狭缝夹片之间呈不对称分配），从而使测量的强度变弱且不稳定。因此多色仪必须在30～40℃范围内保持一恒定温度（温度变化不超过0.5℃），才能使室温的小变化不会影响光谱仪的温度。

B 扫描单道仪系统

靠计算机控制波长移动的单色仪可以用于ICP-AES，计算机控制的步进电动机（变速），使仪器高速传动到恰好比预选波长小的地方，然后，波长传动装置再一小步一小步地慢慢移动，跨越并超过预测的波峰位置，同时在每一点上进行短时间积分（扫描）。将数据拟合到峰形的特定数学模式中，即可算出波峰（如果有的话）的真实位置和最大强度。在波峰两侧的预选波长处进行测量，可估算出波峰下面的光谱背景。测量完毕后，单色仪转到为下一个元素确定的波长处，再重复上述过程。应用最广泛的光谱仪采用如图4-36中的平面光栅，它是通过转动光栅来实现波长的回转和扫描，使需要扫描的光谱依次通过出射狭缝，而光栅的转动则依靠用计算机控制的步进电动机。这种步进电动机的运转是极其精确的，但是，由于不可避免的机械不稳定性和热不稳定性，它还不能足以精确到可以直接在波峰上立即进行强度测定。扫描单道仪用的衍射光栅是平面光栅而不是凹面光栅，它降低了对温度稳定性的要求，并且只要一个输出通道，该通道用一个光电倍增管就能应付范围广泛的波长和谱线强度。光电倍增管具有宽广的光谱响应，当仪器从一个通道一个通道扫描过去时，可以自动控制其增益来改变供给光电倍增管的电压。

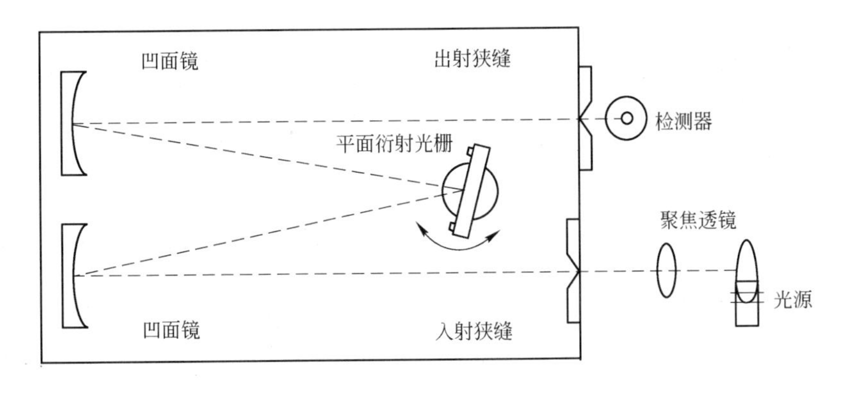

图4-36 单色仪原理图

C 全谱直读仪

在ICP-AES光谱仪中技术发展最快、最彻底的是仪器的检测装置。照相干板（即感光板）最早应用于全谱摄谱仪中，它一次性拍摄下二维连续发射光谱线，但不能实现浓度直读，需用黑度计测定谱线强度，动态范围仅为两个数量级；在计算机出现后，光电倍增管（PMT）检测器得到了广泛的应用，在单道扫描、多道以及多道加单道发射光谱器中因取代摄谱法而得到大的发展，但PMT每次只能记录一条谱线的信息，作为多道仪器的检测器又因PMT的体积问题而限制了同时分析元素的数量，因此，分析速度慢或不灵活是其主要缺点；电荷转移器件（CTD）是一种新型的固体多道测光检测器，其感光点集成度非常高、体积小，同时具有多道的快速和单道的灵活适用性，已达到商品应用的有：德国 SPECTRO 公司和澳大利亚瓦里安公司采用的电荷耦合器件 CCD、美国 PE 公司采用的分段式列阵电荷耦合器件（SCD）、美国 TJA 公司采用的连续型电荷注入器件（CID）。除检测器外，全谱直读仪其他部件与单色仪类同。

a 电荷耦合器件（CCD）

其工作过程是：首先由光学系统将被测物体成像在 CCD 的受光面上，受光面下的许多光敏单元形成了许多像素点，这些像素点将投射到它的光强转换成电荷信号并存储。然后在时钟脉冲信号控制下，将反映光图像的被存储的电荷信号读取并顺序输出，从而完成了从光图像到电信号的转化过程。CCD 传感器由 MOS 电容组成，金属和硅衬底是电容器两极，SiO_2 为介质。在金属栅上加正向电压 U_G，硅中的电子被吸引到衬底和 SiO_2 的交界面上，空穴被排斥，于是在电极下形成一个表面带负电荷的耗尽区。CCD 的基本结构和原理如下所述。

CCD 的基本结构是在 N 型或 P 型硅衬底上生成一层厚度约 120 nm 的二氧化硅层，然后在二氧化硅层上依一定次序沉积金属电极，形成 MOS 电容器阵列，最后加上输入和输出端便构成了 CCD 器件。CCD 的工作原理是建立在 CCD 的基本功能上，即电荷的产生、存储和转移。

（1）电荷的产生、存储。构成 CCD 的基本单元是 MOS 电容器，结构中半导体以 P 型硅为例，金属电极和硅衬底是电容器两极，SiO_2 为介质。在金属电极（栅极）上加正向电压 G 时，由此形成的电场穿过 SiO_2 薄层，吸引硅中的电子在 Si－SiO_2 的界面上，而排斥 Si－SiO_2 界面附近的空穴，因此形成一个表面带负电荷，而里面没有电子和空穴的耗尽区。与此同时，Si－SiO_2 界面处的电势（称表面势 *S*）发生相应变化，若取硅衬底内的电位为零，表面势 *S* 的正值方向朝下。当金属电极上所加的电压超过 MOS 晶体上开启电压时，Si－SiO_2 界面可存储电子。由于电子在那里势能较低，可以形象地说，半导体表面形成了电子势阱，习惯称贮存在 MOS 势阱中的电荷为电荷包，见图 4-37。

图 4-37 CCD 检测器

当光信号照射到 CCD 硅片表面时，在栅极附近的耗尽区吸收光子产生电子－空穴对。这时在栅极电压 *G* 的作用下，其中空穴被排斥出耗尽区而电子则被收集在势阱中，形成信号电荷存储起来。如果 *G* 持续时间不长，则在各个 MOS 电容器的势阱中蓄积的电荷量取决于照射到该点的光强。因此，某 MOS 电容器势阱中蓄积的电荷量，可作为该点光强的度量。

（2）电荷包的转移。若 MOS 电容器之间排列足够紧密（通常相邻 MOS 电容电极间隙小于 3 μm），使相邻 MOS 电容的势阱相互沟通，即相互耦合，那么就可使信号电荷（电子）在各个势阱中转移，并力图向表面势 *S* 最大的位置堆积。因此，在各个栅极上加以不同幅值的正向脉冲 *G*，就可改变它们对应的 MOS 的表面势 *S*，亦即可改变势阱的深度，从而使信号电荷由浅阱向深阱自由移动。三个 MOS 电容器在三相交迭脉冲电压作用，其电荷包耦合按一定程序转移。

（3）电荷的输出（检测）。CCD 中电荷信号的输出方式有多种方法，主要采用浮置扩散放大器输出结构。目前，CCD 固体检测器已发展到具有 888×1272 Pixels $= 1.12 \times 10^6$ 个有效感光点,可设计成超薄型的背面入射的形式,连续覆盖 175 ~ 785 nm 整个波长范围,在 200 ~ 800 nm 量子效率(*QE*)达 50% ~ 90%,特别在紫外区具有非常高的灵敏度,检测器保持在 -30℃,以降低暗电流,两边四个方阵同时读出线路使得数据输出速率大大提高,可借助 CRS(Clocked Recombimation System),利用表面阱中和过剩电荷,有效地防止电子溢流,每次测定都可得到整个 CCD 的三维立体图像,依此可对干扰情况进行直接的观察,并可通过图像上谱线的位置与强度进行定性和半定量。

b 分段式列阵电荷耦合器件(SCD)

SCD 检测器是 CCD 光电效应探测器的进一步发展,是以半导体硅片为基材的集成电路式的光电检测器。当受光照射时,由光电效应在芯片上产生电荷,而在硅片表面上施加一定的电势,使它产生贮存电荷的分立势阱,这些势阱构成探测器微元,成千上万个微元构成一个平面探测阵列。它与二维色散的分光系统相匹配,使要检测的几十、甚至几百条谱线都在同一时刻检测它们的谱线强度和背景强度,实现了全谱直读的检测技术新飞跃。SCD 把 13 mm × 19 mm 的 CCD 划分成 235 个子阵列,每个子阵列包含 20 ~ 80 个微元以检测一条相应的谱线或一区段的谱图,其四周设有屏蔽地线,以使每个子阵列的电荷即使是超饱和时也不能溢出到相邻的子阵列中,确保高、低、痕量元素检测的准确性。而每个子阵列都编上地址码,由微机控制,按用户的选取直接输出所需测定的谱线的谱图数据,克服了 CCD 读出数据时必须全部顺序读出的缺点,使读出和打印数据极为灵活、快速。同时,每个子阵列还包括一套照相快门和信号处理放大系统,能自动按信号的强弱选定积分时间(1 ~ 65000 ms),避免信号饱和而扩展检测元素的浓度范围。

目前,SCD 技术发展到具有高灵敏度,即量子效率高于光电倍增管 5 倍以上,一般在 60% 以上。具有极低的暗电流,在 -38℃的冷却温度下,其暗电流小于每秒每微元 100 个电子计数。通过三级半导体致冷器快速、自动达到冷却温度。探测速度比扫描式光电倍增管快上千倍,读出速度为 50 μs/微元。CCD 在 100 ~ 1100 nm 都有很高的量子效率,适用于整个 ICP-AES 谱区(167 ~ 782 nm)。可在 1 ms 积分时间内对光强达 5×10^9 光子/s 的光束响应。其动态线性范围达 10^6 量级。几何、热、光电性能很稳定,极强的光束可使其饱和,但不会损坏芯片。

c 连续型电荷注入器件(CID)

电荷注射器件 CID 由 388 × 244 个检测元件组成一个阵列,每个检测元件尺寸为 23 μm × 27 μm,每条发射线覆盖着一个由若干个检测元件构成的区域,因为样品中每个元素的每条射线都由阵列进行检测,因此元素间的重叠谱线干扰就可忽略不计,换句话说,对于给定样品来说,每个元素总有一个最佳的波长来进行分析。CID 技术开始用在天文学方面,可对弱信号(例如远处的微弱星光)进行强的曝光,而对强信号则进行弱(或停止)曝光,从而对弱信号进行有效的检测,CID 是一种非破坏性的检测方法,由于它可在记录后不需要样品的情况下重复进行检测,所以可节约样品 95%,使用 CID 非常灵活,操作员可在任何时候选择波长来作背景校正,因而可获得较好的分析结果。CID 是另一种固态阵列,它是光子流动撞击检测器,从而在每个检测元件内积聚电荷,总电荷就代表发射谱线的强度,CID 与其他的固态阵列,如电荷耦合检测器 CCD 不同的是,每个检测元件所积聚的电荷可测量出来,而不用复位整个阵列,当任何检测元件接近饱和时,该元素就单独读出并复位,并不干扰另外的元素。对分析元素来说,CID 有 10 个检光点,而 CCD 只有 2 ~ 3 个检光点,CCD 必须在整个范围内进行读出,所以对处于强峰旁边的弱峰信号来说,可能受强峰干扰而不能被检测,CID 则是随机读出,可对弱信号进行强曝光,从而增强了弱信号的检测能力。也就是说,CID 使光子打到一点上,弱信号可一直积分,强信号则停止曝光。另外,CID 还可注入电流以减少黑度,CCD 无法做小信号迭加,也不能注入电流来减小黑度。CID 阵列仪作为一个检测器,它可测量一次曝光谱线的强度,而不管谱线的强度如何都能测量,正如采用光电倍增管的光谱仪所能做的那样进行测量。

采用电荷转移器件作为电感耦合等离子光谱仪的检测器是目前仪器的发展方向,但就该类仪器是否全谱还存在讨论,有学者认为该类仪器的功能与多色仪一致,应该把它归为多色仪,但该类仪器的其他部件确与单色仪既无多大区别,又有其特殊性,因此,这里把它单独介绍,采用电荷转移器件作为电感耦合等离子光谱仪的检测器光谱仪结构见图 4-38。

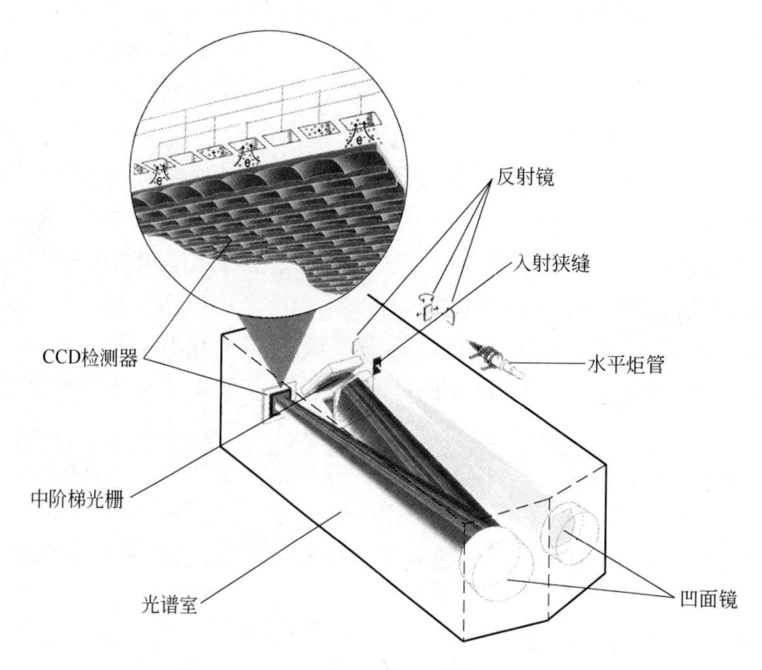

图 4-38 全谱直读仪结构示意图

D 等离子炬管

a 格林菲尔德炬管

此炬管具有三个同心气管,其外径为 29 mm,环形间隙为 0.5 mm,注入管喷嘴的直径为 2 mm。冷却气流和辅助气流从切线方向引入,形成的等离子体呈环形,注入的试样经过中心管穿入等离子体。以后的所有各种形式的炬管都保持了这种特色。

b 法塞尔炬管

该类型炬管中心管内径为 5 mm,气流量仅为 0.5 L/min 氩气,因此它不能够在等离子体中间冲出一个中心通道。试样只能沿等离子体外部通过,因而试样原子化和激发的效率不高。他们后来又重新设计了较小的炬管,克服了这些缺点,这种炬管的最大优点是非常节约氩气。

E 雾化装置

雾化器是利用注入气流将液体试样雾化成微细的气溶胶状态并输入 ICP 的装置。雾化器是利用通过小孔的高速气流产生的低压来提引液体并将其碎裂成微细液滴的装置。虽然气动雾化器不是效率最好的雾化器,但却是一种最方便的型式。与 ICP 联用的其他雾化器有超声波雾化器、多孔玻璃雾化器和巴宾顿(Babinston)型雾化器。直径小于 10 μm 的液滴,除在尖锐的拐角处以外,一般能顺利地被注入气输送而不会沉积。除气流量外,雾化器的特性操作参数还有:(1)液体提升量;(2)雾化率,即已提升的溶液注入等离子体的比例。这两个参数的乘积决定溶液进入等离子体的引入率,它是决定灵敏度的一个主要因素。由于雾化率一般都比较小(大多数常用的雾化器小于 2%)和难以测量,ICP 系统的绝对(质量)校准是行不通的。因此,校准以浓度为基础进行,为此,在一段时间范围内雾化器的操作条件必须保持前后一致,其中包括样品溶液和标准溶液两者的引入。同样地,标准溶液和样品溶液的全部物理性质(表面张力、黏度、密度等)必须基本保持一致。借助标准分析法,一般可以毫无困难地达到这一目的。常用同心型气动雾化器,即迈恩哈德(Meinhard)多化器。其他还有自吸雾化器和泵送雾化器,耐腐蚀雾化器等,见图 4-39。

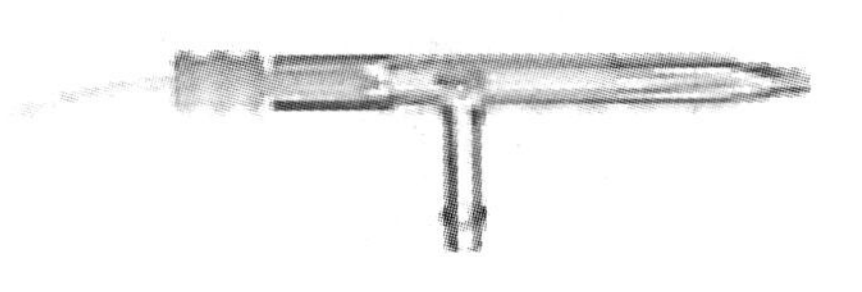
图 4-39 雾化器

另外介绍一下雾化器的盐析效应,当迈恩哈德雾化器用于喷雾阳离子总含量超过 4000 μg/mL 左右的溶液时,气流特性随时间而变化,灵敏度也下降。这种现象是由“盐析”造成的,即试液干燥时析出的部分溶质堵塞了环形气孔,从而使溶液提升量和雾化率下降,根据研究,其效应是由于在雾化器喷嘴附近呈涡流循环回流的液滴落回雾化器喷嘴表面,并在这里蒸发至干,沉淀逐渐积累,从而堵塞了气流。

F 雾室

将气溶胶引入 ICP 的办法通常是让溶液通过雾化器喷雾进入装在炬管正下方的雾室。雾室用玻璃制造,其式样有许多种,其容积大多为 100~200 cm^3。雾室的作用在于将较大的液滴(直径大于 10 μm)从细微的液滴中分离出来,并阻止它们进入等离子体。这种分离通过迫使注入气突然改变方向来实现。比较小的液滴跟随气流一起流走,而较大的液滴由于惯性较大,不能如此快地转向而撞击在雾室的固体表面上,这些液体聚集在一起向下流,并通过最低点处的管道离开雾室。各种气动雾化器产生的液滴,其大小变化很大,直径为 0.1~100 μm。较大的液滴进入炬管会使等离子体发射信号的噪声非常大,并且由于引入太多的水而使等离子体过分冷却。最常遇见的雾室式样是双管雾室,见图 4-40。

G ICP 系统的高频发生器

ICP 系统中的高频发生器的功能仅仅是向感应螺管提供高频电流。通常用一个真空电子管来为 ICP 提供较高功率(1~2 kW)的高频振荡电流。现在固态电路高频发生器已能生产,但价格很高。所有发生器的高频振荡电流都是利用从输出到输入的正反馈产生的。为此,仪器制造厂家设计了各种各样的不同结构的线路,见图 4-41。

其中一类发生器是“自激”发生器,它可使振荡电流的频率随等离子体阻抗的变化而变化;另一类发生器是“石英稳频”发生器,它利用压电晶体的振荡来调节电流频率,以保持频率的恒定。这两种类型的发生器已被广泛地采用,两种系统都能提供令人满意的结果。

发生器在螺管中产生的高频电流为 ICP 的工作提供了必不可少的振荡磁场。螺管中产生的

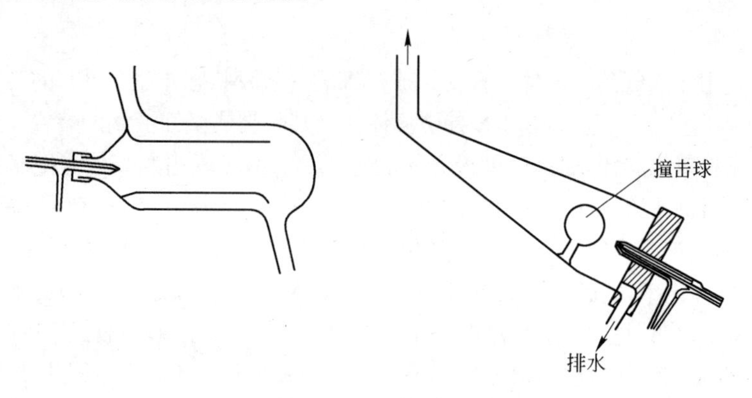

图4-40 双管雾室

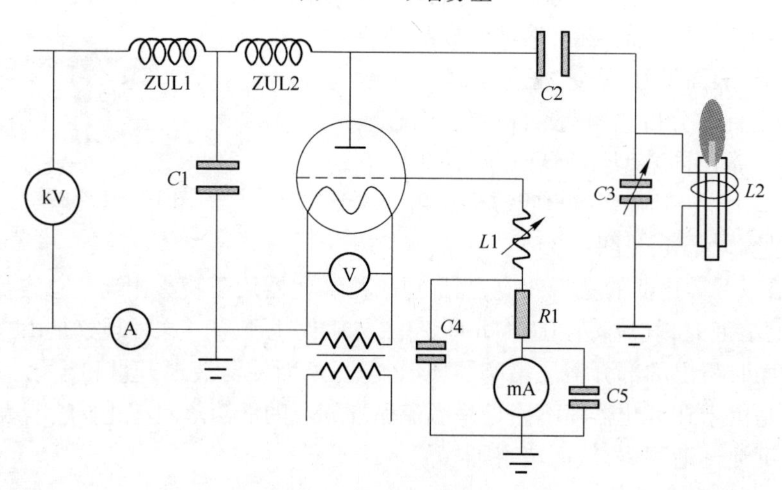

图4-41 高频发生器电路图

废热通常靠水冷却来散热。螺管易用铜或镀铜的银制成的。所有的发生器的主要技术要求是进入等离子体中的输入功率要有极好的稳定性。有人评价了不同频率对ICP光谱分析的影响,他们指出在较高频率时,形成较低温度的等离子体,而电子密度增加,背景连续光谱减少。频率较高时,检测限也显然较好。虽然制造频率较低的发生器成本要低一点,但是最近各厂家采用的ICP发生器的频率有所变化,即从27 MHz频率向较高频率40 MHz或56 MHz转移。当然,调定的发生器功率仅仅是发生器本身的功率(正向功率),并没有给出输入等离子体的实际功率,要测量它是十分困难的,只能得到试探性的数值,其能量损失随结构的不同而不同。

H 计算机和软件

所有的ICP光谱仪,不论是顺序型或同时型,都需要专用的计算机,用于仪器功能的控制、数据的处理、存储和输出。大多数厂家提供计算机其软件系统应包括三个方面:(1)操作系统。这是一个软件包,有操作仪器功能和处理结果数据所必须的各种程序,如用于校准波长扫描或样品溶液分析的程序等。(2)作业规程。作业规程(或“作业文件”)含有用于特定作业的操作指令,例如各个元素及其输出次序、标准曲线、进行校准时现有灵敏度与原有灵敏度的比较、信号稳定时间、积分次数和积分时间、背景校正系数等。(3)分析数据。将从样品分析开始到作业结束所得到的数据按顺序存储起来,然后以报表形式(即元素的结果列表)或别的打印格式,或转到另一台计算机将数据输出。

4.1.4.4 电感耦合等离子光谱仪计量检定

我国于1996年出台JJG015—1996《感耦等离子体原子发射光谱仪检定规程》。该规程适用于新安装、使用中和修理后的电感耦合等离子体原子发射光谱仪的检定。规定仪器原理为:电感耦合等离子体原子发射光谱法(ICP-AES)主要用于液体试样(包括经化学处理,能转变成溶液的固体试样)中的金属元素和部分非金属元素的定量分析。仪器将样品溶液以气溶胶形式导入等离子体炬焰中,样品被蒸发和激发,发射出所含元素的特征波长的光。经分光系统分光后,其谱线强度由光电元件接受并转变为电信号而被记录。根据元素浓度与谱线强度的关系,测定样品中各相应元素的含量。电感耦合等离子体原子发射光谱仪构成有固定通道(多道)型、顺序(扫描)型和全谱直读型等。

A 仪器规定的计量单位

在ICP-AES中,待测组分含量常用的表示方法如表4-16所示。

表4-16 表示含量的量和单位

量的名称	量的符号	定 义	常用单位	单位符号
B的质量浓度	ρ_B	B的质量除以混合物的体积	毫克每升	mg/L
			(微克每毫升)	(μg/mL)
			克每升	g/L
B的质量分数	w_B	B的质量与混合物的质量之比		1
			微克每克	μg/g
			毫克每克	mg/g
B的浓度,B的物质的量浓度	c_B	B的物质的量除以混合物的体积	摩[尔]每升	mol/L
			毫摩[尔]每升	mmol/L

B 仪器的计量要求

新安装的仪器的检定,应符合仪器说明书中规定的计量要求,其计量特性应优于本规程表4-17中规定的性能指标。使用中和修理后的仪器的检定,应符合本规程表4-17中规定的性能指标。

表4-17 计量要求

计量特性		性能指标
固定通道谱线峰位		各通道分析线应正对出射狭缝,自动描迹时其谱线位与中心的偏离不应超过仪器所规定的允许范围 $\pm d$
扫描仪	波长示值误差	≤ ±0.5 nm
	波长重复性	≤0.01 nm
	实际分辨率	能分开Fe双线:Fe263.105 nm与Fe263.132 nm,或能分开Hg双线:Hg313.155 nm与Hg313.184 nm
代表元素检出限		≤0.005 mb/L
仪器短程稳定性		RSD≤2.0%
仪器长程稳定性		RSD≤4.0%
仪器整机性能		RE≤ ±10%

C 仪器的技术要求

a 外观要求

外观及初步检查应符合以下要求：

（1）仪器应具有下列标志：仪器名称、型号、制造厂名、出厂编号及出厂日期，出厂合格证书和仪器使用说明书齐备；

（2）仪器及附件的所有紧固件均应紧固良好，仪器的气路、液路管道及连接头应无泄漏现象，运动部件应灵活、平稳；

（3）仪器各旋钮及功能键应能正常工作，由计算机控制或带微机的仪器，当由键盘输入指令时，各相应功能应正常，仪器各部件完好，开机后能正常运行。

b 安装条件

仪器应平稳地安置于室内，附近无强烈振动源，仪器机箱上无振动感觉。等离子体光源上方应有排气装置，足以将废气排出室外，但不能影响炬焰的稳定性。应保证射频发生器的功率管有良好的散热排风。仪器供电电源的电压、频率及稳定性应符合仪器使用说明书的要求。仪器接地电阻不大于3 Ω。

c 检定环境

仪器室内无腐蚀性气体；空中的尘埃粒子须保持最低。室内温度18～26℃；室温应达到稳定状态，温度变化率应小于1℃/h（或根据仪器要求而定）。相对湿度不大于70%。

d 检定设备

分析天平：分度值0.1 mg；容量瓶：25 mL、50 mL、100 mL；刻度移液管：1.00 mL、5.00 mL；秒表：最小分度值0.5 s；氩气：符合GB4842要求（即纯度不低于99.99%）；水：去离子水或亚沸蒸馏水，符合GB/T6682中实验室用水二级水规格；试剂：盐酸、硝酸等试剂，纯度为优级纯或工艺纯；标准物质：向有关部门购置标准物质或参照GB/T602的方法制备杂质的标准溶液。

e 检定项目和检定方法

具体如下：

（1）外观及初步检查。

（2）固定通道谱线峰位的检定。用汞灯（或仪器说明书上指定的其他元素）的某一条监控谱线进行手动描述，调节入射狭缝折射板或光学监测器旋钮，直到谱线的强度达到最大值为止。然后将各分析通道相应元素的溶液导入等离子体炬焰中，选用自动描迹，记录图示的各分析通道的谱线峰位与中心偏离状况。

（3）扫描仪波长示值误差的检定。扫描仪恒温后按仪器使用方法校正波长。点燃等离子体，将质量浓度约10 mg/L的硼溶液、钠溶液分别引入等离子体炬焰中，获取B249.773 nm、Na589.592 nm的扫描光谱图，以图示谱线峰值对应的波长作为波长测量值，各谱线分别测量3次。波长示值误差（$\Delta\lambda$）按下式计算：

$$\Delta\lambda = \frac{1}{3}\sum_{i=1}^{3}\lambda_i - \lambda_s = \overline{\lambda} - \lambda_s \tag{4-30}$$

式中 λ_i——波长测量值；

$\overline{\lambda}$——波长测量平均值；

λ_s——波长标准值。

(4) 扫描仪波长重复性的检定。由第(3)项所得波长测量值,按下式计算波长重复性(δ_λ):

$$\delta_\lambda = \lambda_{max} - \lambda_{min} \tag{4-31}$$

式中 λ_{max}——3 次测量值中波长的最大值;

λ_{min}——3 次测量值中波长的最小值。

(5) 扫描仪实际分辨率的检定。可选用下述任一种检定方法:

1) 将质量浓度约 10 mg/L 的 Fe 溶液导入等离子体炬焰中,扫描测试获取 Fe263.105 nm 与 Fe263.132 nm 的波长扫描图,检查其双线分辨情况;

2) 以汞灯作光源,扫描测试获取 Hg313.155 nm 与 Hg313.184 nm 的波长扫描图,检查其双线分辨情况。

(6) 代表元素检出限的检定。从不同波段(低于 300 nm,300 ~ 400 nm,高于 400 nm)各选择一个代表元素进行测定。

在点燃等离子体 30 min 后,用代表元素的标准溶液(含 7% 盐酸,意即 100 mL 溶液中含盐酸 7 mL,下同)对仪器进行标准化。然后将含有 7% 盐酸的去离子水导入等离子体炬焰中,每次曝光 10 s,连续测量 10 次,此组数据不得任意取舍或补测。分别计算质量浓度测量平均值($\bar{\rho}$)、标准偏差(S)和元素检出限(DL):

$$\bar{\rho} = \frac{1}{n}\sum_{i=1}^{n}\rho_i \tag{4-32}$$

$$S = \left[\frac{1}{n-1}\sum_{i=1}^{n}(\rho_i - \bar{\rho})^2\right]^{\frac{1}{2}} \tag{4-33}$$

$$DL = KS \tag{4-34}$$

式中 ρ_i——单次测量的质量浓度值;

n——测量次数;

K——置信系数,取 $K = 3$。

(7) 仪器短程稳定性的检定。在点燃等离子体 30 min 后,进行仪器的标准化,将质量浓度约为 10 mg/L 的各代表元素的溶液导入等离子体炬焰中,每次曝光 10 s,连续测量 10 次,此组数据不得任意取舍或补测。用 10 次连续测量值的相对标准偏差(RSD)表示仪器短程稳定性。

$$RSD = \frac{S}{\bar{\rho}} \tag{4-35}$$

式中 S——单次测量的标准偏差;

$\bar{\rho}$——质量浓度的测量平均值。

(8) 仪器长程稳定性的检定。在点燃等离子体 30 min 后,进行仪器的标准化,将质量浓度约为 10 mg/L 的各代表元素的溶液导入等离子体炬焰中,每间隔 6 min 测量一次,每次曝光 10 s,共计测量 10 次,此组数据不得任意取舍或补测。用 10 次间隔测量值的相对标准偏差(RSD)表示仪器长程稳定性,计算公式与式 4-35 相同。

(9) 仪器整机性能检定。仪器整机性能可用测量准确度来衡量。

从标准物质中选择不同波段的三个元素作为代表元素。

标准物质为溶液时,所选代表元素质量浓度的标准值(ρ_s)不得高于 1.00 mg/L。

标准物质为粉末时，所选代表元素质量分数的标准值(w_s)不得高于200 μg/g。准确称取适量(m)粉末标样，将标样溶解，使被测的代表元素定量地转入溶液中，定容至一定体积(V)后待测。由此而得的溶液中，代表元素质量浓度的标准值(ρ_s)由下式计算。

$$\rho_s = w_s \times m/V \tag{4-36}$$

式中 w_s——粉末标样中代表元素质量分数的标准值；

m——粉末标样称取量；

V——最终定容的体积。

在点燃等离子体30 min后，进行仪器的标准化。将含有代表元素的标准物质溶液(或由粉末标样制得的溶液)导入等离子体炬焰中，每次曝光10 s，连续测量10次，此组数据不得任意取舍或补测。由下式计算相对误差(RE)以表示测量准确度。

$$RE = \frac{\bar{\rho} - \rho_s}{\rho_s} \tag{4-37}$$

式中 $\bar{\rho}$——质量浓度的测量平均值；

ρ_s——代表元素质量浓度的标准值。

D 计量管理

a 检定结果处理

经检定后的仪器，发给检定证书。在检定结论中需明确说明被检定的仪器应属于何种级别、是否合格、存在的问题和建议等。凡性能指标全部达到表4-18中A级指标的，或仅有某一项未达A级但该项符合B级指标要求的仪器，评定为A级。凡性能指标全部达到表4-18中B级指标的或仅有某一项未达B级要求的仪器，评定为B级。计量性能低于B级的仪器，不得用于公证数据测试。

表4-18 仪器等级评定

等级评定		A级	B级
固定通道谱线峰位		≤ ±d	≤ ±2d
扫描仪	波长示值误差/nm	≤ ±0.05	≤ ±0.10
	波长重复性/nm	≤0.01	≤0.02
	实际分辨率	Fe或Hg双线清晰分开	Fe或Hg双线能分开
代表元素检出限/mg·L^{-1}		≤0.005	≤0.010
仪器短程稳定性RSD/%		≤2.0	≤4.0
仪器长程稳定性RSD/%		≤4.0	≤8.0
仪器整机性能RE/%		≤ ±10	≤ ±20

注：偏离超过±2d的固定通道，仅不能与其他固定通道同时使用。

b 检定周期

仪器检定周期为2年。仪器经大修后或对仪器的工作状态有怀疑时，都应重新检定。

4.1.4.5 电感耦合等离子光谱仪故障检修

A 点火系统故障

具体如下：

(1) 按下START键点火时，能听到“叭叭”放电的声音，看到断续的点火火花，但形不成稳定和持续的火焰。偶尔点燃(后),仅仅持续几分钟就熄灭了。

能听到点火的放电声,看到点火火花,说明点火电路工作正常,偶尔点燃后,能维持数分钟,说明气路和射频电源工作基本正常。问题可能出在样品室本身。

故障检修与排除:打开防辐射保护罩,观察炬管和射频线圈,发现炬管周围有大量的黑色碎屑,样品室遭到严重的污染,如果样品室被污染,点火时放电火花的强度可能会被削弱,火花的位置也会被改变,另外,射频线圈上被一层黑色氧化铜覆盖,炬管是被剥落的氧化铜污染的。射频线圈被严重氧化,那么射频线圈的冷却水系统肯定减弱了冷却作用。拆下线圈,发现线圈与系统结合部位沉积着厚厚的水垢,清洁样品室和清除水垢后,安装线圈时发现线圈有点变形,线圈变形会引起高频电磁场的分布改变,线圈感抗的变化会引起输出功率失配,加到炬管上的正向输出功率下降,这是不能形成稳定和持续火焰的主要原因。将线圈整形后,装机试验,故障排除。更换掉以前的冷却水,改用去离子水冷却,这样就再不会结垢阻塞。将冷却水箱的位置上调 10 cm,以减小循环水泵的负荷,加快水流速度,改善冷却效果。在进行炉子的清洁和调整工作时,应特别注意不要改变射频线圈的形状和位置。

(2) 点火时,按 IGNITE 键,仅听见点火器发出的轻微响声,但点不着火;不加高压,现象仍相同。另外,加 RF 时,真空电容指针不摆动。

故障排除:可初步判定为 RF 发生器无输出功率,进一步检查 RF 发生器,即可确认。

(3) 点火时无反应,应检查氩气纯度是否达到规定的 99.996%。

(4) 点火时按 IGNITE 键后,即有一类似环形火焰绕在铜线圈上。这种现象表明矩管使用时间过长,需要更换清洗。

(5) 在操作中,若发现炬管内有螺旋状放电现象,则有可能是炬管内有水汽,需更换干燥的炬管;也可能是矩管过热,进样系统(如雾化器的前端喷嘴)发生堵塞。因此,应仔细检查,确定原因后,采取相应措施。

(6) 阳极电流约为 200 mA。正常情况下,点火时流过功率管的电流约为 200 mA。当氩气被电离(炬管点着)后,这个电流会上升到 450 ~ 750 mA 之间,当电流示值大于 250 mA 时,经过调整又回不到 200 mA 上,说明功率放大电路存在问题,一般情况下,就是功率管短路。若电流示值小于 200 mA 时,一个原因可能是因为点火功率设置太低所致,另一个可能是高频触发装置(RF)或驱动放大器不能提供合适的功率点燃炬管,这可通过调整自动增益控制(AGC)模块上的电位器来调整输出功率?

(7) 点火触发装置是否工作。正常时,RF 接通 3 s 后,固态触发器动作。当点火装置出现"拉弧"现象时,说明点火线圈靠得太近。调节点火线圈的间隙,使其离石英炬管的外表面的距离约为 1.5 ~ 1.6 mm,且工作线圈和底板之间的距离为 12 ~ 13 mm。

(8) 检查氩气流量。氩气平稳地流入炬管,以使激发光源正常激发(火炬点燃),流量太小可能会引起炬管部分"放弧"或根本就点不着(不激发),流量太大也会妨碍完全激发。检查氩气通路有无破裂或泄漏,如果流量不正确,可调节仪器上的可调喷嘴,氩气的正常流量是 14 L/min。

(9) 检查炬管和雾化器的泄漏。空气泄漏,会降低氩气的浓度,这是引起 RF 系统不能正常工作的常见原因。炬管点燃几秒钟后就熄灭,很有可能就是空气泄漏。雾化器在炬管点燃,仪器建立起正常的分析能力后开始工作,若雾化器部分发生泄漏,那么,空气就会直接吹入炬管中并使它熄灭。发生泄漏时,检查炬管、中心管、端帽及排气等各部门O形环的密封情况,检查其是否平整,表面有无隆起、收缩、裂痕等。

(10) 检查和清洁光纤检测器。用光纤检测器监测来自炬管的亮光。如果炬管已点燃,但光纤检测器不能正常监测到亮光,那么,主计算机就认为炬管不正常或没点燃。光纤检测器在炬管点燃后5 s内没有检测到信号,就认为炬管是没点燃的。出现这个问题时,用无水酒精或其他中性溶液清洁光纤检测器,若问题还存在,那么,就必须更换光纤检测器。

(11) 点火功率可能设置得太高。点火触发器工作3 s后,RF动作,RF的功率的大小由AGC控制模块上的点火电位器确定。触发电位器工作在“开环”状态下,即在点火时不存在反馈,因此,电位器的调整很灵敏。在气体被离子化之前,阳极的电流值小于200 mA,然后,再跳升到400～700 mA。

(12) 检查自动调整电路。自动调整电路维持功率放大器中由线圈和可调电容组成的LC电路的谐振条件。由于线圈的电感是变化的,所以通过自动调整电机改变可变电容器极片的位置以保持电路处于谐振状态中,此时,电路的阻抗最大,电流最小。如果自动调整电路出问题,LC电路就没有工作在谐振中,电路中的电流就会升高。判断自动调整电路的工作是否正常,可通过手动方式改变可变电容器极片的位置,然后按正常程序开机点火,看调整电机是否能带动电容器极片转到合适的位置上,否则,就进一步检查电机电路的工作情况。

(13) 检查点火功率。AGC模块上的各个点火功率均是通过电位器引出的,且接收功率放大器来的反馈信号,每个点火功率都是固定且稳定的。因此,通过监视电源单元电流表上的电流值就可判断出是否存在“漂移”现象,如果有“漂移”现象存在,那么,就要检查炬管和雾化器有无空气泄漏,检查进样管、端帽和排放管的密封情况,检查O形环有无变形、断裂现象。各接口的密封没问题时,重新设置点火功率。

(14) 检查和更换氩气。使用不纯或被污染的氩气会使出现的问题更难以解决甚至恶化,更为严重的是会发生对出现故障的误判,从而去检查或更换其他部件,因此,一定要使用符合仪器要求的氩气。

(15) 检查排气出口。排气在点火过程是很重要的,在氩气环境中进行高压放电是很理想的,由于氩气要比空气稍重,其在炬管中会往下沉,所以排气的作用就可以把氩气“提升”起来并使废气排出,一般情况下,排气的流量在28 m^3/min。

(16) 检查高压短路。如果从电源单元的后部拔下高压电缆后,高压断路器还是跳闸,那么,说明电源单元中的高压电路部分很可能存在短路现象。

(17) 检查安全联锁系统。为保证仪器的正常运行和操作人员的安全,一般冷却水压保护、氩气压力保护、电源单元保护、等离子体室门保护、高压匹配箱保护和过流保护都有安全联锁。当其中一个保护装置起作用时,仪器就不能进入点火程序,遇到此种情况时,要逐项检查各保护装置的工作状况,找出引起保护装置动作的原因。

B 进样系统故障

具体如下:

(1) 检验中,如发现元素扫描强度突然降低,应检查雾化器,如雾化器雾化效率较低,则可以确定是雾化器前端喷嘴破损,此时可更换雾化器。也可临时调节载气流量来应急(可以用 Y 线来调试,使得载气流量与之相匹配)。

(2) 检验中,光谱仪突然没有数据输出,则可能是雾化器的进样管或载气管脱落。

C 扫描单色器故障

具体如下:

(1) 开机点火正常,但无法进行波长校正操作。在排除软件系统的问题后,关机。进一步检查,打开仪器后板,发现由步进马达齿轮系统组成的传动机构的弹簧断裂。可用剩下的半段弹簧替代暂时安装使用。

(2) 检验时采集不到积分的数据。这是由于光栅转动是受微机控制的并通过步进马达齿轮系统组成的谐波传动机构来实现。而机械装置使用久了便会磨损,导致所选用的某一元素的一些谱线不能准确地照射到出射狭缝上。这时可以暂时中断当前的分析,再重新进行一次波长校正。如果同时进行的是多元素的测定,则只需对检测不到的元素进行任务波长校正,然后再进入分析状态继续进行检测。

(3) 仪器在使用过程中,元素的强度随着时间的推移持续缓慢地下降。这是因为接收光信号的石英窗凸透镜有污点,需拆下来用牙膏轻轻擦洗,再用清水冲洗干净即可。

(4) 在使用仪器扫描时,经常找不到光栅的零级位置,无法确定波长范围的低端。这种情况可通过对仪器软件参数设置,死空间的调整,达到能进行正常的波长校正,从而进行试样分析。具体步骤是:打开计算机软件进行仪器校正,校正后的值即为新的死空间数值,用该值代替原来的死空间数值,此时再对单色器校正,进行样品正常分析。

D 电源部分故障

故障现象:开机延时过程正常,当仪器由 STANDBY 状态向工作状态转变时,仪器发生异常,不能进行点火操作。同时"3 kV Main PCB SAFETY & CONTROL LOGIC"电路板上的"过压,过流"等指示灯被点亮,说明机内有过压过流的故障。

检修与排除:打开主电源箱,发现主电源滤波电容电极部分有烧蚀的痕迹,拆下此电容,经耐压实验发现,耐压值由原来的 80 V 降到 30 V,而电源的电压是 40 V,故开机后此电容会严重漏电,导致上述故障现象。此电容为美国型号 85V 4500 μF,改用国产电容100 V 4700 μF 代换开机数日后,一切正常。在用国产元件代换进口元件时,最好在选择参数时,要略大于额定值,以增大安全系数。

E 环境因素造成的故障

若检测过程中,发现仪器性能很不稳定,*RSD* 值较高(如果不是因为仪器预热时间不够),则检查实验室内温度及湿度是否达到要求。该仪器工作温度范围在 20 ~ 40℃ 为最佳,且温度变化不应大于 1℃/h,相对湿度较大时,不容易一次点火成功。

在仪器维修中,更应强调的是日常操作中的维护和保养。应制定仪器的操作规程、安全规程和维修规程,按照仪器说明书和有关规定定期保养、定期检查。

4.1.4.6 电感耦合等离子光谱仪的性能对比

近几年来,由于国际上 ICP-AES(OES) 的市场整合,该类仪器的生产厂商有所变化,如美国贝尔德和 ARL 的 ICP-AES(OES) 部分已被热电收为麾下,ICP 国际市场目前形成三角鼎立局面,即热电、瓦利安、PE 各占一定的市场份额,下面对这三家公司的主导产品全谱直读仪进行性能比较,详见图 4-42、表 4-19。

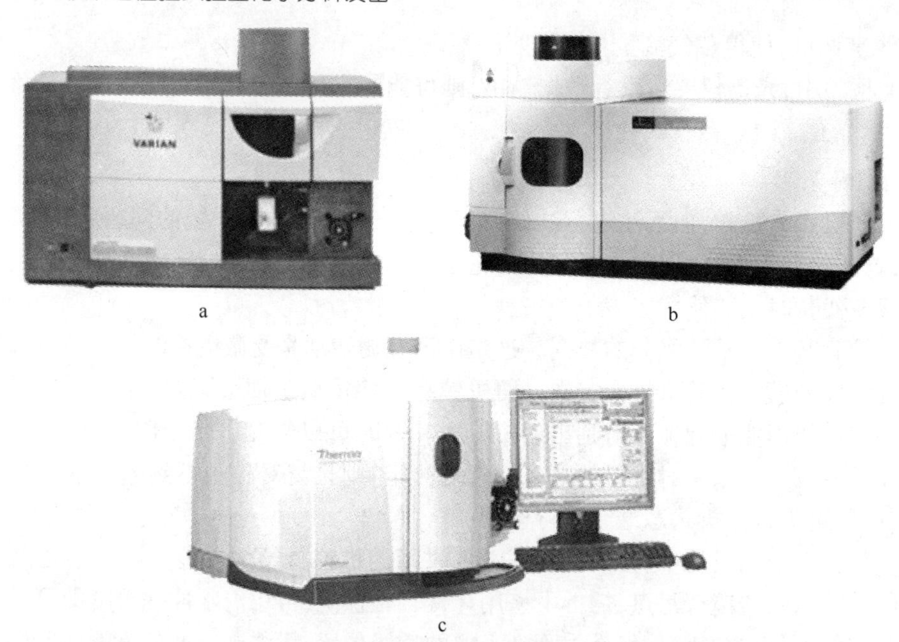

a b c

图 4-42 ICP-OES 样例

a—瓦利安 Vista MPX 系列；b—PE 的 OPTIMA 系列；c—热电 IRIS Intrepid 系列

表 4-19 全谱直读仪进行性能比较

技术规格	美国热电	瓦利安	PE
型　号	IRIS Intrepid 系列	Vista MPX 系列	OPTIMA3000
光　栅	中阶梯光栅 + 石英棱镜	中阶梯光栅 + CaF_2 棱镜	双中阶梯光栅 + 石英棱镜
条/mm	52.6	94.7	79
焦距/mm	381	400	374
分辨率/nm	0.005(200 处)	0.009(200 处)	
波长范围/nm	165 ~ 1000	175 ~ 785	0.006(200 处)
高频发生器	双环闭晶体控制直接耦合	自激空气冷却直接串联耦合	165 ~ 782 自激式射频
频率/MHz	27.12 或 40.68	40	40
频率稳定性功率	<0.004% 最大 PF 2 kW (750 ~ 1750 W 250 级可调)	0.7 ~ 1.5 kW 多级可调，最小步长 50 W	750 ~ 1500 W
功率稳定性/%	<0.01	<0.1	<0.1
炬　管	水平、直立	水平、直立	水平、直立
检测器	CID - 262000 多个检测单元，工作温度 -40℃	CCD - 112 万感光点，三阶半导体冷却 -30℃	双 SCD - 6000 多个感光微元
蠕动泵	4 通道，泵速 0 ~ 200 r/min，可调 TEVA™	内置 10 转子 2 或 3 通道，全自动	
软　件			ICP WinLab

4.1.5 高频红外碳硫仪

高频红外碳硫仪在金属材料的碳硫检测的应用比较广泛，最近几年，由于该类仪器在粉末矿样中的应用也日趋增多，利用高频红外技术对矿样中的碳硫检测标准也相继出台，目前在进口铁矿石中硫的检测，由于2004年推出了相应ISO标准，加上原先的一个直接还原铁碳硫检测ISO标准，使得高频红外碳硫仪在铁矿石检测方法成为一种必备仪器。由于属红外非分光光度技术，因此有关高频红外碳硫仪的介绍很少在一般仪器分析专业书籍中见到。

4.1.5.1 高频红外碳硫仪原理

高频红外碳硫测定仪是以高频燃烧、红外吸收技术为依托的分析仪器，利用待测物质（CO_2、SO_2）吸收红外线能量的特性，对试样中的碳、硫进行检测，这类仪器属红外非分光光度法。

A 红外光与物质的关系

红外线的热作用很强，它能够穿越很厚的气层而不发生散射。虽然，任何物质都会吸收光的能量，但有些物质对光的吸收有一定的选择性，如 CO_2 会吸收 4.26 μm 的红外线，SO_2 会吸收 7.35 μm 的红外线，利用红外线的这种特性，可以用这两种气体的混合气分别测定 CO_2、SO_2，且两种气体互相不干扰，但物质吸收光能的多少，分别与光的强度、距离、物质的浓度有关，因此朗伯－比尔定律也同样适用红外碳硫测定，即当一束平行单色红外光透过均匀、非散射的待测介质时，红外光随介质浓度（厚度一定）按指数规律衰减。在光的照射下，从物体中发出的电子叫光电子，这种现象叫光电效应，一定频率下，单位时间从同一种物质中发射出的光电子数与入射光的强度成正比，红外碳硫测定仪的检测器就是以此为理论依据，即将光变为电信号。

B 碳硫元素及其相关化合物的化学性质

a 铁矿石中碳、硫释放机理

具体如下：

（1）二氧化硫释放机理。铁矿中硫的存在形式多为 FeS_2、FeS 或 $CuFeS_2$、CuS、ZnS 以及硫酸盐带 n 个结晶水等。

在吹氧条件下，当温度提升到200～300℃时，反应为：

$$FeS_2 = FeS + S \qquad S + O_2 = SO_2\uparrow$$

温度超过600℃后，随温度提高反应依次为：

$$4FeS_2 + 11O_2 = 2Fe_2O_3 + 8SO_2\uparrow$$

$$FeS_2 + 16Fe_2O_3 = 11Fe_3O_4 + 2SO_2\uparrow$$

温度在300～400℃时 FeS 开始反应：

$$3FeS + 5O_2 = Fe_3O_4 + 3SO_2\uparrow$$

高温时反应为：

$$FeS + 10Fe_2O_3 = 7Fe_3O_4 + SO_2\uparrow$$

$CuFeS_2$、CuS、ZnS 反应与以上类同。

自900℃起硫酸盐开始分解，如：

$$2CaSO_4 = 2CaO + 2SO_2\uparrow + O_2\uparrow$$

温度提升到1300～1400℃时，反应最为激烈，如：

$$2BaSO_4 = 2BaO + 2SO_2\uparrow + O_2\uparrow$$

反应生成的 SO_2 与 O_2 会进一步生成 SO_3，这是一个平衡且放热反应：

$$2SO_2 + O_2 \rightleftharpoons 2SO_3 + Q$$

由于红外光谱是通过测定 SO_2 在7.4 μm 左右的吸光度而间接确定样本中硫含量的，故快速提高温度和控制氧量有利于 SO_2 的释放，也就是说有利于仪器精度的提高。

（2）二氧化碳释放机理。碳基本上为碳酸盐热分解，或少量碳燃烧：

$$MCO_3 = MO + CO_2\uparrow$$

$$C + O_2(\text{过量}) = CO_2\uparrow$$

$$2C + O_2(\text{不足}) = 2CO\uparrow$$

$$CO_2 + C = 2CO\uparrow$$

因此燃烧后释放的混合气含有 CO_2、CO、SO_3、SO_2、O_2。

b CO_2、CO、SO_3、SO_2 性质

CO_2、SO_2 化合物都能与碱发生反应：

$$CO_2 + 2NaOH = Na_2CO_3 + H_2O$$

$$SO_2 + 2NaOH = Na_2SO_3 + H_2O$$

利用这个性质，可以除去氧气中 CO_2、SO_2 的等氧化物，达到净化氧气的目的。CO、SO_2 都有还原性，在一定条件下，就能产生氧化反应，如：$2CO + O_2 = 2CO_2\uparrow$，在催化炉上会产生：$2SO_2 + O_2 = 2SO_3\uparrow$，通过前一个方程式可以尽可能把 CO 转化为 CO_2，以提高分析的精确度，通过后一个方程式可以利用 SO_3 的强氧化性，让它通过脱脂棉吸收 SO_3，因为混合气中 SO_3 的强氧化性会腐蚀碳硫仪气路中的相关元器件。利用干燥剂（无水高氯酸镁）吸收反应生产的水蒸气和净化氧气。

C 高频炉工作原理

高频炉的作用为将已称重的带试样坩埚置于高频发生器感应圈内的石英燃烧管中，在恒定的氧气流下，利用高频磁场在试样中感应的涡流效应，使试样熔化和燃烧，在燃烧过程中，含有碳、硫被氧化成 CO_2、SO_2 的等氧化物，再由载气（多数载气为氧气）送往红外检测池，见图 4-43。高频炉通常燃烧分析时间约为 30 s，在助熔剂钨或锡，或者相关混合助熔剂的参与下，燃烧温度可达能熔融诸如钴铬钨合金和硅铁等高温试样的需要。

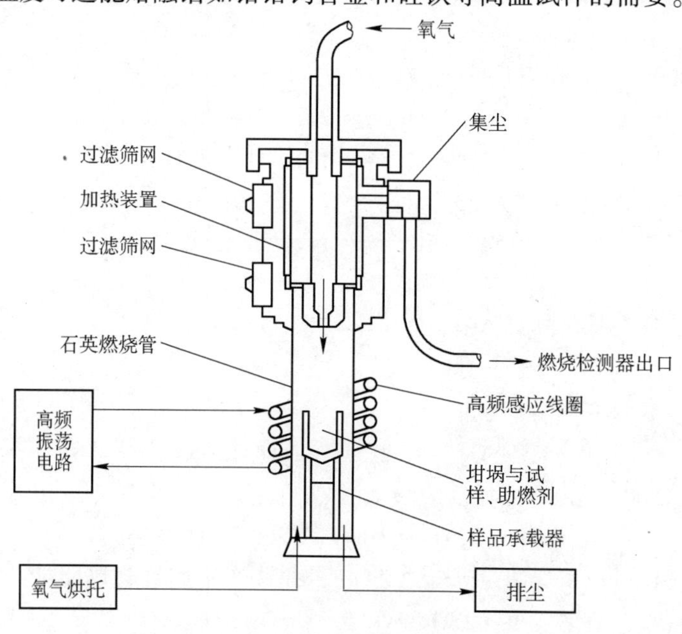

图 4-43 高频燃烧原理

a 金属样品感应燃烧原理

金属样品是利用电流涡流来加热和熔化的，在纯氧通入的作用下，产生激烈燃烧现象，通常将利用涡电流热效应来加热装置，称之为高频感应炉。

涡电流的概念为：当块状金属体置于变化着的磁场中或者在磁场中运动时，在金属体内将产生感应电流，因为这种电流的流动，在金属体内呈闭合状态，所以称为"涡电流"（形状好似水中之旋涡）。因金属体内电阻很小，故涡电流的强度一般很大，这一电流是在导体内循环流动，故不便直接观察。

如在圆柱形的铁芯外面绕有一螺管线圈，其中通有交流电流，当电流方向变动时，使铁芯内的磁通量也在改变，铁芯可以看成由若干直径不一的圆筒状薄壳所组成的同心圆体，而每层薄壳自成一个闭合回路。因为通过薄壳的磁通量变大，每层薄壳都有感应电流，每层感应电流都是绕轴的，即涡流。涡流在铁芯中产生出楞次－焦耳热。

如果将通有高频电流的线圈套在盛有金属块或金属颗粒的坩埚外面，则在金属块或颗粒内产生的涡流热效应，足以将金属熔化，高频感应炉就是这样熔融金属的。高频感应炉只能将坩埚内金属试样熔化，并不能使之燃烧。如把石英玻璃燃烧管置于坩埚和高频线圈之间，在与外界隔绝的条件下，向石英管内通入纯氧气，则被加热的金属试样与纯氧接触而燃烧，将试样中的碳、硫氧化成 CO_2、SO_2。但对于矿样，由于它不是金属，在高频下不能产生涡流，因此只能添加助熔剂间接加热，助熔剂必须能产生涡流。

b 电子管振荡器（高频发生器）工作原理

电子管振荡器的功能是产生高频电流和足够强的磁通量（即 1 cm^2 面积中通过的磁力线数），以造成强大的涡电流，振荡线圈的匝数为 4 匝左右，一般固定，欲获得强大的高磁通密度，只有尽量增大流过振荡线圈的高频电流值。

图 4-44 所示为产生正弦波的电容三点式（柯尔毕茨）振荡器，L_0 的作用是不让高频成分返回电源，以免产生其他寄生振荡，L_g 是为减少 R_g 上的高频电流，电子管的栅偏压由 C_3 和 R_g 联合供给，C_1 和 C_4 只是让交流讯号通过，不使直流进入线圈 L 中去。

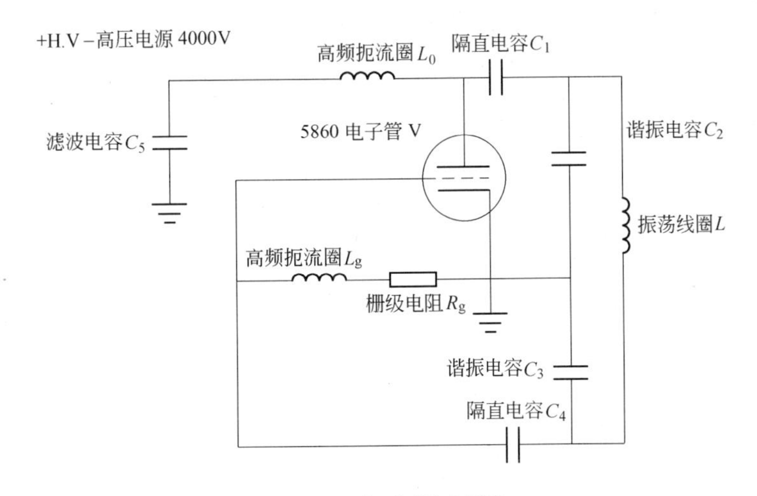

图 4-44 振荡器原理图

C_2 和 C_3 串联（可看成是一个电容器）后，再与 L 并联，组成振荡器中最关键的部分——并联谐振回路，使得在 L 上产生强大的磁通量，见图 4-45。

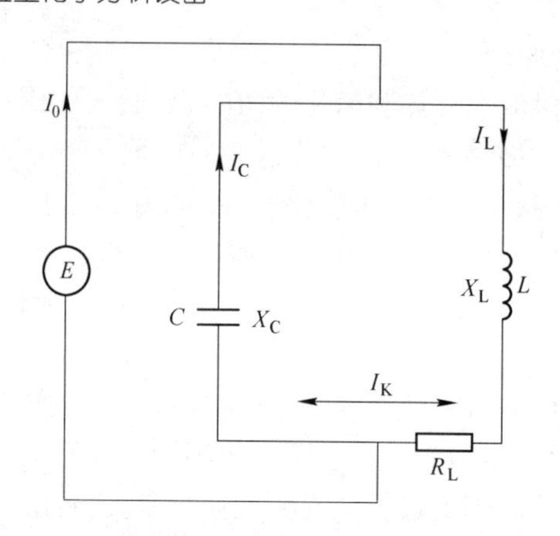

图 4-45 并联振荡电路

L—振荡线圈(螺管式);C—图 4-44 中的 $C_2 \cdot C_3/C_2+C_3$;R_L—振荡线圈的直流电阻;
X_L—电感电抗 $=2\pi fL$;X_C—电容电抗 $=1/\pi fc$;I_0—总电流;I_L—感抗分路电流;I_C—容抗分路电流;
I_K—谐振回路中的充放电电流($I_K=I_C=I_L$);E—振荡器保持高频振荡的动力源

并联谐振回路的基本特征为:当电子管的板流在建立过程中发生速率变化时,谐振电路中 X_C 和 X_L 也要跟着变化,这两个电抗的变化方向,总是一个在增加,一个在减少。因此,必有一个频率正好使 $X_C=X_L$,即电路的自然频率 f_0,此时,电流处于谐振状态,如 $X_C=X_L$,$1/2\pi fc=2\pi fL$,$f_0=1/2\pi\sqrt{LC}$ = 谐振频率。根据对高频的测试与电容的实际参数验算:$L=1\ \mu H$,$C=C_2 \cdot C_3/C_2+C_3=90\ pF$,则谐振频率 = 18 MHz,这就是高频炉振荡线圈的工作频率,这里 L 的电感量不是一个固定值,当高频振荡时,其电感量将随坩埚中是否有导磁体及其数量的多少而有所变化。此外还可以推导出 $I_K=I_C=I_L=I_0 \cdot Q$,$Q=X_L/R_L$ = 品质因数。

在高频条件下,使品质因数达到两位数以上一般不成问题。I_0 之所以会比 I_K 小 Q 倍,是因为谐振时,I_0 并不参加电路充放电的振荡,只是补偿并联谐振电路的损耗,而 I_K 却是 $L-C$ 之间进行能量交换的电流,某一时,线圈将磁场能量通过对电容的充电,转变成磁场能量;另一时,电容将磁场能量通过对线圈的放电,转变成磁场能量。

振荡电路的工作过程为:振荡器刚一接上高压电源时,电子管即产生板流,并使谐振回路中的 C_2 和 C_3 充电,谐振电路随即产生自由振荡。振荡时,在线圈两端的交流电压相位差为 180°,正负极性相反,该交流电压加到栅极后,因栅压对栅流的影响,所以也使板电流中有了交流成分。要使自然振荡不致衰减,以及使板流中的交流成分继续存在,则必须使板流中的交流成分流经谐振回路时,应当恰好与 C_2、C_3 充放电的电流同相位,这样,板流就可为振荡回路不断地补充能量。而电子管的栅压对板流的反馈作用相位差为 180°,恰好满足这一要求,因此振荡器就可使并联谐振回路中出现的自然谐振不停地持续下去。

特别要指出的是,由于 C_2 和 C_3 对高频呈现低阻抗,便使得振荡中的高次谐波受到了有效的抑制,因而振荡电路所产生的高频正弦波失真就小,效率也高。尤其是并联谐振电路中感抗支路的电流要比电子管板流大数十倍以上,这就胜任了作为振荡线圈产生强大交变磁场所需要的推动力源泉。

流经感抗支路的电流与容抗支路中流过的电流相当,这一交流电流在 C_3 上产生电压降的正半周,通过 C_3、I_g 和 R_g 回路,向电子管提供正常工作所必需的栅偏压(即当 $R_g=3.5\ k\Omega$

时，$I_g=110$ mA)。

c 高频发生器的控制

对高频炉中的高频发生器的控制，可分“机动”与“手动”两种方式。在正常工作时，主要由微机来操作高频发生器的工作状态，手动控制仅作为检查高频炉本身工作是否正常。

高频炉一般有电平指示装置，用来指示高频发生器工作中电子管的板极电流和相应时间内电子管栅极电流以及电源指示、电源电压波动。在空载(不置入样品)时，启动高频发生器后，板极电流和栅极电流都将有一定程度的指示。如果有样品在炉中燃烧，则板极电流将根据样品的易燃程度以及称样量多少等因素，成正比关系上升；栅极电流与板极电流相反作出下降的显示。当板极电流大于600 mA 时，高频炉内的电子线路会自动判断出这已是电子管工作的极限值，为保证电子管的使用寿命，将立即作出报警，或自动切断高压电源，停止高频发生器工作；或“超载”报警指示灯亮。当高频炉处于报警状态时，高压电源就不能再被打开(因为发生报警现象，也许是由于某种故障引起的，首先要将故障排除)，报警灯也始终亮着，解除报警状态的唯一方法是关闭高频炉的电源开关，待重新开启电源开关，见报警灯已熄灭时，高压电才可被启动。

因此，在振荡器的并联谐振电路发生高频振荡后，金属试样在高频交变磁场的作用下，产生高温涡电流热效应，先将钢样熔化，然后再受到钨、锡助熔剂的放热反应和纯氧顶吹、烘托使之强烈氧化等诸多影响，方能使样品充分燃烧并释放出所有碳硫含量的效果。从电子技术上分析，电容三点式振荡器被用在对振荡频率稳定度要求并不高的“高频感应炉”上，是最为适合。

目前在国际上，凡与新颖的用热释电红外探测器的碳硫分析作配套用的高频感应炉，无论是美国、英国、日本，还是德国的碳硫分析仪，无一例外都采用了这种效率高、谐波少、可靠而实用的经典式高频振荡电路。

D 红外分析仪的测定原理

红外分析仪的测定原理与一般吸光光度原理基本一致，都由光源、吸收、检测三大部分组成。光的强度与待测物质的浓度、厚度的关系遵循比尔－朗伯定律。

方法概要为：试样置于坩埚中，于高频感应炉内通氧燃烧，使试样中的碳、硫生成 CO_2、CO、SO_3、SO_2 等混合气体，混合气体先通过燃烧头中的过滤筛网除尘，然后流经干燥剂除水，再流经硫检测池(室)以 7.35 μm 波长吸收红外能量，之后经高温铂硅胶催化使 CO、SO_2 分别转化为 CO_2、SO_3，用脱脂棉除 SO_3，再流经碳检测池(室)以 4.26 μm 波长吸收红外能量，根据吸收前后红外能量之差与 CO_2、SO_2 的浓度关系按指数衰减，以纯氧作参比(有的检测池参比池是另外的，而有的就是同一个，只是分别利用不同时间)，得出 CO_2、SO_2 的积分值，由计算机处理得出碳、硫的含量，完成后将混合气放空。

a 光源、吸收和检测

具体如下：

(1) 红外光源(IR)由镍铬丝在 5.5 V 加热到 850℃左右，由红外源辐射出可见光和红外光谱范围内各种波长的红外线。红外辐射源能量需足够稳定。窄带滤光片仅让某一特征波长的光穿过，而其他波长的光则被滤掉，由上述红外辐射源辐射出的光是含有各种波长的光，其波长范围很宽，而红外分析仪只测定 CO_2 的 4.26 μm 和 SO_2 的 7.35 μm，必须滤掉影响测定的其他波长的光，更换和变动滤光片，必须重新进行线性化。

（2）聚光锥是将被 CO_2 或 SO_2 吸收后的红外线聚焦到检测器上，可以提高检测的灵敏度。它是一种对光具有会聚能力的光学元件，内壁粗糙度低，表面镀金，使之成为光学全反射层，以达到最大的光学放大率。

（3）检测器是以钽酸锂为材料制作的热释电探测仪，属于电荷性器件，只能探测交流信号（图4-46）。它的功能为检测红外线被 CO_2 或 SO_2 吸收前后能量变化，由光电效应和关系式 $I=I_0e^{-KcL}$（式中，I 为输出光强；I_0 为入射光强；K 为介质吸收系数；C 为介质浓度；L 为介质厚度）可测量计算出 CO_2 或 SO_2 浓度。

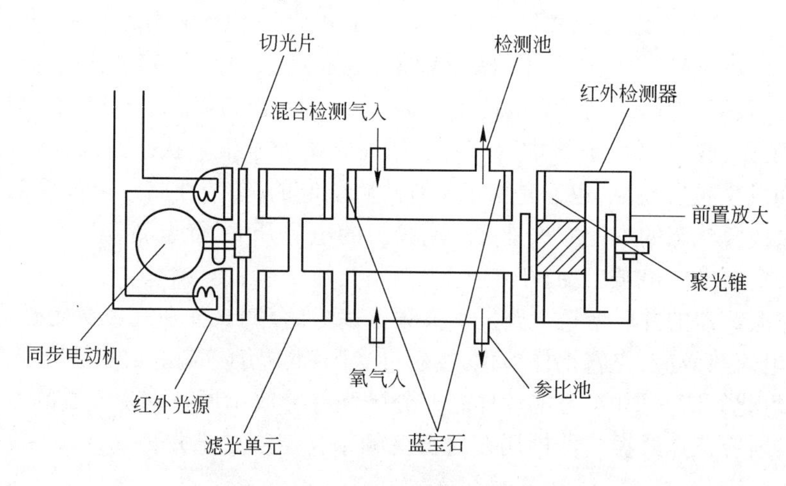

图4-46 红外检测器原理示意图

（4）调制电机是由同步电机及与此相连的切光片组成，它能将红外线调制成一定频率的红外线（如85 Hz），因为上述检测器属于电荷性器件，不能探测直流信号，只能探测交流信号。其热释电电流 I 的大小与接受辐射的电极面积 A 及温度对时间的变化成正比，即：$i=A\lambda\frac{dT}{dt}$，式中，λ 为材料的热释电系数；$\frac{dT}{dt}$ 为温度对时间的变化率。

无论何种参比池，都把100%氧气通过池体时检测器的输出作为原始基准值，纯氧使红外线能量的通过量最大，此时的最高能量信号经前置放大器放大、整流及滤波，然后送经模数转换板转换成数字信号，这一池体的输出电压为8.5 V直流，分析开始后计算机通过读取池体的输出，自动完成一系列对照、校正、修正、计算、结果输出等过程。

由红外光源辐射出的光经调制器调制为85 Hz的光，穿过蓝宝石窗口，通过池腔时被流经池腔的待测气体吸收能量，被吸收后的光穿过蓝宝石窗口再由窄带滤光片滤掉其他波长的光（有的检测器采用在进入池腔前进行滤光），经聚光锥落到检测器上。大多数碳硫仪都配有碳检测池和硫检测池，且分别配有长短不同的检测池以供高低含量检测用。其实，从检测池的工作原理看，该类仪器也是一种在线非分光红外分析仪。

b 气路

一般红外碳硫仪有两路气路，一路为动力气路，一般采用氮气，它用来控制气缸的上升与下降，以及控制压紧阀的动作，动力气路由电磁阀、调压气、压力表、气缸等组成；另一路为测量气路，一般为氧气，它是分析样品的载气，测量气路一般由净化装置、电磁阀、调压阀、压力表、节流孔、压力接点开关、灰尘过滤网、燃烧装置、流量控制器、转化炉、碳气室、硫气室、压紧阀、集尘器等组成，以力可 244 为例说明测量气路，见图 4-47。

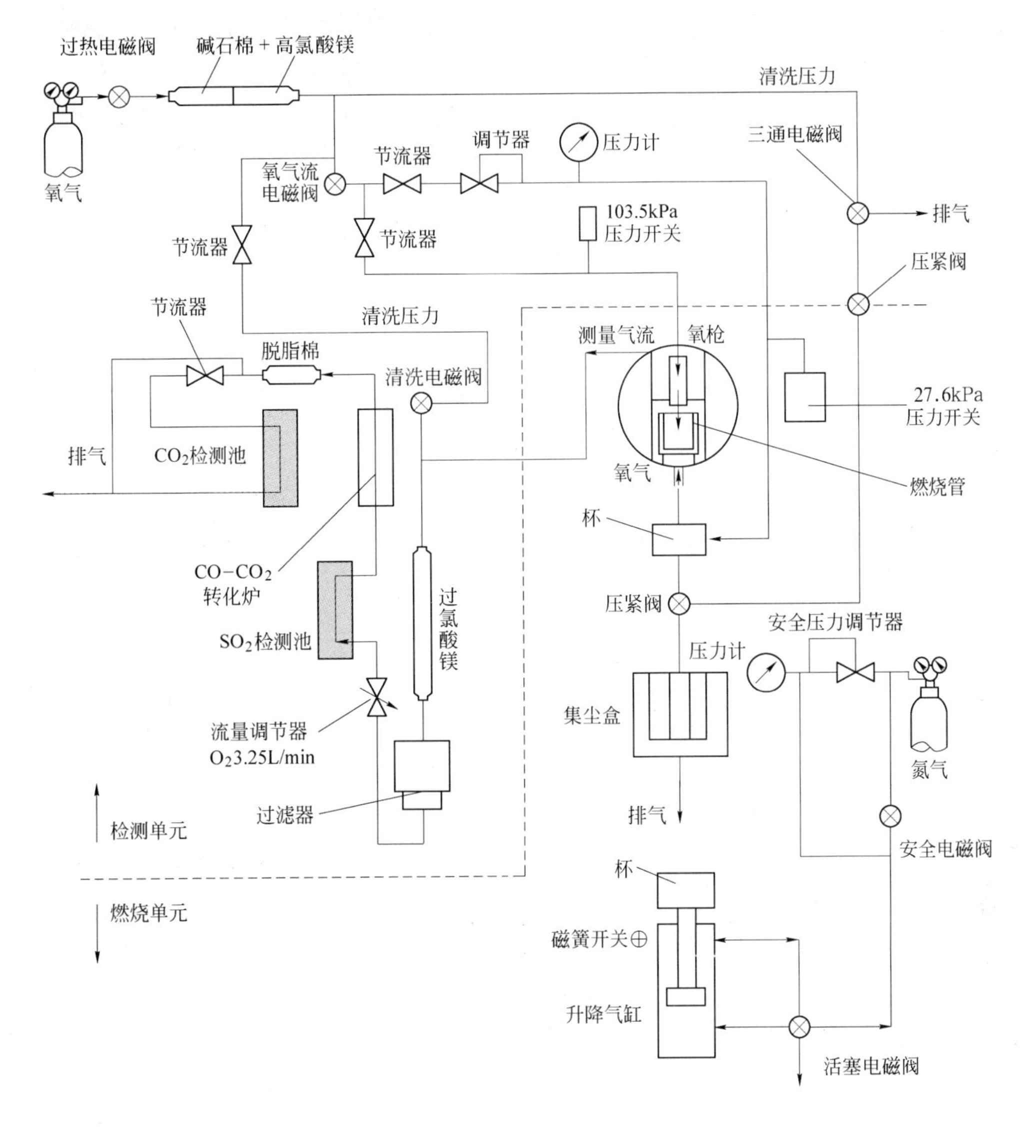

图 4-47 力可 244 气路流程图

4.1.5.2 高频红外碳硫仪应用

A 高频红外碳硫仪应用技术

a 样品燃烧完全

其含义为样品中的碳硫能够全都转变为 CO_2 和 SO_2，这是确保分析结果准确度的先决条件。为达到此目的，必须根据样品的自身特性，即组分、熔点、形态、粒度、感应能力等，选择最佳分析条件，如助熔剂的种类、加入量及加入形式，氧流量和炉子功率大小等。判断熔样的状态完全与否，可根据观察坩埚里的熔样状态（平滑、气泡、颜色）。

一般情况下，功率大，燃烧较好，但有时功率过大也有不利因素（如飞溅）。功率大小除了取决于输入功率大小以外还与样品的特性及称量、助熔剂的种类及加入量，加入形式有关。选择燃烧时功率的大小，应随分析样品的特性不同而改变，一般情况下，对于难熔样品应提高功率,易熔样品可适当降低燃烧功率,最好通过实验来确定。助熔剂可加速熔样,提高样品中碳硫的释放率。红外碳硫分析仪是用高频感应炉加热熔解样品,助熔剂就必须根据燃烧炉的特点而定。因此能够作为助熔剂的物质大多数为金属,且必须是导电导磁材料;与氧燃烧时发生的化学反应应属于放热反应,放热(kJ/mol)越多越好,它可提高温度加速熔样,同时生成物(氧化物)应疏松、流动性好,酸性选渣,挥发性小,不吸附 SO_2、CO_2、CO;该物质含碳硫含量要低且稳定,并确对坩埚无腐蚀作用。

选择助熔剂,其原则是根据待测物质的特性而定,如非金属样品一般情况加铁钨混合熔剂,钢铁样品一般采用钨或钨锡混合熔剂。对于同一种样品,同一种助熔剂,其加入量和加入形式也会影响分析精度,加入量与待测物质的称量须相适应,而加入形式以覆盖样品为佳,尤其是粉末样品。也可将样品夹在中间,目前常用的助熔剂有 Fe、W、Sn、Cu 等及其它们之间组成的混合助熔剂。总之,加入助熔剂的目的,是为了提高样品的燃烧温度或降低样品的熔点,加速样品熔解,提高碳硫的释放率。

氧流量与压力的大小,与样品中碳硫的释放率有很大的关系,一般情况,通氧量应考虑样品的特性,氧流量对分析碳宜小不宜大,对分析硫宜大不宜小,若碳硫同时测定应两者兼顾。

b 选择最佳分析条件

红外分析仪是属气体分析仪,气路显得特别重要,除氧流量对样品中碳硫的释放率有关外,气路必须处于畅通,无堵塞、无漏气。平时我们在分析前观测到的氧流量是处于“静态”的,当分析时氧流量是会产生微小变化的,气路问题可能出现漏气、泄漏或堵塞等。如果严重漏气,分析前或分析过程中会出现报警,就必须根据报警内容进行检查,找出原因并解决。严重漏气是易发现的,可微小漏气、堵塞,在分析前或分析时不报警,仍按分析程序进行,并报出不可靠的分析结果(系统偏低,波动大),那就很危险。如何杜绝这种现象? 观察“静态”氧流量及压力与“动态”时氧流量及压力是否基本一致,若两状态相差较大,气路中就可能有泄气或堵塞,应进行漏气试验,如果是漏气则分段检查,如堵塞则应检查气路系统中的有关装置:金属网、过滤器、净化器、各种试剂、排灰系统等。

观察分析后坩埚内熔样状态是否“平滑”,有气泡及坩埚周围的颜色等,可以判断熔样情况,由于漏气或堵塞,样品燃烧时,氧气不足,往往造成样品燃烧不完全。对钢铁样品,看坩埚周围有无氧化铁的颜色。假如对同一样品来说,其分析结果的重复性波动较大或有系统偏差,气路可能有故障。

设置最短分析时间及其与比较水平的匹配(比较值)直接影响分析精度和准确度,如何正确设置,则因材而异,即根据不同样品的特性而定,其原则是能保证所有相对较大的输出值全都收集起来而分析时间比较一致性。通常设想为:低含量或难熔样品(峰值小),设置较长的最短分析时间,比较水平(比较值)较大;而高含量或峰值大的样品,设置适当的最短分析时间和比较水平较小。这只不过是设想而已,最好的方法是通过实验来确定。

最短分析时间是指分析一个样品不管设置比较水平的大小,即使样品中的碳硫都全部释放完毕,也要待到所设置的最短分析时间,才能终止分析。

分析时间是指分析一个样品所需要的时间。分析时间与最短分析时间的关系为 $t_{分} \geqslant t_{短}$。如果设置最短分析时间过长,既耽误了分析时间,又会影响分析精度和准确度,如图 4-48 所示。

使用的坩埚、助熔剂，其碳、硫的空白值要低且稳定，尤其是C含量小于0.1%，S含量小于0.01%，必须进行处理。见图4-49。标准校对或重新校正线性的修正系数，必须选用与待测样品矿物相同或相似并含量相近的标准样品，这样才能获得最佳的分析结果。

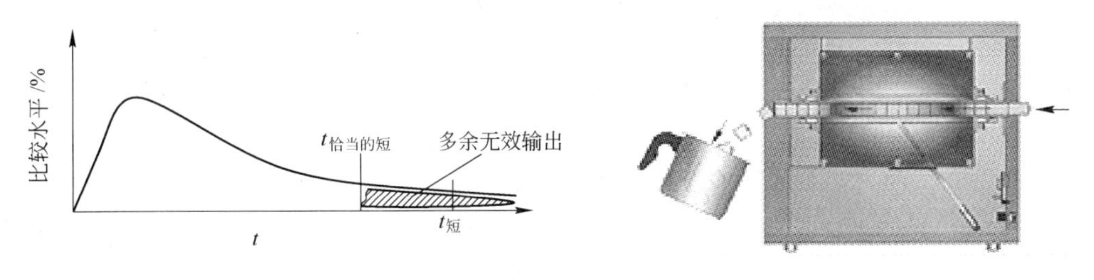

图4-48 分析积分　　图4-49 坩埚预加热炉

B 高频红外碳硫仪定量方法

一般吸收光谱定量分析的通用方法都适用于高频红外碳硫仪，如直接比较法、加入法、工作曲线法等，一般常用的是直接比较法，一些标准方法一般采用工作曲线法。

4.1.5.3 高频红外碳硫仪结构

高频红外碳硫仪从结构上来说，可以分为三部分，即高频燃烧、红外检测、数据处理。

A 高频燃烧单元

高频燃烧单元有高频振荡器和燃烧装置，燃烧装置可分为送样装置、燃烧管、清扫装置、除尘装置、氧枪等。为了减少对检测单元的干扰，高频振荡器一般与检测部分隔离，并且高频振荡器本身有双层金属隔离屏蔽罩，高频振荡器的电路原理及其作用本节已有所介绍。燃烧装置中的送样装置一般采用气动升降式，燃烧区域是在石英玻璃管外绕有2～3匝感应线圈，该区域也外罩金属屏蔽，金属屏蔽的正面有网眼以便于观测燃烧情况，燃烧装置的上部有清洗除尘设施，该设施有自动的也有手动的，为避免燃烧后的粉尘进入检测系统，该部分安装了过滤筛网，有的仪器在过滤筛网处还有加热装置，可避免燃烧后的水蒸气在此区域凝聚，装置头部有向下喷射氧气的氧枪，下部有烘托燃烧环境的供氧口，过滤筛网外有检测气出口。见图4-50和图4-51。

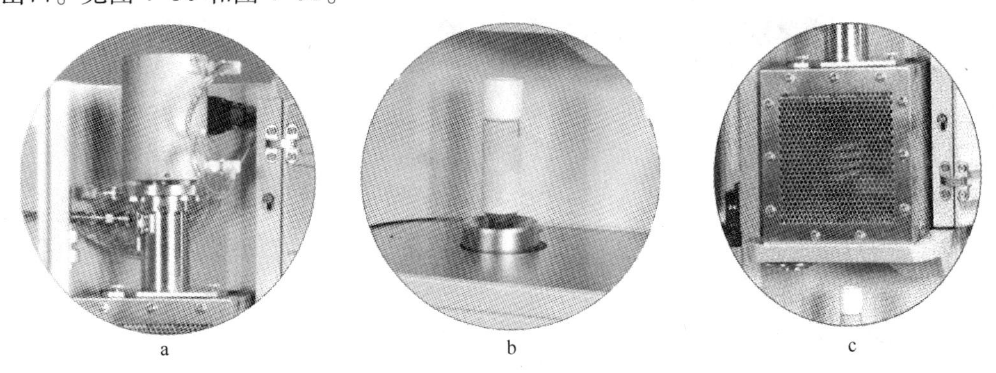

图4-50 美国LECO红外碳硫仪燃烧头清洗装置(a)、样品升降装置(b)、高频感应及燃烧部分(c)

B 红外检测部分

主要有红外检测池、高温催化转化、除水、流量控制、除SO_3装置等组成，这里主要是红外检测池。

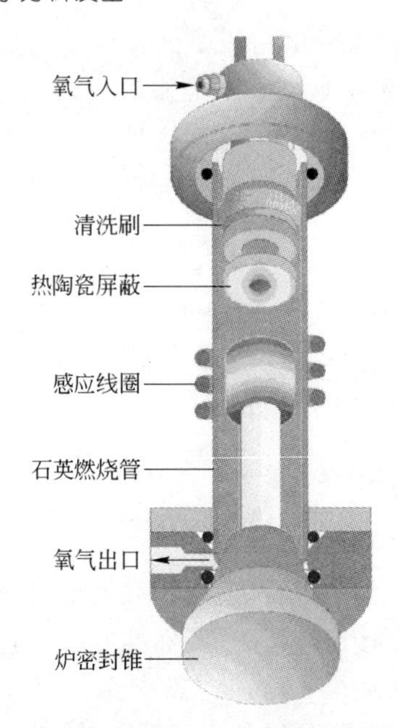

图 4-51 德国 ELTRA 红外碳硫仪燃烧装置结构示意图

红外检测池原理本节已有介绍,根据所检测的碳、硫不同及高低不同的浓度,可配备各种不同的检测池,当然不同的厂家生产的检测池的结构有所不同,但其基本原理是相同的。检测池中的热释电红外探测器是利用某些电压晶体存在的热释效应而设计的。在气体进入检测池前,为了保持气体流量的稳定性,一般配有气体流量自动调节器,气体流量自动调节器对碳硫检测的精度有着很重要的关系,如果当检测结果有偏差,且气路其他部位无故障时,一般是气体流量自动调节器内部积尘所致,见图 4-52。

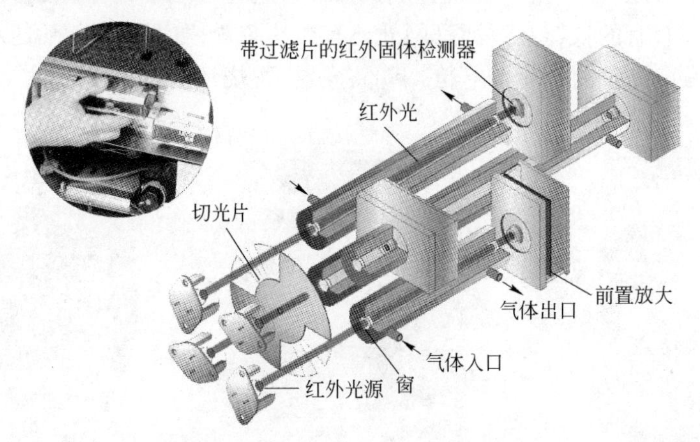

图 4-52 德国 ELTRA 红外碳硫仪红外池结构示意图(左上为 LECO 可拆卸式红外池)

4.1.5.4 高频红外碳硫仪检定

我国于 1998 年出版《定碳定硫分析仪检定规程》(JJG395—97),该规程适用于新制造、使用中和修理后高频炉红外碳硫分析仪的检定。

该规程规定的红外碳硫分析仪主要用于测定金属、矿石、陶瓷等物质中所含碳及硫成分的含量,其原理是将一定重量的样品加助熔剂后在高频炉中高温加热燃烧,使样品中的碳、硫与氧气反应生成二氧化碳和二氧化硫气体，在载气的带动下经过气路处理系统进入二氧化碳和二氧化硫的检测室，利用二氧化碳和二氧化硫分别在4260 nm及7400 nm处具有很强的特征吸收这一特性，通过测量气体吸收光强分析二氧化碳和二氧化硫的含量，从而得到样品中碳、硫成分的百分含量。

A 技术要求

a 外观与通电检查

具体如下：

(1) 仪器应有下列标志：仪器名称、型号、制造厂名、制造计量器具许可证标志及编号、制造日期和仪器的编号。

(2) 仪器外观不应有影响仪器正常工作的机械损伤。

(3) 仪器的各紧固件和电缆接插件均应紧固，插接良好，各功能键应完好，工作正常。

(4) 仪器的指示表盘刻度及字体要清晰，数字显示完整。

b 示值误差

对不同测量范围，其测得的平均值与标准值之差(称示值误差)不得超过表4-20规定。

表4-20 示值误差

含碳量/%	示值误差/%	含碳量/%	示值误差/%
>0.0010~0.0100	±0.0005	>0.0010~0.0100	±0.0005
>0.010~0.100	±0.005	>0.010~0.100	±0.005
>0.100~1.000	±0.010	>0.100~0.300	±0.010
>1.00~3.00	±0.03		

c 重复性(相对标准偏差)

$w(C) \leqslant 1.0\%$；$w(S) \leqslant 4.0\%$。

d 分析时间

分析时间不大于1 min。

e 称量稳定性

称量稳定性不大于0.002 g。

B 检定条件

环境条件如下：

(1) 环境温度：15~30℃。

(2) 相对湿度：不大于80%；对测定碳硫含量在0.0010%~0.0100%范围时，相对湿度不大于60%。

(3) 供电电源：(220±4.4)V，(50±1)Hz。

(4) 周围无强烈振动，无强电、磁场干扰，无腐蚀性气体存在。

(5) 检定用主要设备与材料。

碳硫标准物质：采用国家计量行政部门批准的钢铁成分分析国家一级、二级标准物质，其不确定度均小于示值误差的1/3。

(6) 秒表。

(7) 1 g标准砝码，三级。

C 检定方法

a 外观检查

凭目视及手感,按上述要求进行检查。

b 检定前准备

具体如下:

(1) 按说明书要求预热仪器。

(2) 仪器校准。

在表4-20中所列的不同碳、硫含量范围内各选一种标准物质,对仪器进行校准。

c 示值误差检定

在表4-20所列不同碳、硫含量范围内各选一种钢铁标准物质(含量低于校正用标准物质),分别重复测量3次,计算平均值与标准值的差值即为该范围的仪器示值误差。

$$\Delta = \overline{X} - X_t \tag{4-38}$$

式中 Δ——示值误差;

$\overline{X}$——3次测量的平均值,%;

X_t——标准值,%。

d 重复性检定

选含碳量在(0.100%~1.000%)范围,含硫量在(0.010%~0.100%)范围内的一种钢铁标准物质,每次称取样品0.5 g,重复测定7次,计算标准偏差及相对标准偏差:

$$\delta_s = \sqrt{\frac{\sum_{i=1}^{n}(X_i - \overline{X})^2}{n-1}} \tag{4-39}$$

$$\delta_{sR} = \frac{S}{\overline{X}} \times 100\% \tag{4-40}$$

式中 δ_s——标准偏差,%;

δ_{sR}——相对标准偏差;

n——测定次数(一般 $n=7$);

X_i——第 i 次测量值,%;

$\overline{X}$——第 i 次测量算术平均值,%;

S——样本标准差。

e 分析时间检定

在进行上条检定的同时,从样品开始燃烧时用秒表计时至测量结束停止计时,所需时间即为分析时间。

f 称量稳定性检定

用1 g标准砝码,连续称重6次,其最大值与最小值之差即为称量稳定性。

D 检定结果处理和检定周期

具体如下:

(1) 按本规程检定合格的发给检定证书,不合格的发给检定结果通知书,并指明不合格的项目。

(2) 检定周期一般为2年,仪器如经搬动、修理或发现测试结果有疑问时,可随时进行检定。

4.1.5.5 高频红外碳硫仪维护

以力柯 CS244/344 为例说明高频红外碳硫仪的维修维护。

A 高频感应炉单元维护实例

a 石英玻璃燃烧管

石英玻璃燃烧管是高频炉的燃烧室,也是最常见的易耗件之一,由于石英玻璃燃烧管价格比较贵,经过我操作人员摸索得出几点延长石英玻璃燃烧管寿命的经验:(1)经常清洗燃烧管,除手摇轮刷日常清洗外,还需经常把燃烧头卸下来,用金属刷清理管内壁,尤其要清理管壁黏附的熔溅物(熔珠),最好每周用超声清洗器清洗一次;(2)每次安装石英玻璃燃烧管时,需在安装部位清除小颗粒硬物,保持安装接面干净,以防在燃烧头紧固时硬物扣裂燃烧管石英玻璃,同时燃烧管尽量安放在感应线圈中心,管外壁千万不要与感应线圈接触;(3)进行金属材料碳硫含量检测时,尽量控制好样品与助熔剂配比,千万不要为省几克助熔剂,让样品自己承担助熔剂功能,使样品熔融燃烧时飞溅剧烈,打坏燃烧管。

b 燃烧头过滤器

燃烧头过滤器主要作用是过滤燃烧气中的粉尘,使之避免进入检测系统干扰检测,燃烧头过滤器由内细外粗两层不锈钢筛网组成,由于内层筛网孔径非常小,因此在有效阻挡粉尘的同时网孔也易堵塞,筛网内壁极易吸附粉尘。如果样品中含有水分,则在高频炉中样品高温燃烧所产生的水蒸气易被粉尘吸附,而被吸附水分与燃烧产生的二氧化硫或三氧化硫反应生成的亚硫酸或硫酸会腐蚀筛网材料,加剧内层细筛网的堵塞和损坏。因此应经常拆卸燃烧头,清理燃烧头各部件的积尘,尤其是燃烧头过滤器,可用超声清洗器清洗,清洗后必须烘干。

c 集尘系统

感应炉单元专门配备了一套除尘系统,每次检测完成后,仪器会自动吹气,把燃烧系统中的积尘吹入集尘盒,仪器也专设一个吹气开关以便手动吹气。但吹气时常不能彻底解决样品托架凹槽的积尘,需定时人工除尘,否则会导致与托架凹槽或与集尘盒相连的金属弯管堵塞。如果该弯管出现堵塞,则每次检测后自动吹气气流所产生的高气压会向下顶开样品托架泄气,长久会导致样品托架下的气缸损坏。如果金属弯管堵塞不严重,可采用不接通吹气气源而直接按下吹气开关,同时用橡皮吹气球从上端入口或下端连接口吹气排堵;如果弯管堵塞严重,则需拆卸样品升降器(把整个感应炉单元侧倾可方便拆卸),把金属弯管从升降器中卸下,用水冲洗管道排堵,然后烘干装上,集尘盒上的金属弯管堵塞也可采用相同方法排堵。

d 样品升降器

样品升降器气缸上下有两个进出气口,下气口进气,则气缸活塞上升,上气口排气,反之气缸活塞下降,与上下进出气口连接的乳胶管(黄色)长久使用会因老化破裂而漏气,如果检测过程中听到有不正常的气流声,需找出该气流声音来源,确定破裂乳胶管,然后更换,如一时无原装乳胶管,可用医用静脉注射器上的乳胶管替代,口径太大可用生料带填充。如果动力气路正常,升降器无法升降,则一般故障为控制动力气的 SV4 电磁阀损坏。

e 排风扇

由于高频感应炉单元高频振荡管后的散热风扇停转,高频振荡管产生的热量因无法散发而使散热风扇塑料叶片软化变形，卸下高频感应炉单元右侧板及内部高频振荡管屏蔽罩右侧板，发现屏蔽罩内焦煳味严重，除风扇塑料叶片软化变形外某些电线绝缘层也软化，现通过开启置于前面板后显示电路板（部件号 774－574）上模式控制开关测试栅流、板流以确定高频振荡管性能（见图 4-53），发现该部件并未损坏，于是向力可中国服务中心邮购型号为 PT2B3 的散热风扇，更换该散热风扇同时更换损坏电线。在仪器工作过程中，应经常关注仪器周围有否异常气味出现，如有则应立即关机，查明原因。

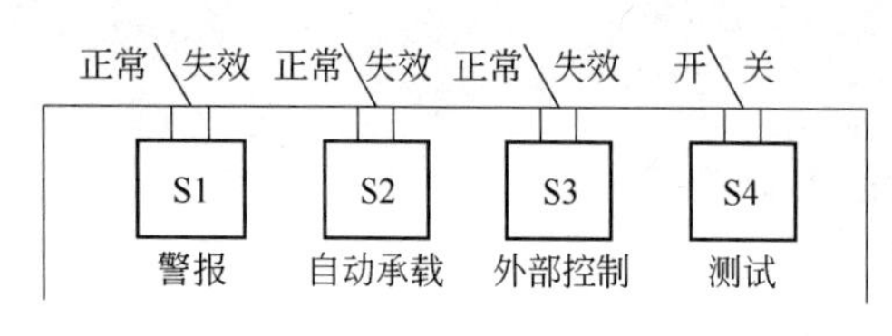

图 4-53 模式控制开关示意图

B 检测单元维护实例

a 试剂

仪器中常用试剂有碱石棉、高氯酸镁吸水剂及铂硅胶催化剂，如使用高纯氧则碱石棉－高氯酸镁（除水、除二氧化碳）一两年都不用更换（更换依据为高氯酸镁吸水剂有否结块），铂硅胶催化剂几年都不用换（更换依据为颜色是否全部变绿），对于连接硫检测池前的高氯酸镁吸水剂，如首次发现上部结块，检测信号拖尾，可卸下干燥管，用铁丝搅碎结块后装上还可用两三天，如再次发现则需全部更换新鲜干燥剂。

b 流量调节器

一般仪器使用几年后，数据处理器会经常出现“O_2 FLOW RANGE”报警信号，如检查气路无堵塞，则问题一般出在氧流量调节器，氧流量调节器位于检测单元恒温室后左上角，可用工具调节该调节器压力调节和流量调节，使数据处理器荧光屏上氧流量显示不低于 3.25 L/m 左右，仪器即可正常工作，如果通过再三调节也无法使氧流量高于 3 L/m，则需卸下该调节器，并把它的 47 个零件全部卸开，把流量控制器主件及易积尘的相关辅件泡到无水酒精用超声清洗器清洗，然后烘干装笼装上，氧流量定能调节到 3.25 L/m 左右，氧流量值可进入系统诊断程序观测（如有转子流量计则更佳），拆卸氧流量调节器需非常小心，以免损坏精密构件及橡胶件，酒精清洗后必须彻底烘干清洗部件，否则仪器工作后调节器中残留酒精会因快速汽化而冲击碳检测池，损坏池内脆弱部件。

c 管道

仪器中气路管道堵塞是常有的事，但在检查气路时应尤其检查气路死角，如催化炉与脱脂棉管（除三氧化硫作用）之间的铝合金块（部件号 772－686）内弯道很容易忽视，应经常疏通。

d 检测器

碳或硫检测池在使用长久后灵敏度会降低，当数据处理器荧光屏出现“ZS RANG”或“ZC RANG”信号时，则需打开恒温室侧板，分别调节碳或硫检测池上的“gain”增益钮，使电压上调到 8.2～8.3 V，一般电压低于 7.5 V 以下时仪器就会报警，电压值可进入系统诊断程序观测。当发现碳池或硫池电压值为零时，则故障一般出在检测池的红外光源或切光片马达上，可以先检查检测池各路连线是否接触良好。

e 催化炉

仪器开机后，催化炉温度提不上去，经查为催化炉内加热电热丝断，更换电热丝，温度恢复正常。

C 拖尾问题

碳在规定时间内已分析完毕,硫分析超出规定时间,分析滞后称为硫拖尾。遇到这种情况,硫的分析往往不准确。产生硫拖尾一般是由以下几种原因引起的:

(1) 测定单元中干燥管及过滤器中的试剂需更换:应清洗过滤器及燃烧头部分,尤其是过滤网需用超声波清洗。

(2) 氧气纯度不高,带进杂质。建议使用高纯氧。

(3) 氧枪出口压力不足,供氧不充分,影响了燃烧。这主要是由于气路泄漏、阻塞或节流阀压力改变所致。漏气的诊断与处理,使活塞上升关闭炉子,通氧气,若压力表指示不到80 kPa(氧气出口压力应指示为240 kPa),表示气路漏气。堵气的诊断与处理为:使活塞上升关闭炉子,按GAS键,按吹灰按钮,观测燃烧区压力表,指针应迅速回零,若不回零,一般在10 kPa以下还可以忍受,否则,要清洗过滤器,清洗或更换收尘盒,检查吹灰管子,并进行除尘。检查漏气和堵气都正常后,用转子流量计接在氧枪出口处测流量,若流量不足1 L/min,表示气路不畅,要请维修人员调节节流阀,若在流量调节器后处用流量计测流量不足3.25 L/min时,调节节流阀。

硫在规定时间分析完毕后,碳的分析时间长于规定时间,即出现碳拖尾问题时,应更换催化管中的催化剂及脱脂棉。在燃烧10 s后,即栅极电流冲高回落稳定后,板极电流显示应不低于360~390 mA,否则,表示振荡管老化,应更换。

4.1.5.6 高频红外碳硫仪性能对比

目前国际上商品化高频红外碳硫仪生产厂家主要有美国力可、日本掘场、德国ELTRA等。以下对国内市场比较普及的两种品牌美国力可、日本掘场的基本型进行性能对比。

A 美国力可

美国力可是一家以生产气体分析仪器为主,兼生产有机、无机、冶金、光学、光谱分析仪器的专业仪器制造公司,它始建于1936年,气体分析仪器生产(N、H、C、S)已有65年历史,最新碳硫分析仪有CS200及CS600两个高低档系列,力可碳硫仪特点为分析气路串联,S检测SO_2,C检测CO_2,内置CO催化转换成CO_2装置及SO_3吸收装置,CS200可装碳硫两个检测池,CS600可装高低碳及高低硫共四个检测池,可互换二元素或双量程检测池,每个检测池对应一种波长红外光波检测器(光波可不受干扰),有程序升温控制装置,该品牌碳硫仪结构简单(维护维修简便),零部件经久耐用(材料特殊),各系列及新老型号仪器零部件互换性强,但零部件及主机价高。

力可200:由于只有两个检测池安装位,因此结合进口金属材料碳硫含量状况,只能选择单量程短碳、长硫两个检测池,控制数据处理应采用带视窗DELL计算机,燃烧头可手动清洗,分析天平为千分之一至万分之一,如资金许可,可另备一流量调节器(维护时替换)、一长碳检测池、一短硫检测池、燃烧头可换自动清洗及必备的试剂、坩埚、助熔剂、标样、燃烧管、过滤筛网、轮刷等备品耗件。

B 日本掘场

日本掘场公司成立于1945年,最初产品为pH计,目前该公司已发展为半导体、医疗、汽车行业、自然科学及环境保护等多种领域分析与检测设备生产厂商,气体分析是该公司的强项,最新红外碳硫仪有EMIA-V系列820、320、220高、中、低三种型号,该公司碳硫仪特点为分析气路并联,安装两个检测池,每个检测池串两个检测器,SO_2检测器与CO检测器合用一个检测池，高、低碳检测器合用一个检测池，不用转换 CO，也不用吸收 SO_3，有程序升温控制装置，特有燃烧头过滤筛网加热装置(减少水分及 SO_2 吸附)，有载气清洗装置，该系统碳硫仪结构精致紧密，维护维修不便，但易耗零部件及主机价廉，主要零部件价高。

掘场 820：标准配置为两个检测池分别有高碳、低碳双量程检测，CO 辅助碳检测，一种量程硫检测，过滤筛网加热装置及自动清洗装置，载气清洗装置，梅特勒万分之一天平，联想电脑，由于配置无可选性，因此只需备必备的试剂、坩埚、助熔剂、标样、燃烧管、过滤筛网、轮刷等备品耗件。

比较力可 200 与掘场 820，力可 200 需采用高纯氧(或增配 CF－10 气体净化器)，掘场 820 有载气净化可以采用普氧；掘场 820 的过滤筛网加热装置可减少 SO_2 吸附及水分凝结，力可 200 无此装置不利于矿样硫分析，尤其矿物结构复杂的矿样；力可 200 气路简单，虽只有两个检测池，但可互换，可变换不同量程、不同元素，掘场 820 虽同时考虑碳二量程，但硫只固定单量程，且检测池结构精密，不利维护；力可碳硫仪结构简单、耐用，易维护维修，掘场碳硫仪结构精密，不利维护维修；掘场 820 标配自动清洗器而力可 200 需增配。见图 4-54，详细性能对比详见表 4-21。

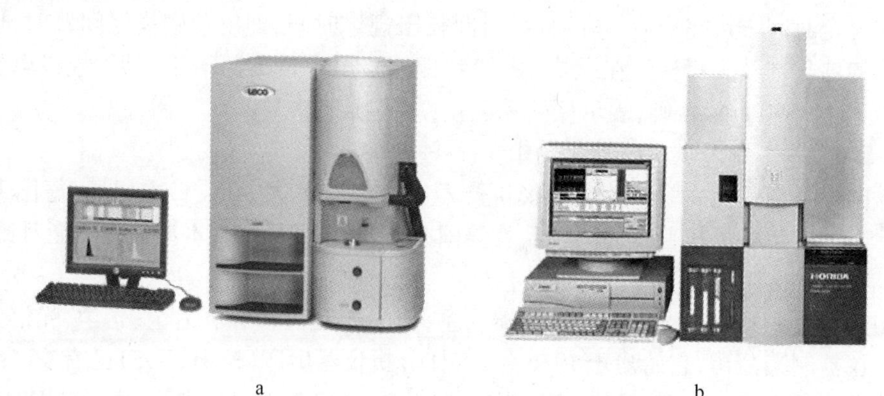

a　　　　　　　　b

图 4-54　力可 CS600(a)和掘场 820(b)

表 4-21　性能对比

型　号		力可 200	掘场 820
分析精度	碳	2×10^{-4}% 或 $RSD\leqslant1\%$	0.3×10^{-4}% 或 $RSD\leqslant0.5\%$
	硫	2×10^{-4}% 或 $RSD\leqslant1.5\%$	0.3×10^{-4}% 或 $RSD\leqslant0.75\%$
分析范围(1 g)	碳	4×10^{-4} ~3.5%	0 ~6%
	硫	4×10^{-4} ~0.4%	0 ~1%
炉子功率		2.2 kW	2.3 kW
检测池		2(可互换)	2
检测器			4(高碳、低碳、CO、SO_2)
读出能力或灵敏度		15 位小数	0.01×10^{-4}%
分析时间		名义值 45 s	30 ~60 s
燃烧方式		燃烧控制 频率 18 M	燃烧控制 加热型过滤筛网 频率 20 M，板流最大 500 mA

续表 4-21

型　号	力可 200	掘场 820
自动清扫	需增配	标　配
载气净化	需增配	标　配
校　准	线性多点	线性最大 30 点
气　路	串　联	并　联
天　平	力可(沙多利斯)万分之一	梅特勒万分之一
电　脑	DELL,液晶显示,奔腾,配置最新,HP 彩喷	联想奔 4,40 G,256 M,52 × CDROM,17in 彩显,彩喷
软　件	视窗 + 专用软件	视窗 + 专用软件
试　剂	高氯酸镁,碱石棉,铂硅胶,脱脂棉	高氯酸镁,碱石棉,玻璃纤维
自动检漏	有	有
机械结构	简　单	精　密
主要部件	一　般	贵
一般耗件	贵(国产可替代)	廉(国产可替代)

4.1.6 自动电位滴定仪

目前电位滴定法已在 GB 铁矿检测系列标准中有所应用,国际上有的实验室正在研究拟定铁矿石中全铁等项目采用自动电位滴定技术的方法标准以作为 ISO 标准。使用电位滴定法最大的优点是省力省时,一个有适当技术和训练的操作人员,能够同时使用多达 6 台自动滴定仪,分析人员的任务只是准备样品、收集结果、根据滴定曲线进行计算和从事这种仪器所要求的一般维修工作。用自动滴定仪装备的实验室分析样品的能力,将大大超过以手工操作为主的实验室。自动电位滴定仪的另一个优点是所用样品量少而精密度高,这主要是借助于精密的微量滴定管达到的。

4.1.6.1 自动电位滴定仪原理

A 电位原理

自动电位滴定是利用由样品溶液和两个适当选择的电极组成的原电池的电动势突跃来检出滴定终点的。所以,在滴定的整个过程中必须不断地测量该电动势。在剧烈搅拌下用自动滴定管将滴定剂滴入样品溶液中。用记录仪记录滴入的滴定剂体积和电池的电动势,便可得到滴定曲线,经数据处理便可确定滴定终点。或者,可以用滴定终点出现的电动势突跃来启动电路,使其立即关闭滴定管,停止滴定。滴入的滴定剂体积由滴定管读出,用一般的方法计算滴定结果。

a 电池电动势

自动电位滴定操作的第一步是构成原电池,被测物就是其中的电解质,原电池由两个电极或半电池组成。例如,将一金属铜片浸入硫酸铜溶液,一金属锌片浸入硫酸锌溶液,并以适当的电桥把两种溶液连接起来,便构成原电池。用两条导线分别接在这两个金属片上,并将它们经外电阻连接起来,中间连一个电压计,电路中便可测到电流。这电流是由原电地中发生的化学反应产生的。两个电极间存在的电位差是产生电流的原因。在伏特计(V)上测得的电压降 ΔE 等于外电阻上的电压降。

$$\Delta E = E_2 - E_1 - ir_i \tag{4-41}$$

量 ir_i 通常称为电阻压降。电路中电流 i 愈小,电阻压降越小,电流为零时,电势差 ΔE 的极限值就称为电池的电动势。

b 电极电势

电池的电动势可以看作两个电极电位的代数差,各个电极电位取决于参与电极反应的离子活度(浓度)。让我们考虑一个与下式相似的电极反应:

$$\gamma_A A + \gamma_B B + Ze^- \rightleftharpoons \gamma_L L + \gamma_M M \tag{4-42}$$

按能斯特方程,这个电极(半电池)的电极电位表示为:

$$E = E_0 + \frac{RT}{ZF}\ln\frac{a_A^{\gamma_A} \times a_B^{\gamma_B}}{a_L^{\gamma_L} \times a_M^{\gamma_M}} \tag{4-43}$$

式中,a 表示特定离子活度;F 为法拉第常数;E_0 为这个电极(半电池)的标准电极电位。标准电位是一个特有的常数,它表征了每种电极本身的特性。标准电极电位可在下式对数项真数等于 1 的条件下测得,即如果:$\frac{a_A^{\gamma_A} \times a_B^{\gamma_B}}{a_L^{\gamma_L} \times a_M^{\gamma_M}} = 1$,则 $E = E_0$。

c 电极电位与离子浓度的关系

能斯特方程一般可用于可逆电极体系。对数项中的自变量是参与反应的离子的活度。在大多数自动电位滴定的情况下,这些离子的活度很低,其活度系数实际上等于 1,所以这些离子的活度可用其浓度代替。经过替代,能斯特方程最后可写为:$E = E_0 + \frac{0.059}{Z}\ln\frac{[A]^{\gamma_A} \times [B]^{\gamma_B}}{[L]^{\gamma_L} \times [M]^{\gamma_M}}$,这个表达式是能斯特方程最实用的形式。

d 电极电位与温度的关系

能斯特方程中含有温度这个变量。只有已知给定温度下的标准电极电位,才可进行这种计算,而且要计算的电极电位的温度与标准电极电位值的温度要一致,因为电极的标准电位值是随温度而变化的。电极电位随温度而变化的关系,可根据吉布斯-赫姆霍兹方程推导出来,该方程是用来表示吉布斯自由能随温度变化关系的。常压下,该方程为:$\Delta G = \Delta H + T\left(\frac{\partial G}{\partial T}\right)_p$,式中,$\Delta G$ 为电极反应的自由能。经演算可得:$E = -\frac{\Delta H}{ZF} + T\left(\frac{\partial G}{\partial T}\right)_p$,这个方程将电极电位表示为温度的函数。该方程假定自由能与温度无关,所以也有它的局限性。

e 标准电极电位

能斯特方程式中的 E_0 称为标准电极电位(有时称为标准氧化还原电位,或简称标准电位)。当计算标准电极电位时,这个标准电位的值必须是已知的。这些滴定反应所涉及的体系的电极电位将影响滴定曲线的形状,因而能够用此法判断一个特定的滴定是否可行,标准电极电位值可查阅相关资料。

B 电位滴定曲线

a 两种滴定曲线

在滴定过程中,监测与溶液中某一种离子浓度密切相关的变量是用仪器方法测定终点的基础,将此变量对滴定剂体积(或其他与滴定剂体积成比例的量)作图,可得到滴定曲线。在自动电位滴定过程中,自动给出滴定曲线。在仪器分析操作中,通常将滴定曲线分为线性滴定曲线和对数滴定曲线。线性滴定曲线是以监测溶液中一种或几种离子的浓度成比例，或有线性关系的一个变量为基础的。这样的变量可以是电导滴定中的电导，安培滴定中的极限扩散电流，射频滴定中的射频或拍频，光度滴定中的吸光度，荧光滴定中的荧光强度，火焰光度滴定中的火焰光度，放射滴定中的放射性强度等。尽管它们的原则可能完全不同，但这些线性滴定曲线的形状相似，都是由两条斜率不同的直线组成的。这两条直线的交点相当于滴定终点，即交点的体积坐标给出消耗的滴定剂体积。滴定性质的不同，两条直线的相对位置也将不同。

因为滴定反应是可逆的，终点附近的点倾向于落在两条直线之间，而不是落在两条直线之上，这样便使两条直线的交点处变成圆弧，滴定反应越是可逆，这种影响就越大，终点越不敏锐，滴定结果的精密度就越差。滴定曲线终点附近虽已变成圆弧，但可用延伸滴定曲线的线性部分来确定终点，这也是仪器方法比目测方法更为优势的地方。

电位滴定曲线是将称为指示电极的电位对滴定剂的体积作图而得到的。根据能斯特方程，电极电位与离子浓度的对数呈线性关系，所以电位滴定曲线属于称为对数滴定曲线的另外一类滴定曲线，这类滴定曲线在自动电位滴定中非常重要。

b 电位滴定曲线的一般特点

电位滴定曲线是指示电极的电位（或与其成比例的量）与所消耗的滴定剂体积的关系图。这些滴定曲线都具有特征形状，如果滴定过程所测的量是 Y，它是物质 R 的浓度对数的线性函数，即 $Y = a + B\log[R]$，将 Y 作为滴定剂体积的函数作图，则可得到两种类型的滴定曲线：如果在滴定过程中 Y 是增高的，则将得到上升的滴定曲线；如果随着滴定的进行 Y 是下降的，则得到下降的滴定曲线。这两种类型的滴定曲线都是单调的曲线，即量 Y 只沿一个方向变化。这个事实对自动滴定仪的设计有重要的意义，它意味着可以使用比较简单的伺服系统和记录仪。这两类滴定曲线的另一个重要特点，是被监测的 Y 在等当点附近发生突变，利用它在滴定曲线上确定终点，这个突变愈显著，确定终点愈容易。

在某些情况下却难以用上述办法来确定终点。如果等当点附近的线性部分不够长，并且不是水平的，就会引起相当大的误差。假定等当点与滴定曲线最陡部分相重合，绘出原滴定曲线的导数 $\partial Y/\partial V$ 与滴定剂体积的关系曲线，便可较容易地确定终点。在人工滴定中，可用差值之比（$\Delta Y/\Delta V$）近似地表示导数，前者可容易地根据实验数据计算得到。另外，有时自动滴定仪设有能够记录滴定曲线一阶导数的微分电路。这些一阶导数滴定曲线上的终点，与曲线的极大或极小相对应。也可用滴定曲线的二阶导数，即 $\partial^2 Y/\partial^2 V$ 作为滴定剂体积 V 的函数。在达到终点以前，二阶导数慢慢增大或减小，但在终点时二阶导数发生突变（在数学称为曲线变得不连续）并且改变符号，某些自动滴定仪就是以二阶导数曲线的这一特性为基础，用两个导数电路将表示电池电动势的输入电信号变成二阶导数；在滴定未达到终点时，输出信号的电压是慢慢变化的，达到终点时便发生突变。信号电压的这一突变可以触发另一电路，从而关闭滴定管阀门或停止整个滴定操作。所以，这种“二阶导数”滴定仪可以省掉普通目视滴定所要进行的操作。

将电位滴定曲线及其一阶导数曲线和二阶导数曲线作比较，我们不难看到，相应的上升曲线和下降曲线互成镜像（镜应置于等当点，并与 V 轴平行）。在仪器上，这种镜子可用能够改变电信号极性的简单开关实现。这个事实能够简化自动滴定仪的设计，实际上按一种（例如上升的）滴定曲线来设计就够了。

c 电位滴定的准确度及锐度指数

电位滴定的结果是通过在滴定曲线最陡部分确定终点求得的。终点的体积坐标(V_{end})是消耗的滴定剂体积,计算最后结果后,Y 坐标的相应值应为 Y_{end}。因为终点是实验值,它在某种程度上接近理论上的等当点(V_{equ} 和 Y_{equ}),终点与等当点的体积差:$\Delta V = V_{end} - V_{equ}$,是绝对滴定误差。它可以是正值亦可以是负值,这取决于终点超过等当点还是相反。如果在自动滴定过程中同时记录滴定曲线,便可将这一误差保持在相当低的水平。不过,如果滴定仪的操作是以滴定到预定的终点电位的原理为基础的,则常会因仪器调节上的错误而造成较大误差。

绝对确定误差 ΔV 主要取决于等当点处(及其附近)滴定曲线的斜率。根据数学关系式绝对确定误差可表示为:$\Delta V = (Y_{end} - Y_{equ})/(\partial Y/\partial V)_{equ}$,被测参数 Y(如电极电位)的等当点值与终点值愈接近,并且等当点附近的滴定曲线愈陡,则滴定误差愈小(即滴定愈准确)。

斜率$(\partial Y/\partial V)_{equ}$总是取决于滴定反应的平衡常数,所以滴定曲线的斜率代表了由滴定反应热力学所决定的准确度的限度,这一限度是不可能用实验技巧和改进仪器改变的。当然,等当点处滴定曲线的斜率取决于具体实验所选择的参数,所以,只有在同样条件下得到的滴定曲线才能比较斜率。但是,为了得到可以比较的值,引入锐度指数这个概念。按定义锐度指数为:$\eta = \dfrac{\partial \log[R]}{\partial \phi}$,式中,$\eta$ 为锐度指数;$[R]$为被测物浓度;ϕ 为滴定分数,它可表示为体积比:$\phi = V/V_{equ}$。由于 $\log[R]$与被测量 Y 有线性关系,ϕ 按上述定义与 V 成正比,等当点附近滴定曲线的斜率便与锐度指数成正比:

$$\left(\frac{\partial Y}{\partial V}\right)_{equ} = \gamma\left(\frac{\partial \log[R]}{\partial \phi}\right)_{equ} = \gamma\eta_{equ} \tag{4-44}$$

式中,γ 为常数,我们可将滴定误差表示为:$\Delta V = \dfrac{Y_{end} - Y_{equ}}{\gamma\eta_{equ}}$,所以,可将等当点处锐度指数 η_{equ}作为表示电位滴定准确性的量度。因此:

(1) 如果等当点处的锐度指数大于 10^3,便容易确定终点,滴定误差可以忽略不计,即不超过0.1%;

(2) 如果锐度指数在 $10 \sim 10^3$ 之间,滴定仍是可行的,但是滴定误差较大,其范围为0.1% ~5%;

(3) 最后,如果锐度指数小于10,则无法确定终点,滴定误差大于5%,因而滴定没有实际意义。

在进行具体滴定以前,应该先用速算求出锐度指数,借以判断这一滴定是否可行。

4.1.6.2 自动电位滴定仪定量方法

A 酸碱中和滴定

酸碱反应可以看作是溶液中质子(氢离子)的交换。特定物质的酸碱性质取决于在特定反应中它释出或接受质子的能力。在反应过程中释出质子的物质是酸。物质释出质子愈容易,它的酸性愈强,就是较强的酸。换句话说,在反应过程中接受质子的物质便是碱,物质接受质子的倾向愈强,它碱性就愈强,它就是较强的碱。滴定过程中 pH 值的测量是自动酸碱滴定的基础。这样,pH 值便是滴定曲线上的一个变量,另一个变量是滴定剂的体积。为简便起见,只表示滴定各个阶段的水合氢离子浓度$[H_3O^+]$,取其对数便可容易地计算出

pH:pH = $-\log[H_3O^+]$。虽然能够找到适用于整个滴定曲线的总表达式,以滴定剂体积的函数来表示水合氢离子浓度,但这样的表达式往往并不实用,因为使用这种表达式必须解一个混合三次方程。所以,我们打算找出几个适用于滴定不同阶段水合氢离子浓度的表达式,以便能够用它们将整个滴定曲线表示出来,并表示出等当点处的锐度指数。锐度指数为一特定滴定能够达到的准确度提供了最可靠的信息,所以有重要的实用价值。在酸碱滴定中,被测物既可以是酸,也可以是碱。酸可以是强酸或弱酸(弱酸包括弱碱和强酸形成的盐,例如氯化铵溶解后发生"水解",显弱酸性)。强酸和弱酸都可用强碱作滴定剂来滴定。强碱和弱碱(弱碱包括弱酸和强碱形成的盐,例如碳酸钠),都可用强酸作滴定剂来滴定。用弱酸和弱碱作滴定剂没有实际意义,因为这种滴定的锐度指数比使用强酸或强碱的滴定差。

B 沉淀滴定

沉淀滴定利用一些形成不溶性沉淀而与溶液分离的化学反应进行滴定。虽然我们主要从经典定性无机分析中知道有许多沉淀反应,但是它们在自动电位滴定中用得并不多,这主要是因为它们不能满足下述的一个或几个基本要求。

(1) 用于滴定的沉淀反应必须是化学计量的,换句话说,这些沉淀必须具有固定的组成。这是一个基本要求,因为分析结果是根据消耗滴定剂的体积来计算的,所以滴定剂必须按严格的化学计量与被测物反应。根据这种观点,有希望的沉淀反应要比用于重量分析的少得多;在重量分析中,具有不定组成的沉淀通常可用其他方法(例如洗涤和热处理)转化为具有化学计量组成的可称量形式。

(2) 沉淀的溶解度必须足够小,甚至在其溶解度最大的等当点附近也必须如此。沉淀的溶解度与滴定反应的平衡常数有关,因而也与终点的锐度有关,沉淀的溶解度愈小,滴定曲线在等当点处的锐度指数愈高。

(3) 沉淀反应必须足够快,如果可能,它应是瞬时的。如果利用中等速度的反应,滴定剂的加入速度则必须相应地降低。

(4) 必须有适宜的指示电极,其电位能够迅速而均匀地随滴定中某组分的浓度变化而变化,电极响应必须符合能斯特方程,虽然随着各种阳离子和阴离子选择性膜电极的发展,电位沉淀滴定预期能得到很快的发展,但是目前能够用于沉淀滴定的电极只有很少几种。

(5) 最后,滴定过程形成的沉淀必须不被大量地吸附在电极表面,并且不干扰测定中在电极上发生的过程。较少量的沉淀吸附在电极表面上,虽然可能将电池的电阻值升高到不希望有的高数值,但可能并不妨碍电极的响应。在每次滴定后,应该仔细冲洗电位沉淀确定所用电极的表面。

C 配合滴定

溶液中形成配合物的化学反应只要满足下列基本要求,便可用于自动滴定:

(1) 反应必须是化学计量的,能在一步反应中形成具有恒定组成的反应产物;

(2) 在滴定过程中形成的配合物必须足够稳定;

(3) 反应必须具有适当的速度,最好是瞬间的;

(4) 必须有适宜的指示电极,其电位应能随滴定反应的物质之一(被测物、滴定剂和反应物)的浓度迅速变化。

虽然形成配合物并已在定性分析和定量分析得到应用的反应很多,但只有少数几个反应在滴定中得到了应用。原因是这些配合物大多是在一系列单独的化学反应中逐步形成的。滴定曲线有多个不敏锐的等当点,因此不适于用来作滴定终点。其他的形成配合物的反应,情况多数与此类似,一些银离子的反应是值得注意的例外,银的配位数等于2,形成单齿配位体的反应只有两步,其中之一可以产生适于滴定的足够敏锐的等当点。类似滴定有EDTA滴定、用银滴定氰根、涉及汞(Ⅱ)离子的滴定。

D　氧化还原滴定

氧化还原滴定是利用氧化还原反应进行滴定。这些滴定可按滴定剂的性质分成两类,在氧化滴定中,滴定剂是一种氧化剂,它氧化被测物。在还原滴定中,用还原剂作滴定剂,还原剂在滴定过程中还原被测物。可用于自动电位滴定的氧化还原反应所应具备的条件如下:

(1) 反应必须是化学计量的,因此,在滴定过程中不应该发生副反应、诱导或催化过程。就这点来说,溶解在水中的氧就是一个潜在的误差来源;所以在很多情况下,必须在惰性气氛下于除去空气的溶液中进行滴定。大多数商品自动电位滴定仪都配备排除空气的装置,用这种装置很容易排除滴定池中的氧。

(2) 滴定反应在热力学上必须是可行的,对于氧化还原反应来说,这意味着在滴定过程中,溶液的氧化还原电位必须有足够大的变化,并且这个变化可在溶液中测量,换句话说,反应小的两个氧化还原体系的克式量氧化还原电位相差必须足够大,当讨论锐度指数时,将对此项条件加以定量地说明。

(3) 滴定反应必须有足够快的速度。这个动力学条件对氧化还原滴定是特别重要的,虽然酸碱中和反应、沉淀反应或配合反应都是快的,但在氧化还原反应中,经常需要使用催化剂或中间体加速反应,在某些情况下,应考虑到自催化现象。例如以高锰酸钾为滴定剂的滴定在开始时总是慢慢地进行,因为这时反应速度低,之后因为反应中形成的锰(Ⅱ)离子具有催化作用,反应将加速进行。

(4) 在滴定之前,被测物必须处于均匀的、确定的氧化状态。在某些情况下,必须使用辅助试剂进行预先氧化或预先还原,这些辅助试剂应该仔细选择,它们应不干扰滴定反应,或在滴定之前容易分离出来,因为加入的辅助试剂总是过量的。

(5) 滴定剂必须是相当稳定的,这样便不必进行频繁的标定,就能得到再现的结果。虽然这一条件在其他任何滴定中都要得到满足,但在氧化还原滴定中还是应该强调的,因为还原剂容易分解(主要是由于空气中氧的氧化作用,真正稳定的还原滴定剂是相当少的)。

(6) 最后,还必须有适于滴定的指示电极。在各种滴定中,亮铂电极或金电极都是可以使用的,而且大多数情况下,甚至汞电极也能满足要求。

铁矿石中铁、亚铁的自动电位滴定就是氧化还原滴定。

4.1.6.3　自动电位滴定仪结构

各种自动电位滴定仪在设计上都各有特点。不过这些滴定仪大致可分为以下几大类。

(1) 曲线记录滴定仪。这类仪器把滴定曲线记录在图纸上。滴定进行到超过等当点时,根据所记录的滴定曲线求得滴定结果,这类滴定仪虽不是最便宜的,但是使用很方便,适用范围也很广。

(2) 预置终点滴定仪。这类仪器将滴定进行到预先选定的电位为止。这一电位必须通过计算求得或根据用手动得到的滴定曲线来选定。一旦达到这一电位,滴定管即被关闭,耗用的滴定剂体积可从滴定管上读出。

(3) 二阶导数滴定仪。滴定进行到滴定曲线的拐点为止。滴定终点不必先选定,这类滴定仪有二阶导数电路,由输出信号极性的变化触发滴定管的开关。

(4) 自动滴定分析仪。这是一类价格较高的高度自动化仪器,适用于对定时送检的几乎相同的样品进行例行分析。一旦将这类仪器安装起来并安排好任务,它们便会自动完成取样、滴定、处置溶液、使滴定剂充满滴定管、冲洗滴定池和电极等操作,然后再重新开始整个循环。它们也能计算结果,给出打印数字或滴定曲线,甚至可以用于工艺过程的控制。

自动电位滴定仪最重要的部件是 pH 计。为进行自动滴定,还需要适宜的滴定管来滴出滴定剂。大多数自动滴定仪都装有一些电子开关以完成各种动作。为了记录滴定曲线,通常使用函数记录仪,这种记录仪装在滴定仪上或与之联用。为了能以较高的精密度确定终点或将导数信号用于自动化,有些自动滴定仪有一个或几个导数电路。

A　滴定管

自动滴定仪中滴定管的作用是往样品溶液中滴入滴定剂。在比较简单和便宜的自动滴定仪中,使用的是带有自动阀门的普通滴定管,不过,通常使用的是活塞(注射器)滴定管,它能够以预定的恒速或可变的速度滴出滴定剂。这种滴定管有较高的精密度,对自动滴定分析工作有较大的适应性。

自动滴定仪使用的滴定管有一些与经典滴定仪所用的滴定管相似,它们都是细长的、其上有体积刻度的玻璃管,并带有能够自动工作的阀门,有时还带有自动再充滴定剂和调零的机构。带自动阀的滴定管种类如下:

(1) 机械操作的活塞。某些滴定管采用普通的玻璃活塞,其上装有一机械系统,当有电信号时它便转动活塞。

(2) 电磁活塞阀。滴定管的玻璃活塞也可换成一种电磁阀,将一小段封入玻璃或塑料的软铁装在滴定管的滴出管中。在正常位置上,它起塞子的作用,防止滴定剂流出。当接入电源时,螺线管提升活塞,滴定剂便可流出。

(3) 电磁钳形阀。在普通滴定管的管身和管嘴之间接一弹性塑料管或橡胶管,电磁阀装在这一弹性管上,而弹性管则被夹在金属楔和软铁芯中间。软铁芯在弹簧作用下压向金属楔。当螺线管中无电流流过时。钳的作用使滴定管关闭,通电时,线圈拉软铁芯离开金属楔,这样便使滴定剂流出滴定管。在某些设计中,将一硬币状非铁金属片放在软铁芯和金属楔之间,通过它来打开和关闭滴定管。滴定剂流过的弹性管磨损很快,应该经常更换。某些滴定剂(例如高锰酸钾)将氧化或腐蚀这种塑料管或橡胶管,这不仅损坏管子本身,还会使滴定剂的滴定度发生变化。

(4) 自动注射式(活塞,柱塞)滴定管。现在的自动滴定设备通常配有一支注射器(柱塞)滴定管,能以可控制的速度分配滴定剂。这种滴定管与医用注射器相似。滴定管的管身用玻璃或硬塑料制作,它应精密加工以求直径均匀。管内有一运动的柱塞,它也应精密加工,使之可以完全自如地在管内运动,又能提供防漏密封。柱塞用玻璃、耐腐蚀金属或聚四氟乙烯等材料制成,后者更为方便。滴定管端装有一个三通玻璃活塞,它有两个操作位置:在第一个位置上,滴定剂可在抽吸作用下充入滴定管;在第二个位置上,滴定剂可以滴出。所以,滴定管的一个出口与滴定剂容器相连,另一个出口通入被滴定溶液。这些管端可用塑料管或玻璃管连接。滴定管嘴应该很小(通常使用毛细管),并应插入样品溶液中。在大多数情况下,滴定管的管口向上垂直安装,不过有时也需要使用水平安装的滴定管。滴出滴定剂的体积是根据柱塞的移动程度测得的，所以柱塞的操作需要一套仔细设计的精密机构。用来打开或关闭滴定管的电信号驱动一小电机。后者通过齿轮系统带动柱塞的轴。柱塞通过齿轮机构与轴连接。因此，电机一转动，柱塞便做直线运动。滴出的滴定剂体积是由电机的转数决定和测出的。使用适当的齿轮系统，可在很宽的范围内调节滴定剂的滴出速度。在一个电机和齿轮箱上，可安装各种直径（容积）的滴定管，所以滴定管的应用范围可进一步扩大。滴出滴定剂的体积通常在数字计数器上显示出。同时，还可将推动柱塞的电信号反馈入函数记录仪，这样便可容易地记录滴出的滴定剂体积，见图4-55。

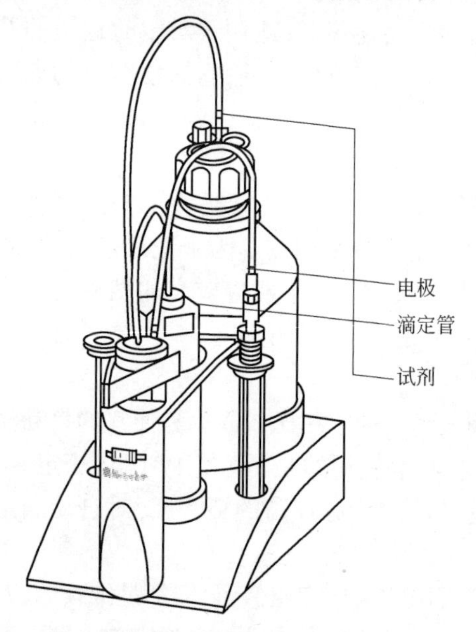

图4-55 滴定单元结构

B 电子开关

自动滴定仪的操作包括快速接通和切断驱动滴定管、记录仪等电机的电流。接通和切断电流是用电子开关完成的。装在自动滴定仪内的这些电子开关有不同的设计。

a 晶体管开关

简单而便宜的电子开关可用结型晶体管制作。结型晶体管是用硅或锗等半导体材料的纯晶体制造的。这种晶体中掺入了砷或铟等适当的杂质形成三个明晰的区，以产生两个处于不同多数载流子之间的结，实现这种结构有两种方法：即两个n型导电区之间有一个p型导电区，或两个p型导电区之间有一个n型导电区。在实际工作中，这两种配置都使用，它们分别称为npn晶体管和pnp晶体管。当作为电子开关应用时，结型晶体管不是处于其截止区就是处于其饱和区。

b 闸流晶体管和闸流开关

有一些半导体器件由四个半导体层和三个结构成，它们通用于一般的电子控制，因此也适用于做电子开关。这些器件由交替的p型半导体层和n型半导体层构成，称为闸流晶体管。闸流开关通常称为可控硅开关（SCS）是一种pnpn型器件，每一层都有各自的导线。这种器件工作起来，与晶体管和半导体二极管的组合相似。在真空管器件中，相当于闸流晶体管的是所谓闸流管，它基本上是一种充气三极管。用压强仅为几百帕的汞蒸气或氩气作为填充气体，将负载接在阳极（板极）和阴极之间。闸流管导电与否决定于栅极电位。一旦用脉冲使栅极的电位变正，闸流管便“点火”，并且只要保持阳极电位比阴极电位更高，它就一直导电，即导电是自持的，与栅极电位无关。如果负载电路中的电源是交流电，则闸流管每次只在第二个半周期导电，这时极性允许它导电；在这样的情况下，“点火”发生在第二个半周里，而闸流管只有在栅极对阴极保持正电位（甚至是零电位）时才导电。闸流管能够控制的功率取决于管的大小。在自动滴定仪中使用的闸流管都比较小，但有的仪器可能用大的闸流管（例如发射光谱仪电源中的闸流管），它们是仪器的贵重部件。

c 施密特触发器

很多自动电位滴定仪都装有这样一种开关，当信号电压达到一定数值时，它便“打开”；当信号电压低于另一给定数值时，它便“关闭”。某些曲线记录仪利用所谓“误差信号”，当它达到一定数值时,便触发电机转动使误差信号减小;但当这个误差信号减小到另一给定数值以下时,这个电机的电源便被切断,另一个电机开始工作,使更多滴定剂滴入样品溶液中。这种利用一定信号电压(信号幅度)进行“打开”和“关闭”的操作,通常由施密特触发电路完成。

C 电极

在进行自动电位滴定时,首先应该选择一对适当的电极,这对电极浸入样品溶液后便形成一个原电池,在滴定过程中,监测的就是该原电池的电动势。可以认为该原电池的电动势是这两个电极的电位差,其中一个电极的电位必须随滴定的反应物或产物之一的浓度变化而变化,所以,这个电极将指示滴定的进程,因此可称为指示电极;另外,第二个电极将在滴定过程中保持其电位不变的这个电极称为参比电极。

a 指示电极

具体如下。

(1) 酸碱滴定电极。主要是玻璃电极,从原理上说,玻璃电极是一种离子交换膜电极,它含有一层薄的半导电玻璃膜。膜的一侧为未知 pH 值的样品溶液;膜的另一侧为恒定 pH 值的缓冲溶液。为使电池和 pH 计在电学上连接起来,膜的两侧需要有两支参比电极。在一定的 pH 值范围内,测得的两支参比电极之间的电位差,仅取决于溶液中氢离子(更准确地说是水合氢离子)的浓度。其他的 pH 值敏感电极还有醌氢醌电极、锑电极等。

(2) 沉淀滴定和配合滴定用的电极。至于沉淀滴定和配合滴定,可以选用几种不同类型的电极。当进行银(Ⅰ)、亚汞(Ⅰ)和汞(Ⅱ)离子的滴定时,可以选用金属电极中的银电极和汞电极。银-卤化银电极和汞-卤化亚汞(Ⅰ)电极用来监测这些卤离子的滴定,还可选用离子选择性膜电极。

银电极:根据能斯特方程,固定在玻璃或塑料电极杆中的一段银丝在溶液中的电位取决于溶液中的银离子浓度。银电极响应快,非常适用于自动滴定。

银-卤化银电极和有关的指示电极:银电极可以作为第二类电极使用。在有未溶解的卤化银(氯化银、溴化银或碘化银)存在的条件下,银电极将响应相应的卤离子。

汞电极:汞池电极或金汞齐电极响应溶解的亚汞(Ⅰ)和汞(Ⅱ)离子。可将汞电极做成不同的形式。制作汞电极最简单的方法是将汞加入滴定池中,并将带有绝缘玻璃套管的铂丝浸入汞中。如将铂丝封接在玻璃管底则更好。

汞-亚汞(Ⅰ)盐电极:在不溶性的亚汞(Ⅰ)盐,如其氯化物、溴化物、硫酸氢盐、碘化物、乙酸盐或草酸盐等存在下,汞电极将响应相应的阴离子,如果用这样的第二类电极作为指示电极,则可用银-氯化银或银—硫酸银电极作为参比电极。

汞-汞(Ⅱ)的 EDTA 配合物电极:该类电极在配合滴定中的应用是汞池电极。后来,使用汞齐金电极。由于汞(Ⅱ)离子与 EDTA 形成很稳定的配合物(只有少数元素的 EDTA 配合物比它更稳定),如果在含有被测金属离子的溶液中加入一些汞(Ⅱ)的 EDTA 配合物,汞将起第三类电极的作用,并对被测金属离子的浓度有响应。

离子敏感膜电极:在过去十几年中,出现了各种各样的选择性离子敏感电极、它们可用作某些阳离子和阴离子的直接电位测定和电位滴定的指示电极,电极响应与具有离子交换特性的膜的作用有关。这些电极,可按它们所响应的离子来分类。但更实用的方法是根据膜的物理特性来分类。通常是先将这样的电极分为固态膜电极和液态膜电极,但在某些情况下,其区别不太明显。

（3）氧化还原滴定用的电极。为了测量含有氧化还原电对的氧化形和还原形的溶液中的氧化还原电位，可以使用惰性电极，这种电极至少就一级近似上来说是只提供电子或接受电子而不电离。在理论上，任何一种金属，只要它能在特定溶液中显示比该体系的氧化还原电位更正的电极电位，都可用来测量这一体系的氧化还原电位。某些贵重金属就具有这样的性质（当然，应该假定溶液中不存在这些贵重金属的离子）。虽然金电极、铱电极甚至在某些情况下的汞电极都可用来测量氧化还原电位，但在实际工作中用得最多的却是铂（非镀铂）电极。铂电极通常为一小铂片或铂丝，它应该是光亮的。由于黑色（镀铂）的铂电极降低了氢的超电压，所以它不适于来测量氧化还原电位。虽然在使用高输入阻抗 pH 计（电位计）的情况下，铂电极发生极化的危险很小，但还是应该有足够大的表面积。

b　参比电极

指示电极的作用是使电位尽可能快地随溶液中离子浓度的改变而变化，参比电极的作用则恰好相反，它要在滴定过程中保持恒定不变的电位。适用的参比电极应该具备的主要条件如下。

它的电极电位应保持恒定，可以再现的，与化学的、机械的或热的预处理方法无关。它应该是不可极化的，换句话说，如果由于操作不当，电流通过电池，也不应对电极电位有可测出的影响。相对于电解池（它是其中的一部分）的总电阻来说，它的电阻应是小的。价格应该便宜，如果有足够纯的化学试剂，使用者需要时可自制所需的电极。目前试验室中通用的，以汞和银为基础的第二类参比电极均能满足这些要求。

（1）饱和甘汞电极。与有过量固体氯化亚汞 Hg_2Cl_2（甘汞）存在下的甘汞饱和溶液相平衡的汞电极可作第二类电极使用，它的电极电位取决于溶液中氯离子的浓度，所以，如果将电极周围溶液中的氯离子的浓度保持恒定，则甘汞电极的电极电位将是恒定的。如果甘汞电极的电解质是氯化钾的饱和溶液，并存在过量的固体氯化钾，则此电极称为饱和甘汞电极，通常缩写为 S. C. E。但是应该强调指出，“饱和的”这个形容词指的是氯化钾而不是甘汞，因为在其他类型的甘汞电极中，电解质对甘汞来说必须是饱和的，在恒定温度下，饱和甘汞电极的电极电位是恒定的，因为电解质中氯离子的浓度（活度）是恒定的。它也是不可极化的，因为通过电池的任何电流，不是产生一些亚汞离子，就是将一些亚汞离子还原为金属汞，但是只要同时存在金属汞、固体甘汞和固体氯化钾，这些物质之间的平衡便不会改变。因为电解质的浓度高，所以它的电阻小。这种电极比较便宜，并且正如下面将谈到的，也很容易在实验室中制作。

（2）其他的汞－亚汞(I)参比电极。在电位测量中使用饱和甘汞电极时，总会有痕量氯化钾扩散到电池的溶液中。在某些情况下（例如在银离子或氯离子的滴定中），氯离子的存在会引起误差。为了避免这种误差，可以制作和使用那些不含氯离子而含其他离子的电极，汞－硫酸亚汞(I)电极的制作方法与甘汞电极相似，只是将氯离子换成硫酸根、这样，汞便与硫酸亚汞(I)和硫酸钾的饱和溶液相接触，在该溶液中，必须存在硫酸亚汞(I)和硫酸钾的固体。

（3）银－氯化银参比电极。用金属银、氯化银沉淀和氯离子活度（浓度）保持恒定的电解质可以制成一种好的参比电极，现在使用的这类电极有两种形状。在第一种银—氯化银参比电极中，用饱和氯化钾作电解质，在 25℃时，这种电极以标准氢电极为基础的电极电位为 +0. 197 V，它由表面带有氯化银层的银丝或银棒，或镀银的铂电极组成，氯化银层是通过阳极处理制备的。将固体电极浸入氯化钾饱和溶液中，并使电极容器中有足够的固体氯化钾。安装电极时，在这种电解质中加入 1 或 2 滴稀硝酸银溶液，这样可以保证电解质为氯化银所饱和，另一种银－氯化银参比电极中，没有液体接界。如果金属银上覆盖了足够厚的氯化银层，当将这样的电极插入含氯离子的溶液时，就会显示出恒定的电极电位。滴定中使用这样的电极时，应该注意使氯离子的浓度在滴定过程中不发生很大变化，这种没有液体接界的电极，通常作为参比电极用于非水滴定时，甚至在较高温度下它也能够给出可靠的结果。这种电极的电极电位与电解质的氯离子浓度有关。

D 记录仪

记录仪是曲线记录滴定仪的一个重要部件。它在滴定进行中画出滴定曲线。可按不同的原理来设计记录仪；在自动滴定仪中，通常使用电位计型记录仪。所记录的信号电压被电位器提供的另一电压补偿。所以，在滴定过程中记录的实际是电位器滑动触点的位置。这意味着不必用信号驱动记录仪的笔或电机，它们是由记录仪本身的电源带动的，如果信号电压发生变化，电位器仅通过适当的伺服机构调节。记录图纸由图纸机带动，将信号作为时间的函数记录，这样的记录仪一般称为 $T-Y$ 记录仪。价格较高的函数记录仪能够用另外一个信号调节图纸运动速度，所以，这样的记录仪装在两个独立的电位器－放大器单元，有两个相敏电机。这样，记录仪能够同时记录两个变量；这样的记录仪通常称为 $X-Y$ 记录仪。现在多数记录设备采用计算机或数据处理器，通过计算机或数据处理器采集滴定仪输出的模拟信号，经过模数转换及相关软件处理，最后通过计算机打印设备输出滴定曲线。

E pH 计

在自动电位滴定过程中，要监测以样品溶液为电解质的电池的电动势，现在都用能够放大和显示电池信号的电子仪器进行这种监测，这些仪器常常用于测定 pH 值，称为电子 pH 计。较老式的 pH 计是电子管仪器，较新式的是晶体管组装的，通常在输入级装有场效应晶体管。有些 pH 计可称为模拟仪器，用表头指针显示结果，较新的 pH 计则是数字式，用数字计数器显示结果，或用适当的打印机将结果打印出来。自动滴定仪的使用者只对直读式 pH 计感兴趣，常用直读式 pH 计大致分为四大类：单端输入 pH 计、平衡输入 pH 计、信号调制 pH 计、零点检测式 pH 计。

4.1.6.4 自动电位滴定使用技巧与检修

A 获得最佳滴定结果的技巧

a 选择合适的电极

一般一个品牌的商用电位滴定仪都会提供六大类电极：pH 玻璃电极、氧化还原电极、银量法电极、参比电极、卡尔费修水分测定电极与离子选择电极。每类电极又分很多种，应根据滴定分析的要求，选择最合适的电极。pH 玻璃电极用于酸碱滴定，包括单体、复合两类，如 Metrohm 共有 20 余种复合玻璃电极，可适于不同温度、不同酸碱性、不同介质的应用。单体和复合的贵重金属电极中 Pt 电极是最常用的氧化还原电极，但在某些特殊场合如：重氮化，氰化物的氧化，在碱性介质中进行的氧化还原反应，Au 电极更合适。电极的形状也会起作用，帽形电极比针形电极具有更大的表面积。金属 Ag 电极主要用于银量法的沉淀滴定，表面涂有 AgCl、AgBr、AgI 或 Ag_2S 的银电极，对于低浓度测量更合适。非水滴定用三电极系统，即由一根 Pt 辅助电极，一根 Ag/AgCl 参比电极和一根单体的玻璃电极组成，其优点是大大增加了测量信号的信噪比，对终点的判断及提高结果的准确性都有很大帮助。Ag/AgCl 参比电极为通用性参比电极，在非水滴定中应用饱和 LiCl 的乙醇溶液作为其内参比液；在低温测量时，应用浓度较低的参比液如1.5 mol/L 的 KCl。通常玻璃膜型离子选择电极用于检测 H^+、Na^+，晶体膜型离子选择电极用于检测 F^-、Cl^-、Br^-、Cu^{2+} 等，而聚合物膜型离子选择电极用于检测 K^+、Ca^{2+} 等。Cl^- 离子选择电极是配合滴定中较通用的离子选择电极。

b 选择合适的化学反应

从反应时间、副反应、反应比是否为1∶1、样品空白值等多方面加以考虑，选择最佳化学反应。

c 设定合适的仪器条件

搅拌速度：滴定期间，搅拌速度不宜过快，否则搅拌引起的漩涡会吸入空气，干扰测定。

滴定模式：动态滴定（DET）适合信号变动大的曲线（S 形曲线）；等量滴定（MET）适合于慢的滴定反应或用于建立标准方法；因为每个滴定反应中的电位与 pH 值是变动的，每个终点不同，所以一般不建议用定点滴定（SET）模式。

滴定参数：与滴定分析有关的参数的设定是否正确适当，对滴定结果有直接影响。设定参数可直接参考仪器的应用指南，此外每个参数的默认值可适用于大多数情况。

滴定容量：根据滴定容量选择合适的滴定管的体积，若滴定容量为2 mL 而选用10 mL 的滴定管则会导致误差。

温度影响：在定点滴定（SET）模式下，进行酸碱滴定前，要用 pH 电极进行温度校正。此外，滴定温度一般设定为25℃。通常样品温度在18～33℃范围内时，可以不考虑温度影响。但若用有机溶剂，要考虑温度影响，温度差在7℃以上时，会有较大误差。

B 电极维护

a pH 玻璃电极

复合玻璃电极储存在充填它们的参比液3 mol/L KCl 中，单体玻璃电极储存在蒸馏水中。

隔膜清洗：复合玻璃电极在低 Cl^- 浓度的介质中测量之后，AgCl 会沉积在隔膜上，使隔膜颜色变暗，此时应将电极放在浓氨水中浸泡24 h，然后用蒸馏水清洗，并更新参比液；在含 S^{2-} 介质中测量过后，Ag_2S 会沉积在隔膜上，使隔膜颜色变暗，此时可将电极放在新配制的7% 的硫脲的微酸性溶液中，然后用蒸馏水清洗，并更新参比液；被有机物污染后，将电极放在80℃的重铬酸钾/硫酸洗液中5 min，然后用蒸馏水清洗，并更新参比液；如上述方法均不起作用，可小心地用钻石锉刀锉掉表层，或用牙膏等打磨其表面，直到溶液渗出，可观察到暗色环为止。

b 氧化还原电极

复合 Pt 和 Au 电极，存储在3 mol/L 的 KCl 参比液中，单体电极直接存放在电极盒中，无需溶液。

问题与处理办法：当电极响应出现问题时，可能是由其表面钝化引起。将电极浸入含0.5 g 氢醌的50 mL、pH＝4的缓冲液中一段时间，然后用蒸馏水清洗；或将已去油污的电极与直流电源的负极相连，另一惰性电极与电源正极相连，电解质溶液为稀硫酸，在10 mA 电流下电解3 min 亦可，当电极表面沾污后，可用去污粉清洁，然后用蒸馏水清洗；对于复合电极，若出现问题，应检查电极的隔膜，处理方法参见复合玻璃电极。

c 银量法电极

复合银电极储存在饱和 KNO_3 的溶液中，复合银电极的参比液只能用 KNO_3 溶液，切勿使用 KCl。如 KNO_3 在参比体系中结晶,先用蒸馏水清洗,然后加入新的参比液。对于复合银电极,如隔膜出现问题,处理方法参见复合玻璃电极,单体银电极直接存放在电极盒中,无需溶液。

d 参比电极

Ag/AgCl 参比电极应储存在与其参比液相同的溶液中,对于含有盐桥的 Ag/AgCl 参比电极,储存在与其外参比液相同的溶液中。

e 离子选择电极

所有离子选择电极的响应部位都不能用手摸。使用后,需用蒸馏水冲洗,并用软纸擦净。不用时,干保存在电极盒内。

f 卡尔费修水分测定电极

卡尔费修水分测定用指示电极实际上属于单体金属电极类,其维护方法参见氧化还原电极。

C 常见故障的检测及排除

a 滴定曲线错误

现象:滴定曲线不平滑,电压变化有反复,产生不该有的终点。

原因及处理:

(1) 所用烧杯、移液管、容量瓶等未清洗干净,有干扰离子存在。可在使用前用稀酸长时间浸泡烧杯等玻璃器皿,再依次用自来水与蒸馏水清洗干净。

(2) 滴定管路有气泡。可通过 <DOS> 和 <Fill/Stop> 命令反复进行充液和加液,或在关闭电源后用手轻轻地拍打管壁,将气泡从管路中赶出。

(3) 若是 NaOH 滴定 HCl 的反应,产生两个终点的原因可能是滴定液中含有碳酸,第二个终点是 CO_3^- 造成的。可重新配制 NaOH 滴定液,因为 NaOH 易吸收 CO_2 气体,储存 NaOH 滴定液不能超过 2 个月。

(4) 若使用的电极是复合型 Ag 电极,电位反复变化的原因可能是待测液的 pH 值不恒定。可加足够的硝酸使待测液的 pH 值恒定。

(5) 参比电极问题。测量对参比电极外参比液的冲液孔未打开,或者电极的参比液内部有空气泡。测量时应一直打开外参比液的冲液孔,维持一定的渗流速度以保持通路良好,向下摇动参比电极,以赶出参比液内部的空气泡。

b 做空白样时,无终点

现象:测定空白样品时,滴定结果无终点。

原因及处理:可能是参数设定错误。最小增量与终点标准(EPC)设定值过高,仪器灵敏度差。可将最小增量设至 5.0 μL,终点标准(EPC)设至小于 5。

c 终点高

现象:仪器测得的终点比实际终点高。

原因及处理:

(1) 检查有无干扰因素,消除干扰。

(2) 可能是滴定速度过快,可将滴定参数信号漂移的值设定小于 50,或将平衡时间设定大于 26 s。

4.1.6.5 自动电位滴定仪的检定

我国于 1993 年发布自动电位滴定仪的检定规程(JJG814—93),该规程适用于新生产、使用中和修理后的自动电位滴定仪的检定。

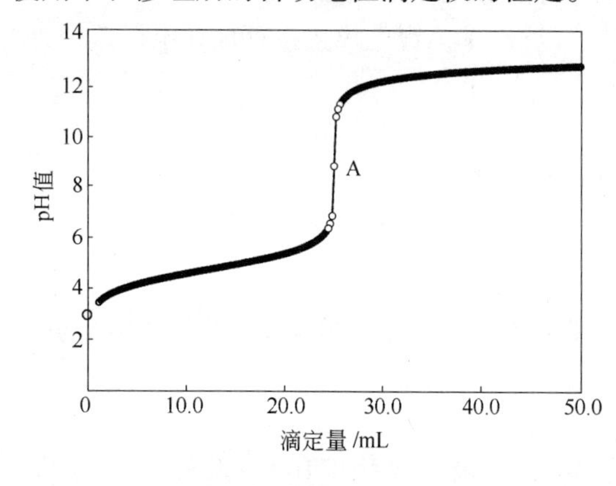

图4-56 电位滴定曲线示意图

自动电位滴定仪是根据电位法原理设计的用于容量分析的一种常见分析仪器。其原理是:选用适当的指示电极和参比电极与被测溶液组成一个工作电池,随着滴定剂的加入,由于发生化学反应,被测离子的浓度不断发生变化,因而指示电极的电位随之变化,在滴定终点附近,被测离子浓度发生突变,引起电极电位的突跃,因此,根据电极电位的突跃可确定滴定终点。图4-56所示即为电位滴定曲线,A点是滴定终点。仪器分电计和滴定系统两大部分。电计采用电子放大控制线路,将指示电极与参比电极间的电位同预先设置的某一终点电位相比较,两信号的差值经放大后控制滴定系统的滴液速度,达到终点预设电位后,滴定自动停止。目前,国产的仪器中电计多可分为指零式和指针直读式两类,而滴定系统可分为活塞控制数字式滴定管和电磁阀控制刻度式滴定管两大类;国外仪器多为微机控制滴加量,其结构也可分为电计和滴定系统两大部分。

A 技术要求

a 外观

仪器应有下列标志:仪器名称、型号、制造厂名和出厂日期。仪器应能平稳地置于工作台上,各紧固件应紧固良好,各部件间的电缆线、接插线均应紧密可靠,滴定系统中各连接件应配合紧密,无漏液、渗液的现象,液路中应无气泡存在。仪器通电后,指零仪表应指在零点,各开关、按钮和调节器均能正常工作,各指示器应显示清晰无误,表头指针、机械转动部件应无抖动、卡死等不正常现象。使用的电极应完好无损,能正常工作。仪器的搅拌速度应能快慢连续调节。记录仪应符合说明书的要求。

b 电计引用误差

电计在量程范围内任一点上的引用误差应不超过表4-22的规定。

表4-22 pH值滴定的重复性

项目 / 允差或电计输入参数 / 仪器级别	电计引用误差/%	电计电位重复性/%	电计输入电流/A	电计输入阻抗/Ω	仪器控制滴定灵敏度/mV	滴定重复性/%
0.05	±0.05	0.025	1×10^{-12}	3×10^{12}	±3	0.2
0.1	±0.1	0.05	2×10^{-12}	1×10^{12}	±5	0.2
0.5	±0.5	0.26	6×10^{-12}	1×10^{11}	±10	0.3

c 电计电位的重复性

电计电位的重复性应不超过表4-22的规定。

d 电计的输入电流

电计的输入电流应不超过表4-22的规定。

e 电计的输入阻抗

电计的输入阻抗应符合表4-22的规定。

f 仪器控制滴定的灵敏度

使滴定系统开始动作的最小信号应不超过表4-22的规定。

g 滴定管容量允差

在标准温度20℃时,滴定系统中滴定管的标称总容量和零至任意分量的误差,应不超过表4-23的规定,一级仪器配套的滴定管应满足A级的要求。

表4-23 滴定管容量允差

滴定管标称总容量/mL		2	6	10	15	20	25	50	100
容量允差/mL	A	±0.010	±0.010	±0.025	±0.030	±0.036	±0.04	±0.05	±0.10
	B	±0.020	±0.020	±0.050	±0.060	±0.070	±0.08	±0.10	±0.20

h 滴定分析的重复性

具体如下。

(1) 电位滴定的重复性。用0.0167 mol/L的$K_2Cr_2O_7$溶液滴定0.1 mol/L的$FeSO_4 \cdot (NH_4)_2SO_4 \cdot 6H_2O$溶液时,电位滴定的重复性应不超过表4-22的规定。

(2) pH滴定的重复性。用0.1 mol/L的HCl溶液滴定0.1 mol/L NaOH溶液时,pH滴定的重复性应不超过表4-22的规定。

B 检定条件

检定时的环境条件见表4-24,供电电压220 V±10%,频率50 Hz±1%,仪器机壳必须接地,附近无强的机械振动和电磁干扰。

表4-24 检定环境条件

自动电位滴定仪级别	检定环境条件	
	温度/℃	相对湿度/%
0.05	20±5	25~80
0.1	20±10	
0.5	20±15	

a 检定设备

具体如下。

(1) 对于由高阻直流电位差计、标准电池和检流计等组成的标准检定装置,标准检定装置和检定环境条件等引起的总不确定度应不超过被检仪器引用误差的1/3。表4-25供参考。

表4-25 被检仪器级别

标准装置 \ 被检仪器级别	0.05	0.1	0.5
电位差计	0.01级	0.02级	0.05级
标准电池	0.005级	0.01级	0.01级

注:或用相应准确度的直流电位检定仪。

(2) 电阻,1000 MΩ(±10%)。

(3) 水银温度计,分度 0.1℃、量程 50℃。

(4) 分析天平,200 g,分度值 0.1 mg。

(5) 容量瓶、称量瓶、烧杯、移液管等玻璃量器。

b 滴定溶液

滴定溶液见表 4-23。

C 检定项目和检定方法

a 外观检查

外观检查按第 Aa 条要求进行。按仪器说明书的要求使用,预热后进行以下各项的检定。

b 电计的检定

电计引用误差的检定按图 4-57 接好线路,接通开关 K,调节直流电位差计,输出零电位。

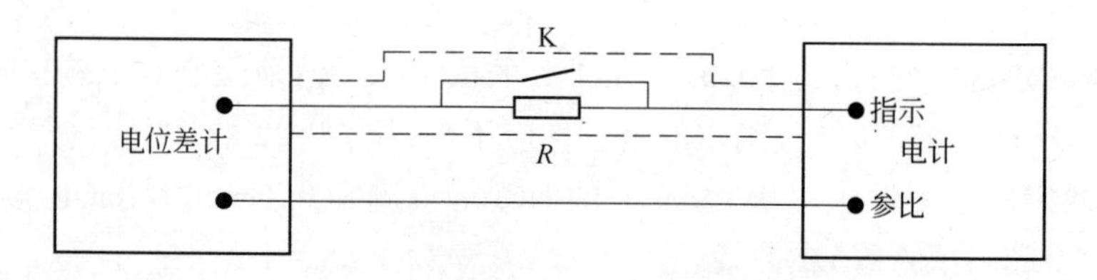

图 4-57 电计检定示意图

(1) 指零式电计。分别以 ±10 mV、±50 mV、±100 mV、±200 mV、…为单位直至测量的上限设定电位值,然后用电位差计向电计输入电位,使电计指零仪表的指针正确指在零位上,分别记下电位差计的电位值,用递增和递减的方法各做一次,取平均值。

(2) 指针直读式电计。用电位差计输入电位。使指示器分别对准被检的数字刻度线,记下电位差计的电位值,用递增和递减的方法各做一次,取平均值。

(3) 各被检点的示值与电位差计平均值之差为该被检点的绝对误差,取最大绝对误差,按下式计算电计引用误差:

$$\gamma = \frac{\Delta E_m}{E_m} \times 100\% \tag{4-45}$$

式中 γ——电计引用误差,%;

ΔE_m——最大绝对误差,mV;

E_m——电计电位测量范围的上限,mV。

c 电计电位重复性的检定

按图 4-57 接好线路,断开开关 K,调整电位差计使其输出为零。

(1) 指零式电计。电位分别设置在 ±600 mV,用电位差计输入电位,使电计指零仪表的指针正确指在零位上,记下电位差计的电位值,上述操作重复 3 次。

(2) 指针直读式电计。用电位差计输入电位,使电计指针分别正确指在 ±600 mV,记下电位差计的电位值,上述操作重复 3 次。

(3) 按下式计算电计电位重复性：

$$S = \frac{\max\left|E_i - \frac{1}{n}\sum_{i=1}^{n} E_i\right|}{E_m} \times 100\% \tag{4-46}$$

式中 S——电计电位重复性，%；

E_i——电位差计的电位值，mV；

E_m——电计电位测量范围的上限，mV。

d 电计输入阻抗的检定

具体如下：

(1) 指零式电计。按图4-57接好线路，接通开关K，调整电位差计，输出零电位，电计电位预设在600 mV，用电位差计输入电位，使电计的电表正确指在零位上，记录电位差计的电位值 E_0，断开开关K，接入电阻 R，重新调整电位差计的输出电位，使电计指针指零，记录电位差计的电位值 E，如此操作重复3次，分别取 E_0 和 E_1 的平均值。

(2) 指针直读式电计。按图4-57接好线路，接通开关K，电位差计输出零电位时调整好电计的零点，再用电位差计输入电位，使电计的指针指在600 mV刻线上，记录电位差计的电位值 E_0，断开开关K，接入电阻 R，电位差计输出零电位时调整好电计的零点，再用电位差计输入电位，使电计重新指在600 mV刻线上，记录电位差计的电位值 E_1，如此操作重复3次，分别取 E_0 和 E_1 的平均值。

(3) 按下式计算电计的输入阻抗：

$$R_{入} = \left|\frac{\overline{E}_0}{\overline{E}_1 - \overline{E}_0}\right| \times R \tag{4-47}$$

式中 $R_{入}$——电计的输入阻抗，Ω；

R——串联电阻，10^9 Ω；

$\overline{E}_0$——不串联电阻 R 时电位差计的平均示值，mV；

$\overline{E}_1$——串入电阻 R 时电位差计的平均示值，mV。

用同样的方法，检定 - mV 挡时的输入阻抗 $R'_{入}$，取 $R_{入}$ 和 $R'_{入}$ 中较小者为电计的输入阻抗。

e 输入回路电流的检定

按图4-58接好线路，在开关K接通时，调节电计使其指在电气零点上，然后断开开关K，接入电阻 R，记录其变化量 ΔE，重复测量3次，取其平均值，按下式计算电计的输入电流：

$$I = \frac{|\Delta \overline{E}| \times 10^{-3}}{10^9} = \Delta \overline{E} \times 10^{-12} \tag{4-48}$$

式中 I——输入电流，A；

$\Delta \overline{E}$——3次测量的平均值，mV。

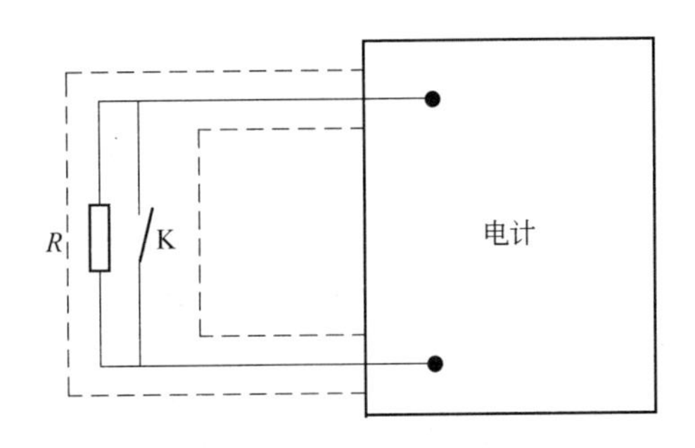

图4-58 电计输入电流检定示意图

用同样方法,检定电计在 - mV 挡时的输入电流 I',取 I 和 I' 中较大者作为电计的输入电流。

f 仪器控制滴定的灵敏度

具体如下。

(1) 数字式滴定管的仪器。按表 4-22 控制滴定灵敏度的要求分别在正负 mV 挡设置电位值,按下启动钮输入信号时滴定系统应能工作。

(2) 刻度式滴定管的仪器。终点预设在任一电位值,仪器在 mV 滴定挡时,调节有关旋钮使电计指针按表 4-22 控制滴定灵敏度的要求偏离预设终点,此时按下“滴定开始”钮,滴定系统应能工作。

用同样方法,使电计指针向反方向偏离预设终点,滴定系统也应能工作。

g 滴定系统的检定

具体如下:

(1) 仪器滴定管容量允差的检定。液路中的容器、导管、活塞等均应用适当的洗涤剂(如重铬酸钾洗液、酒精或乙醚等)洗净,并用蒸馏水冲洗 3 次。取一只与室温接近的容量略大于被检总容量的洁净有盖称量杯,进行空称量平衡。按表 4-27 所给的刻度分段将纯水放入称量杯中,称得纯水质量值 m_0(g)。测量水的温度,然后在衡量法用表中查得质量值 m(g)。按下式计算滴定管在标准温度 20℃时的容量允差。

$$\Delta V = \frac{m_0 - m}{\rho_W} \tag{4-49}$$

式中 ΔV——滴定管在标准温度 20℃时标称容量的允差,mL;

m_0——称得纯水质量值,g;

m——衡量法用表(表 4-26)中查得的质量值,g;

ρ_W——纯水在 t(℃)时的密度值,近似为 1 g/cm^3(表 4-28)。

(2) 配套检定。

仪器电位滴定重复性的检定:仪器在正常工作条件下检定,电计终点预设在 580 ~ 600 mV 之间的任一电位值,滴定装置置于自动滴定挡。用移液管吸取 10 mL 0.1 mol/L 的 $FeSO_4 \cdot (NH_4)_2SO_4 \cdot 6H_2O$ 溶液于反应杯中,并加入体积比为 1∶1 的蒸馏水和 1.5 mol/L 的 H_2SO_4 溶液,使溶液的总体积不超过反应杯容量的 2/3,选择适当的搅拌速度进行搅拌。分别选用铂电极和甘汞电极作为指示电极和参比电极,用 0.0167 mol/L 的 $K_2Cr_2O_7$ 溶液进行氧化 - 还原滴定。

数字式滴定管的仪器:按仪器说明书选择最佳工作条件,每次滴定自 0.00 mL 开始。到达预设终点时,仪器自动停止滴定。记录滴定装置所指示的数值,即为所消耗的溶液体积。

刻度式滴定管的仪器:按仪器说明书选择各旋钮开关在适当的位置,滴定之前记录滴定管中溶液的起始读数 V_0(每次滴定前均应调节在 0 刻线附近),到达预设终点,滴定自动停止,记录滴定管中液面读数 V_1,$(V_1 - V_0)$即为所消耗的滴定液体积。重复操作 3 次,按下式计算滴定的重复性。

$$S_V = \frac{\max \left| V_i - \frac{1}{n} \sum_{i=1}^{n} V_i \right|}{V_m} \times 100\% \tag{4-50}$$

式中 S_V——仪器滴定重复性，%；

V_i——滴定液所消耗的体积，mL；

V_m——滴定管的全容量，mL。

仪器中滴定重复性的检定：按仪器说明选择各旋钮、开关在适当的位置，终点控制调节至 pH = 7。用移液管吸取 10 mL0.1mol/L 的 NaOH 溶液于一定体积的蒸馏水中，溶液的总体积不超过反应杯容量的 2/3，选择适当的搅拌速度进行搅拌。

分别选用玻璃电极和甘汞电极作为指示饱极和参比电极，用 0.1 mol/L 的 HCl 溶液进行中和滴定。

滴定开始之前，调整并记录滴定管中溶液的起始体积 V_0（每次滴定前均应调节在 0 刻线附近），到达预设终点。滴定自动停止，记录滴定管中液面读数 V_1，$(V_1 - V_0)$ 即为所消耗的滴定液体积。

重复操作 3 次，按式 4 - 50 计算中和滴定的重复性。

D 检定周期

检定周期为 1 年，当条件改变或对测量结果有怀疑时，应随时进行检定。

表 4-26 衡量法用表

不同容量的纯水与砝码平衡质量值和差值（一）
（空气密度 0.0012 g/cm³，玻璃线胀系数 15×10^{-6}℃）

容量/mL		质量/g										
		15.0℃	16.0℃	17.0℃	18.0℃	19.0℃	20.0℃	21.0℃	22.0℃	23.0℃	24.0℃	25.0℃
1	质量	0.99797	0.99783	0.99768	0.99751	0.99734	0.99715	0.99695	0.99675	0.99653	0.99630	0.99607
	差值	0.00203	0.00217	0.00232	0.00249	0.00266	0.00285	0.00305	0.0325	0.00347	0.00370	0.00393
5	质量	4.9899	4.9892	4.9884	4.9876	4.9867	4.9858	4.9848	4.9837	4.9826	0.9815	4.9803
	差值	0.0101	0.0108	0.0116	0.0124	0.0133	0.0142	0.0152	0.0163	0.0174	0.0185	0.0197
10	质量	9.9797	9.9783	9.9768	9.9751	9.9734	9.9715	9.9695	9.9675	9.9653	9.9630	9.9607
	差值	0.0203	0.0217	0.0232	0.0249	0.0266	0.0285	0.0305	0.0325	0.0347	0.0370	0.0393
15	质量	14.970	14.967	14.965	14.963	14.960	14.957	14.954	14.951	14.948	14.945	14.941
	差值	0.030	0.033	0.035	0.037	0.040	0.043	0.046	0.049	0.052	0.055	0.059

不同容量的纯水与砝码平衡质量值和差值（二）
（空气密度 0.0012 g/cm³，玻璃线胀系数 25×10^{-6}℃）

容量/mL		质量/g										
		15.0℃	16.0℃	17.0℃	18.0℃	19.0℃	20.0℃	21.0℃	22.0℃	23.0℃	24.0℃	25.0℃
1	质量	0.99792	0.99779	0.99765	0.99749	0.99733	0.99715	0.99696	0.99677	0.99656	0.99634	0.99611
	差值	0.00208	0.00221	0.00235	0.00251	0.00267	0.00285	0.00304	0.00323	0.00344	0.00366	0.00389
5	质量	4.9896	4.9890	4.9882	4.9875	4.9866	4.9858	4.9848	4.9838	4.9828	4.9817	4.9806
	差值	0.0104	0.0110	0.0118	0.0125	0.0134	0.0142	0.0152	0.0162	0.0172	0.0183	0.0194

续表 4-26

容量/mL		质量/g										
		15.0℃	16.0℃	17.0℃	18.0℃	19.0℃	20.0℃	21.0℃	22.0℃	23.0℃	24.0℃	25.0℃
10	质量	9.9792	9.9779	9.9765	9.9749	9.9733	9.9715	9.9696	9.9677	9.9656	9.9634	9.9611
	差值	0.0208	0.0221	0.0235	0.0251	0.0267	0.0285	0.0304	0.0323	0.0344	0.0366	0.0389
15	质量	14.969	14.967	14.965	14.962	14.960	14.957	14.954	14.951	14.948	14.945	14.942
	差值	0.031	0.033	0.035	0.038	0.040	0.043	0.046	0.049	0.052	0.055	0.058

注:1. 本表已将玻璃量器的容量换算到标准温度 20℃时的值。

2. 表中差值系指质量值与容量值之间的换算差值。

3. 本表用下列公式计算出平衡纯水所需砝码的质量值 m(g),即

$$m = V_0\rho_W[1+\gamma(t-20)]\frac{\rho_B}{\rho_B-\rho_A}\left(1-\frac{\rho_A}{\rho_B}\right)$$

式中　V_0——标称总容量,mL;

ρ_W——温度 t(℃)时纯水密度值,g,见表 4-28;

ρ_A——空气密度(采用 0.0012 g/cm³);

ρ_B——砝码密度(统一名义密度值 8.0 g/cm³);

γ——玻璃线胀系数,℃$^{-1}$;

t——检定时纯水温度,℃。

4. 空气密度超过 0.0011～0.0013 g/cm³ 范围时,不宜采用此表。

表 4-27　滴定管的检定分段

滴定管的容量/mL	检定分段				
6	0～2.5 mL	0～5 mL			
10	0～5 mL	0～10 mL			
20	0～5 mL	0～10 mL	0～15 mL	0～20 mL	
25	0～5 mL	0～10 mL	0～15 mL	0～20 mL	0～25 mL
50	0～10 mL	0～20 mL	0～30 mL	0～40 mL	0～50 mL

表 4-28　纯水密度表

温度/℃	密度/g·cm^{-3}	温度/℃	密度/g·cm^{-3}
10	0.999699	21	0.997989
11	0.999604	22	0.997767
12	0.999496	23	0.997535
13	0.999376	24	0.997293
14	0.999243	25	0.997041
15	0.999098	26	0.996780
16	0.998941	27	0.996510
17	0.998772	28	0.998230
18	0.998593	29	0.995941
19	0.998402	30	0.995644
20	0.998201		

4.1.6.6　自动电位滴定仪的性能对比

目前商品化自动电位滴定仪生产厂家主要有瑞士万通(Metrohm)、瑞士梅特勒(Mettler)、日本三菱等,但日本三菱在中国市场占有率不高。

瑞士万通是一家全方位涉足各类不同的离子分析技术的公司,包括滴定(电位滴定及卡尔费休滴定)、伏安痕量分析以及离子色谱分析等,另外还生产高级 pH 计、电导仪、离子计和仪器相关的外围设备以及自动液体进样装置等不同品种的分析仪器。1950 年,瑞士万通发明了第一支复合 pH 电极;1956 年,瑞士万通开发出第一支活塞型滴定管;1968 年,第一台数字化滴定仪,第一支数字化电子滴定管在瑞士万通诞生,20 世纪 80 年代,研制出第一台 16 比特的微处理控制滴定仪。目前,瑞士万通的智能化自动电位滴定仪有 700 经典和 800 精湛两个系列,700 经典系属 20 世纪 90 年代推出,已形成近十种可应用于不同领域的产品,技术经典;而 800 精湛系列是今年新推出的高端产品,采用了当今最新技术。

瑞士梅特勒-托利多公司是一家生产衡器、天平及精密仪器著名公司,虽然它的拳头产品是衡器与天平,但其他实验室分析仪器也很有市场占有率,自动电位滴定仪是该公司另一个强项,该公司在中国上海有独资分公司,虽然上海公司只生产天平,但拥有最强的维修服务及应用技术。梅特勒-托利多自动电位滴定仪有 DL2X、DL5X、DL7X 三个系列。DL2X 是酸碱滴定仪,功能单一,目前已停止生产;DL5X 与 DL7X 分别是低、高两个系列,这两个系列技术比较经典。

由于从配置上来说,万通与梅特勒都没有标配,因此自动电位滴定仪配置思路可根据用户的需要进行配置,配置灵活性比较大,而相对来说万通配置灵活性更大。万通 700 系列有十多种型号可供选择,但最新最适用的主机是 798、799,另可配 765(或 775)精配液器及 685 简配液器(或 700 瓶顶配液器)、730(或 760)自动进样器、727 滴定台、一套控制软件及铂电极、银电极、pH 电极等。800 系列中的 808 主机则与上述一样,仅把 799 换成 808,而 809 主机的配置则主机 809、800 瓶顶配液器,其他与上述一致,该机型可升级到 9~12 个加液器。

瑞士梅特勒-托利多 DL5X 系列,可配置一个滴定驱动器(主机上带一个)、两个滴定管用于精确加液、两个隔膜泵用于粗加液、一个样品转换器、一套控制软件及铂电极、银电极、pH 电极等,但该型无法再进行升级。DL7X 系列三款即 DL67、DL70、DL77 最多可达到 4 管滴定。最近该公司开发了 T 系列自动电位滴定仪,其 T90 的滴定管驱动器最多可达 8 个。

具体见图 4-59 和表 4-29。

a

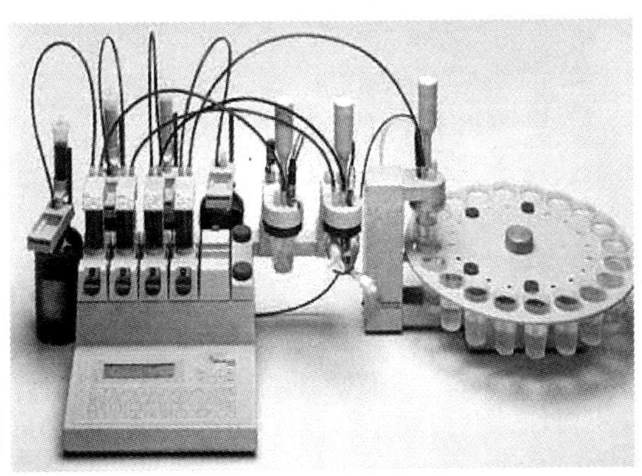

b

图 4-59 自动电位滴定仪

a—瑞士万通 700 系列 + 730 转换器;b—瑞士梅特勒-托利多 DL70 系列 + Rondo60 转换器

表 4–29 自动电位滴定仪性能比较

品牌		万通			梅特勒–托利多	
型号		798 GPT Titrino	808 Titrando	809 Titrando	DL55	DL67
主机	性能	798 GPT Titrino 可放滴定管 1 管,可控制 2 台自动配液器(776/775 Dosimat),可作三管滴定或双管辅助加液。内置的 TIP 滴定串联程序可自由串接多达 30 个滴定步骤	808 Titrando 可控制 9 台加液单元(685 Dosimat 或 700 或 800 Dosino),也可控制自动配液器,智能交换单元,可连触摸屏或电脑控制,内置 EEPROM 数据芯片	809 Titrando 标准滴定管 2 管,可控制 12 台加液单元(685 Dosimat 或 700 或 800 Dosino),也可控制自动配液器,瓶顶配液器,无死体积,内置 EEPROM 数据芯片,可连触摸屏或电脑控制	DL55 最大可装 2 套滴定管 4 个传感器,可进行多步滴定及反滴定,内置 15 种标准方法及 30 种梅特勒方法并可修改,可升级到 DL58,含人工滴定台、螺桨搅拌、电极支架,LabX-light 计算机软件	DL67 最大可装 2 套滴定管可升级到 4 管,可接电极及温度传感器 4+2,标准程序 20 个,可编程序 100 个,可升级到 DL70ES,含人工滴定台、螺桨搅拌、电极支架,LabXlight 计算机软件
主机	滴定管	可选(mL):1、2、5、10、20、50	可选(mL):1、5、10、20、50	可选(mL):1、5、10、20、50	可选(mL):1、5、10、20	可选(mL):1、5、10、20
主机	滴定管	分辨率 1/10000	分辨率 1/20000	分辨率 1/10000	分辨率 1/5000	分辨率 1/5000
主机	滴定管	精度 0.2%,绝对误差 0.02 mL(10 mL 管)			>0.3%(≥30% 滴定管体积)	>0.3%(≥30% 滴定管体积)
主机	测量	电位范围 ±2000 mV pH ±20	分辨率 0.1 mV、0.01 pH、0.01 μA、0.1℃	分辨率 0.1 mV、0.01 pH、0.01 μA、0.1℃	电位范围 ±2050 mV pH ±27.6 分辨率 0.1 mV、0.002 pH	电位范围 ±2000 mV 分辨率 0.1 mV、0.002 pH
加液配液滴定辅件		775 精确配液,并能配合各种型号的交换单元使用,进行手动滴定	685 Dosimat 专为遥控操作而设计,配合滴定仪及所有万通交换单元工作,具有配液、稀释、吸液等	700 Dosino 能精确测量液体,直接安装于试剂瓶口,有 ETFE 材质和玻璃材质的供选,规格(mL)有 2、5、10、20 或 50 不等	隔膜泵:计算机设定流量及时间,用于粗加液蠕动泵	
加液配液滴定辅件					DV90 滴定驱动器	DV90 滴定驱动器
样品自动转换		730:可编程,常用的 6 套程序预编,多达 30 种方法可贮存,可彻底的清洗,允许测量多达 24 个样品,样品量从 75~250 mL 不等。能控制若干台滴定仪、自动配液器等,可通过 TiNet 软件控制,可控制 700/800Dosino			Rondo60:主机带 250 mL 转盘,接口,电缆,可配 150 mL 转盘	
电极		长寿命复合铂环电极,复合银环电极,电极电缆(3M)			复合铂丝电极,复合银环电极,复合 pH 玻璃电极	
搅拌器		自动进样器搅拌器			主机所含的配置	
软件		TiNet 控制软件,电脑连接电缆	TiNetPCk 控制软件,电脑连接电缆		主机含 LabX 通用版控制软件	
其他		滴定连接管(1.5 mol/L),滴定杯 16 只×250 mL			滴定杯:聚丙烯滴定烧杯,100 mL,100 个/盒	

4.1.7 电感耦合等离子质谱仪(ICP-MS)

目前,国际国内市场上,生产 ICP-MS 的厂家主要有美国热电、美国瓦里安、美国 PE、美国安捷伦等。

4.1.7.1 等离子体质谱仪工作原理

ICP-MS 是一种利用提取待测元素在高温等离子体中产生的离子到四极杆根据质量/电荷比(m/z)分离,进行定性、定量检测的一种元素分析仪器。除了具有多元素同时分析,线性范围宽,速度快及可分析元素多等特点外,还可以进行同位素比值测定和元素形态分析,广泛应用于环保,地质,半导体,食品,石化,化矿冶金等行业,仪器及配置见图 4-60。

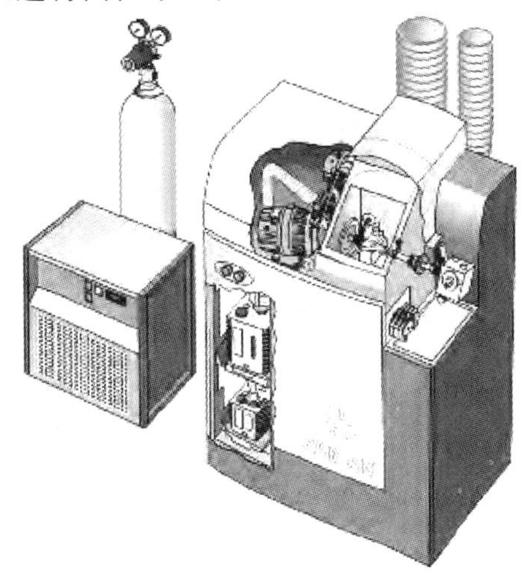

图 4-60 瓦利安 ICP-MS 解剖图

4.1.7.2 主要厂家介绍

美国热电公司是全球最大的跨国仪器制造商,年销售额超过 22 亿美元,在全球 30 多个国家设有分支机构,在高科技仪器方面处于世界领先地位。其产品从 20 世纪 50 年代就进入中国市场,是最早与中国高科技领域合作的公司之一。凭借良好的技术和信誉,美国热电集团已成为中国最大的分析仪器供应商。美国瓦里安公司于 1960 年起生产原子光谱仪,一直是业内的领先者,推出百万像素的检测器和千兆灵敏度的 ICP-MS,技术不断创新,信誉良好,在中国市场有很高的占有率。美国 PE 公司于 1937 年创立,很快成为世界精密光学仪器的主要供应商。产品生产质量稳定,技术基础雄厚,工作人员不断改进,技术一直遥遥领先。

4.1.7.3 配置思路

根据铁矿实验室的工作目的,选定美国热电公司,X Series Ⅱ 型 ICP-MS;美国 PE 公司 ELAN 9000 Ⅱ 型 ICP-MS;美国瓦里安公司 810 型 ICP-MS 为比较对象。所选择的型号均为进入市场一段时间,技术成熟的产品。

4.1.7.4 仪器性能对比

三种仪器的详细性能对比见表 4-30。

表 4-30 主要公司 ICP-MS 性能对照

型 号	热电 X Series Ⅱ 型	PE ELAN 9000 Ⅱ 型	瓦里安 810 型
分析范围	2 ~ 250 amu	2 ~ 270 amu	3 ~ 256 amu
ICP 源功率	27.12 MHz	40.68 MHz	27.12 MHz
检测器	Mo 质四极杆	镀金陶瓷制四极杆	双曲轴四极杆
灵敏度	>100M cps/ppm	>40M cps/ppm	>1000M cps/mg/L
随机背景	<0.5 cps	5 cps	5 C/S(amu)
信噪比	>200 M		
检出限	<10 ng/L	0.002 mg/L	<0.2 ng/L
分辨率	高分辨率≥0.35 amu 一般分辨率≥0.8 amu	0.3 ~ 3 amu	0.5 ~ 1.2 amu
校 准	内标校正	内标校正	内标校正
电 脑	可自选	可自选	可自选
软 件	WIN2000 下专用分析软件	WIN2000 下专用分析软件	WIN2000 下专用分析软件
循环水冷却装置	另 配	另 配	另 配
全自动分析	有	有	有

4.1.8 原子荧光发射光谱仪

4.1.8.1 原理

原子荧光发射光谱仪也就是氢化物发生－原子荧光光谱法(HG－AFS),该仪器是将氢化物发生技术与无色散原子荧光检测系统结合而发展起来的一种新的联用分析技术,专门用于测试可形成气态氢化物的As、Sb、Bi、Se、Te、Pb、Sn、Ge,以及可形成挥发性气态组分的Hg、Cd、Zn等元素。氢化物发生－原子荧光光谱仪具有仪器结构简单、分析灵敏度高、气相干扰少、线性范围宽、分析速度快等优点,受到国内外分析工作者的高度重视。

4.1.8.2 配置原则

由于原子荧光可测定样品中砷、铋、汞、铅、锑、镉、硒、碲、锡、锌、锗等十一种元素(包括自动进样,自动由单标准配置标准曲线等),因此它可以应用于铁矿石的砷、铋、汞、铅、锑、镉、锡、锌等检测,主要可用于砷检测。仪器以全自动智能化运行,环保、节能型设计为首选。需要各元素的检出限见表4-31,精度(RSD) <1.0%,线性不小于3个数量级。首选双道原子荧光光谱计,无道间干扰;配有自动进样器;可以自动在线稀释,自动判别,自动清洗,单标准自动配制标准曲线;自动在线加还原剂、掩蔽剂;在线智能提示。密闭式石英炉原子化器,减少荧光猝灭,提高灵敏度;膜分离式气液分离器,彻底实现气液分离,废液自动排出;全密闭避光调光系统;集束式脉冲供电的高强度空芯阴极灯;具有功能强大的Windows98/ME,2000/XP中英文软件操作系统:备存专家帮助系统,推荐最佳仪器条件和优选方法,及样品预处理、标液配制、干扰消除等指南;支持多个样品空白和多个管理样校正;提供多种运算单位供选择;支持多工作曲线,实现软件数据系统和Office系统的全面数据切换,无限制报告格式编排,测量数据都能完整转化为EXCEL格式进行修订。支持复制、粘贴和图形存储;测量数据可通过局域网实现资源共享;环保型仪器,有汞等的回收装置。图4-61和图4-62为国产原子荧光的样例。

表4-31 需要的各元素的检出限

检出限/$\mu g \cdot L^{-1}$	As、Sb、Bi	<0.01
	Se、Te、Sn、Pb	<0.01
	Zn	<1
	Hg	<0.001
	Cd	<0.001
	Ge	<0.05

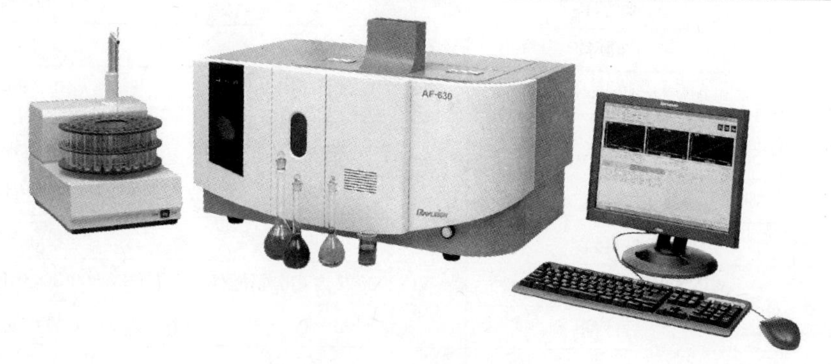

图4-61 瑞利原子荧光

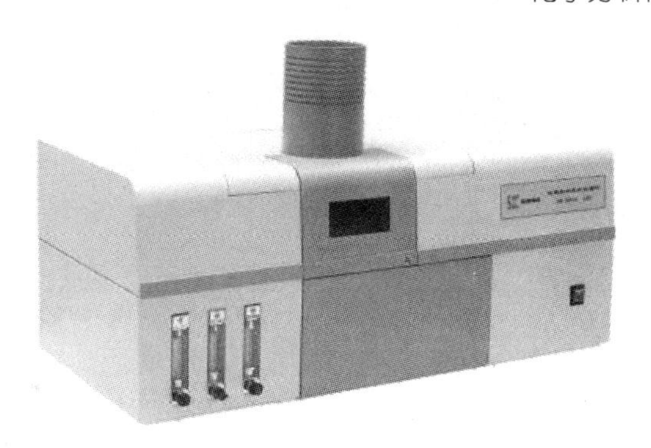

图 4-62 吉天原子荧光

4.2 化学分析样品前处理设备

4.2.1 微波溶样炉

微波是电磁能,微波能是一种由离子迁移和偶极子转动引起分子运动的非离子化辐射能,但分子结构不变。微波能的频率在 300 ~ 300000 MHz 之间。在工业界和科学界,微波加热、干燥应用的频率(MHz)为:915 ±25,2450 ±13,5800 ±75 和 22125 ±125。这些频率是由(美国)联邦通讯委员会为工业、科学和医疗应用制定的,并符合 1959 年日内瓦通过的国际无线电管理规定。前面的四个频率中,最常用的频率是 2450 MHz。微波系统输出的典型能量为 600 ~ 700 W,因此,在 5 min 内约 43000 cal(1 cal = 4. 1816J)的能量供给微波炉腔加热样品。

4.2.1.1 微波溶样炉原理

A 介质损失

用微波加热样品的加热方式部分地取决于样品的介质耗散因子($\tan\delta$,介质耗散角正切)。耗散因子是样品的介质损失或损失因子(ε'')与样品的介电常数(ε')的比值;即 $\tan\delta = \varepsilon''/\varepsilon'$,介电常数是样品阻止微波能通过的能力的量度,损失因子是样品耗散微波能量的能力的量度。“损失”一词用来表示加热样品耗散的输入微波能量。当微波能进入样品时,样品的耗散因子决定了样品吸收能量的速率。在透过微波的材料中,我们认为微波完全透过,而像金属那样的反射性材料,我们认为其穿过的微波能为零。吸收微波能的物质,其耗散因子是一个确定值。因为微波能通过样品时很快被样品吸收和耗散,样品的耗散因子越大,给定频率的微波能穿透越小。表征穿透率是某样品在给定频率下的半功深度,半功深度的定义是从样品表面到内部功率衰减到一半的截面的距离,半功深度随样品的介质特性变化,大约与频率的平方根成反比。微波能在样品中损失的主要机理是离子传导和偶极子转动。在微波加热的实际应用中,离子传导,偶极子转动的微波能耗散同时存在。

B 离子传导

离子传导是在所加电磁场中,被解离的离子的传导(即电泳)迁移。这种离子迁移电流内的离子流电阻产生 I^2R 的损失(产生热),溶液中所有离子对传导都有贡献。但是,不同组分离子的浓度和它在相应介质中的固有迁移率确定了组分离子产生的电流贡献。所以,离子迁移产生的微波能损失与被解离的离子大小、电荷量和传导性能有关,并受离子与溶剂分子之间相互作用的影响。

影响离子传导的参数有离子浓度、离子迁移率和溶液温度，每个离子溶液至少有两种离子组分（例如，Na^+ 和 Cl^- 离子），每个离子组分根据自己的浓度和迁移率传导电流，离子溶液的耗散因子也随温度而变化。

C 偶极子转动

在电场作用下，在具有永久或诱导偶极矩的样品中的分子，其偶极子转动具有一定的方向性。微波能的电场增强时，电场使极性分子具有一定的取向。电场减弱时，重新恢复热运动的无序状态。实际上，外加微波场引起分子转动在一个方向上仅仅平均停留非常短的时间，而后分子又转向另一个方向，在小的微波场作用下，有很少的一点分子受力并因此产生一些有序运动。当电磁场取消时，热运动又把分子转变成无序状态，在弛豫时间 t 内，释放出热能。在 2450 MHz 下，每秒内分子的定向和热无序状态变化 4.9×10^9 次，因而加热非常快，偶极子转动产生的热效应与样品的特征介质弛豫时间有关，而介质弛豫时间与样品的温度和黏度有关。

（1）介质弛豫时间对偶极子转动的影响。介质弛豫时间是样品中的分子有 63% 达到无序状态所需的时间。当 $\omega=1/\tau$ 时，大多数分子每周期出现一次最大的能量转变（偶极子转动引起的介质损失），在此 ω 是微波能角频率，单位为 rad/s（$\omega=2\pi f$，f 为微波频率），τ 是样品的介质弛豫时间。当样品的 $1/\tau$ 接近输入微波能的角频率时，非电离极性样品具有高的耗散因子。相反，当样品的 $1/\tau$ 与微波角频率显著不同时，样品的耗散因子低。在 915 MHz 时，水的半功深度为 4 in（1 in = 2.54 cm，约 10cm），而 2450 MHz 时，水的半功深度为 1 in。水的介质弛豫时间倒数（$1/\tau$）大于 2450 MHz，所以，降低输入频率则使水的 $1/\tau$ 和输入微波频率之间的差异增加。因此，输入微波能的吸收降低则穿透更深。

加热样品过程中，介质弛豫时间随介质耗散因子而变化，因此，也随穿透深度变化。水的温度上升，其介质耗散因子下降。因为水的 $1/\tau$ 增加导致了这种下降，随着水温上升，水的转动频率与输入微波角频率之间的差异增大，导致水的微波吸收降低。

（2）样品黏度对偶极子转动的影响。因为样品的黏度影响分子转动，所以，样品的黏度影响样品吸收微波能的能力（耗散因子）。冰水是黏度效应的最好说明。当水结冰时，水分子被锁定在晶格中，这大大阻止了分子的迁移，使分子很难随微波场定向。因而，冰的介质耗散因子低，在 2450 MHz 时，仅有 2.7×10^{-4}。当水的温度上升到 27℃时，黏度降低，介质耗散因子大得多，达到 12.2。上述情况不要与介质弛豫时间的影响混淆，正如前面讨论的，水的介质弛豫时间倒数 $1/\tau$ 大于 2450 MHz，所以，水的温度从 0℃增加到 27℃降低了介质耗散因子。冰水黏度对介质耗散因子的影响比介质弛豫时间对耗散因子的影响大。例如，水的介质耗散因子在 45℃和 95℃分别为 7.5 和 2.4，而当水的流动性好（黏度小）时，介质弛豫时间对水的介质耗散因子影响大。

D 偶极子转动和离子传导的相对贡献

在很大程度上，温度决定了两种能量转化机理（偶极子转动或离子传导）的相对贡献。像水和其他溶剂那样的小分子，随样品温度升高，偶极子转动对样品介质损失的贡献降低，相反，随温度升高，离子传导产生的介质损失增加。所以，用微波能加热离子样品时，随着温度的增高，样品的介质损失由最初的偶极子转动占主导，变为离子传导占主导。

两种加热机理的贡献多少由样品离子的迁移率、样品离子的浓度和样品的弛豫时间来确定。如果离子的迁移率和样品离子的浓度低,那么,偶极子转动基本上确定了样品的加热作用。因而,当讨论偶极子转动一节时,叙述了加热时间由介质弛豫时间倒数($1/\tau$)大于或小于输入微波角频率来确定。如果 $1/\tau$ 比输入微波角频率大得多或低得多,加热时间增加。相反,当样品离子的迁移率和浓度增加时,离子传导控制微波加热过程、加热时间将与溶液的弛豫时间无关。随着离子浓度的增加,介质耗散因子提高,加热时间减少,加热时间也与微波系统的设计和样品量大小有关,并不仅与样品的介质吸收有关。

E 样品量

输入微波频率也影响微波能的穿透深度。在介质损失内容中已提到过,在一定频率下样品耗散因子越大,微波能在介质中穿透的深度越小。在具有高的耗散因子的大样品中,超出微波能穿透深度的加热通过分子碰撞的热传导达到,因此,样品的表面或近表面温度将更高些。因为沸腾和其他热运动增加了热传导的速度,所以,除非微波穿透太浅并且样品加热只在极薄的表层,那么表面加热是没有什么问题的。而一旦出现这种情况,通过容器壁的热损失将变得十分重要,而且样品加热时间将增加。

尽管在大多数分析溶样中用少量样品具有优越之处,但它至少存在一个不足。随着样品量的减少,样品吸收的微波能量降低。样品量少,未被吸收(反射)的微波能级大,这样可能引起对磁控管的危害。所以,在少量样品的分析中,最好使用专门设计的微波制样系统,以防止反射功率对磁控管的危害。

F 微波加热

用传导加热一个湿法消解样品需要 1 ~ 2 h,有些情况则要更长时间。相反,开口容器微波加热溶解一个样品可在 5 ~ 15 min 内完成。这种制样所需时间差异是由于样品加热方式不同所致。因为传导加热中所用容器常常是热的不良导体,加热容器把热传给溶液需要时间。还有,由于液体表面出现蒸发,对流建立了热梯度,只有少部分液体的温度可达到容器外部的加热温度,所以,当使用传导加热方式,只有少量的液体在溶液的沸点温度之上。相反,微波同时加热所有的样品液体(典型分析样品量)而不加热容器,所以,应用微波加热时,溶液很快达到沸点。但由于加热速度太快,可能出现局部过热。

G 微波加热速度

影响微波能快速加热样品的主要参数有两个,它们是所用酸的体积、酸的介质弛豫时间和酸的电导率。酸的介质弛豫时间是不能改变的,然而可选用分析仪器的微波频率以适合于快速加热样品。

大多数分析样品用量少,微波能可以完全穿透样品,避免了产生冷却表面,以及由此而产生的反射能量对设备产生更多的危害。现代分析用微波仪器有保护磁控管的措施,而反射能基本上不影响样品加热。

4.2.1.2 微波溶样炉结构组成

用于加热分析样品的典型的微波仪器由六个主要部分组成,它们是微波发生器(即磁控管)、波导管、微波腔、波形搅拌器、循环装置和转台。磁控管产生的微波能,经波导传输直接送入微波腔,波形(或波模)搅拌器把进入腔中的微波分散到不同的方向。进入微波腔中的能量吸收百分率与样品量和耗散因子有关。

A 磁控管

磁控管是一个有阴极和阳极的圆柱形二极管。加在二极管上的磁场与阴极对准,阳极是一个环形互耦谐振腔，二极管阳、阴极之间加上数千伏电压，阴极发射的电子在磁场作用下产生谐振，而磁控管产生振荡。振动电子把能量交给真空管中的天线辐射出微波场。在固定调谐的磁控管中，设计的振荡器释放出一定频率的微波能。用于酸解制样的绝大多数微波仪器用固定调谐磁控管，输出频率为(2450 ± 13) MHz。在这些仪器中，磁控管接收大约1200 W 电能，然后转换成600 W 的电磁能。没有转变成电磁能的那部分能量转变成热，要用风冷却散热。

(1) 磁控管工作周期。在用于样品制备的微波系统中，磁控管的工作"周期"控制磁控管的功率输出达到一个平均功率水平。磁控管的工作周期是磁控管的工作时间用时基所除的结果，例如，工作时间为5 s(然后停止工作5 s)，则时基为10 s，工作周期为0.5，相应工作时间为0.5 s(然后停止工作0.5 s)，时基为1 s 的工作周期也为0.5。用于制样的微波系统其磁控管的时基为1 s。这样，为了获得额定输出功率600 W 的一半，磁控管应工作0.5 s。家用微波炉的典型时基为10 s，这么长的时基对加热分析样品并不理想，因为，长的断开时间产生显著的热损失(0.5 的工作周期，则断开为5 s)。

(2) 磁控管的输出功率。从磁控管中输出的微波能一般用 W 表示(1 W = 14.33 cal/min，1 cal = 4.18 J)，用于酸解制样典型的微波系统功率为600 ~ 700 W，输送到微波腔中几乎所有的微波能量，都被一定量的水吸收，通过测量水温上升值，可间接测试磁控管的输出功率，通常在(磁控管)满负载状态下，把1 L(1000 g)水加热2 min，测量水温上升的摄氏度数来测定磁控管的表观输出功率，用于评价表观输出功率的一般关系式为：

$$P = C_p K \Delta T m / t \tag{4-51}$$

式中，P 是样品吸收的表观功率，W；K 是转换系数(热化学卡转变为瓦)；C_p 是热容，cal/℃；$\Delta T = T_t - T_i$(样品最后温度减去加热前温度值)，℃；m 是样品质量，g；t 是时间，s。用水进行表观功率测量时，方程可简化为：$P = 35 \times \Delta T$，此处35 是把水的热容量、转换系数、时间和质量代入后得到的结果。表观功率测量是否有效取决于容器在微波腔中所处的位置及是否使用同样的容器。因为，介质耗散因子和辐射损失是温度的函数，所以，测量要在同样的初始温度和相近的 ΔT 条件下进行，如果每次开始温度为(20 ± 2)℃，表观功率测量更准确。

(3) 反射能量对磁控管性能的影响。微波反射引起的磁控管过热，影响磁控管的功率输出，当传输的电磁波被反射，部分能量反方向向着磁控管传输时，产生反射功率。波从一种介质传输到另一种介质中没有反射时传播方式为阻抗匹配。如果微波从磁控管传播到样品中，没有反射时微波系统完全匹配，如果存在反射功率，则称系统不匹配。系统不匹配可能导致磁控管过热，损失输出功率，甚至损坏磁控管。

在微波炉腔中，具有大介质耗散因子的样品几乎可吸收100% 的输入功率，这种条件下微波系统处于完全匹配状态。通常微波溶解时要用少量的酸，这些酸在2450 MHz 频率下介质耗散因子低，因而产生反射功率，反过来导致磁控管和微波腔之间的不匹配，并因为磁控管的过热而改变磁控管的输出功率。

已经设计出了消除微波反射的装置，在出现不匹配时可以保护磁控管，并使磁控管给出稳定的输出功率。这种装置在家用微波炉中通常并不用，但在酸溶解制样系统中要使用。在微波溶样系统中最常用的设备是终端循环器。终端循环器是一个用铁氧体和静磁场构成的装置，这种装置使微波正向通过，而把反射波送入空负载中变成无害的热量损耗。

B 波导管

磁控管中产生的微波能通过波导管进入微波加热器(微波腔)中。波导管由像金属板那样的反射微波材料做成,设计的波导管能完全匹配地直接把微波传送到微波腔,见图4-63。

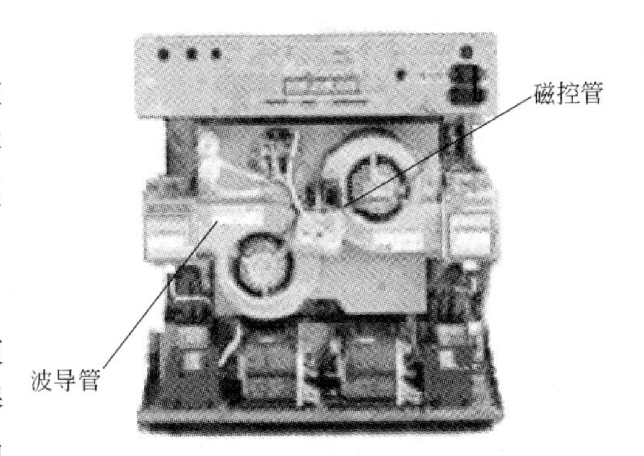

图4-63 微波溶样炉内部构造
(内含两个波导管)

C 波形搅拌器

波形搅拌器是一个扇形叶片,用它把从波导管进入微波腔的能量反射混合。波形搅拌器帮助输入能量扩散,使样品加热不受其在腔内位置的影响,预设计了波形搅拌器的家用微波炉适用于某些微波溶样的应用。

D 微波腔

微波腔是微波传播终点的样品加热器。简单而言,微波进入腔体后在壁与壁之间多次反射。微波的轨迹轮廓分明,波模可清楚地辨认,可以认为在一定大小的腔体中,所激发波模的方向和模数是能达到微波均匀加热的目的。

输入微波腔中的微波能被腔内的样品拦截吸收,每个相互作用都消耗能量直至给定波的能量完全被吸收。在"反射功率"和"磁控管性能"部分讨论过,当样品的耗散因子低时,存在微波的反射,微波很可能返回磁控管。由于微波腔用金属制成,当微波加热酸溶解样品时,腔体会受腐蚀。下面讨论保护微波腔不受腐蚀的特殊改进。

E 元件和附件

有三种类型的微波材料,它们是反射微波的材料(金属类)、透射微波的材料(低介质损失的材料)和吸收微波的材料(高介质损失材料)。如前面讨论过的,酸-水溶液用于微波溶样是吸收微波的物质,制成微波装置的主要元件是反射微波的物质,微波腔内使用的元件和附件,大多数是用透过微波的材料制作。

在早期的微波加热制样工作中,分析化学家企图改造家用微波炉,以便安装一些监控和清洗装置类附件。例如,在微波腔上打孔,安装一些进气或排气的管子,如果使用者不具有一定的工程技术知识,这种改造将引起微波泄漏,严重危及安全。在许多情况下,这些排气管产生天线效应,导致进入腔内的微波能大量溢出。微波加热样品期间,理论上可以监控任何参数,唯一的限制是检测探头不能干扰微波能的传播。实际上,情形恰恰相反,因为在微波场中,大多数探头吸收微波能,作用像天线或在微波场中形成电弧。用监控系统测量微波系统中的温度和压力,本书的其他章节将会讨论。

F 消解容器

微波消解容器要用低耗散微波的材料制成,这样微波不会被容器吸收,而可让微波透过容器进入容器内的溶液中。从透过微波的观点看,特氟隆(聚四氟乙烯)和聚苯乙烯是制作微波附件的最好材料,而尼龙不是好的应用材料。熔融石英和玻璃也是微波环境中应用的好材料。用作容器的其他优选材料是聚砜和玻璃钢。石英、玻璃和透过微波能的特殊塑料是热的不良导体;用作微波加热容器时,这些材料是好的绝热体。

在选取制作酸溶解容器的材料时,材料的化学稳定性和热稳定性是两个基本条件。大多数塑料对酸具有好的化学稳定性,但在酸溶解需要的温度下热稳定性差,相反,玻璃和石英具有好的热稳定性,但在需要氢氟酸制样时却不能应用。

因为特氟隆(PFA)耐各种酸,且具有约306℃的熔点,所以,它是几乎所有酸溶解制样容器的理想材料。在普通的加热方法中可以应用特氟隆PFA容器,但因为特氟隆(PFA)是非常差的热导体,所以,限制了它们的应用。相反,特氟隆PFA容器是微波溶解制样中应用的理想容器。因为,微波可以透过特氟隆PFA而直接加热容器内的溶液,而容器壁起绝热作用。只有在使用磷酸或浓硫酸进行微波溶样时,不能使用特氟隆容器,因为,磷酸和硫酸的沸点在特氟隆PFA的熔点之上。石英是用磷酸或浓硫酸进行微波溶样的极好容器材料。

(1) 开口容器微波消解法。除了金属容器外,都可以在微波加热中用作开口消解容器,玻璃烧杯、蒸馏瓶和回流容器大多数可在微波制样中应用。在大多数开口容器消解中,需要尽可能多的回流,这样为了保持样品体积而补加的溶样酸可以少些。开口容器微波消解中,因为容器被溶液耗散的热量加热,所以,容器后加热并且比溶液温度低,这样可以比普通加热方法的回流要好。因而,如有好的空气流通过微波腔为分析用微波系统创造条件时,微波制样中开口容器的回流更好。

(2) 密闭容器微波消解法。酸解制样中的密闭容器系统具有以下优点:

1) 因为密闭容器内产生的压力提高了溶样酸的沸点,所以,密闭容器消解可得到更高的温度。密闭容器产生的高温,大大降低了消解所需的时间;

2) 因为几乎没有挥发物损失,所以,实际上消除了消解过程中损失挥发性元素的可能性;

3) 使用少量的酸。因为密闭容器消解时无挥发出现,不需要连续加入溶样酸去维持样品体积,所以,消除了一个污染的途径;

4) 消解中产生的酸雾保持在容器内,不需要提供处理大量有害酸雾的方法;

5) 用密闭容器消解,消除或显著地降低了对空间的污染。

常规加热或微波加热都能采用密闭容器消解法,而微波加热需要的时间更少。常规密闭容器消解法,样品的加热必须通过能承受不断增加压力的厚壁材料传导,加热和冷却时间非常长,因而这种方法仅适用于消解非常困难的样品和有挥发性的样品。传统的密闭容器消解法实际上不能应用于大多数样品制备。然而,在密闭容器微波消解中,直接加热溶液,加热和冷却时间基本上与开口容器消解相同。这样,密闭容器微波消解具有开口容器消解的所有优点,而又显著地缩短了消解几乎所有各种类型样品所需的时间。一般密闭容器微波消化管有安全泄压装置,如老式消化管泄压装置类似高压锅的泄压薄膜,有的采用泄压弹簧,常规消化管盖有压力传感装置。图4-64给出了用于微波消解的一个密闭容器及泄压弹簧、压力传感装置实例。

G 转动系统

转动转台上的容器能够大大提高多个容器加热的均匀性。转动装置可有效地连续转动360°,交替向前和向后转动180°。在把压力监测器那样的监视设备与反应容器连接时,应使用交替转动的方式。

H 监控装置

a 温度测量

在制样操作中,微波腔内的高能微波场使温度测量复杂化。这种环境中不能使用传统的温度测量器件。对于绝大多数特氟隆容器中的酸混合物,铜-康铜热电偶即可良好地工作。在欲测的温度范围内可选用这种热电偶以获得准确的测量值。所有这种金属探头都必

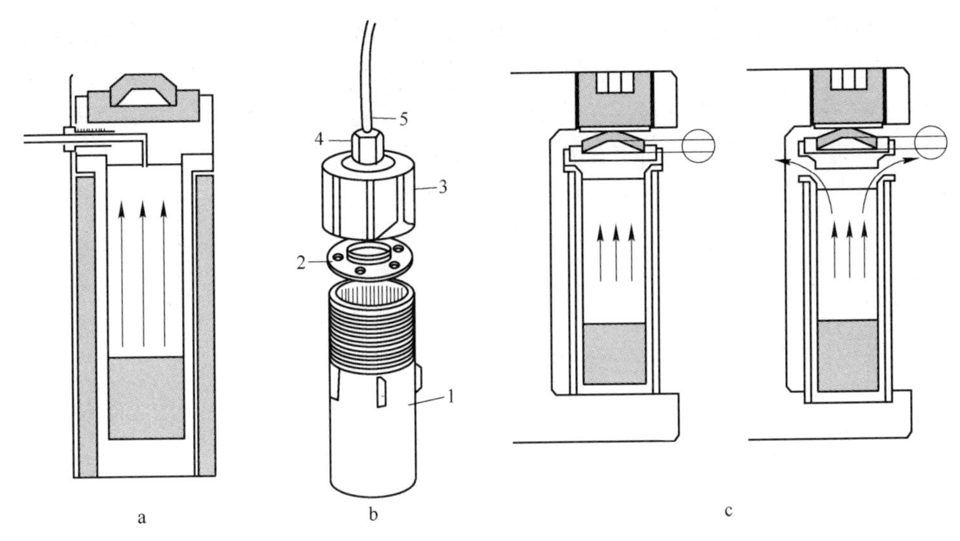

图4-64 特氟隆消解容器示意图(b)、压力传感(a)、安全泄压(c)
1—容器;2—安全阀;3—盖;4—排气螺母;5—排气管

须完全加以屏蔽。用于样品分解的器件的结构特点往往要求对少量的酸和样品(典型的是3～10 mL)进行测量。这种小的样品体积,使得探头完全暴露于强的微波场中。在这种条件下,合适的探头屏蔽和接地对于准确的温度测量和探头可靠地工作都是十分重要的。探头和屏蔽网必须接地于设备外壳上,以驱散积聚在探头和屏蔽网上的电荷。接地线的电阻应当尽可能小。将屏蔽网和地线末端镀金是降低电阻的一个有效方法。将光纤器件用于微波场中的温度测量是最近才发展起来的;与金属屏蔽的热敏电阻和热电偶不同,光纤器件并不与微波能相互作用且在微波场中是透明的,它既可靠又准确。在密闭容器微波酸消解中应用这种器件则有一些特殊的设备制作要求。因为特氟隆PFA探头涂料可透过酸蒸气,所以光纤探头不能直接置于酸中。探头端部灵敏的荧光物质和科氟拉(一种聚芳酰胺纤维)保护层会被强氧化酸所腐蚀,所以探头前部12 cm要套入一端封闭的1/8 in(1 in =2.54 cm)厚的特氟隆PFA管中。然后把这个装有光纤探头的套管插入消解容器盖的孔中,并用带密封圈的特氟隆螺母拧紧以保持容器内的压力。密封光纤探头产生压力和扭矩可直接使玻璃纤维碎裂,为使易碎的玻璃纤维得到保护,应避免直接压迫探头。探头长时间暴露于浓氢氟酸蒸气也易受化学腐蚀。目前也有采用红外探测技术应用于腔内消化管内温度检测,这种技术由于探头不与酸液接触,因此不会损坏。传统的红外测温法,采用的是宽带手段,只能测量消解罐的表面温度。而德国Berghof公司微波溶样炉采用中红外温度测量系统,但由于TFM和石英材料不吸收中红外波段热辐射,仪器系统采用特殊的技术过滤掉由压力罐表面发出的红外线辐射,并通过非接触方式,实时动态测量罐内温度。从而使每一个样品温度都能被极其精确、非常可靠地测定、监控(见图4-65)。

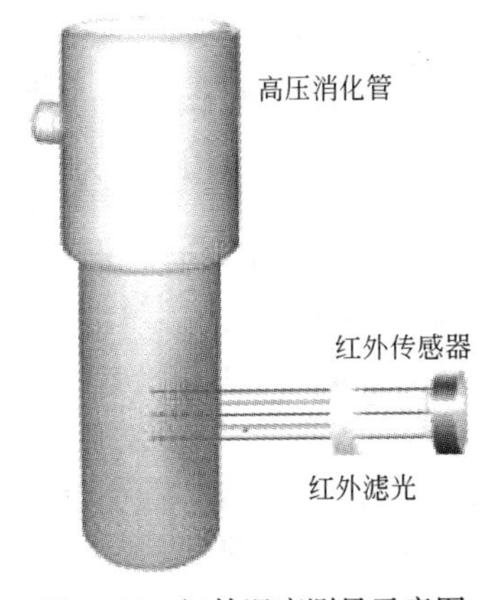

图4-65 红外温度测量示意图

b 压力测量

特氟隆PFA容器内的压力可通过一个连接于反应容器盖上的1/8 in壁厚的特氟隆PFA管加以监控。因为在加热周期结束时，容器内的热蒸气可能在压力管中冷凝并回落到容器中，所以每次更换容器时都应将压力管的一短节（约 20 cm）加以清洗，并且更换，以防止样品的交叉污染。压力管接到特氟隆 PFA 的“T”形接头处或安装在转台中心的连接件上。连接件另一端的管子则通过壁上一个 1/8 in 的孔和一个直接固定在开口处的波长衰减器截断装置引出微波腔以防止微波能外逸。在压力传感器前安装一个压敏调节阀。这种传感器和调节阀的工作范围均应适合于所用容器及其压力范围。对于特氟隆容器，压力释放阀的工作范围应在$(5\sim10)\times10^5$ Pa。因此传感器的压力范围应在常压到17×10^5 Pa 之间。鉴于容器和耐压管线通常用特氟隆材料而压力测量器和安全阀都用不锈钢材料，钢铁部件必须与容器内容物和压力管线隔开，以防止样品污染和金属部件的变质。可用蒸馏水冷阱将压力传感器隔离开。水具有不可压缩性，并且既可传递压力又可防止酸蒸气与压力遥测系统的金属部件接触。如果用水的话，由于它会不断溶解从容器中挥发出来的酸雾，所以必须经常加以更换。德国 BERGHOF 公司目前为微波消解系统开发研制了 MW-SOPC 光学压力测量监控系统，实现了完全的、非接触式压力监控。该装置在消解罐顶盖内部，设置有特殊材料的压敏玻璃，作为压力传感的重要部件。压敏玻璃被镶嵌在压力消解罐的盖子上，当一束偏振光照射到其表面时，由于罐体内部的压力作用，使得压敏玻璃产生分光折射，从而引起偏振光的颜色变化，仪器根据折射光的颜色变化，计算得出每个消化罐的压力数值，使得每个消解罐的压力均可被连续实时监测控制（见图 4-66）。

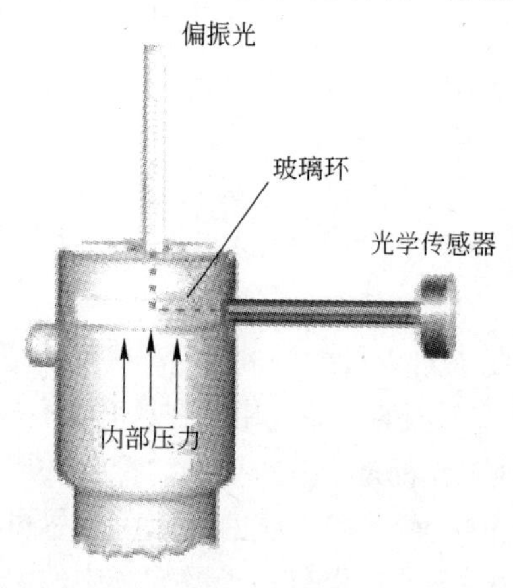

图 4-66 非接触式压力监控示意图

4.2.1.3 微波溶样炉校正

有关微波溶样炉的温度、压力传感器的温度、压力校正，一般商业微波溶样炉的内置微处理器有相应的校正程序。压力校正一般有手动和自动：手动可以连接一个外置标准压力装置或标准气体钢瓶，根据外置标准压力装置值调整微波溶样炉内压力显示值；自动则将压力传导管从消化管卸下并使之末端与大气相通，然后让溶样炉的压力校正参数根据大气压自动调零。温度校正为：首先启动温度传感装置，让温度传感器插入标准温度装置，待温度稳定后输入标准温度值，则微波溶样炉温度校正系数则自动调整。为使微波溶样炉的功率符合相关环保要求，必须对其功率进行校正，如美国环保署（EPA）要求每半年应对功率进行一次校正，一般商业微波溶样炉的内置微处理器也有相应的校正程序。

校正需要数字式温度计、校正转盘、聚丙烯材质的校正烧杯、封口膜、分析天平、磁搅拌器。校正前需对微波溶样炉进行预热，放 1 L 水于校正转盘上，进行预热。然后，重新在一烧杯中加入 1000 g 水，在微波溶样炉中输入 1000 g 水的初温，以 100% 功率加热2 min，停止加热，将烧杯取出，置于磁搅拌器上，取下烧杯上的封口膜，放入搅拌子，设定转速，将数字式温度计插入烧杯中（不要插入漩涡中），在 25 ~ 30 s 将温度读出，在 2.5 min 内输入 1000 g 水的末温。重复以上步骤，根据程序要求分别以 100% 功率或 50% 功率进行测试。完成后微波溶样炉自动检查计算，如所得功率差异超过相关规定，微波溶样炉自动出现报警信号。

4.2.1.4 常见微波溶样炉性能对比

以国内常见进口微波溶样炉美国 CEM、德国 BERGHOF 公司及意大利 MLILESTONE 为例,说明常见微波溶样炉性能对比。

美国CEM公司是全球最大的微波化学仪器生产商,历史上一直被称为微波技术创始者。CEM公司的科研机构,是当今世界上一流的微波化学研究实验基地,开发主频2.45~18 GHz之间的微波技术科研应用,由CEM专家推出的各种微波样品处理方法,被权威机构USEPA、AOAC、NCAT、ASTM等认可作为通用标准方法。目前,CEM共计拥有192项技术专利应用于微波化学,其产品曾7次荣获美国年度R&D100大奖的殊荣,在历史上创造了:(1)第一台微波消解系统;(2)第一台微波水分含量测试系统;(3)第一台微波干燥系统;(4)第一台微波萃取系统;(5)第一台微波灰化系统;(6)第一台单模微波连续流动有机合成系统。现在几乎所有著名的大型研究实验机构都在使用CEM的微波产品。CEM始终致力于技术和应用开发,近年来CEM积极参与微波药物合成、微波陶瓷合成、微波纳米材料合成、微波等离子体、微波金刚石镀膜等技术开发,广受学术界关注。特别是在全频非脉冲微波辅助反应、精确控制单模微波化学反应/有机合成/药物合成研究等方面都取得了重要的技术突破。在安全方面,CEM一直精益求精,其微波装置的设计符合所有现行的美国、加拿大、欧共体相关工业电器安全和防爆标准,如NRTL、ETL、UL、CE等,CEM系列产品被公认是世界上最安全的微波化学仪器。

由美国利曼-徕伯斯公司经销的德国Berghof公司微波化学仪器,也是世界一流的样品前处理系统,该仪器采用世界首创的旋转顶盖及圆形耐压样品室设计,性能超群、设计合理。仪器采用无接触红外测温,变频功率输出,全自动实时监控每一消化罐内温度及消化过程,可针对任何样品类型设定相应的温度和压力消解程序。消化完全、控制精确、无污染、无损失,节省试剂消耗、缩短样品的前处理时间,为分析工作带来了极大的便利与效率。美国利曼-徕伯斯公司是世界著名的分析仪器生产商,在国际上享有很高的地位,该公司ICP、测汞仪、金属分析仪等在分析界占有一席之地。

意大利Milestone公司成立于1989年,公司总部位于意大利Sorisole(Bergamo),制作工厂在德国,在意大利和美国有应用实验室,在日本、韩国、中国有销售服务中心。该公司是微波化学产品的专业生产厂家,生产的微波化学产品紧跟潮流,已有产品系列包括微波消化、微波灰化、微波萃取、微波合成以及清洁化学、汞分析仪器等。

三家公司主导微波溶样炉见图4-67,主要性能对比见表4-32。

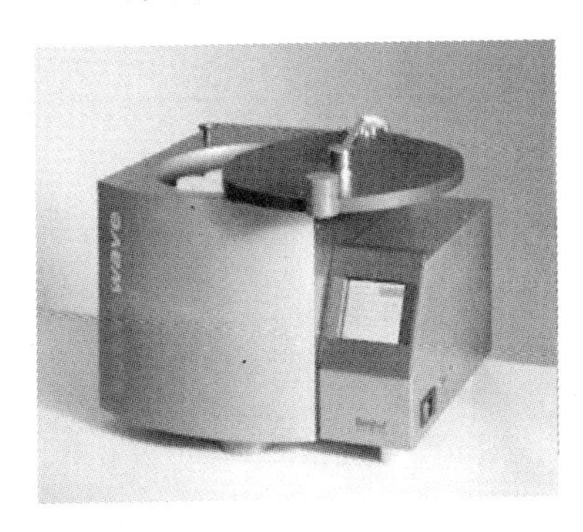

a

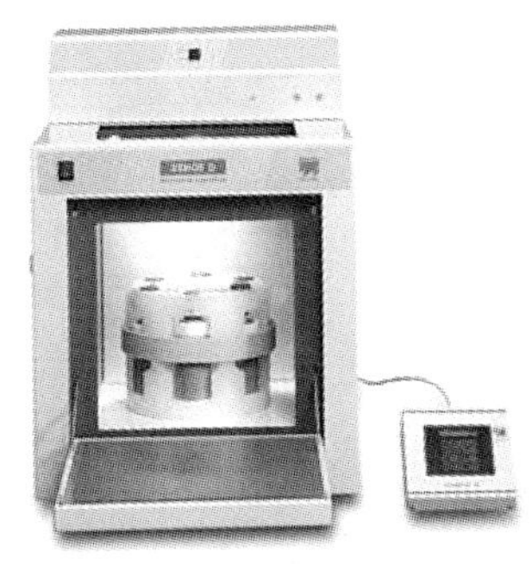

b

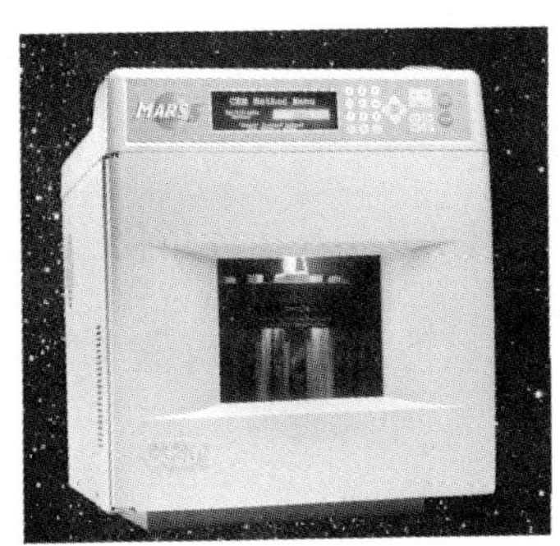

c

图4-67 微波溶样炉

a—德国Berghof MWS-3;b—意大利Milestone ETHOD;c—美国CEM MARS-5

表 4-32 主要性能对比

项 目	意大利 Milestone ETHOD	德国 Berghof MWS-3	美国 CEM MARS-5
功 率	1600 W 双磁控管控制(左右各有一个)	1850 W 变频功率输出	2500 W 0~1500 W 非脉冲连续微波自动变频输出
微波频率	2450 MHz	2460 MHz	
涂 层	抗腐蚀不锈钢材料	90 μm PFA(350℃以上高温)	防腐蚀材料组成
计算机	内置微机,外置 PC	内置微机,外置 PC Windows 平台操作系统	可实现在仪器上操作或通过 PC 机操作,内存 100 种国际通用标准应用方法,用户也可以编辑、存储、修改和删除特定样品的应用方法
内置诊断连锁	智能终端控制系统、Easy-WAVE/Control 全过程控制软件	磁控管状态,磁控管温度,炉温,高压传感器,顶盖	振动监测装置、光电位置检测
温度范围	自动温度监控高到 300℃可选红外温度监控	100~300℃,精度:±1℃(200℃),无接触中红外测温	高频光纤温度传感器,显示反应罐内的温度和升温曲线,范围:-40~300℃
压力监控	自动压力监控,高到 100×10^5 Pa	非接触压力监控,压敏传感,$(0\sim150)\times10^5$ Pa,精度:5×10^5 Pa(70 psi,1 psi≈6.9 kPa)	压电晶体压力传感器,显示反应罐内的压力和升压曲线,范围:0~1500 psi
旋转盘转速		连续顺时针旋转,大约 6 r/min	
安全测试		CE 认证,符合欧盟 EN335-25, EN50081, EN50082 及 EN61010 标准	最高压力 1500 psi,最高温度 300℃,主动安全:功率自动变频输出,精确温度/压力实时监控,全罐温度/压力监控,功频匹配腔体设计和多模场谐振均衡技术等。被动安全:宇航纤维复合材料耐压外套,垂直定向防爆,双重泄压,自动安全门和其他多重安全
冷却方式			自动风冷或水冷,时间小于 15 分钟
处理量		12~24 个	高压容器 12~40 个样品/批次,特殊容器 52 个样品/批次

4.2.2 其他化学分析仪器与设备

其他化学分析仪器与设备主要指天平、烘箱、马弗炉、纯水发生装置、超声清洗装置、移液装置、电热板等。

4.2.2.1 电子天平

通常人们把利用电磁力平衡原理来称物体重力的天平称为电子天平,主要由电磁力平衡式称重传感器、位移传感器、PID(比例-积分-微分)调节器、放大器、线圈、低通滤波器,模数转换器、秤盘等组成。电子天平具有快速称量、使用方便、功能多、计量性能稳定等优点,应用越来越广泛。铁矿实验室主要使用的电子天平为万分之一天平。

A 主要生产厂家

a 梅特勒－托利多

梅特勒－托利多总部位于瑞士苏黎世，是全球领先的精密仪器制造商，其产品涵盖实验室、工业、商业用称重、分析和检测仪器、设备。梅特勒－托利多在其近百年的发展历程中，始终致力于产品的开发和应用，在世界衡器以及仪器领域方面一直拥有处于领先地位的新技术及新产品。早在1987年，梅特勒－托利多就开始涉足中国，在江苏省常州市实施了其在中国的第一项投资，设立了梅特勒－托利多（常州）称重设备系统有限公司，以生产和销售各类工业及商用衡器及称重系统产品为主。1992年，梅特勒－托利多仪器（上海）有限公司成立，该公司主要生产和销售电子天平、实验室分析仪器、自动化化学反应系统、过程检测系统、包装检测系统，公司位于上海市漕河泾新兴技术开发区。自此，梅特勒－托利多集团在中国能以更完整、更全面的产品线为实验室、工业和商业的用户提供高质量的产品。

b 赛多利斯

赛多利斯是由一批通过DIN ISO 9001认证、历史悠久、富于创新精神的企业组成的跨国集团公司。赛多利斯的机电一体化部门结合机械电子工程和信息技术，利用齐全的实验室、工业称量技术产品和电化学分析仪器，为用户提供全套的解决方案。生物技术部门的应用覆盖了生物分子和微生物分离、浓缩、提纯、发酵和细胞培养。新成立的环境技术部门源自赛多利斯的核心优势技术——称量和分离技术，补充赛多利斯集团的传统部门。赛多利斯为实验室、生产工艺流程提供全系列的应用方案，主要客户遍及化工、制药、食品、科研、教育等领域。

c 上海精密科学仪器有限公司天平仪器厂

该厂是目前国内历史最悠久且具有实力的专业生产天平仪器及实验室仪器的高新技术企业。现已通过ISO9001:2000质量体系认证。目前主要生产经营电子天平、机械天平、热分析仪器、黏度计、水分测定仪、微粒度测定仪等八个大类一百八十多个品种。企业技术力量雄厚，工艺先进，设备齐全。高度重视新产品的研制开发，产品曾多次获奖，其中FA、JA、MP、YP系列电子天平、NDJ系列黏度计获得了国家新产品证书。

d 岛津

岛津制作所是一家日本公司，在长达120年的历史过程中，创始人为岛津源藏。岛津制作所不断钻研领先时代、满足社会需求的科学技术，为社会开发生产具有高附加值的产品。特别是在分析测试仪器、医疗仪器、航空产业机械、生命科学等领域灵活运用岛津的测试技术，不断开发生产先进的产品，在全世界都享有很高的评价。

B 主要产品性能对比

主要产品性能对比见表4-33。

4.2.2.2 纯水机

铁矿实验室微量元素分析，如原子吸收，其试验用水纯度要求非常高。超纯水系统，目前国际上比较著名的品牌是美国MILLIPORE，MILLIPORE超纯水系统可根据进水水质的不同和用途不同，可灵活选用不同纯化柱，可按用水量大小新鲜制备超纯水，系统小巧并有内置电导仪可检测水的纯度，即有利于实验室对水的质量控制。铁矿实验室可根据应用要求，

表 4-33 不同厂家的天平参数

公司名称	梅特勒－托利多集团		赛多利斯集团		上海天平仪器总厂	岛津制作所
品　牌	Mettler-Toledo		Sartorius		上平	岛津
型　号	AL204	AB204－S	BT224S	CP224S	FA2104N	AUW220D
产品名称	电子分析天平	电子分析天平	电子分析天平	电子分析天平	电子分析天平	电子分析天平
图　片						
性能指标	精度:0.1 mg;量程:210 g;称盘尺寸:ϕ90 mm;重复性:0.1 mg;线性:±0.3 mg	精度:0.1 mg;量程:220 g;称盘尺寸:ϕ80 mm;重复性:0.1 mg;线性:±0.2 mg	精度:0.1 mg;量程:220 g;称盘尺寸:ϕ80 mm;重复性:0.1 mg;线性:±0.2 mg	精度:0.1 mg;量程:220 g;称盘尺寸:ϕ80 mm;平均响应时间不大于2 s	称量范围:0～210 g;读数精度:0.1 mg;称盘尺寸:ϕ80 mm;输出接口 RS232C	精度:0.1 mg;量程:220 g;标准偏差:0.1 mg;称盘尺寸:ϕ80 mm;线性:±0.2 mg
备　注	采用具有良好耐腐蚀,抗冲击性能的 ABS 工程塑料,确保天平结构的轻便、坚固,清晰的显示屏和键盘设计,方便用户使用,外置砝码校准,确保称量结果的准确性 内置 RS232 通讯接口,方便连接打印机,电脑等外围设备,显示屏按键的塑料保护罩,可避免散落样品的腐蚀;具有简单称量、百分比称量、计件称量、动态称量、加减称量等内置应用程序	采用高分辨率的称量单位,满足用户高精度的称量需求;称量单元保护装置,提高产品的抗冲击、过载性能;坚固的金属机架,避免称量样品的污染,延长天平的使用寿命;内置砝码校准,确保称量结果的准确性;双量程设计,满足客户对不同样品的称量需求;可以拆除的防风罩设计,实现天平的快速清洁;内置 RS232 通讯接口,方便连接打印机、电脑等外围设备;显示屏按键的塑料保护罩,避免散落样品的腐蚀;具有简单称量、百分比称量、计件称量、动态称量、加减称量等内置应用程序	内置砝码自动校准;四级防振;动态温度补偿;全自动故障诊断;多种应用程序:计数称重、动物称重、百分比称重、净重求和、19 种单位换算;超载保护;采用双杠杆单体传感器,减少 70% 以上的零部件,使天平精确性更高、速度更快、读数更稳、温度影响更小;赛多利斯专用的 MC1 处理器,测量结果更快、更准确;最新 SMT 技术,使线路部分体积更小,集成度更高;内置 RS232 标准接口,符合 GLP 标准,可连接打印机、电脑;下部吊钩,满足大体积称量	有背景光的液晶显示屏,字体高度:16.5 mm;0.001 g 精密天平防风罩的侧面玻璃板可取出,上盖与防风罩的一边相连,可以翻启;精度 0.01 mg/0.1 mg 型号的天平有全玻璃防风罩;双向数据接口 RS232;内置全自动校准砝码(半微量/分析天平);只需按一个键,就可以使用外校砝码进行全自动校准和调整(所有精密天平);天平下部吊钩称量(造型 5 是选件);超载保护;符合 ISO/GLP 的记录和打印功能(连接赛多利斯 YDP03-OCE 或 PC 机);应用程序:百分比计算,净重－总合配方计算,动态称量/动物称重,单位换算,记数;适应外部环境的数字滤波器 水平支脚、水平仪、防盗环(8.2 kg 以下的天平),左、右去皮键能满足不同的使用习惯,触感反馈式按键	该天平采用高性能 MCS－51 单片微处理机控制,以确保天平称量结果高精确度,并具有标准的信号输出口,可直接连接打印机、计算机等设备来扩展天平的使用,使称量分析更加现代化,工作更轻松。 外型尺寸 324 mm × 217 mm × 335 mm,净重 7 kg,电源 220 V/50 Hz,110 V/60 Hz	内藏砝码全自动校正,使用革新技术的 UniBlock 传感器,双挡设置,既可以用作十万分之一天平,也可以作为万分之一天平使用,最大称量:220 g/82 g,最小显示值:0.1 mg/0.01 mg, 环境温度:5～40℃/41～104℉,灵敏度温度系数:$\pm 2\times 10^{-4}$%/℃(10～30℃/50～86℉) RS232C/连接电子打印机的数据输入输出连接器,电动校准,机内时钟,直通视窗(Windows®),密度测量 S/W,模拟条形图显示,用户选用:电池操作

型号可选用 MILLI-QACADEMIC 基础应用型，该仪器进水采用实验室一次蒸馏水，出水为超纯取离子水，见图 4-68。

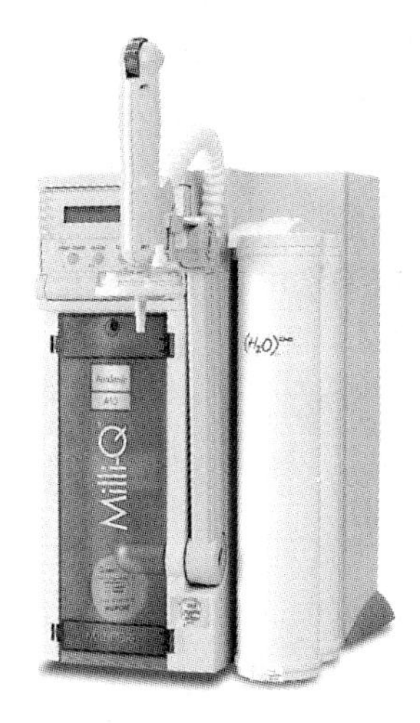

图 4-68 美国 MILLIPORE 超纯水系统

4.2.2.3 超声清洗器

超声清洗器是铁矿实验室中必不可少的清洗工具，因为实验室中使用的某些形状不规则的，内芯细小的器皿、仪器因污染难以常规清洗，有些精密仪器（原子吸收、碳硫分析仪等）中的零部件也需常清洗，超声波穿透性和渗透性强，能轻而易举地穿透玻璃外壁，洗净内壁污垢。国内生产经销超声清洗器的企业主要有上海科导超声仪器有限公司、昆山超声仪器有限公司、南方生化医学仪器公司三家，国外经销商有美国飞世尔科学世界公司（Fisher Suentific World Wide）。

上海科导超声仪器有限公司生产有 59 kHz 高频台式清洗器（H 系列），59 kHz/40 kHz 双频数显台式超声波清洗器（LH 系列）和高频 59 kHz 功率无级可调台式超声波清洗器（HP 系列）。59 kHz 高频超声波清洗器（H 系列）台式数显，定时 1 ~99 min，具有 40 kHz 无法比拟的。显著优点为：噪声降低了 60%，穿透性和渗透性强，能轻而易举地穿透烧杯玻璃壁，洗净内壁污垢，因此它除具有良好的清洗功能外，混合、脱气、脱泡、提取效果尤佳。南方生化医学仪器公司生产的清洗器除清洗外有加热，灭菌功能，价格昂贵。美国飞世尔科学世界公司经销的超声清洗器也有加热功能，但需要使用 120 V 电压，需配置变压装置。

4.2.2.4 电导仪

电导仪是液体电导率的测量仪器，是纯水中离子浓度大小的直接体现。铁矿实验室一般要求使用纯水，但某些检测分析如微量杂质含量检测要求使用超纯水，纯水的水质直接影响检测结果，实验用水必须经过检测，所以电导仪是实验中纯水水质检测必不可少的仪器之一，见表 4-34，主要厂家有：

（1）美国奥立龙公司。奥立龙公司（ORION）是美国一家从事水质分析仪器研制开发的专业公司，迄今已有 30 多年历史。公司集世界一流的微电子和传感器技术生产的 pH 计、离子浓度计、电导率仪等系列产品，以响应快、稳定性好、测试结果准确、外形美观、操作简便等特点著称，是当今欧美市场上的主导品牌。130A 防水型便携式电导/盐度/TDS/温度测量仪适合于常规实验室使用，满足于锅炉水、蒸馏水、超纯水电导的精确测量，其性能特点：1）具有自动标定功能，利用电导电极常数修正法校正电导电极。2）温度线性可调和非线性补偿。3）宽范围测量，自动量程选择。4）完备的 GLP 数据记录功能，IP66 防尘防水。

（2）梅特勒 - 托利多公司（METTLER TOLEDO）。梅特勒 - 托利多生产的基础型便携式系列电导仪，采用微处理器控制，大屏幕液晶显示屏，配有特殊的四环电导电极，测量范围大，能满足常规电导率的测量，适合户外测量。“快巧”系列是台式的电导率仪，采用微处理器控制，具有很高的精度、可靠性和重复性，其操作方便而快捷，可应用于常规实验室检测和研究开发。Delta 电导率仪系列适合于常规范围的电导率测量，配以四环电导电极，测量范围相当大，并具有自动量程判别及可变分辨率、自动终点判别、含盐量/TDS 读数、可调节温度补偿系数等功能。“SEVENEASY”系列 pH、电导率、离子浓度测量仪表是梅特勒 - 托利多公司的新一代仪表，它具有多种全自动功能（全自动温度补偿、全自动终点判断、全自动校准识别、全自动仪表自检等)配以超大液晶显示屏和全方位电极支架,令操作更简便,测量更精确,完全满足实验室常规测量要求。基础型便携式系列和 Delta 电导率仪系列的测量范围为 0 ~ 199.99 μS/cm,适合应用于一般水质的测量,而“快巧”系列和“SEVENEASY”系列的测量范围为 0 ~ 500 μS/cm,适合应用于纯水测量。因为我们实验室要求纯水检测,所以“快巧”系列和“SEVENEASY”系列比较合适。其技术指标见表 4-34。

表 4-34 不同型号的电导仪

品　牌	ORION	METTLER TOLEDO		FISHER ACCUMET
型　号	130A6	快巧 SevenMulti S40	SEVENEASY S30K	AB30
测量范围	0.00 ~ 500 mS/cm	0 ~ 1000 mS/cm	0 ~ 500 mS/cm	0 ~ 300 mS/cm
分辨率	0.01 μS/cm	0.1 μS/cm ~ 0.1 mS/cm	0.1 μS/cm ~ 0.1 mS/cm	0.1 μS/cm
精　度	0.5 量程	0.5 量程	0.5 量程	0.5 量程

(3) 美国飞世尔(FISHER ACCUMET)公司。美国飞世尔公司是全球知名的科仪公司,拥有多家实验室仪器研究开发公司,至今已有一百多年的历史。

Fisher accumet AB 型台式 PH/电导率仪适合于常规实验室使用,可测 pH 值、电导率、温度和离子浓度等,按键操作方便简单,超大屏幕 LCD 显示及菜单编程,方便阅读。

4.2.2.5 烘箱

铁矿实验室烘箱主要用于铁矿烘干、器皿烘干、水分测定(105℃)、试剂预干燥等。使用的烘箱工作室尺寸一般为:400 mm × 400 mm × 500 mm,最高温度为 200℃。目前国际上比较先进的又符合实际要求的烘箱见表 4-35。

表 4-35 烘箱参数

型　号		FD115	UE500	13 - 258 - 14D
代理厂家		德国 Binder	德国 Memmert	Linberg/Blue M
主要技术参数	额定温度	300℃	220℃	260℃
	功　率	1.6 kW	2 kW	1.3 kW
	工作室尺寸 ($W \times H \times D$)	60 cm × 48 cm × 40 cm	56 cm × 48 cm × 40 cm	47 cm × 45 cm × 41 cm
	对流方式	热空气加热,强制对流式空气循环	带风扇,自然对流	底部进气,顶部出气,自然对流
	加热方式	底部和两侧面三面加热	四面加热	可调节进气量
	控温设备	APT. Line 微电脑控制温度,精确的三位 LED 显示温度,温度范围为室温 +5 ~ 300℃ 还有定时功能,另外,德国 Binder 的 FD115 还有过温保护,另外,还配备了 safety device class 3.1 保护设施,使用安全可靠。另外,也可以配备 RS232 接口,可以用 PC 机远程控制	电子微程序 PID 控制并可通过控制面板设定程序,RS232 接口可与 PC 机连接做到远程控制	DGS 模式控制器 LED 数显,过温保护
	控温精度	< ±0.4℃	< ±0.5℃	< ±0.5℃
	最多可放置隔板数	6	5	2

4.2.2.6 马弗炉

马弗炉主要用于铁矿的灼烧减量(L.O.I)、熔样、铁矿 X 荧光检测及铁矿灼烧残渣处理。铁矿X荧光在前面有所介绍。铁矿实验室马弗炉选型标准见表4-36。表4-37为国产800℃以上马弗炉(用于铁矿灼烧残渣),表4-38为1100℃进口马弗炉(用于铁矿灼烧减量L.O.I检测)。

表4-36 马弗炉要求标准

所需工作温度	900℃以上	1100℃	1200℃
用 途	铁矿灼烧残渣	铁矿灼烧减量	铁矿X荧光
工作室尺寸	4~9 L		
比较标准	厂家规模,保温时控温精度,两相供电,易维修等		

表4-37 国产800℃以上马弗炉(用于铁矿灼烧残渣)

型 号		SX2-5-12	SX2-5-12	SX2-5-12
生产厂家		上海阳光实验仪器有限公司	杭州蓝天仪器有限公司	浙江嘉兴市电炉厂
主要技术参数比较	额定温度	1200℃	1200℃	1200℃
	功 率	5 kW	5 kW	5 kW
	工作室尺寸(高×宽×深)	12 cm×30 cm×20 cm	12 cm×30 cm×30 cm	12 cm×30 cm×20 cm
	控温设备/方式	KSW型温度控制器及镍铬-镍硅电偶数显	XMT系列温度控制仪及相应的热电偶	KSY-6-16温度控制仪及相应的热电偶
	加热元件	电炉丝	电炉丝	电炉丝
	总 重	55 kg	—	100 kg
	安全设置	炉口下端装有与炉门连锁的安全开关	仪表内设断偶保护装置、炉门连锁的安全开关	炉门连锁的安全开关

表4-38 1100℃进口马弗炉(用于铁矿灼烧减量L.O.I检测)

型 号		L9/11	A-33852-27	10-550-14A
代理厂家		德国纳博热	美国COLE-PARMER	美国FISHER
主要技术参数比较	额定温度	1100℃(max)	1100℃	1125℃
	功 率	3.0 kW	3.5 kW	1.2 kW
	工作室尺寸(高×宽×深)	17 cm×24 cm×23 cm	22.5 cm×22.5 cm×35 cm	10 cm×15 cm×25 cm
	控温设备/方式	标准配置数字式PID控制器B170可调节升温曲线,保温温度和时间静音电子继电器控温	SSP程序控温器PID控制器16温段调节自动调谐,过温保护	程序升温,数控、数显
	加热元件	内嵌加热丝的陶瓷加热板,方便更换且价格合理	专利加热方式,Molatherm绝缘纤维	电炉丝两面加热,硅铝合金代替耐热砖
	升温速度0~1100℃	—	35 min	快速加热
	控温精度	±2℃	±1℃	±1℃
	总 重	45 kg	56.7 kg	27 kg

用于铁矿灼烧残渣处理的马弗炉,温度要能达1000℃,2 h即能满足检测要求,此类马弗炉控温精度要求相对较高,持续高温下对仪器耐热性要求也较高,比较先进的升温方式都

是程序升温，升温比较快速平稳。根据比较，国产马弗炉 SX2－5－12 各种主要性能都大同小异，嘉兴的价格比较便宜，但是以前使用时发现壳体易锈，热电偶易坏。上海阳光相对来说品牌更好一些，质量更好，热电偶是这三家中质量最好的，而且购买比较方便。

L. O. I 检测需要 1000℃高温下 2 h，对于控温精度要求相对较高，持续高温下对仪器耐热性要求也较高，比较先进的升温方式都是程序升温，升温比较快速平稳。

4.2.2.7 瓶口移液器和数字型滴定器

A 瓶口移液器

瓶口移液器是一种新型的移液仪器，它代替普通移液管可迅速而方便地完成移液工作，移液时按预先设定的体积精确移液，重复使用，避免人为操作误差。瓶口移液器与试剂瓶直接连接，减少与酸碱等腐蚀性试剂的直接接触，可使实验操作更安全。

瓶口移液器的主要性能特点为：(1)按照 GLP 和 ISO 9000 标准，不用任何工具即可校准；(2)安全阀门采用内循环方式排气泡，避免了试剂浪费；(3)安全排液系统可以保证在出液管安装不正确情况下，无液体排出；(4)带螺扣的安全帽可避免与试剂接触；(5)排液管可置于任何方位，使试剂瓶标签处于可视位置；(6)适合任何规格试剂；(7)透明吸液管长度可调，适合各种高度的试剂瓶。

表 4-39 为德国 BRAND 公司、芬兰 BIOTEC 公司、美国 BRINKMANN 公司三家品牌企业的瓶口移液器的主要性能特点。

表 4-39 瓶口移液器的主要性能特点

型 号	规格/mL	最小刻度/mL	精度/%	品牌公司
Dispentte 数显型	1～10	0.05	0.5	德国 BRAND
Dispentte 数显型	2.5～25	0.1	0.5	
数显型	1～10	0.05	0.5	芬兰 BIOTEC
数显型	2.5～25	0.1	0.5	
13－688－133 刻度型	2.0～10	0.2	0.5	美国 BRINKMANN
13－688－134 刻度型	5～25	0.5	0.5	

德国普兰德(BRAND)的新一代 Dispentte 系列是更新标准的瓶口移液器，久经考验的操作原理悉经优化，使实验室移液操作更安全，更方便，应用范围广泛，更能满足实验室需要。DispentteⅢ适用于一般酸碱和低浓度的强酸强碱以及盐类，如 H_2SO_4、H_3PO_4、NaOH、KOH 等等；Dispentte organic 适用于高浓度酸和有机溶液，如 HCl、HNO_3、THP 等；Dispentte HF 只适用于氢氟酸(最大用于 52% HF)。Dispentte 系列分为数字可调型、游标型和固定型，其中数字可调型的最小分度更小，读数更方便。

B 数字型滴定器

数字型滴定器既不像普通玻璃滴定器那样操作繁琐，也不像专业滴定系统那样昂贵，它体积小，电池寿命长，适用于在狭小空间和远离电源的地方使用，数字显示消除了人为读数所带来的误差，使检测结果更准确。目前数字型滴定器这类液体操作产品的生产厂家很多，品牌企业有德国普兰德(BRAND)公司、瑞士万通(Methohm)公司、德国拉玻菲(Labofit)公司等，见表 4-40。

表 4-40 数字型滴定器型号规格

名 称	型号规格/分辨率	品 牌
数字型滴定器	Continuous E/0.01 mL	德国 Labofit
数字型滴定器	Continuous RS/0.01 mL	德国 Labofit
数字型滴定器	25 mL/0.01 mL	德国 BRAND
数字型滴定器	50 mL/0.01 mL	德国 BRAND
数字型滴定器	775 型 1 ~ 50 mL/0.001 mL	瑞士 Methohm
数字型滴定器	775 型 20 mL/0.001 mL	瑞士 Methohm

德国普兰德公司的数字型滴定器的特点为:(1)简易求准。普兰德简易校准技术可在几秒内按 ISO 9000 和 GLP 标准校准而无需任何工具。(2)易于操作。滴定控制键与体积控制旋转易于操作,便于控制,吸入试剂时按“Fill”,手轮向上旋转,滴定时按“Titr”键,手轮向下旋转。(3)安全排液系统。独特的安全排液阀门利用循环的方式排出气泡,避免浪费试剂,若排液管未安装完善,则内置的安全排放系统可以阻止液体流出。(4)使用安全方便。螺旋安全帽减少了接触试剂的危险,拆卸方便,出液管方位可调,可以设定任意方位,嵌入式吸液管长度可调节,适用于不同尺寸的试剂瓶。

德国拉玻菲公司的数字型滴定器的特点:(1)符合 ISO 9001 认证具有可校正功能;(2)使用干电池,并具有省电设计;(3)倾斜式面板并可 360°旋转,操作方便;(4)滴定器接触试剂部分皆为抗酸碱材料,并可高温灭菌;(5)环保型回流消气泡装置,避免试剂浪费;(6)可拉长式滴头设计,方便不同的滴定操作;(7)可伸缩式吸液管,适合各种不同高度的试剂瓶;(8)具有不同尺寸的转换头,适合各种厂牌的试剂瓶。

5 铁矿石检验实验室物理检测与鉴定设备

铁矿石物理检测与鉴定设备包括取制样设备、物理检测设备和矿物分析设备等。本章介绍铁矿石检测所需所有设备,即从取样开始到最终分析样制成所需所有设备、物理检测设备、矿物鉴定设备,对部分仪器结构、部件、原理、用途、特点、计量校正、维修维护、安装环境、外围辅助设施配置进行进一步介绍。列举某些设备的参数及不同典型厂家性能对比,参考型号。对一部分设备的维修及技术改造进行深入探讨。

5.1 机械取制样设备

机械取制样系统设备应结构紧凑、布局合理,机械传动性能好,便于接近检查。所有设备应操作简便、工作可靠、故障少、容易维修、不污染样品及避免样品的水分散失和化学、物理样品性质的变化等。

5.1.1 取样机

下面以移动皮带取样机为例进行简单介绍。

移动皮带取样机用于在输送物料的主皮带机端部采样。其采样的原理是带一定宽度接料口的取样皮带机以恒定的速度横切下落的物料流,对物料流进行全断面采样。

皮带取样机主要由取样皮带机、行走小车、驱动装置、机架、整料装置、送样皮带机和电控系统等部件组成。工作过程如下:接到采样信号后,取样皮带机在采样起始位置首先启动,皮带旋转;在行走小车的带动下取样皮带机以恒定的速度从下落的物料流通过取得样品;样品通过整料装置和送样皮带机送到制样设备;到达取样终点后,行走小车停止,取样皮带机停转,取样过程完成。具体技术参数见表5-1。

表5-1　皮带取样机技术参数

序　号	名　称	参　数
1	取样皮带机带宽	400~2200 mm
2	取样皮带机带速	与输送物料主皮带相同
3	接料口开口度	大于物料最大粒度的3倍
4	切割料流速度	≤0.6 m/s
5	采样行程	5400 mm
6	行走驱动装置	制动电极减速机

皮带式取样机适用于水分小于18%的颗粒和粉状物料的采样。

5.1.2 皮带机

皮带机设计时应充分考虑满负荷工况情况,输送和给料能力满足流程要求,保证均匀给料。在紧急停机后能满负载启动,在各种条件下启动或制动均不出现打滑现象。

托辊轴承密封应采用防水、防尘的迷宫式结构,要选用能封入润滑脂的滚动轴承。托辊的质量不低于 GB 10595—89 标准。托辊轴头应设轴肩,以防辊子脱落。上托辊为槽形托辊组,由三个相同的可互换的辊子组成,槽角一般为 35°,间距不大于 1 m,头、尾部设过渡托辊组,长度较短的皮带机应根据胶带的成槽性选择合适的槽角,长度大于 20 m 的皮带机应设自动调心托辊,每 10 组布置 1 组,单向运行的皮带机全部采用前倾槽形托辊组,前倾角为 2°。下托辊一般采用 V 形下托辊组,其中单向运行的皮带机全部采用前倾 V 形下托辊组,前倾角为 2°。托辊宽度不超过皮带机架的宽度。皮带机受料处支撑托辊采用橡胶圈式缓冲托辊。托辊阻力系数为 0.022(计算功率时,托辊阻力系数取 0.03)。

滚筒为焊接结构,外筒的壁厚在 10 mm 以上。轴承均采用自动调心双列滚珠轴承。驱动滚筒采用人字形或菱形耐磨铸胶面(可逆胶带输送机采用菱形,其余均采用人字形铸胶面),胶厚 15 mm,邵尔 A 型硬度 70°,改向滚筒采用光面铸胶面,胶厚 10 mm,邵尔 A 型硬度 60°。滚筒宽度为输送带宽度加 100 mm。

皮带机防护罩自身具有足够的强度和刚度,便于安装和拆卸,能防止粉尘泄漏。图 5-1 是徐州赫尔斯公司的 SF 型全密封槽板式样品皮带给料机。

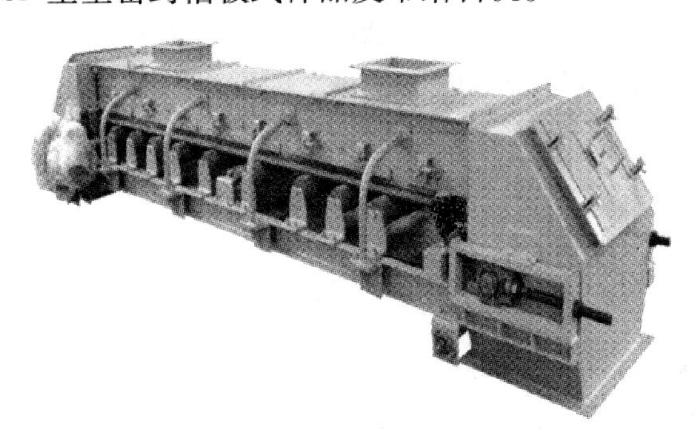

图 5-1 SF 型全密封槽板式样品皮带给料机

5.1.3 称重装置和储料斗

称重装置分别用于初级份样称量和各级粒度样品的称量。称重装置有皮带秤和料斗秤。

在系统中的称重装置优先采用静态称重,称量精度应优于 0.1%。称重传感器应采用稳定时间短、精度高,并具有静态自校准功能的产品,称量传感器精度优于 0.03% 的灵敏度,称量范围为 0 ~ 1000 kg。图 5-2 是料斗称的结构组成示意图。

系统设备中的储料斗一般采用底部设双闸门开关作为出料口,并采取措施防止门铰导轨处夹料,开关门的驱动装置采用气动方式。

所有储料斗内壁材料均要求光滑、耐磨、抗腐、不污染和不粘挂样品。容腔形状要求陡直,无棱角、棱边。

所有储料斗应有足够的斗容容纳样品。每台粒度试样缓存斗的斗容应可容纳不少于 500 kg 的样品。

粒度试样缓存斗要求整台设备密封防尘及防止水分散失及样品污染,在适当位置应设置密封检视门,必要时可打开清理。

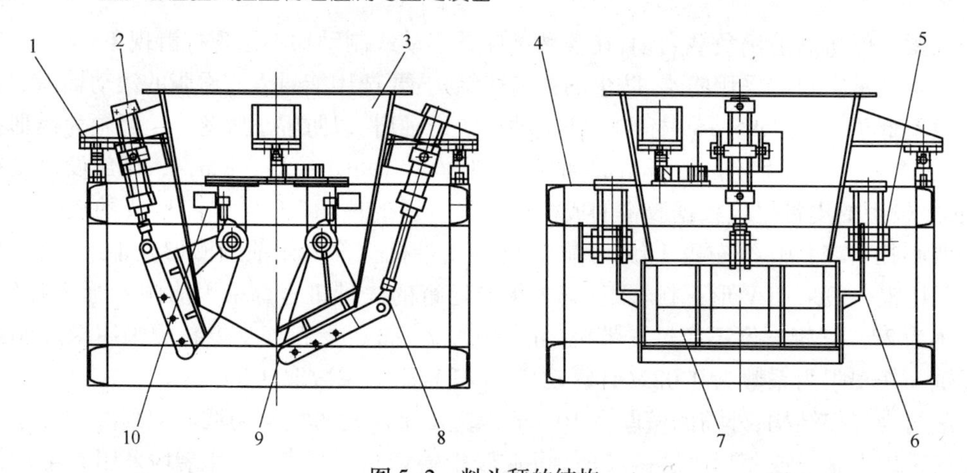

图 5-2　料斗秤的结构

1—称重传感器;2—传动气缸;3—斗体;4—支架;5—传动连接装置;6—料门连接装置;7—料门;8—关节轴承;9—自润滑轴承;10—行程开关

5.1.4　颚式破碎机

颚式破碎机应用于破碎块矿,在线颚式破碎机其给料尺寸及出料尺寸根据系统制样的要求来定做,一般入料口应大于 20 mm,出料口范围应为 7 ~ 25 mm 连续可调。图 5-3 是颚式破碎机传动原理结构示意图。

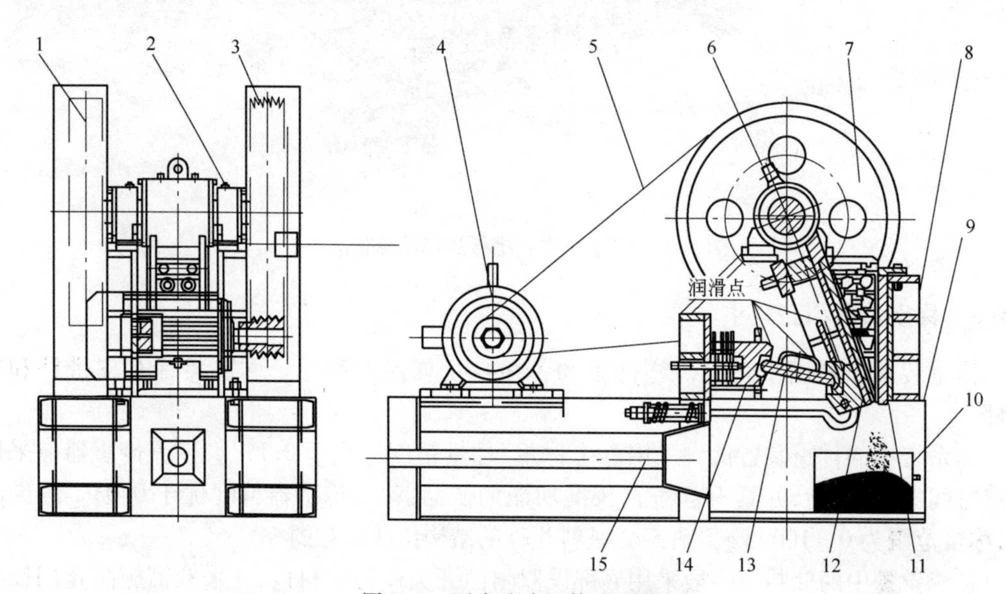

图 5-3　颚式破碎机传动原理

1—飞轮;2—轴承座;3—安全罩;4—电机;5—皮带;6—偏心轴;7—皮带轮;8—机架;9—支座;10—集料箱;11—定颚板;12—动颚板;13—肘板;14—滑块;15—除尘装置

5.1.5　对辊破碎机

对辊破碎机在取制样系统中一般处于第二次破碎的处置,其出口粒度应小于 5 mm,是处于研磨化学样前的最后一道破碎工序。其工作原理为物料由受料器进入相向转动的两个对辊之间,被对辊“咬住”后挤压,挤压力由小渐大,较大物料被挤压碎后同时下移,当挤压力由大到小并解除时,碎后物料即下落。对辊式破碎机(见图 5-4),主要由 1 减速机、2 支架、3 减速机支撑架、4 传动链条、5 进料斗与罩体、6 辊筒、7 链条防护罩、8 操作按钮盒、9 清扫装置、10 收集料箱装置、11 调节标尺等组成。

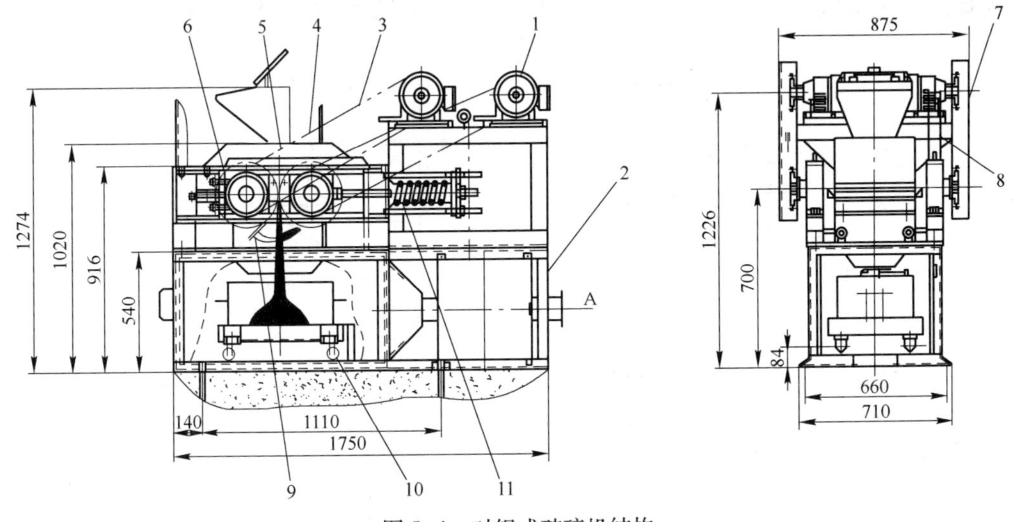

图 5-4 对辊式破碎机结构

1—减速机;2—支架;3—减速机支撑架;4—传动链条;5—进料斗与罩体;6—辊筒;7—链条防护罩;8—操作按钮盒;9—清扫装置;10—收集料箱装置;11—调节标尺

5.1.6 料流切换装置

此设备是用于物料料流的换向运动。整机壳体均采用优质不锈钢。切换装置的换向由 PLC 来控制,方便、快捷。

料流切换装置主要由接料溜管、溜槽、气缸、轴承座、轴系等组成。物料从接料溜管下落,气缸推动溜槽转到需要的方向,见图 5-5。

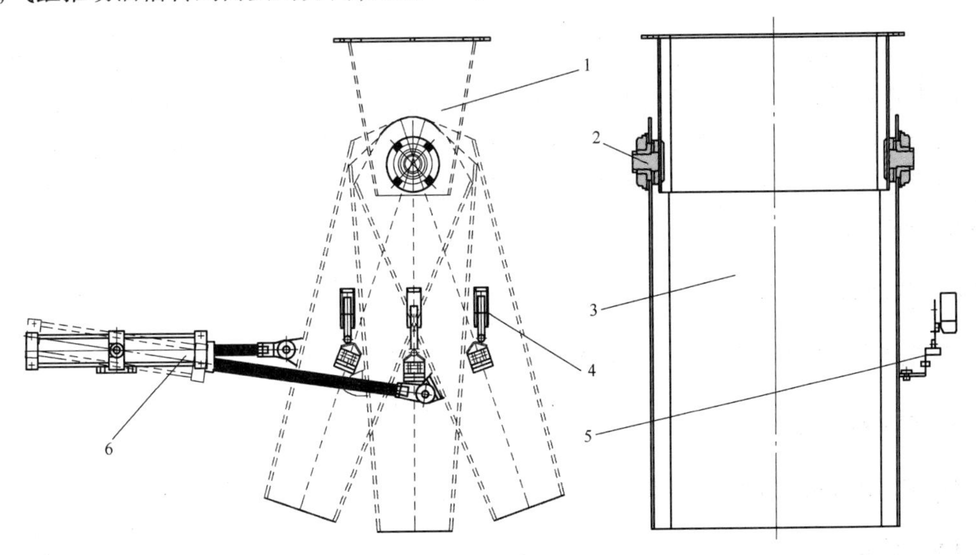

图 5-5 料流切换装置结构图

1—接料溜管;2—轴系;3—溜槽;4—行程开关;5—触角;6—气缸

5.1.7 单斗式提升机

单斗式提升机(见图5-6)主要由驱动装置、斗体、轨道固定架、轨道、导向轮组、导向滑轮、卷扬滚筒等构成。具有提升斗停止位置精确、运行平稳、安全灵活等特点。

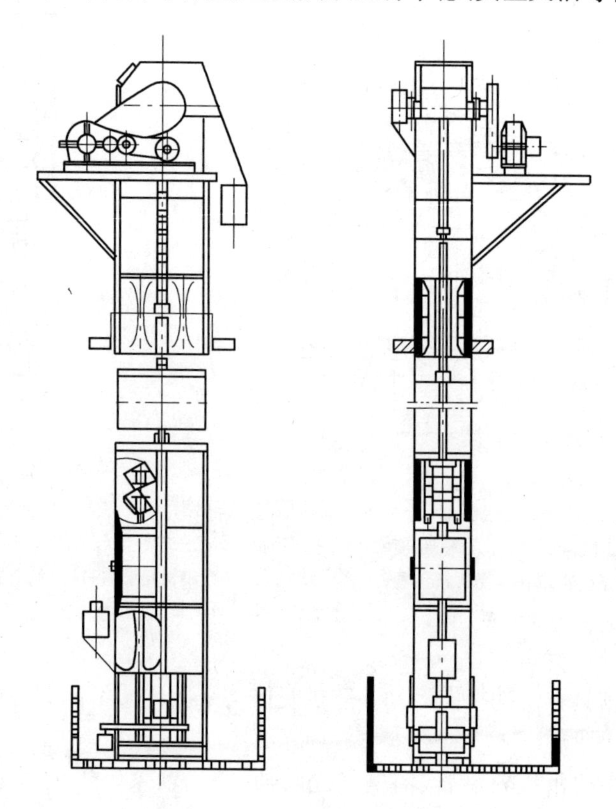

图5-6 单斗式提升机结构

TD型单斗式提升机工作原理为:驱动电机带动卷扬滚筒牵引斗体在轨道内上升,提升斗有四组轮子,最上面为牵引轮,下面两组为斗体行走轮。当提升斗达到卸料位置时,牵引轮继续沿导轨上升,第一组行走轮改变方向进入卸料槽,同时斗体翻转、物料进入卸料位置。卸料完毕提升斗靠自重翻转后沿导轨下降直至装料位置。其中导向轮组、导向滑轮用于钢丝绳的转向、滑动。

5.1.8 振动筛

在线振动装置用于测量矿石的粒度分布,其结构组成见图5-7。

5.1.9 样品收集器

样品收集器用于水分样和成分样的储存及收集。其结构组成见图5-8。

5.1.10 缩分器

链条式直线缩分器(见图5-9)主要由罩壳、采样器、手轮调速电机、链条传动装置、支架、清扫器等组成。物料从进料口下落,电机通过链条传动,带动采样器做直线往复运动,并从截面截取下落的物料,该物料经采样器的料仓滑至溜管内,最后滑落到样品收集装置内。从进料口进入的物料除被截取的物料外,其余大部分经出料口流出,由弃料设备返回主皮带。为了清扫采样器移动轨道上的积料,在采样器滚轮上装有清扫器,及时清扫轨道上的积尘及物料。

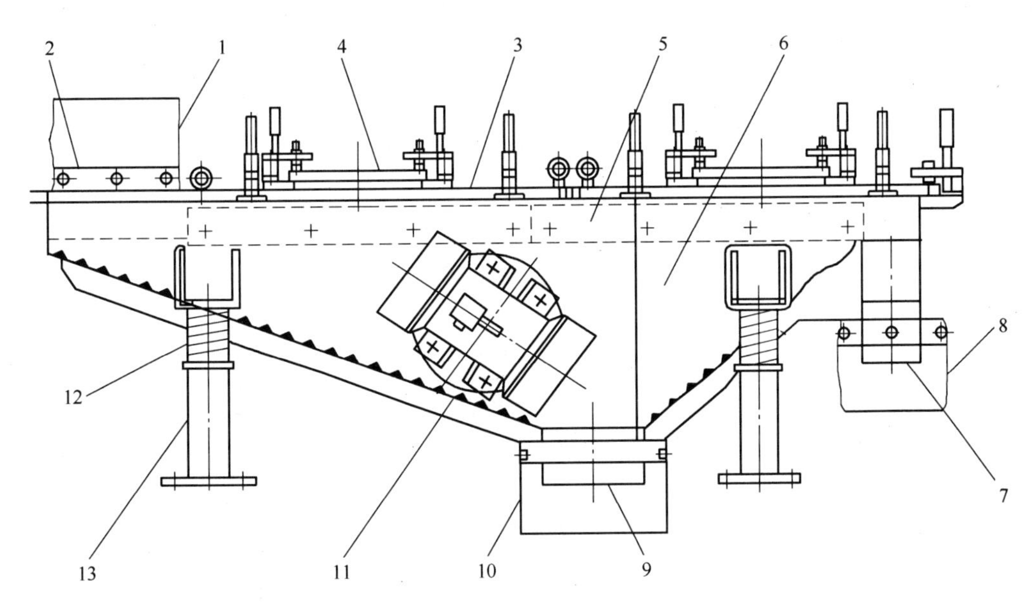

图 5-7 振动筛结构

1—软连接;2—固定法兰盘;3—箱体盖板;4—观察门;5—冲孔筛网;6—机体;
7—筛上排料口;8—筛上排料口防尘帆布罩;9—筛下排料口;10—筛下排料口防尘帆布罩;
11—振动电机(2 台);12—螺旋弹簧;13—支座

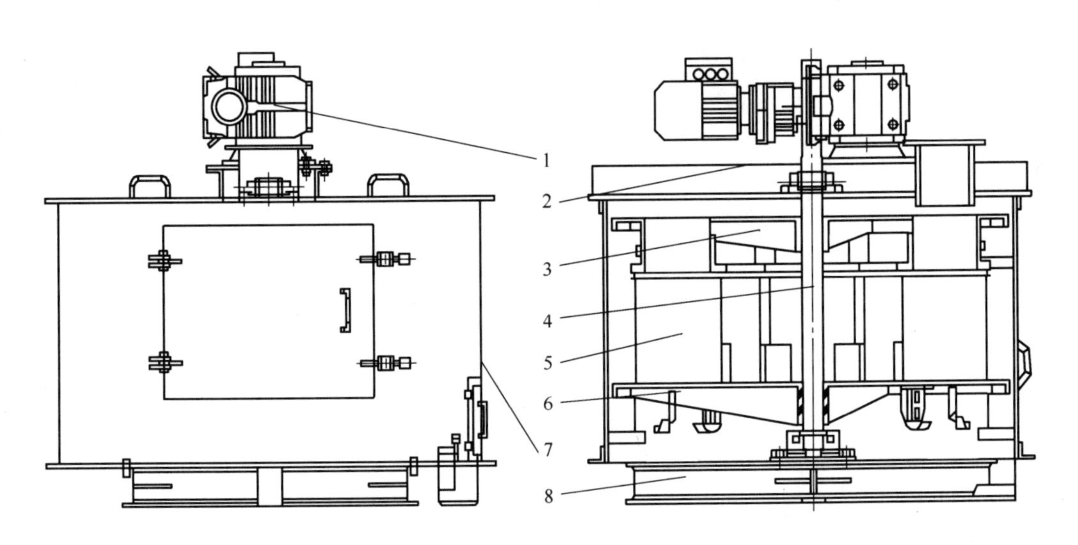

图 5-8 样品收集器结构

1—马达;2—盖板;3—落料口;4—转轴;5—样罐;6—托架;7—机体;8—底座

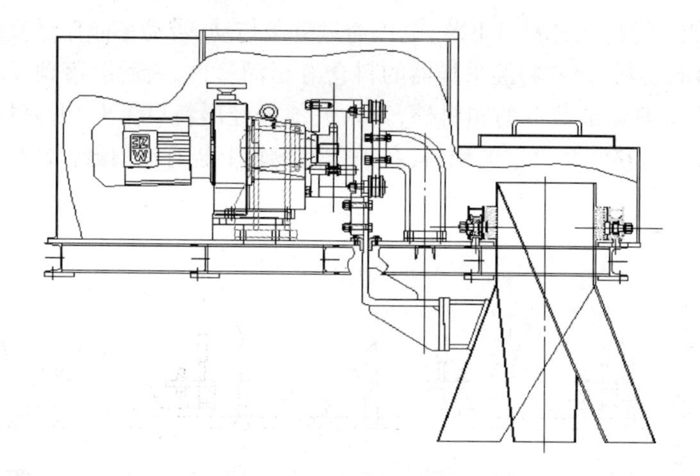

图 5-9 直线缩分器结构

5.2 手工取样制样设施

5.2.1 电子天平

技术参数为:(1)可读性,0.01 ~1 g;(2)称量范围:210 ~6100 g。见图 5-10。

图 5-10 PL602-S 梅特勒 - 托利多 METTLER 电子天平

5.2.2 电子秤

技术参数为:(1)三级秤的法定计量分辨率(1 ×3000e,2 ×3000e)或者标准分辨率(15000d);(2)2 个显示指示单元;(3)3 ~3000 kg 不等的 10 种量程;(4)13 种平台尺寸,见图 5-11。

图 5-11 赛多利斯 Midrics 工业秤

5.2.3 破碎设备

由于商品化铁矿石在出产时就已规定了粒度规格,因此铁矿石取制样需要的常用破碎机能破碎 75 mm 以下的矿石即可。

5.2.3.1 颚式破碎机

颚式破碎机一般为挤压式粉碎方式。粉碎样品通过防回溅的进样漏斗进入破碎腔室。粉碎过程在位于两支粉碎颚臂之间的楔形井道空间内进行,其中一支颚臂固定,另一支颚臂由一个偏心轮轴带动。粉碎样品通过颚臂的椭圆运动方式受到挤压,并在重力作用下向下移动。当样品粒径小于颚板下端开口间距时,它便落入一个可以拉出的接收槽内。颚板间隙宽度连续可调,有些先进的颚式粉碎机宽度可数显,确保得到与间隙宽度相对应的最佳粉碎效果。

铁矿石取制样实验室一般需配备2～3台大小规格不同的颚式粉碎机,用以满足粒度0.15～75 mm之间的矿石破碎。以德国FRITSCH公司生产的Pulverisette 1系列颚式破碎机为例,说明此类破碎机的性能特点。根据不同硬度矿石的破碎需要,产品可提供调质钢、不锈钢、无铬钢、碳化钨、氧化锆等颚板组件,可用于中硬性、硬性、脆性、硬韧性等物质的粗粉碎和预粉碎,如玄武岩、水泥粉煤渣、火砖砂、煤炭、建筑废物、长石、花岗岩、石英、矿石、氧化物陶瓷、铺路石、硅、炉渣、钨合金。Pulverisette 1系列颚式破碎机规格性能对比见表5-2,及图5-12和图5-13。

表5-2 德国FRITSCH公司Pulverisette 1系列颚式粉碎机规格性能对比

性能指标	颚式破碎机 Pulverisette 1 Mini	颚式破碎机 Pulverisette 1 Ⅰ	颚式破碎机 Pulverisette 1 Ⅱ	颚式破碎机 Pulverisette 1 Ⅲ
应用领域	粗粉碎和预粉碎	粗粉碎和预粉碎	粗粉碎和预粉碎	粗粉碎和预粉碎
样品特征	中硬性、硬性、脆性、硬韧性	中硬性、硬性、脆性、硬韧性	中硬性、硬性、脆性、硬韧性	中硬性、硬性、脆性、硬韧性
进料粒度	<35 mm	<60 mm	<95 mm	<150 mm
最终出料粒度	d_{50} <0.5 mm	d_{50} <1 mm	d_{50} <1 mm	d_{50} <3 mm
接收槽容积	1 L	5 L	5 L	30 L
样品流量	1L/(次)加料	200 kg/min	300 kg/min	600 kg/min
颚板宽度	40 mm×40 mm	60 mm×60 mm	100 mm×100 mm	150 mm×200 mm
颚板间隙调节范围	1～10 mm	1～15 mm	1～15 mm	1～40 mm
间隙宽度显示	数字	模拟	模拟	模拟
零点-校准	可以	可以	可以	可以
可翻置漏斗		有	有	有
加配吸尘器	仪器本身防尘	有	有	有
中央润滑(选项)			可以	可以
安装装备型供货			可以	可以
驱动功率	1100 W	1400 W/1700 W	2800 W	3000 W
机体尺寸(长×宽×高)	36 cm×51 cm×58 cm	41 cm×83 cm×72 cm	41 cm×83 cm×72 cm	67 cm×145 cm×160 cm
净　重	约80 kg	约177 kg	约205 kg	约600 kg

5.2.3.2 旋转式研磨机

用于铁矿石粉碎的旋转式研磨机主要是交叉敲击式粉碎机,如德国FRITSCH公司生产Pulverisette 16交叉敲击式研磨机。该研磨机适用于批次处理和连续式的粗粉碎以及细粉

图 5-12 德国 FRITSCH 公司 Pulverisette 1 系列颚式破碎机

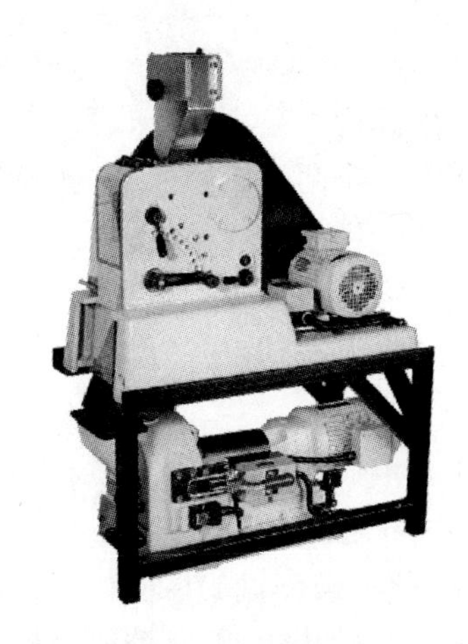

图 5-13 德国 FRITSCH 公司颚式破碎机与圆盘式研磨机联用

碎。它能处理摩氏硬度不超过 6 的中硬性和脆性材料。其原理为通过敲击、撞击以及剪切效应实现粉碎过程。粉碎样品经过进料漏斗直接进入粉碎腔的中央。经交叉敲击转子捕获的样品,在转刀的冲击破碎板和齿状的粉碎嵌入件之间得到粉碎。一旦样品颗粒尺寸小于筛网孔径,它们便进入到接收容器中。敲击转子通过加料漏斗通道吸入大量空气,由此加快了粉碎好的样品离开粉碎腔的速度。随后连接的过滤系统能将气流中的细颗粒回收。

针对不含重金属成分的粉碎处理,Pulverisette 16 的组件包括交叉敲击转子、冲击破碎板、过滤套(240 mm)和容积为 5 L 的接收容器。一般交叉敲击转子为铸铁或不锈钢制,冲击破碎板为铬钢或不锈钢,研磨嵌入件为铸铁或不锈钢制(也可配铬钢),可供底筛规格有:Conidur 筛孔:0. 12 mm、0. 20 mm、0. 25 mm、0. 50 mm、0. 75 mm、1. 00 mm、1. 50 mm、2. 00 mm;圆孔:3. 00 mm、4. 00 mm、5. 00 mm、6. 00 mm、8. 00 mm、10. 00 mm。

该粉碎机大功率、样品流量大、最终出样尺寸小、底筛易于更换、可用于不同种金属成分的粉碎操作四种材料型号、机门快速锁紧、无需保养的直接驱动设计,可用于金属矿石、玻璃、焦煤、矿物、氧化物陶瓷、熔渣、道砟、水泥熔渣等破碎。其性能特点见表 5-3。

表 5-3 Pulverisette 16 交叉敲击式研磨机性能特点

项　目	性能指标
应用领域	粉　碎
样品特征	中硬性、脆性
进料粒度	不超过 15 mm
最终出料粒度	小于 100 μm
接收槽容积	5 L 或 30 L
样品流量	不超过 80 kg/h
网频 50 Hz(60 Hz)下的电极转速	2850 r/min(3420 r/min)
驱　动	三相或单相交流电电动机
驱动功率	1. 1 kW
机体尺寸(长×宽×高)	560 mm×1200 mm×700 mm (加底座)
净　重	约 58 kg(加底座)

5.2.3.3 臼式研磨机

臼式研磨机是通过挤压和摩擦的原理实现捣磨、混合与研磨制样。研钵本身是转动的，其内的研磨样品由一个刮刀被推进到臼杵和研钵之间。这种外加的被动式推进既保证了样品能够在研磨过程中反复不断地得到磨制，也实现了样品充分均匀的混合。臼杵被设计在偏离研钵中部的位置，通过与转动着的研钵或者说是研磨样品的接触，带动臼杵自动跟着转动。臼杵自身的重量以及臼杵轴方向上可调节的弹簧压力产生所需要的研磨压力。

以德国 FRITSCH 公司生产 Pulverisette 2 臼式研磨机为例说明此类研磨机的特点。该型号的臼式研磨机有最终出样粒度小、密闭式研磨空间、设计有天窗、可以进行干/湿磨、可以选择 7 种不同材质的研磨套件、出样样品的均质化程度高、无样品损失、重复计时器设定范围可以为 0 ~ 99 min(也可选择连续运行)、清洁方便、结实耐用、保养要求低的优点，此类研磨机可以应用于灰烬、水泥熔渣、土壤样品类和顺势疗法类的原材料和最终制品、盐类、矿渣、硅酸盐等的研磨。研钵和臼杵的材质可以是硬质钢、不锈钢、玛瑙、烧结氧化铝、氧化锆、硬瓷、碳化钨(配聚亚安酯刮刀)。此类研磨机可以作为铁矿石化学分析样的制备。FRITSCH 公司生产的臼式研磨机，其性能参数见表 5-4。

表 5-4 FRITSCH 公司生产的臼式研磨机性能参数表

型 号	Pulverisette 2
应用领域	捣磨、混合与研磨制样；干磨或湿磨
样品特征	软性、硬性、脆性、糊状
进料粒度	不超过 8 mm
最终出料粒度	小于 10 μm
批次加料量	30 ~ 150 mL
粉碎时间设定	0 ~ 99 min 或连续运行
臼杵压力调节	可以，通过标度尺
压力调节	可 以
驱动功率	180 W
网频 50 Hz(60 Hz)下的转速	70 r/min(84 r/min)
研磨装置直径	内径 130 mm，外径 200 mm
机体尺寸(长×宽×高)	31 cm×46 cm×41 cm
净 重	约 24 kg(不包括研磨套件)

5.2.3.4 杯式研磨机

杯式研磨机可分为杯式振动研磨机和杯式研磨机，以德国 FRITSCH 公司生产 Pulverisette 9 杯式振动研磨机和 Pulverisette 13 圆杯式研磨机为例，分别说明这两种粉碎机的原理机性能特点。

A 杯式振动研磨机

杯式振动研磨机是利用压力、撞击力和摩擦力进行工作。研磨套件通过快速锁紧装置固定在振动底盘上。振动底盘和研磨套件在水平面上做圆周振动式运动。位于研磨杯中的磨件经这种振动式运动产生相当大的压力、撞击和摩擦力并作用在磨料上。圆周振动式的运动通过一台频控的 1.2 kW 的交流电机驱动的抛甩作用产生。驱动的主运动方向始终保持在同一平面上，这一点要归功于平面稳定驱动体系。这样就能有效地防止研磨杯产生意外的摇摆和甩动。为防止玛瑙研磨套件因高转速而损坏，杯式振动研磨机设计了传感器能自动识别并将转速相应地限制在 750 r/min。

德国 FRITSCH 公司 Pulverisette 9 杯式振动研磨机具有高效的“平面稳定驱动”系统，并有结果重复性高、几秒内即可达到分析要求的细度、带图形显示的单按钮操作、可存储 10 种参数组合、可选择 5 种不同材质的研磨套件、玛瑙研磨杯自动识别及转速限制、研磨杯快速锁紧、研磨室全封闭隔音、无需保养等优点。可应用于混凝土、矿物、玻璃、陶瓷、煤、焦炭、刚玉、金属氧化物、金属矿石、炉渣、硅酸盐、水泥、水泥熔渣等其他类似材料的研磨。研磨套件及密封圈可选钢制、铬钢制、碳化钨制、玛瑙制、氧化锆制，盘体容积有 50 mL、100 mL、250 mL，见图 5-14 ~ 图 5-16。

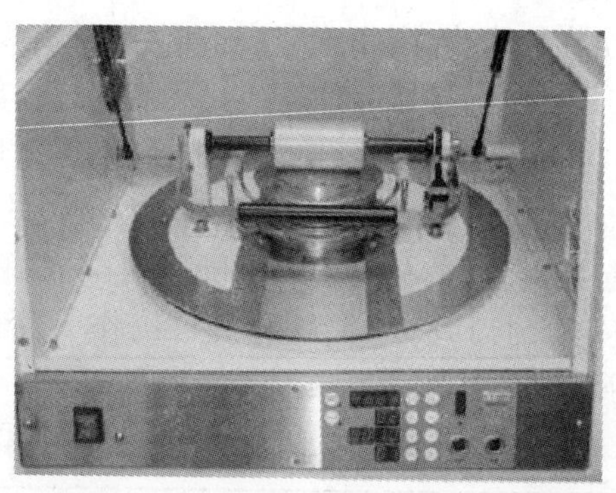

图 5-14 Pulverisette 13 杯式振动研磨机

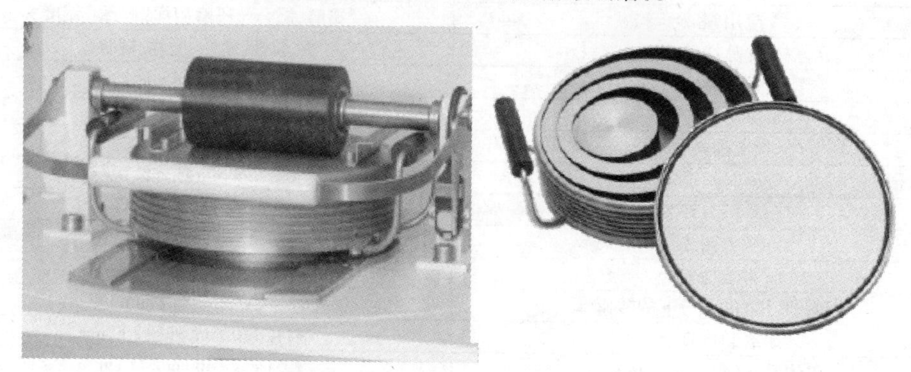

图 5-15 杯式振动研磨机研磨杯

相关参数如下：

应用领域：粉碎、混合与研磨制样，可用于铁矿石化学分析样制备；

样品特征：中硬性、硬性、脆性、纤维状；

进料粒度：不超过 12 mm；

最终出料粒度 ：小于 10 ~ 20 μm；

最大进料量：50 mL、100 mL 或 250 mL；

转数设定：600 ~ 1100 r/min，连续可调；

粉碎时间数码预设：00:00:01 ~ 99:59:59；

驱动：单相变频交流电机；

驱动功率：1100 W；

防护类型：IP 40；

机体尺寸（长 × 宽 × 高）：60 cm × 80 cm × 110 cm；

净重:约 250 kg(不包括研磨套件)。

B 圆盘式研磨机

圆盘式研磨机也称碟式研磨机,该类研磨机在粉碎过程中,研磨样品通过进料漏斗进入到防尘的研磨室中,进而被导入垂直设置的两片研磨圆盘的中心。其中一片可转动的圆盘顶着另一片固定的圆盘转动,并捕获进入的样品。由此带来的挤压和摩擦应力产生所需要的粉碎力。研磨圆盘的渐进式啮合设计使样品先受到预破碎,而后由于受到离心力的作用转移到盘的外沿,并在研磨盘外沿受到细粉碎。研磨好的样品在穿过研磨圆盘的间隙之后就落入一个样品接受容器中。圆盘之间的间隙是连续可调的。在仪器运行过程中,可以通过一个精确度达到 0.1 mm 的标度尺对间隙宽度进行 0.1 ~5 mm 的调节,透过一个观察窗口可以对整个过程进行控制,见图 5-16 和图 5-17。

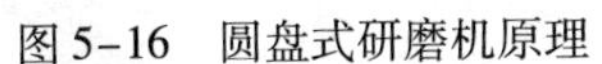
图 5-16 圆盘式研磨机原理

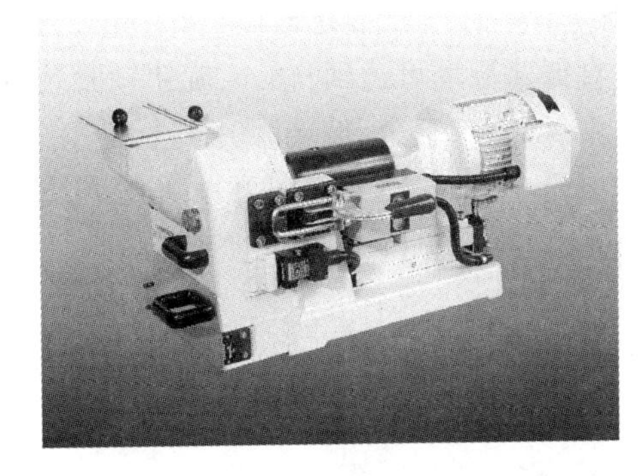

图 5-17 Pulverisette 13 圆盘式研磨机器及磨盘

德国 FRITSCH 公司 Pulverisette 13 圆盘式研磨机适合于对从中硬性到硬脆性(Mohs 硬度值达到 8)的固体材料进行分批加料式的或是连续式的预粉碎和细粉碎处理。由于结构设计结实耐用,它多用于实验室和中试车间,其工作条件宽松,同时也适合用于对原材料进行联网质量监控。通过精确的研磨圆盘间隙宽度调节实现可重复性的结果。研磨机优点有研磨时间短、出样尺寸小、具有针对控制研磨圆盘间隙宽度而设计的观察窗口、研磨室可方便开启(翻开)、可选择四种不同材料制成的研磨圆盘、可防止研磨制样过程中干扰性污染发生、研磨圆盘使用寿命长、研磨室清洁方便、操作简单、无需维护的三相交流电齿轮传动电动机。研磨盘组合可选锰钢制、硬质钢制、碳化钨制、氧化锆制。该类研磨机由于研磨范围宽,有些实验室在制样时可省去低粒级颚式粉碎机和杯式振动研磨机,仅用一台圆盘式研磨机替代即可。

相关参数如下:

应用领域:粉碎和预破碎,可用于铁矿石化学分析样制备;

样品特征:中硬性、硬性、脆性;

进料粒度:不超过 20 mm;

最终出料粒度:至 100 μm;

接收槽容积:2.5 L;

样品流量:不超过 150 kg/h;

研磨间隙宽度调节:连续变化调节,0.1 ~5 mm;

网频 50 Hz 下的研磨圆盘转速:439 r/min;

驱动:三相交流电齿轮传动电动机;

驱动功率:1830 W;

机体尺寸(长×宽×高):44 cm×40 cm×87 cm;

净重:约140 kg。

5.2.3.5 球磨机

球磨机一般可分为微型振动球磨机、行星式球磨机。

A 微型振动球磨机

微型振动球磨机的研磨罐以较高的振幅垂直振荡,通过研磨球的冲击力以及研磨碗和研磨球之间的摩擦力来减小样品的尺寸,以德国FRITSCH公司Pulverisette 23微型振动球磨机为例说明该类研磨机的性能特点。Pulverisette 23微型振动球磨机优点有:能快速高效的研磨与均质化、数字预设研磨时间和振动频率、可选择多种研磨罐、可湿磨、可锁定已设定的操作参数、非常少的样品处理量(<5 mL)、研磨组件易于清洗、可规定振动频率(15~50 Hz)、垂直振荡振幅可达到9 mm、旋钮锁紧装置、与研磨样品接触面积小。研磨机可应用于矿物质、金属矿石、合金、玻璃、陶瓷、土壤等。研磨罐可由玛瑙、不锈钢制、氧化锆等材料制作,容积可选10 mL、15 mL;研磨球可配调质钢制、不锈钢制、玛瑙制、氧化锆制,直径有5 mm、10 mm、15 mm,见图5-18。

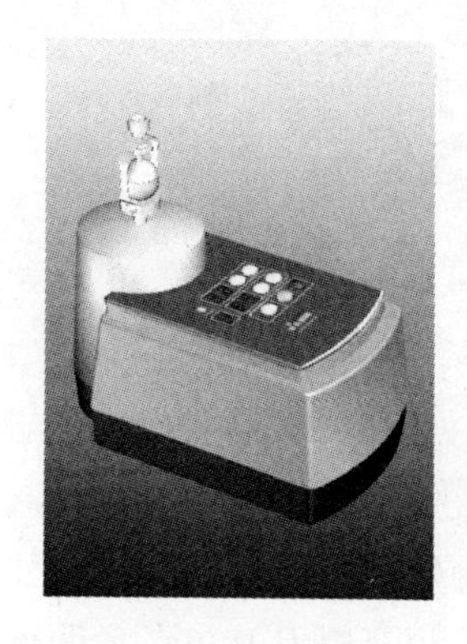
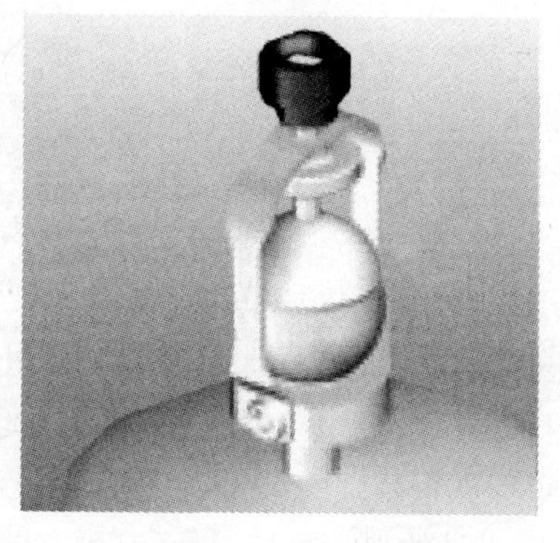

图5-18 微型振动球磨机

相关参数如下:

应用领域:粉碎、混合、均化以及细胞破碎,可以作为铁矿石化学分析制样;

可应用样品特征:软性、中硬性、硬性、脆性、弹性、纤维质;

进料粒度:不超过5 mm;

最终出料粒度:约10 μm;

批次加料量:最大5 mL;

典型粉碎时间:2 min;

样品特征:可以干/湿磨;

可配5 mL/10 mL/15 mL带丝扣旋紧盖的研磨罐;

粉碎时间数码预设:10 s~99 min;

驱动功率:100 W;

机体尺寸(长×宽×高):20 mm×30 mm×30 mm;

净重:约15 kg。

B 行星式球磨机

行星式球磨机在工作时,研磨罐围绕着轴自转,并在相反的方向上环绕着公共的太阳轴运转。这样的研磨球运动产生很高的粉碎能量。作用在研磨罐内壁上的离心力先带动研磨球按罐转动的方向运动。在这个过程中,由于研磨罐内壁和球的速度不同而产生强摩擦力作用在罐内样品上。随着旋转带动速度增加,自转偏向力使得球的运动从罐壁位置移开,研磨球开始在罐内运动,并撞击样品于运动中的罐壁,这时就释放出极大量的冲击动量。这种冲击动量和摩擦力的组合使得行星式球磨仪具有高强度粉碎效果,见图5-19。

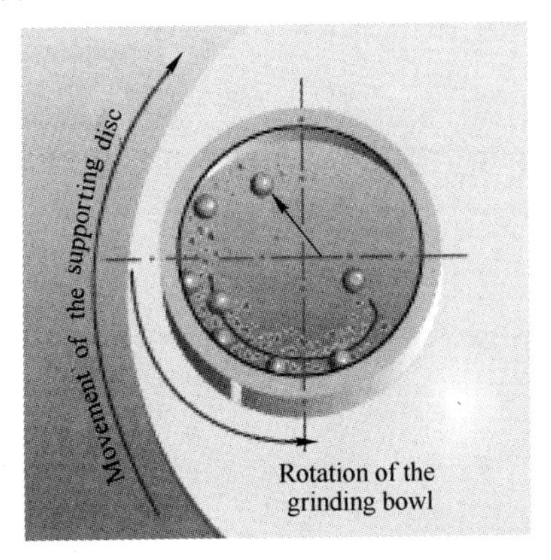

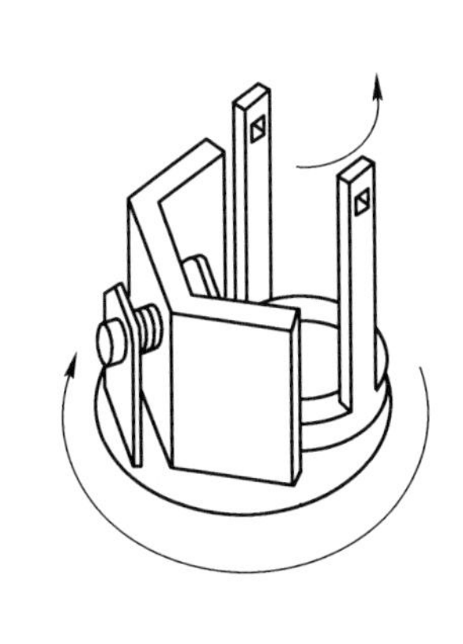

图5-19 行星式球磨机器原理

以德国FRITSCH公司Pulverisette 6单罐行星式球磨机为例说明此类研磨机的性能特点。该球磨机优点为:能快速实现至亚微米级的研磨细度、有一个研磨平台、有容积12~500 mL的7种不同材料制成的研磨罐、能长时间实验测试及连续运行、有能量及转速控制、重复性好、自动式反向转动、研磨参数可最优化选择、可编程的自动启动功能、断电保护及余时存储功能,通过研磨平台自由力补偿技术达到最优的振动补偿、研磨室有用于研磨罐冷却的自动通风系统。可应用于矿物质、金属矿石、合金、化学品、玻璃、陶瓷等,尤其对铁矿石超细粒级的研磨特别有效(见图5-20)。研磨罐、适配器、充气盖有调质钢制、不锈钢制、碳化钨制、玛瑙制、烧结刚玉制、氮化硅、氧化锆制,容积有12 mL、45 mL、80 mL、250 mL、500 mL。研磨球有铬钢制、不锈钢制、碳化钨制、玛瑙制、烧结刚玉制、氮化硅制、氧化锆制,常规直径有5 mm、10 mm、15 mm、20 mm、30 mm、40 mm,部分材质研磨球有0.1 mm、0.5 mm、1 mm、2 mm、3 mm直径可供选择,研磨球见图5-21。

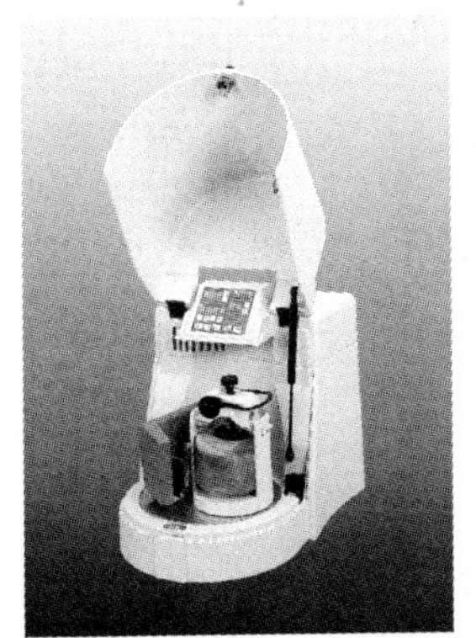
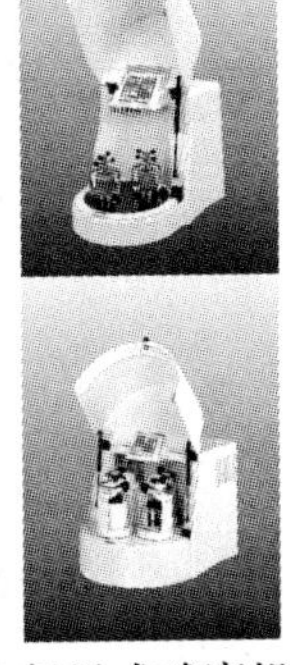

图5-20 Pulverisette 5/6/7 行星式球磨机

图5-21 行星式球磨机研磨罐、研磨球

德国 FRITSCH 公司行星式球磨机有三款型号,其性能参数见表 5-5。

表 5-5 德国 FRITSCH 公司行星式球磨机有三款型号参数对比

机 型	Pulverisette 6 单罐行星式高能球磨机	Pulverisette 7 微型行星式高能球磨机	Pulverisette 5 四(两)罐行星式高能球磨机
应用领域	粉碎、混合、均化、胶体研磨和机械合金	粉碎、混合、均化、胶体研磨和机械合金	粉碎、混合、均化、胶体研磨和机械合金
样品特征	软性、硬性、脆性、纤维质;干湿均可	软性、硬性、脆性、纤维质;干湿均可	软性、硬性、脆性、纤维质;干湿均可
进料粒度	不超过 10 mm	不超过 5 mm	不超过 10 mm
最终出料粒度	小于 1 μm	小于 1 μm	小于 1 μm
批次加料量	最大 1×225 mL 使用 80 mL 罐时:最大 2×20 mL	最大 2×20 mL	最大 4×220 mL(2×225 mL) 使用 80 mL 罐时: 最大 8×20 mL(4×25 mL)
可装载研磨罐	1 个	2 个	4 或 2
转速比设定	1: -1.82	1: -2	1: -2.19
太阳轮转速	100~650 r/min	100~800 r/min	50~400 r/min
有效太阳轮直径	121.6 mm	140 mm	250 mm
粉碎时间数码预设	00:00:01~99:59:59	00:00:01~99:59:59	00:00:01~99:59:59
休息时间	00:00:01~99:59:59	00:00:01~99:59:59	00:00:01~99:59:59
驱动功率	750 W(约 1100 W)	370 W(约 880 W)	1500 W(约 1600 W)
接受功率		约 1250 W	
机体尺寸 (长×宽×高)	37 cm×53 cm×50 cm	37 cm×53 cm×50 cm	58 cm×67 cm×57 cm
净 重	约 63 kg	约 35 kg	约 120(100)kg

5.2.3.6 手工研磨

铁矿石手工研磨设备主要是玛瑙碾钵,见图 5-22。

5.2.4 筛分设备

取制样筛分设备主要作用是把破碎、研磨后不符合粒度要求的样品分离,使之再次投入破碎机或研磨机继续进行破碎、研磨,直至达到要求。筛分设备一般采用粒度筛分设备代替,可以用冲孔筛、编织筛、ISO 标准圆筛,详见粒度测定部分,见图 5-23。

图 5-22 玛瑙研钵

5.2.5 缩分设备

5.2.5.1 二分器

铁矿取制样手工缩分设备结构比较简单,根据 ISO 标准,手工缩分设备(即所谓二分器)共有 7 种规格,规格见表 5-6。这种手工缩分设备主要用于铁矿石大样或副样缩分。

图 5-23 FRITSCH 公司 Analysette 3 筛分机

表 5-6 二分器规格

二分器号			90	60	50	30	20	10	6
格条数			12	12	12	12	16	16	16
尺寸	主体	A	90±1	60±1	50±1	30±1	20±1	10±0.5	6±0.5
		B	1120	760	630	380	346	171	112
		C	450	300	250	170	105	55	40
		D	900	600	500	340	210	110	80
		E	500	360	300	200	135	75	60
		F	90	60	50	30	30	20	20
		G	340	340	340	340	210	110	80
		H	300	230	200	140	85	45	30
		J	1130	770	640	390	360	184	120
		K	300	240	220	220	140	65	55
	受料器	M	300	240	220	220	140	65	55
		N	340	340	340	340	210	110	80
		P	450	300	250	170	105	55	40
		Q	110	80	75	55	35	20	15
		R	340	340	340	340	210	110	80
	给料器	S	1120	760	630	380	346	171	112
		T	500	400	400	300	200	120	80
		U	335	265	265	200	135	70	45
		V	300	200	200	150	105	50	35

注:1. A是规定的尺寸,其他尺寸是作为例子给出。
2. 格条数应为偶数,且不少于上表中规定的数目。
3. 样品受料器应与缩分器开口紧密配合,以免任何细矿粒撒出。
4. 缩分器内表面应光滑且没有锈。

二分器工作原理为在分样时,进样样品通过一个样品槽分布均匀地散落入分样头中。通过出样口左右交错设置的穿越口,样品分两个方向滑落入放置在出样口下面的两个样品接收槽内。每经过一次分样操作,进样样品量就减半。可以反复进行分样操作,直到所得样品量便于携带或是适合于进行检测为止。

5.2.5.2 分样仪

这种分样仪主要用于成分分析样的缩分。根据工作原理可分为两种，见图5-24。

A 同时分装式

进样铁矿石样品先经由一个偏心设置的采样漏斗直接流入顶冠的开口。这种方式保证即使是对于大粒型的进样样品也只在所得分样样品之间产生极小的偏差。分样过程自动进行，不受干扰。分样顶冠以恒定的110 r/min进行转动，转速受到监控，其不受负载和网频影响。使用带有10(8)个出样口的分样顶冠能让进样料流达到1100份/min的分样效果。通过分样顶冠，进样样品被均一地分入接收容器中。

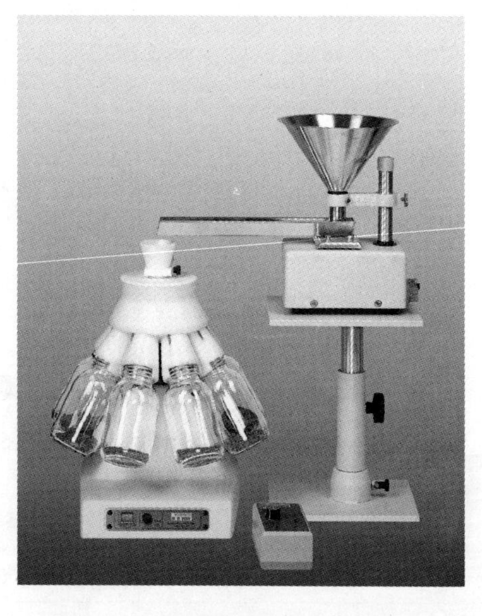

图5-24 FRITSCH公司Laborette 27 I型分样器

B 旋转管式

分样的样品由进样漏斗进入，通过进样仪的插槽而进入到旋转管式分样仪内。通过上部圆锥内以恒定转速(50 r/min)转动的转动管，所有进样料流能够均一地分布于底锥的分样圆周上。可更换的底锥带有1个、2个或者3个分样缝，对其可进行不受级数限制的缝宽设置。旋转管每转动一圈就有相应分样比例的样品进入到样品接收容器中。剩余样品被收集到底部的弃置样品接收容器中。

5.3 物理及冶金性能检测设备

5.3.1 转鼓强度

铁矿石转鼓强度是铁矿石机械强度的一种，它可同时反映出铁矿石抗冲击和抗摩擦的综合特性，包括转鼓指数和抗磨指数。该指标一般可衡量块铁矿、球团矿、烧结矿的质量，是进口球团矿的一项常用检测指标。铁矿石转鼓强度试验设备主体为一个至少用5 mm厚的钢板制成的内径为1000 mm、内部长度500 mm的圆鼓。鼓内的两个提手，对称地轴向焊接于鼓壁内侧，卸料口内侧与鼓内壁保持平滑表面。在测试工作中应有良好的密封以防止试样损失。转鼓的轴不通过转鼓内部焊于鼓两侧的法兰盘短轴上，以保持转鼓内壁平滑平整。装置配有计数器和自动控制装置，使转鼓完成规定转数后能自动停止。马达的功率不应小于1.5 kW，以保证转鼓在启动后一周内达到规定的速度，并可在一周内停止转动。以(25±1)r/min的转速转动200r后取出样品，放在包括6.3 mm和0.5 mm筛在内的套筛上，手筛1 min。详见本系列丛书《铁矿石取制样与物理检验》。

转鼓指数(TI)和抗磨指数(AI)以质量分数形式表示，按下式计算：

$$TI=(m_1/m_2)\times 100 \tag{5-1}$$

$$AI=[(m_0-m_1-m_2)/m_0]\times 100 \tag{5-2}$$

式中 m_0——称量后装入鼓中试验样的质量，g；

m_1——鼓后筛分试验样 +6.30 mm粒度质量，g；

m_2——鼓后筛分试验样 -6.30 mm～+500 μm 粒度质量,g。

5.3.2 抗压强度

抗压强度也是铁矿石的一种机械强度,球团矿贸易合同大多约定需要检测该指标,有时还包括还原前和还原后的抗压强度分别检测,以及还原前和还原后低强度球的百分数。压强度测试设备要求:

(1) 负荷部分的负荷的能力应大于10 kN。压板必须是平的,并且相互平行,与试样接触的板面部分必须由经过表面硬化处理的钢制造。整个试验期间,压板装置的行进速度为10～20 mm/min,需要等速加压。

(2) 向压力指示部分传送所加负荷的方法,可以是负荷传感器输出电子信号,也可以是杠杆输出轨迹。负荷传感器的能力至少是10 kN。所加负荷的指示方法,可用电指示器或机械指示器。用于负荷传感器的电指示器,可以用记录式仪表,指针式仪表或其他合适仪表;对杠杆形的机械指示器可以用指针式量具或其他合适的仪表。当用负荷传感器时,记录仪表笔尖的满刻度全程偏转时间在1.0 s以内。最小刻度是满刻度的1/100。详见本系列丛书《铁矿石取制样与物理检验》

5.3.2.1 抗压强度的技术改造

某铁矿实验室使用的压溃试验机为20世纪90年代的产品,其操作软件是在葡萄牙语版DOS系统上开发的,运行速度和可操作性相对较弱,上位机为P133级别的老机器,已经无法采购主板(必须两个ISA插槽用于连接数模转换卡和输入输出卡)、电源等备件备品,一旦出现故障将很难维修,数模转换卡和输入输出卡也多次出现故障;根据ISO 4700:1996标准的规定,位移-力值曲线是判断方法之一,现行的软件中无法实现该过程曲线显示。鉴于上述原因,对压溃试验机的上位机进行了改造,改造后的功能保持原系统的控制功能,包括各快捷键的功能、自动操作、手动操作、校准程序。在此基础上增加一个位移传感器,以增加还原后抗压强度检测数据的准确性,丰富抗压强度值判定手段;实验过程中能显示位移-力值曲线。以下是改造工作的简要介绍。

5.3.2.2 系统硬件设计

A 原硬件数字接口分析

a CN1计算机→压溃机CN4

功能:由计算机输出控制信号到压溃机,控制压溃机的进料、球团矿的位置、压溃气缸的升降以及完成后的报警。(COMPUTER)CN1～CN4(VCC,R1～R7,S1)共9根线。R2当且仅当R3为ON时为OFF,其他情况均为ON。R3为ON时,R4必须为ON。见表5-7。

表5-7 CN1～CN4接口分析

编号	针脚(DB15F)	作用	说明
1	1	VCC	12VDC
2	2	R1	振动振幅控制,控制小球振动进料器
3	3	R2	阻塞螺旋管
4	4	R3	快速向上移动气缸(R4打开)
5	5	R4	标准向上移动气缸

续表 5-7

编　号	针脚(DB15F)	作　用	说　明
6	6	R5	向后移动气缸
7	7	R6	向前移动气缸
8	8	R7	向下移动气缸
9	9	S1(ALARM)	报　警

b　CN5 压溃机→计算机 CN2

功能:压溃机传感器将机械运动的位置信号、开关状态信号传送到计算机。CN2 ~ CN5 共 10 根线。见表 5-8。

表 5-8　CN2 ~ CN5 接口分析

编　号	针脚(DB15F)	作　用	说　明
1	1	GND	接　地
2	9	Up position switch	上限位置开关
3	2	Down position switch	下限位置开关
4	10	Pellet contact switch	矿球接触开关
5	3	Feeding position switch	进料位置开关
6	11	Test position switch	测试位置开关
7	4	Cleaning position switch	清扫位置开关
8	12	Pellet feeding switch	矿球进料开关
9	5	Fail safe switch	电气保护开关
10	13	Emergency switch	紧急开关

B　原硬件模拟信号分析

压溃机→计算机 CN3。功能:压溃机将压溃过程中的压力模拟数据传送到计算机,进行 AD 转换。(COMPUTER PC - AD BOARD CN3 (DB25F)):共 5 根线。定义:1 RED + 5V,4 GREEN + SIGNAL,13 BLACK - 5V,5 WHITE - SIGNAL,20 SHIELD 屏蔽线。

C　详细需求

具体如下:

(1) 有效电平信号的确定。

(2) 开关不工作时状态的确定。

(3) 模拟信号的转换数量关系。

D　线路总体设计

为不改变原有设备接口,通过一转接设备接口将原设备信号和新增加的位移传感器信号与新的数据采集卡连接,见图 5-25。

5.3.2.3　系统软件总体设计

A　系统模块

基于本软件系统是对于压溃机数据处理,该系统分为以下模块:自动处理模块,测试模块,设置模块,数据分析模块。其模块组成见图 5-26(USE-CASE)。

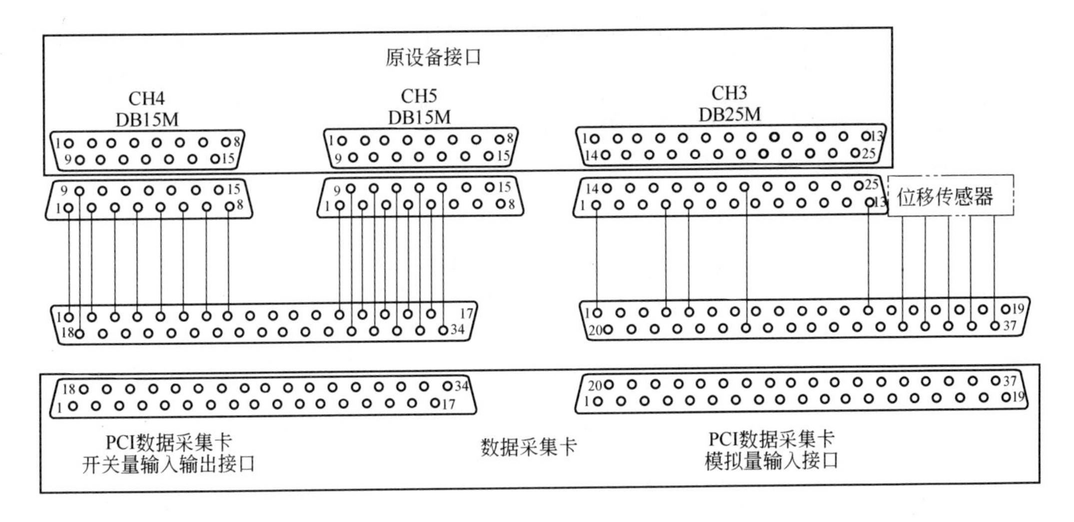

图 5-25 线路总体设计图

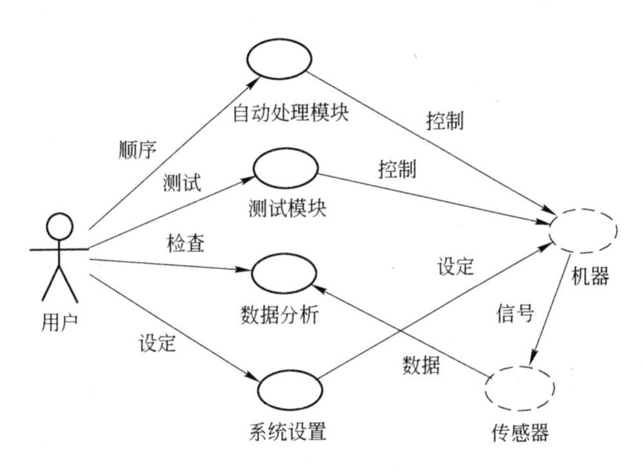

图 5-26 系统模块图

自动处理模块(Auto Handle)作用:当用户(User)发出命令时,自动处理模块将操作机器处理压溃所有动作。

测试模块(Test)作用:对机器进行单步操作,查看反馈的传感器是否正常,调试该机器是否处于正常状态。

数据分析(Date Analyse)作用:对于历史数据的查询,可以针对批次查询,也可以针对该批次下采样小球历史压溃曲线进行查询。

系统设置(System Setup)作用:对空压下的位移,压力偏差进行测试,来加以校正系统参数。

B 设计类分析

针对该系统设计主要类如下:

用户类:该类为操作者,主要属性为操作者信息,操作控制模式。

机械类:该类主要为各种传感器信号转换为机械信息。其继承类为:系统设置,自动机械操作。

实验球类:该类为当前球体创建类别,记录当前球体各种信息,其方法针对数据库操作,其继承类为:自动操作小球类。

异常类:处理在操作中出现的种种异常情况。

见图 5-27。

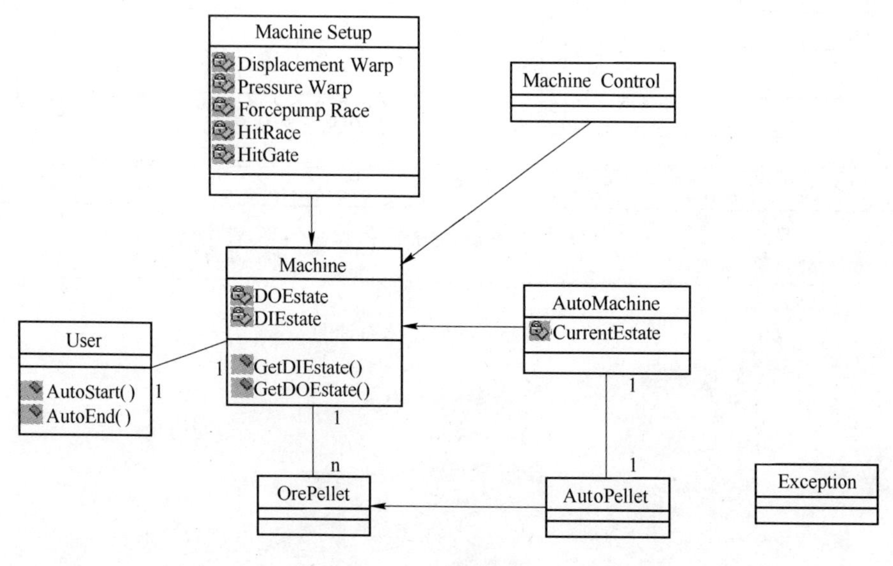

图 5-27 设计类分析图

C 数据存储模式

数据表(Sum Pellet):存储每一批次小球的所有信息,主要字段包括:

编号,采用日期+当前批次编号;

运输船名;

操作名字;

检测平均压力;

该批次产品状态(合格,不合格);

压溃模式决定表 NO_n. HitPoint 存储方式。

数据表(NO _1N):该数据表为自动生成表,在完成该批次测试后生成。该表名为 Sum pellet. Sum NO,相匹配主要字段包括:

编号,根据该当前小球数量;

压力,该小球压溃力量;

采样点,采样率为每秒 20 点进行存储,存储模式为 $ 当前压力 $/。

例如,5 点采样为: $30 $ $31 $ $32 $ $33 $ $34 $ 。

数据存储模式图见图 5-28。

5.3.2.4 系统软件设计

A 模块设计

该软件系统模块多为单一操作模块,包括自动处理模块,测试模块,设置模块,数据分析模块,其中自动处理模块为多任务操作模块,该模块设计如图 5-29 所示。

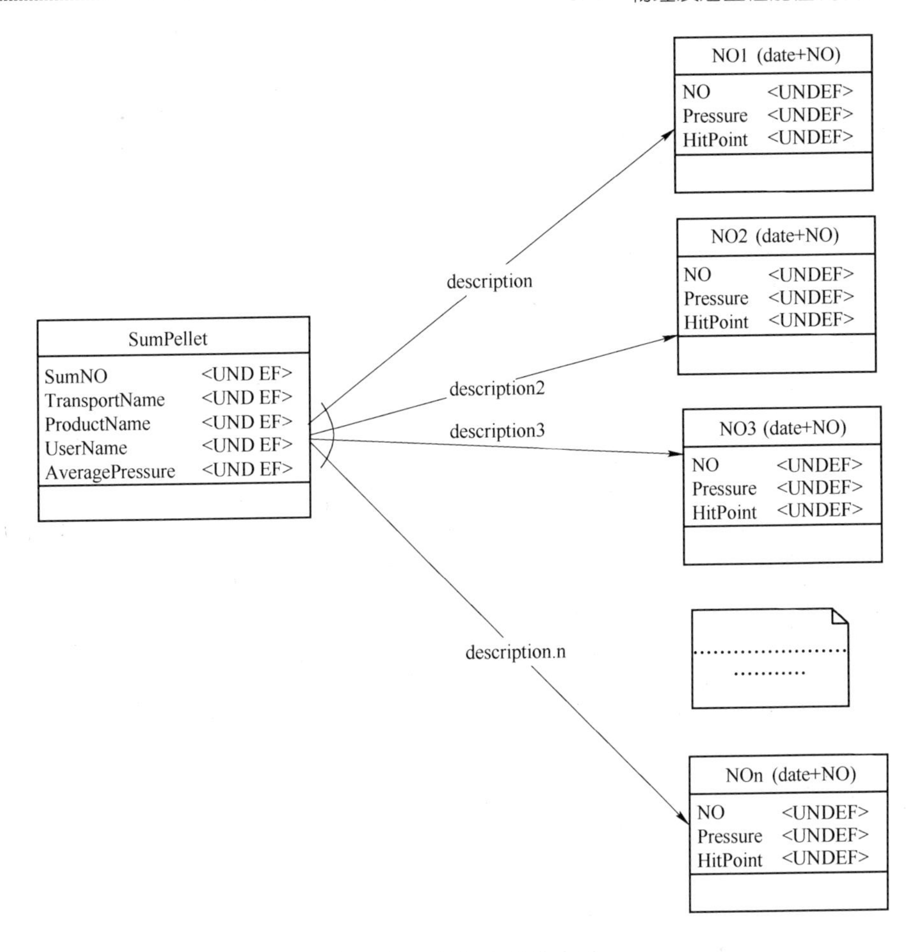

图 5-28 数据存储模式图

B 界面设计

a 欢迎界面

打开系统控制计算机，启动桌面应用程序“抗压强度试验系统”出现如图 5-29 所示的主界面。

b 压溃试验

点击图 5-30“压溃试验（T）”按钮，进行压溃试验的画面，如果进行一次试验点击“启动”按钮，如：。

弹出“信息录入”窗口，按照试验情况，正确填写画面上需填写的试验信息，包括：试样编号（必须）、品名（必须）、检测者、船名、还原、采样日期（必须）、试验标准、试样粒度、压板速度、设备名称、小球数目（必须）、压溃停止判断（必须）、采样粒度；确认无误后，点击“确认”，画面如图 5-31 所示。

软件自动按照压溃小球的运行逻辑做压溃试验，直到规定小球数目完成；自动工作启动后，压溃系统按照下面的压溃工艺流程运行：

（1）液压缸以最快的速度上升（DO3）直到小球接触触点闭合（DI3）或液压缸上限位（DI1、DI8）位置触点闭合；

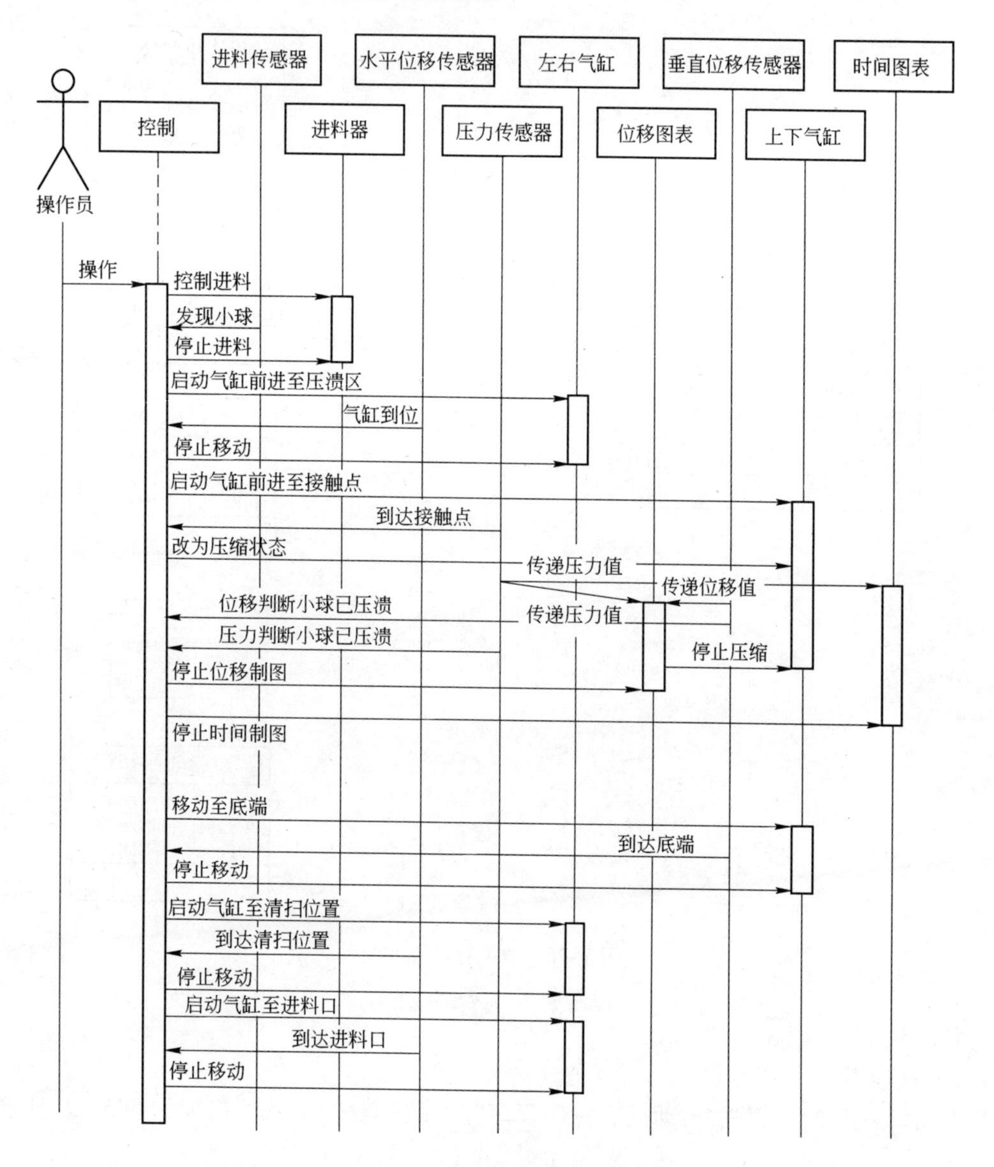

图 5-29 模块设计

（同一次压溃只能制一个时间－压力表或位移－压力表）

（2）向下移动液压缸（DO7）直到液压缸下限位置（DI2）触点闭合；

（3）向前移动小球操纵汽缸（DO6）直到清洁位置（DI6）触点闭合；

（4）向后移动小球操纵汽缸（DO5）直到喂料位置（DI4）触点闭合；

（5）打开小球振动进料器（DO1）直到小球进料传感器（DI7）发现一个小球；

（6）向前移动小球操纵汽缸（DO6）直到试验位置触点（DI5）闭合；

（7）快速上升液压缸（DO3）直到小球接触开关闭合（DI3）；

（8）慢速（测试速度）上升液压缸（DO4）直到小球被压溃（曲线判断）；

（9）从第（2）步重复试验直至设定的试验小球个数；

（10）测试结束时报警并在屏幕上显示“end of test”。

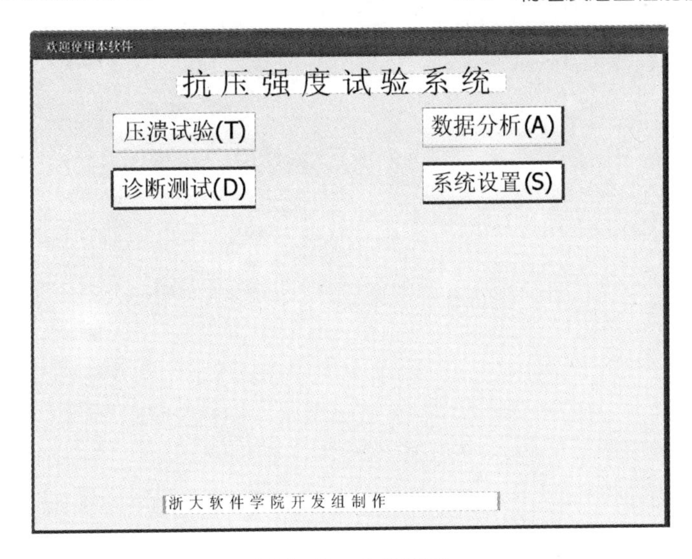

图 5-30 功能界面

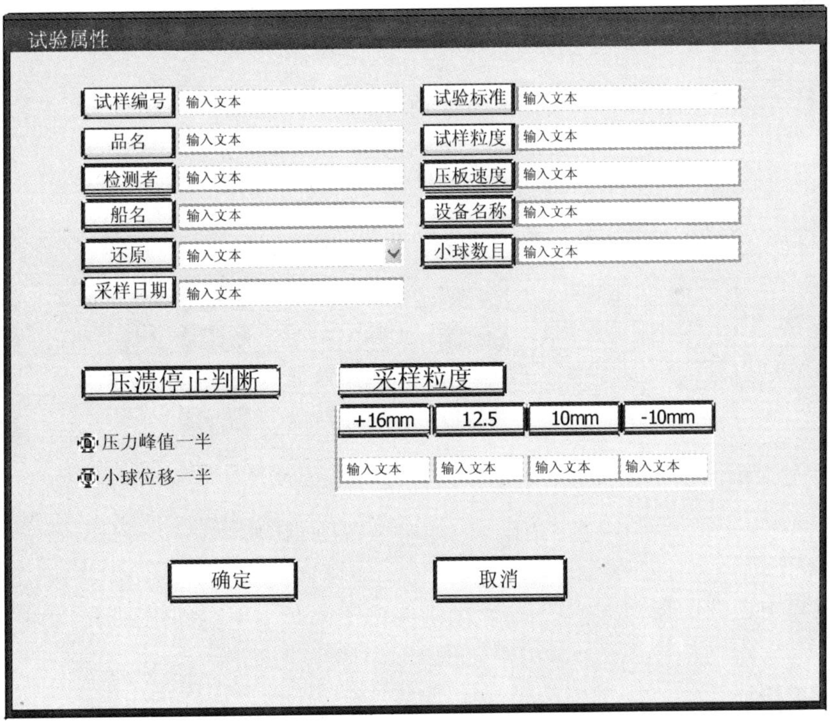

图 5-31 试验属性界面

如果没有错误发生,整个试验过程无需参与。测试过程中,第一、二次系统发现错误,返回第一步继续试验另一颗小球,如果连续出现 3 次错误,停止试验,人工报警并显示错误信息在屏幕上,画面如图 5-32 所示。

试验过程中 DI/DO 状态显示如图 5-33 所示。

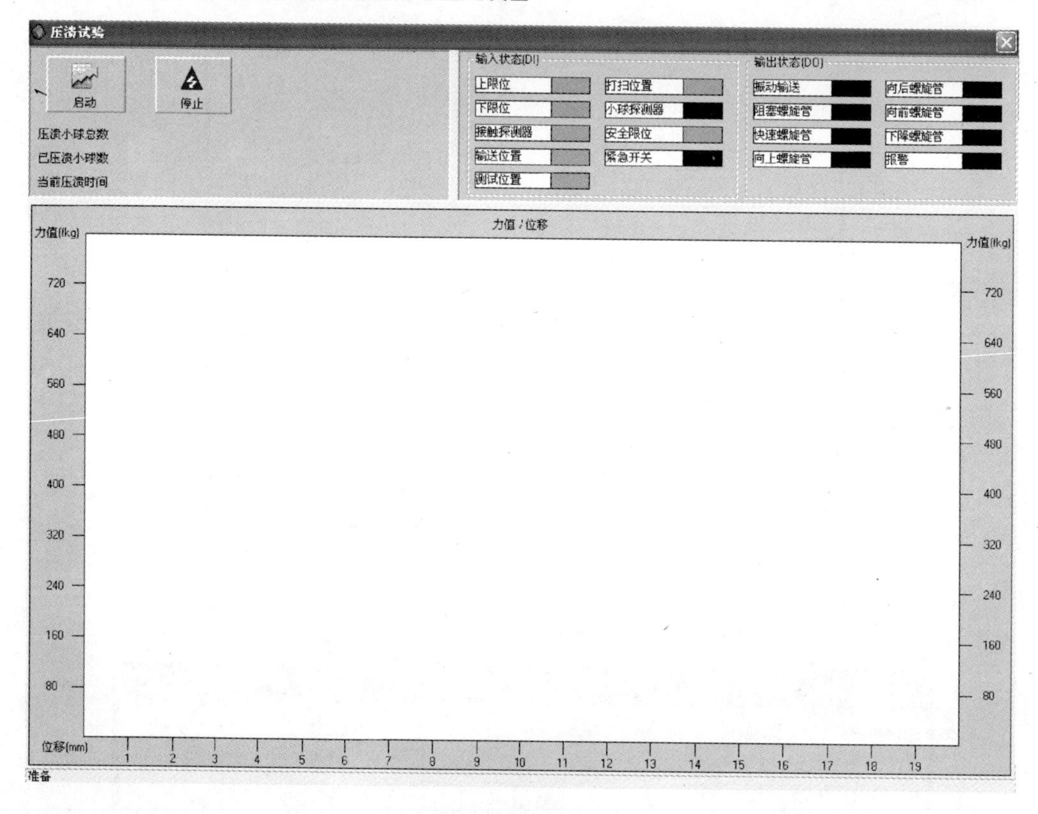

图 5-32 错误信息界面

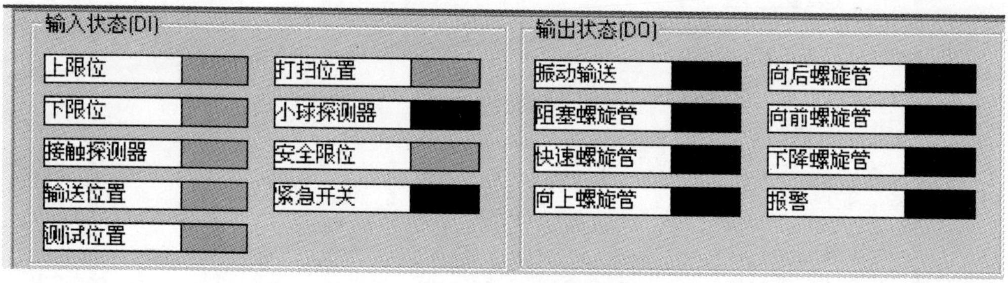

图 5-33 试验过程中 DI/DO 状态

试验过程中进度信息如下：

压溃小球总数
已压溃小球数
当前压溃时间

试验完毕后，数据自动保存入数据库。

c 数据分析

试验完成后，关闭“压溃试验”画面，回到主画面；需对试验数据进行分析，点击“数据分析”。

(1) 批次查询。查询条件为：根据你所需要的条件进行查询，包括日期范围(其中提供历史3个月日期查询,如果查询3个月需要导入数据库),见图5-34。

数据分析

数据查询条件

查询日期 至

压溃力范围 至

方差范围 至

船名(标识) 品名

测试模式 位移判定 小球数目 1

测试者

确定 取消

图5-34 查询界面

压溃力范围查询,船名查询……(可以根据客户需求定制查询项目)。

(2) 排列区。根据查询条件,将数据库中所有符合条件的项目全部提出。可以按照各个字段进行排序,双击任一项目(见图5-35)。

数据分析

数据查询条件为: 查询日期范围: 测试模式:

压溃力范围: 品名:

查询中,请等待....

查询结果共有30项符合

批次编号	品名	测试者	测试模式	平均压溃力	方差	来样日期	……
20061128001	XX铁矿石	小王	压力模式	500kn	34	2006.11.28	
20061128002	XX铁矿石	小王	压力模式	501kn	34	2006.11.28	
20061128003	XX铁矿石	小王	压力模式	502kn	34	2006.11.28	
20061128004	XX铁矿石	小王	压力模式	503kn	34	2006.11.28	
20061128005	XX铁矿石	小王	压力模式	504kn	34	2006.11.28	
20061128006	XX铁矿石	小王	压力模式	505kn	34	2006.11.28	
20061128007	XX铁矿石	小王	压力模式	506kn	34	2006.11.28	
20061128008	XX铁矿石	小王	压力模式	507kn	34	2006.11.28	
20061128009	XX铁矿石	小王	压力模式	508kn	34	2006.11.28	
20061128010	XX铁矿石	小王	压力模式	509kn	34	2006.11.28	
20061128011	XX铁矿石	小王	压力模式	510kn	34	2006.11.28	
20061128012	XX铁矿石	小王	压力模式	511kn	34	2006.11.28	
20061128013	XX铁矿石	小王	压力模式	512kn	34	2006.11.28	
20061128014	XX铁矿石	小王	压力模式	513kn	34	2006.11.28	

确定 取消

图5-35 数据分析界面1

(3) 数据显示。如图5-36所示,此菜单为该批次的详细数据,客户可以定制所需显示项目。

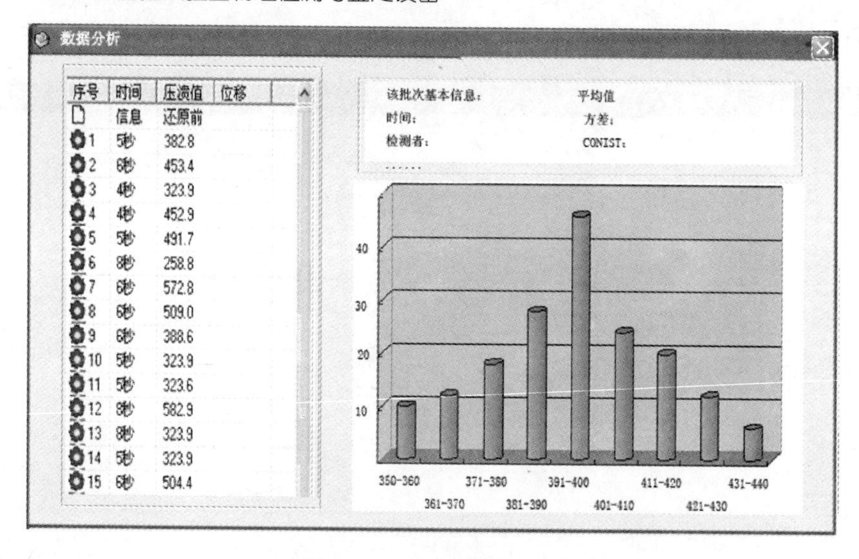

图 5-36 数据分析界面 2

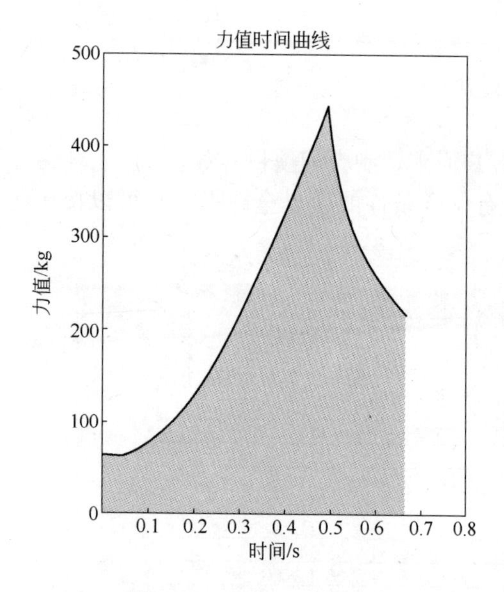

图 5-37 历史压力曲线图

(4) 单一小球状态。双击所需查询,小球将显示历史压力曲线图(见图 5-37)。

d 诊断试验

在主界面上点击“诊断试验”,弹出如图 5-38 所示画面;输入/输出状态绿色表示开关闭合,黑色表示断开。

(1) 试验螺旋管:点击按钮“SVB”、“SVARC”、“SVSC”、“SVRP”、“SVAP”、“SVDC”按钮,左侧相应开关量闭合表示相应的螺旋管能够正常使用。

(2) 持续动作:在“持续动作”的线框内,每个动作都是运行至某个条件终止,动作如下:

振动进料器:启动振动进料器,直至小球探测器探测到一个小球落下;

向前至测试位置:向前移动操纵汽缸,直至到达压溃试验位置;

向前至清扫位置:向前移动操纵汽缸,直至到达清扫位置;

向后至进料位置:向后移动操纵汽缸,直至到达进料位置;

慢速上升至上限位:慢速上升压缩汽缸,直至上限位;

快速上升至上限位:快速上升压缩汽缸,直至上限位;

快速上升至小球接触:快速上升压缩汽缸,直至小球接触;

下降至下限位:快速下降压缩汽缸,直至下限位。

(3) 接触动作

在“接触动作”的线框内,每个动作都是点动操作,鼠标按下动作运行,松开动作停止;每个按钮的动作如下:液压缸快速上升、液压缸慢速上升、液压缸快速下降、振动进料器、推杆向前移动、推杆向后移动、蜂鸣器响。

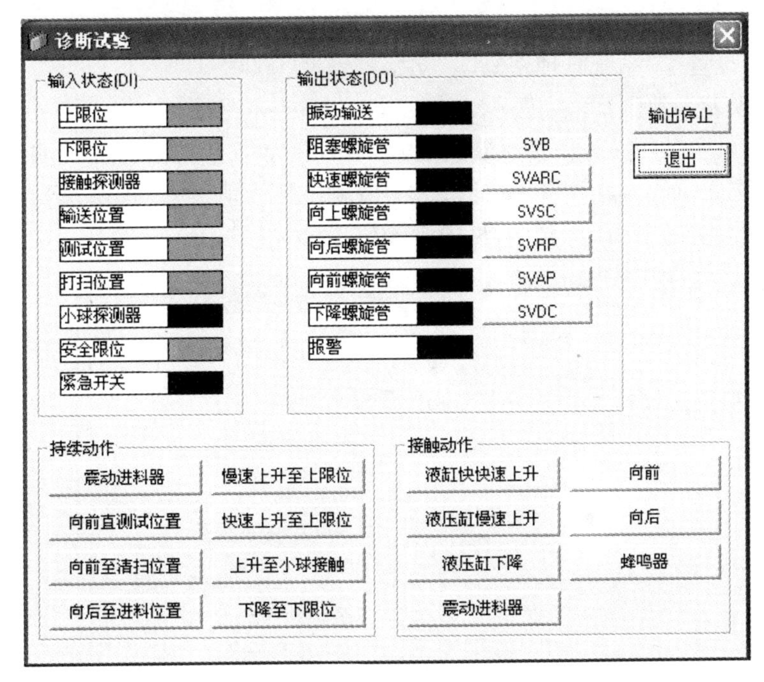

图 5-38 诊断试验界面

e 系统设置

具体如下：

(1) 系统设置。

采样率(点/秒)：为了能够精确采集到压溃点，采集卡设置为每秒钟采样数据 6400 点(见图 5-39)；

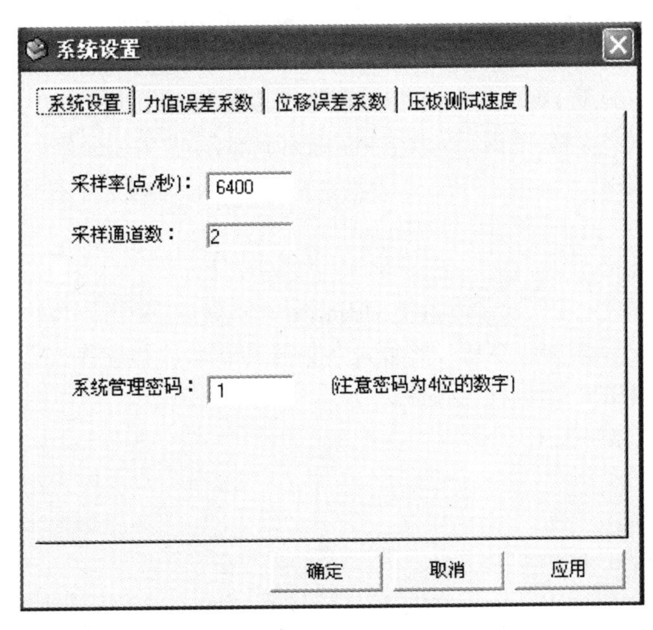

图 5-39 系统设置界面 1

采样通道数：系统只有压溃力值和位移量 2 个模拟量，此值不可修改；

系统管理密码：按照系统用户要求，“诊断试验”和“系统设置”必须有管理员身份才能进入修改，所以设置了“系统管理密码”。初始密码为“0000”。

(2) 力值误差系数。

零力值试验：空载压溃力值传感器，相当于对其施加了 0 力值，点击“测试”按钮，系统自动采集 100 次此时的力值算出平均值，这个值就是零力值误差(即零漂)，确认这个值后写入画面上部分的“零力值”一栏中，见图 5-40。

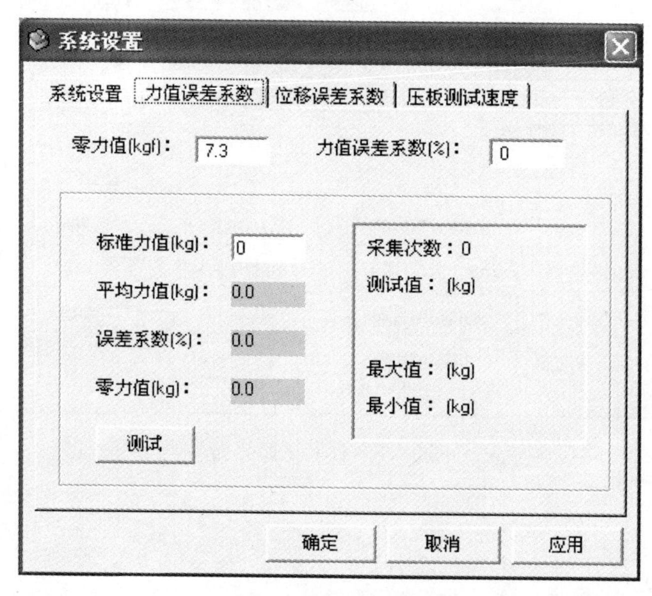

图 5-40 系统设置界面 2

力值误差系数试验：用标准的力值仪器在压溃力值传感器上加上一个标准力值，如：50 kg，在标准力值一栏中输入“50”，点击“测试”，系统自动采集 100 次此时的力值算出平均值 a，这个值就是采集卡采集的实际力值，按照 $(50-a)/50$ 计算出误差系数，按照同样方法输入不同的标准力值(如：80、100 等)得出几个误差系数，根据设备的实际状况和这几个数据的比较，确定实际使用的力值误差系数，然后写入图 5-40 画面上部分的“力值误差系数”一栏中。

(3) 位移误差系数。零位移、位移误差系数的测试方法同上述力值参数部分，界面见图 5-41。

C 其他

根据实际升级需要，我们决定不改变原有信号连接线路，采用信号转接的方式对信号进行处理。也就是通过一转接设备接口将原设备信号和新增加的位移传感器信号与新的数据采集卡连接。同时增加一个位移传感器。

a USB2010 数据采集卡

具体如下：

(1) 特点。

1) 该卡采用 USB 接口，连接方便。

2) 该卡板上设计有 12Bit 分辨率的 A/D 转换器，提供了 32 路单端或 16 路双端的模拟输入通道，A/D 转换器输入信号范围为：±5 V、±10 V、0～10 V；还为用户提供了三组定时/

计数器，16 路开关量输入，16 路开关量输出。不仅能够满足当前信号处理要求，也在一定程序上满足将来系统信号处理的扩展升级。

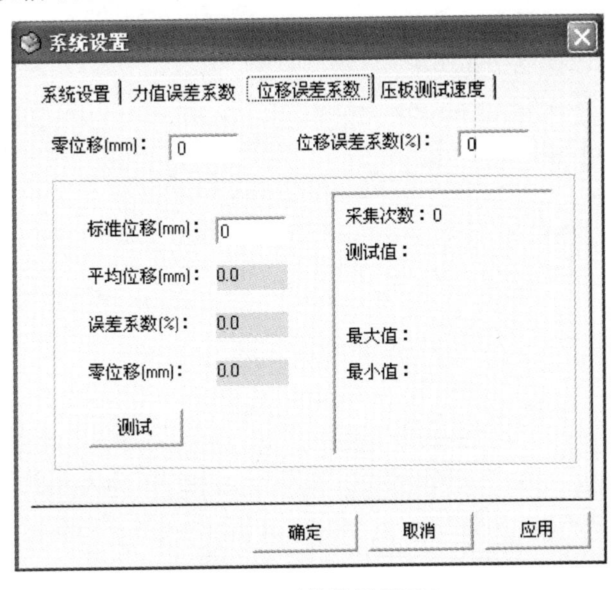

图 5-41　系统设置界面 3

（2）性能。

1）模拟通道输入数：32 路单端或 16 路双端输入；

2）模拟输入电压范围：±5 V、±10 V、0 ~ +10 V；

3）A/D 转换分辨率：12 Bit；

4）16 路开关量输入；

5）16 路开关量输出；

6）三组计数器供用户使用。

（3）技术指标。

1）模拟信号输入部分。

模拟通道输入数：32 路单端或 16 路双端输入；

模拟输入电压范围：±5 V、±10 V、0 ~ +10 V；

模拟输入阻抗：100 MΩ；

模拟输入共模电压范围：> ±2 V。

2）A/D 转换电路部分。

A/D 分辨率：12Bit(4096)；

非线性误差：±1LSB(最大)；

转换时间：10 μs；

系统测量精度：0.1%；

A/D 采样通过率：100 kHz。

3）开关量输入输出部分。

16 路数字量输入；16 路数字量输出。

数字端口满足标准 TTL 电气特性：

输入 TTL 电平,吸入电流小于 0.5 mA;

输出 TTL 电平,最大下拉电流 20 mA,上拉电流 2.6 mA;

数字量输入最低的高电平:2 V;

数字量输入最高的低电平:0.8 V;

数字量输出最低的高电平:3.4 V;

数字量输出最高的低电平:0.5 V。

4）定时/计数器。

定时/计数器:三个定时/计数器(ECCLK0、ECCLK1、ECCLK2)、门控(ECGATE0、ECGATE1、ECGATE2)及输出(ECOUT0、ECOUT1、ECOUT2)。

信号接口转换图见图 5-42。

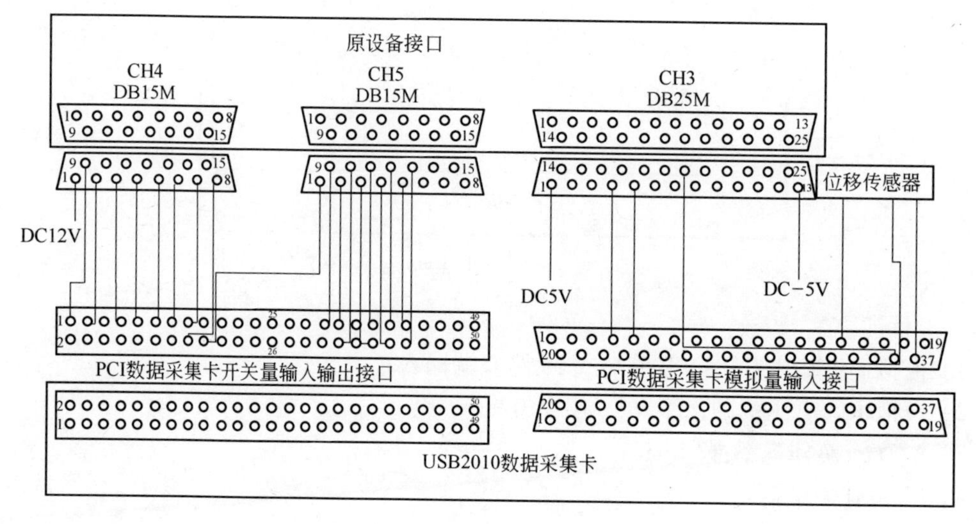

图 5-42 信号接口转换图(一)

b KPCI-811 多功能数据采集卡

具体如下:

(1) 特点。32 位 PCI 总线,传输速率高,可靠性高,即使扩展卡超过了负载的最大值,系统也能正常工作。同时板上设计有 12 Bit 分辨率的 A/D 转换器,提供了 16 路单端或 8 路双端的模拟输入通道,A/D 转换器输入信号范围为: ±5 V、±10 V、0 ~ 10 V;还为用户提供了三组定时/计数器, 16 路开关量输入,16 路开关量输出。同时还提供了模拟量输出电路,能够由计算机控制一些模拟设备。

(2) 性能。

1）模拟信号输入。

模拟通道输入:16 路单端或 8 路双端输入;

模拟输入电压: ±5 V、±10 V、0 ~ +10 V;

模拟输入阻抗:100 MΩ。

2）A/D 转换电路。

A/D 分辨率:12 Bit(4096);

非线性误差: ±1LSB(最大);

转换时间:1 μs;

系统测量精度:0.1%。

3）采集方式及周期。

三种采样触发方式:定时触发、软件触发和外触发;

高精度采样周期:窄定时间隔(1/16 μs)、宽定时间隔(1～56 μs)。

4）模拟量输出电路部分。

D/A 分辨率:12 Bit(4096);

模拟输出电压、电流范围: ±5 V、±10 V、0～5 V、0～ +10 V 和 4～20 mA;

输出通道数:2 路;

非线性误差: ±1LSB(最大);

建立时间:10 μs(0.01%精度);

输出阻抗:0.2 Ω;

具有加电清零功能。

5）3 个独立的 16 位计数/定时器,信号与 TTL 电平兼容。

GATE 计数器的计数能使输入端内部已接有上拉电阻,以方便使用。

CLK、OUT 输出端满足标准 TTL 电气特性:低电平小于 0.4 V,高电平大于 2.6 V;OUT 的最大输出驱动电流为 1 mA。

6）开关量输入输出。

16 路开关量输入通道,电平与 TTL 兼容;

16 路开关量输出通道,电平与 TTL 兼容;

输入 TTL 电平,吸入电流小于 0.5 mA。

7）FIFO 存储器。

深度:1 k～32 k words;

宽度:12 Bit;

存储器存储情况:满、空、半满。

信号接口转换图见图 5-43。

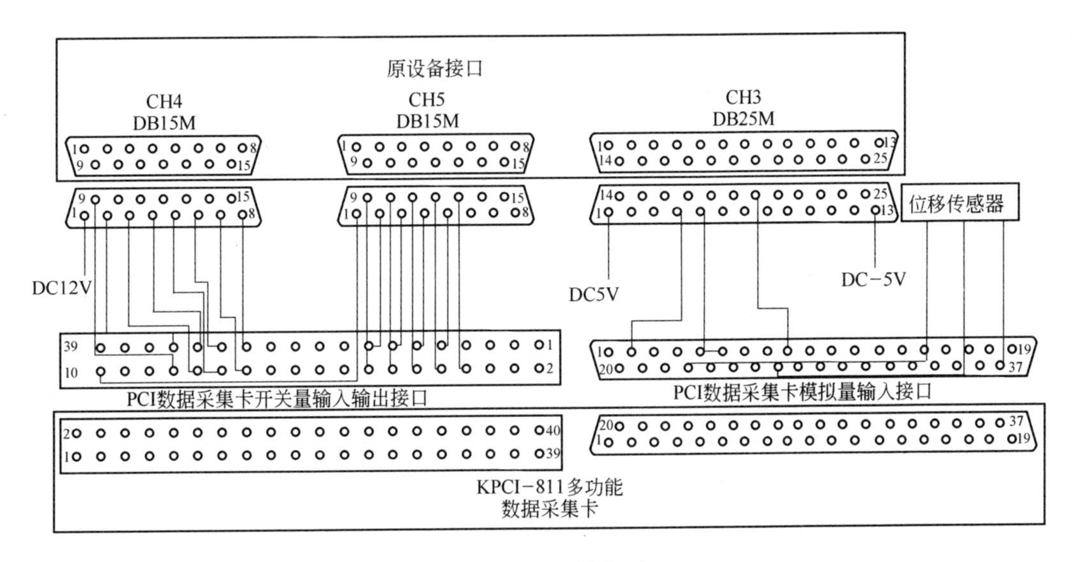

图 5-43 信号接口转换图(二)

c　CWY-DW 系列线位移传感器

特点如下：

采用电位器分压方式把直线机械位移量转换成电信号。具有线性精度高、分辨率高、平滑性优良、动态噪声小、机械寿命长、伺服槽安装等优良性能。同时温度的变化不会影响测量结果，主要参数见表5-9，外形图见图5-44。

表5-9　主要参数

参数/型号	CWY-DW-100~300	CWY-DW-325~600
标称阻值/kΩ	3,5,10	5,10,20
总阻公差/%	±20	
独立线性度/%	0.05~1(分五级)	
理论电气行程 E(Max)/mm	100~350(每25 mm递增);350~600(每50 mm递增)	
机械行程(Max)/mm	(E+8)±2	
额定功耗/W	2(70℃),0(125℃)	
电阻温度系数/%·℃$^{-1}$	≤0.04	
绝缘电阻/MΩ	≥500(500VDC)	
介质耐压/V	500(RMS 50 Hz)(此条件下耐压时间为1 min)	
输出平滑性/%	≤0.1	
工作温度范围/℃	-55~+125	
寿命/cycle	10×10^6	
工作力(Max)/N	7.5	

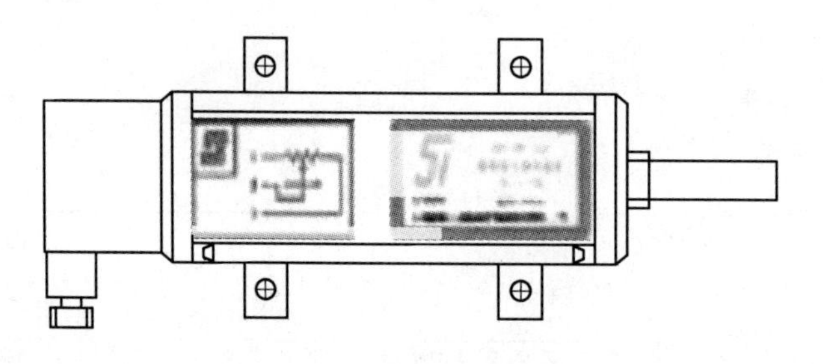

图5-44　位移传感器外形图

D　软件开发环境

考虑现有的面向对象，开发工具采用VC++6.0。

数据开发考虑到要求存储全部测量结果并求其平均值，数据量可观，如采用ODBC数据源调用桌面数据库Access，将存在诸多弊端和缺陷，如Access文件将随着数据的增多而变得相当庞大，需要定期压缩等。鉴于此，选用SQL Server 2000。

新系统使用了多线程编程设计，和现有多核CPU配合起来，子线程能并行运行在高效率状态下，表现在机器运作中异常事件处理进程的立即反映，数据采集中高精度图表绘制与数据存盘的同时进行，大大增加了系统处理多任务的能力。

新系统针对Windows操作系统设计，继承了Windows的操作简便性传统，而且根据现有的铁矿球液压机的运作过程，程序尽量减少用户干预，使用户只需要通过一只手点击鼠标，即可实现基本功能。

对于常用的且输入数据重复性高的输入框我们系统提供了自动记忆功能，在输入上尽可能减少用户操作。

对于小球的压溃数据，新系统提供比前系统更直观的饼形加曲线显示方式，同时可以提供多个小球的曲线对比以及先前数据的查看，能更简单而快速地了解被测批次的概况，曲线图还提供图片保存与直接打印功能。

对于数据存储，新系统摒弃了旧系统的文件存储方式，针对铁矿团压溃过程中的数据存储要求，我们采用了管理更方便和更易于维护的数据库存储方式，使得用户能非常轻松地通过系统对指定日期、指定批次的数据进行维护和查看，而且可以防止未授权用户盗取。

对于自动测试以及诊断测试，测试过程系统均能全自动完成，无须用户手动复位等，并能提供运作结果信息。如发现问题，用户可以方便地根据提供的信息做相应的处理。

对于报表打印，新系统进一步人性化了打印数据，相对于旧系统，增加了报表打印预览功能，可以及时发现不合理的参数设置，这时用户可以调整相应的打印参数，打印出更适合要求的报表。

（1）新压溃系统操作安全与故障恢复。新系统在设计的时候充分地分析了铁矿团液压机运作的全部流程，对所有有安全隐患的操作或运行状态增加了紧急处理模块，能保证机器在运作过程中即使出现致命异常也不会损坏机器。对于一般的异常，新系统能自动修复异常，保证机器能正常有序的工作。

对于自动压溃测试，新系统对压溃过程中包括空压，初始状态超过下限位，上压过程压力过大，送球臂推送对位不准等一般性异常有自动修复功能，在自动压溃测试过程中，如果出现这类异常，即使机器旁无操作人员守候，压溃测试过程仍然能继续。而对于压溃过程中可能出现的铁矿团粒进料过多可能卡住送球臂，上升过程卡机，下降过程卡机，机器突发故障等这类致命故障，压溃系统也能迅速侦测并做紧急制动处理，防止机器损坏。对于运行过程中产生的软件系统异常，新系统采用了双进程守护技术，使用心跳通信，防止因程序崩溃带来的机器损害和数据丢失，这样保证了压溃实验的最大自动化，最大减少用户干预，因为操作人员可以不用随时守候测试仪器，避免受噪声污染，而且在出现致命故障的时候能通过机器鸣笛报警通知操作人员来处理。

对于诊断压溃测试，新系统不仅在测试过程中使用了类似自动压溃测试过程中的故障处理机制，而且由于该测试过程是由人为控制，并不具有完全计算机自动控制的精确性，因此在诊断测试包括校正测试过程中，加入了风险操作处理机制，对于用户未察觉到的操作风险和不必要的动作进行了判断和处理，比如机器已经在上限位，用户仍然点击了向上移动的操作，机器会根据用户的操作类型以及可能的后果做出相应的提示，对于可能损坏机器的操作会直接给予禁止并且给出相应的错误操作提示。

新系统对比旧系统还拥有详细的操作日志，该日志记录了系统从启动到结束的所有操作信息，以及遇到过的异常和异常处理结果，方便操作人员了解测试过程，了解测试历史，诊断机器未知错误，日志具有自动备份功能，该日志文件可以在程序的同级目录中查看到，名字为 OPELOG. LOG。

新系统相比旧系统增加了用户登录验证，这样测试数据都有具体的测试操作员名称，在数据有误或者数据需复查的时候可以有人可寻，而且采用用户认证制可以有效地防止不法分子或者未授权人员篡改数据，保证了数据的安全性。

新系统对于旧系统还带故障后数据恢复功能，对于由于机器致命故障或是不可抗拒的外力因素比如停电、系统死机等导致的故障，系统能在下次运行前对上次运作情况进行检测，并恢复测试数据，最大程度地方便用户使用，保证了测试数据不丢失。

(2) 新压溃系统计量准确。新系统采用了 16 位的高精度数据采集卡，提高了采集数据的精确度，也相应地提高了实验结果的精度。

对于自动校正过程，新系统自带系统进行校正测试所需要的全部机器操作的程序模块，用户只需要设定一个预定值，放入测试仪器最后读出仪器显示数据即可，不再需要用户手工控制机器上升下降，而且自带故障处理模块，有效防止了手工操作失误造成的机器和测试仪器损坏，并且控制精度更高，使得校正过程更简单。得出的误差系数采用了线性回归数学方法，保证校正的数据准确。

新系统增加了位移传感器，对比于旧系统，不仅可以算出小球的最大压力，而且还可以测试出小球的压破位移，使得对比数据更丰富，而且具备双停止压溃功能，包括最大压力的一半以及位移的一半停止两种判断条件。

5.3.3 比表面积

检测粉末、多孔物质比表面积的方法很多，常见方法有勃氏法(透气法)、电镜法、碘吸附法、CTAB(溴化十六烷三甲基铵)法、统计吸附层厚度法(STSA)以及低温氮吸附法等。

低温氮吸附法理论依据 BET 方程，是由布鲁诺(Brunaure)、埃麦特(Emmet)和泰勒(Teller)于 1938 年在朗格缪尔方程基础上提出的描述多分子层吸附理论的方程。BET 模型的假定条件如下：

(1) 吸附剂表面可扩展到多分子层吸附。

(2) 被吸附组分之间无相互作用力，而吸附层之间的分子力为范德华力。

(3) 吸附剂表面均匀。

(4) 第一层吸附热为物理吸附热，第二层为液化热。

(5) 总吸附量为各层吸附量的总和，每一层都符合朗格缪尔模型。

BET 方程表达式为：

$$\frac{p}{V(p_0 - p)} = \frac{1}{V_m C} + \frac{C-1}{V_m C}\left(\frac{p}{p_0}\right) \tag{5-3}$$

式中 V——吸附气体的体积；

V_m——单分子层吸附时的吸附量；

p_0——在吸附温度下吸附质的饱和蒸气压；

C——常数，与吸附质的汽化热有关。

上式表述恒温条件下，根据吸附量与吸附质相对压力之间的关系，以 $p/[V(p_0 - p)]$ 对 p/p_0 作图应得一条直线，根据在给定温度下测得不同分压下氮气的吸附体积得出直线斜率 $(C-1)/V_m C$ 和截距 $1/V_m C$，由图解法可求得 C 和 V_m 的值。再根据以下公式求出待测样品的比表面积为：

$$S = V_m N_A \sigma_m / (22.4m) \tag{5-4}$$

式中 S——比表面积,m^2/g;

V_m——单层吸附体积,L;

N_A——阿伏伽德罗常数;

m——样品质量,g;

σ_m——每一个被吸附分子在吸附剂表面上所占有的面积。

若已知每个气体分子在吸附剂表面所占的面积,就可求得吸附剂的表面积。这就是测定比表面积的 BET 法。BET 公式只适用于氮气分压在 0.05 ~ 0.35 之间的情况下,这是因为在推导公式时,假定是多层的物理吸附,当分压小于 0.05 时,氮气压力太小,建立不起多层物理吸附,甚至连单分子层吸附也未形成,表面的不均匀性就显得突出;在分压大于 0.35 时,由于毛细凝聚变得显著起来,因而破坏了多层物理吸附平衡。由于氮分子体积小,分子截面积约为 0.162 nm^2,几乎可以进入所有微孔,所测得的比表面积接近于实际状况。

在不同氮气分压下检测得出斜率和截距,求出比表面积,即常说的多点法。一般情况下,BET 方程中的 C 值较大,常在 100 ~ 200 之间,截距很小,BET 方程可以简化为:

$$V_m = V(1 - p/p_0) \tag{5-5}$$

实验时只需测出一点即可通过公式 5-4 和公式 5-5 求出比表面积,也可通过在相同条件下比对检测已知比表面积的标准样品,不需换算即可得出检测样品的比表面积值,国产的很多仪器采用这种方法。检测氮气吸附量方法有容量法、重量法、动态色谱法、压力传感器法等,目前商品化的仪器大都采用后两种方法,以 p/p_0 对 $\frac{1}{V}[(p/p_0) - 1]$ 作图,得出一条直线,以此求出比表面积,见图 5-45。

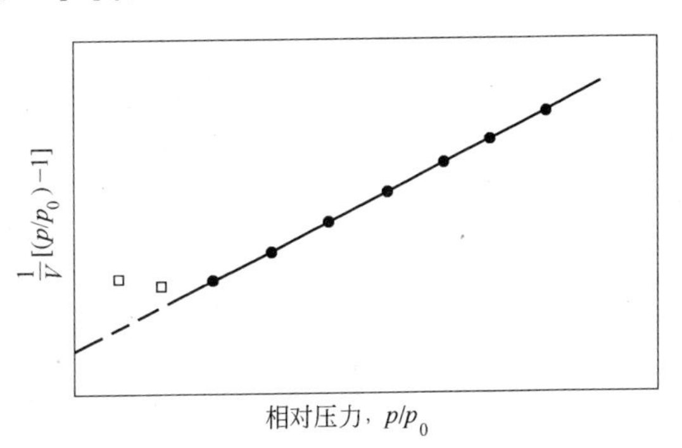

图 5-45 比表面积工作曲线

5.3.4 孔隙率

将水浸入球团矿的孔隙以后,分别称量出样品在空气中和已知密度的水中的质量,根据阿基米得定律计算出体积,用空气中干球质量除以体积计算出试验样的表观密度。质量称量是一个非常简单的过程,只需天平的精度达到需求(0.001 g)即可。

在压力为大气压、体积为 V_1 的容器内加入样品,密闭容器后通入一定量氦气,用压力传感器测出容器内压力记为 p_1(相对压力),然后此容器内的气体向另一个压力为大气压、体积为 V_2 的密闭容器扩散,用压力传感器测出两个连通容器内的平衡压力 p_2(相对压力),根据公式 5-6 得出样品的真实体积 V,然后根据试样质量计算出真密度。

$$V = V_1 + \frac{V_2}{1 - (p_1/p_2)} \tag{5-6}$$

测出球团矿的表观密度 ρ_a 和真实密度 ρ_t 后,孔隙率 P 由下式计算出:

$$P = \left(1 - \frac{\rho_a}{\rho_t}\right) \times 100 \tag{5-7}$$

真密度仪的结构机工作原理如图5-46所示。

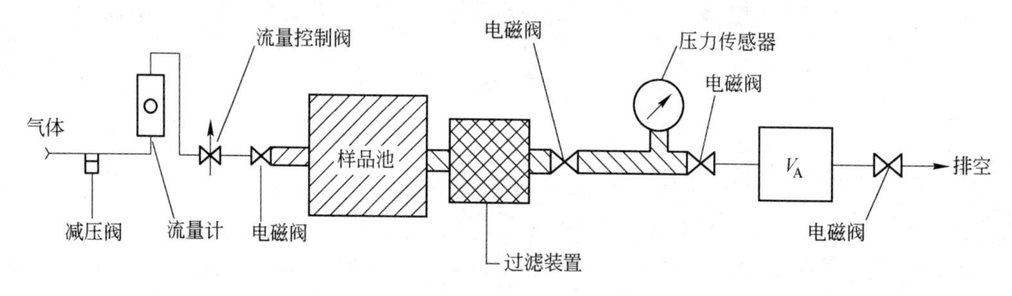

图5-46 真密度仪结构示意图

如图5-46所示，阴影部分为样品池体积 V_1，V_1 和 V_2 均为已知。将体积为 V 的试验样放入样品池，充入氦气将空气全部赶跑，然后关闭 V_1 和 V_2 之间的电磁阀，继续充入氦气，使样品池压力升至 p（约 2×10^5Pa）后关闭流量计和样品池之间的电磁阀，此时，样品池内的气体状态方程可表示为：

$$p(V_1-V)=nRT \tag{5-8}$$

式中，T 为样品池内温度，K。

然后打开 V_1 和 V_2 之间的电磁阀（V_2 与外界之间的电磁阀处于关闭状态），平衡后体系压力降至 p_1，气体状态方程可表示为：

$$p_1(V_1-V+V_2)=nRT+n'RT \tag{5-9}$$

n'为 V_2 原来所包含的气体物质的量，上式可转化为：

$$p_1(V_1-V+V_2)=p(V_1-V)+p_aV_2 \tag{5-10}$$

$$(p_1-p)(V_1-V)=(p_a-p_1)V_2 \tag{5-11}$$

$$(V_1-V)=\frac{p_a-p_1}{p_1-p}V_2 \tag{5-12}$$

$$V=V_1-\frac{p_a-p_1}{(p_1-p_a)-(p-p_a)}V_2=V_1+\frac{V_2}{1-\dfrac{p-p_a}{p_1-p_a}} \tag{5-13}$$

压力传感器测得的为表压（绝对压力减去大气压），即 p_a 等于0，上式简化为：

$$V=V_1+\frac{V_2}{1-p/p_1} \tag{5-14}$$

方程5-14即为真密度仪的工作方程。

5.3.5 还原性及自由膨胀系数

还原性是指用还原气体从天然或人造铁矿石中排除与铁相结合的氧的难易程度的一种量度，是最重要的高温冶金性能指标。

3 h后达到的还原度（称为最终还原度）用百分比表示，方程式为：

$$R_f=\left[\frac{m_1-m_2}{m_0(0.430W_2-0.11W_1)}\right]\times10^4 \tag{5-15}$$

式中 m_0——试样最初的质量，g；

m_1——还原开始前试样的质量,g;

m_2——还原3 h后试样的质量,g;

W_1——亚铁含量,%;

W_2——全铁含量,%。

自由膨胀指数是指具有一定粒度范围的球团矿,在900℃的温度下等温还原,其体积自由膨胀。测定还原前后球团矿体积的变化来表示球团矿的还原膨胀性。相对自由膨胀系数(VF_s)以百分数表示计算公式为:

$$VF_s = (V_1 - V_0)/V_0 \times 100\% \tag{5-16}$$

还原前后的体积 V_0 和 V_1 根据阿基米得定律测出。详见本系列丛书《铁矿石取制样与物理检验》。

5.3.6 低温还原粉化率

低温还原粉化率的检测静态法有两个ISO标准,分别为ISO4698—1和ISO4698—2。方法ISO4698—1是将500 g一定粒度的天然矿、烧结矿或球团矿(须预先干燥2 h)放于还原炉内,在500℃(或550℃)温度条件下,通入还原气体(两种方法还原气比例不同)还原60 min(或30 min),在 N_2 气流中冷却至常温后,将还原产物装入 ϕ130 mm×200 mm的转鼓内,以30 r/min的转速转300 r(或900 r)。将转完后的产品用6.3 mm、3.15 mm和0.5 mm筛子或2.8 mm进行筛分并记录结果。因使用客户较为狭窄,仪器尚未商品化生产,服役中的仪器均为定制。仪器大致组成如下。

5.3.6.1 ISO4698—1法

A 还原管

具体如下:

(1) 由不起皮耐热钢制成,能耐大于910℃温度,内径为75±1 mm;

(2) 管内有耐热不起皮钢制成的多孔板,能耐大于910℃温度,安装在还原管里的孔板,孔板的厚度为4 mm,孔眼的直径为2~3 mm,孔间距离为4~5 mm,用于支撑试样;

(3) 气体供应与还原管之间无摩擦连接,以保证测定的失重曲线线性;

(4) 有用于连接还原管至称重装置的连接部件;

(5) 管内有热交换体,用高铝球放在还原管孔板下面的管底上,以预热气体。

B 加热炉

加热炉为对分移动式,可对半分开,方便还原管的移进移出,加热炉内有8对硅碳棒加热器,炉侧上中下各有一个热电偶,分别与控制盘中的温控仪表相连,还原管内还有一个热电偶与控制盘内的温控仪表相连,加热炉升温梯度900℃/120 min,均热精度±5℃/200 mm/900℃,最高温度1100℃,功率18 kW。

C 筛具

筛具为16 mm、12.5 mm、11.2 mm、10 mm、6.3 mm、3.15 mm、0.5 mm,且符合ISO 3310—1:1990《试验筛—技术要求和试验方法》第一部分:金属丝筛网;ISO 3310—2:1990《试验筛—技术要求和试验方法》第二部分:冲孔筛板等标准要求。

D 称重设备

具有足够的称重能力,精度为0.1 g。

巴西SAMARCO公司和CVRD公司用该设备测定低温粉化率,国内马钢和宝钢拥有该设备。

5.3.6.2 ISO4698—2法

方法ISO4698—2是将500 g粒度一定的天然矿、烧结矿或球团矿(须预先干燥2 h)放于旋转还原管内,以10 r/min的转速旋转还原管,开始加热,通入氮气45 min达到500℃,在此温度条件下通入还原气体还原60 min,然后停止转动,在N_2气流中冷却至100℃下。将转完后的产品用6.3 mm、3.15 mm和0.5 mm筛子进行筛分并记录结果。因使用客户较为狭窄,仪器尚未商品化生产,服役中的仪器均为定制。仪器大致组成如下。

A 反应管

它须由不掉皮、能耐500℃以上的温度的耐热金属制成,还原管内径为150 mm,内部长度为540 mm,管内纵向安装长540 mm×宽20 mm×厚4 mm的四个等间距提料板。

B 加热炉

动态法的还原炉结构也比较特殊,要求加热后可在45 min内升到试验温度并使整个试验样温度保持(500±5)℃,配有吸尘装置、供气系统、温度控制系统等。

C 筛具

筛具为16 mm、12.5 mm、11.2 mm、10 mm、6.3 mm、3.15 mm、0.5 mm,且符合ISO 3310—1:1990《试验筛—技术要求和试验方法》第一部分:金属丝筛网;ISO 3310—2:1990《试验筛—技术要求和试验方法》第二部分:冲孔筛板等标准要求。

D 称重设备

具有足够的称重能力,精度为0.1 g。

巴西SAMARCO公司和CVRD公司用该设备测定热转鼓系数,国内尚无该类设备。

5.3.7 荷重还原性

在1050℃下,向规定粒度的试验样组成的试样床施加静荷重的同时,通入一氧化碳与氮气的混合气体进行还原。定时观测试验样重量的损失、试样床横截面气体压力差和试样床的高度。当还原度达到80%时测量不同压力和试样床高度的变化。该方法适合于块矿和球团矿。因使用客户较为狭窄,仪器尚未商品化生产,服役中的仪器均为定制。仪器大致组成如下。

A 还原管

由抗变形、能经受1050℃高温的无氧化层的耐热金属制成,内径(125±1) mm。还原试管内安装一可移动的孔板,以形成加载试验样的床。板厚为10 mm;板孔直径为3~4 mm,孔间距3~5 mm,放在固定的孔板支架上。

B 加热炉

还原炉的加热能力足以保持整个试样床的试验样与进入试样床的气体在(1050±10)℃。安装称量装置(灵敏度达1 g);荷重装置(能对试样床施加总静压力为(50±2)kPa),该装置能借助一刚性多孔板(直径(120±1)mm)传递荷载,使之均匀地分布到试样床瓷球顶层的表面,该板与还原试管外测量装置连接,以测量整个还原试验期间多孔板下落的位移,实际荷重可以采用荷重传感器置于压力柱与荷重压头之间来测量,通过电子记录方式进行记录与补偿;气体压力差测量装置(分辨率为 0.01 kPa);高度测量装置(分辨率为 0.1 mm)。为防止热电偶由于碳沉淀造成误差,热电偶须配备氧冲洗系统。

C 试验筛

具有下列公称尺寸的方孔筛目,并符合试验筛技术条件:16.0 mm、12.5 mm 和 10.0 mm。

巴西 SAMARCO 公司和 CVRD 公司用该设备测定荷重还原性,国内马钢拥有该设备,为国产定制。

5.4 矿物鉴定设备

矿相学主要是用矿相显微镜来研究金属矿石的一门地质学科,与数学、物理、化学、地球科学等其他自然科学学科有着密切的关系。其研究领域包括矿物的化学组成、内部结构、外表形态、物理性质和化学性质、在地质作用过程中形成和变化的条件等诸方面的现象和规律,以及它们相互的内在联系,为矿床学、找矿勘探方法和矿石工艺学服务。矿相学的主要任务包括:

(1) 鉴定金属矿物。以矿相显微镜为主要手段研究金属(不透明)矿物的光学、物理、化学性质和形态特征等,借以鉴定矿物。

(2) 研究矿石的组构特征。研究矿石的构造、结构特征和矿物组合及其所提供的成因信息,以分析、判断矿床的矿化条件、矿化作用和矿化过程,为研究矿床成因和进行勘探提供依据。

(3) 研究矿石的工艺性质。查明矿石中有益和有害元素的赋存状态、有用矿物和组分的含量。

矿相学研究的一般工作步骤包括野外工作、室内研究、综合整理和检查审核四个阶段。野外研究工作阶段在研究区域地质和矿床地质概况的基础上,用肉眼和简易方法鉴定矿石及附近围岩的矿物成分,采集代表性样品。室内研究阶段的任务是将采集来的标本磨制成不同类型的光薄片,进行矿相显微镜下的鉴定和研究,对矿石的矿物成分、化学成分、矿物组合和矿石类型有深入的了解。综合整理研究阶段是将显微镜下研究的结果和综合研究材料编写成矿相综合研究报告。检查审核阶段是对矿相综合研究报告进行复核审查。

5.4.1 矿相显微镜及其辅助设备

在科学飞速发展的21世纪,尽管有更多的高科技仪器用于矿石研究中,但矿相显微镜仍然是研究矿石的主要仪器,它在矿石学研究中有着不可替代的重要作用,除了满足常规的矿石研究外,它还为其他研究方法提供最可靠的资料,是其他研究方法的基础。矿相显微镜主要用于不透明物体或半透明物体的研究,可以同时采用透射光和反射光观察。可以研究的内容包括不透明矿物(特别是金属矿物)的鉴定,矿石矿物共生组合、矿石结构、矿物生成顺序及成矿阶段划分、矿床成因机理和成因标志研究、矿石工艺性质研究、人工合成材料、冶金产品的结构和工艺性质研究等。

5.4.1.1 *矿相显微镜的基本结构*

矿相显微镜由机械系统、光学系统和光源系统三部分基本结构组成,即在偏光显微镜上加一套“垂直照明系统”组成。因此，它的机械系统与偏光显微镜完全相同，其光学系统也基本相同，主要由光源、垂直照明系统、物镜、目镜组成，只有物镜在设计上与偏光显微镜有所不同，故新型反光偏光显微镜备有两套物镜，分别在反光镜和透射光下使用。

下面，以 Olympus AH－M－313L 型反光显微镜（日本）为例，来介绍反光显微镜的基本结构及性能。

（1）机械系统。由镜座、镜臂、镜筒、载物台和升降螺旋组成，主要起支撑作用，局部可以旋转（如载物台）、升降（升降螺旋），如图 5-47 所示。

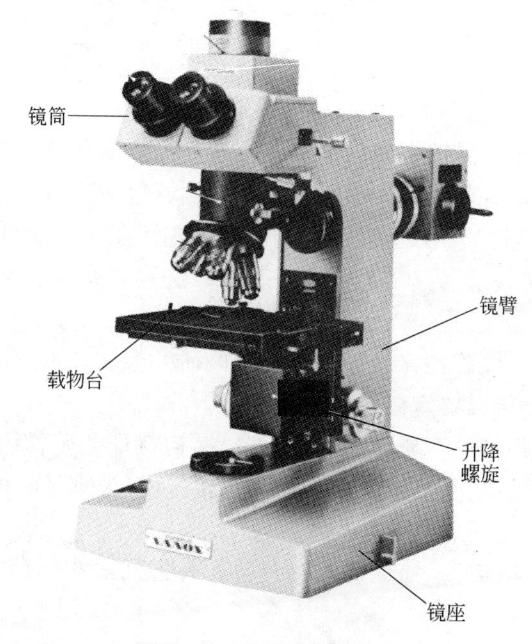

图 5-47 矿相显微镜结构

（2）光学系统。由目镜、物镜、垂直照明系统及上偏光镜组成，见图 5-48。

1）目镜。由两个透镜组成的放大系统，作用是将物镜放大的实像变成虚像，以便于观察。

2）物镜。是由复杂透镜组成的光学放大系统，其作用是将微小物体放大成一个放大实像。

3）垂直照明系统。由一系列复杂的光学部件组成的照明系统，由入射光管、反射器组成。

入射光管是连接光源和反射器起通道作用的装置，并附有调节光线的部件，主要由光源聚光透镜、孔径光圈、前偏光镜、视阈光圈和准焦透镜组成。入射光管内装备的完善程度及装置方法，因反光显微镜的型号不同而有所差异。

反射器改变入射光的传播方向，把水平入射光变为垂直入射光，到达矿石光面上起照明作用。最常用的有玻片式反射器和棱镜式反射器两种。

4）上偏光镜。振动方向为前后的偏光，可以与前偏光镜构成正交条件。

（3）光源系统。是显微镜的重要组成部分，它直接影响各种光学性质的观测、视阈明亮程度及摄影效果。常用光源由卤钨灯（12 V，100 W）、低压钨丝白炽灯（12 V，30 W）和变压器组成。

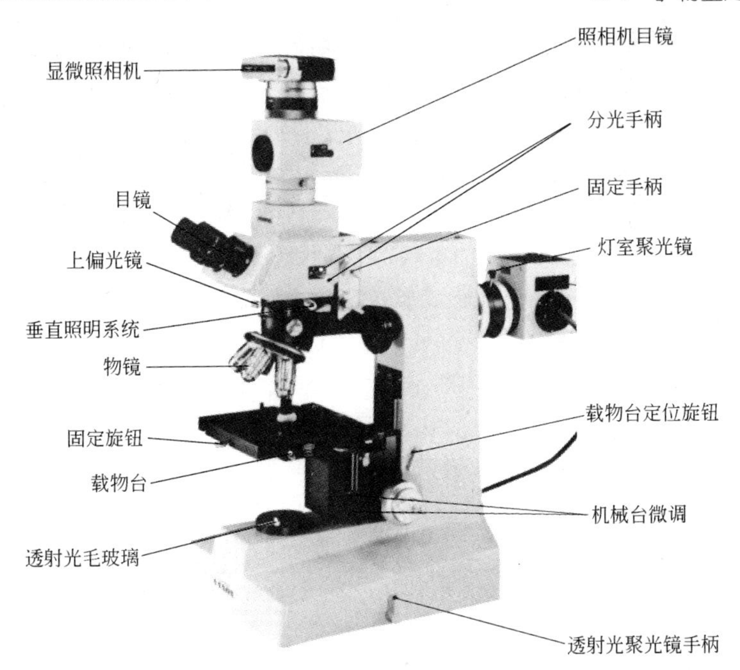

图 5-48 矿相显微镜光学系统

5.4.1.2 *矿相显微镜使用的一般程序*

不论显微镜的性能如何,使用前必须经过调节,使各部件处于正确的位置,才能进行有效观测。矿相显微镜的结构比较复杂,安装使用时,必须经过仔细检查、调节。因显微镜的型号不同,安装方法也不尽相同。首先应安装垂直照明器、物镜和目镜,开启照明灯,以适量的胶泥先用压平器将光片压平在载物片上,然后置于显微镜的载物台上,再调动镜筒或升降物台使之准焦,进行观测。

5.4.1.3 *矿相显微镜种类及生产厂商*

日本奥林巴斯株式会社创立于 1919 年,1920 年在日本第一次成功地将显微镜商品化。在癌症防治领域起着极其重要作用的内窥镜,也是 1950 年由奥林巴斯在世界上首次开发的。迄今为止,奥林巴斯株式会社已成为日本乃至世界精密、光学技术的代表企业之一,领域包括医疗、生命科学、影像和产业机械。奥林巴斯(OLYMPUS)公司生产的 BX51 型正置式透/反射光照明的多功能系统光学显微镜,采用了 UIS 万能无限远光学系统,整个光学显微镜的中间光路为平行光,配备有一台 500 万像素高分辨率、高动态的显微专用数码 CCD 摄像装置和高性能的显微组织材料分析软件及计算机系统,可实现被检样品的计算机实时观察和对样品材料进行计算机软件的分析、测量及报告,与 BX41 型偏光显微镜相比,BX51 以 12 V 100 W 的光源比 BX4 16 V 30 W 的光源具有一定的优势,在扩展性方面,BX51 比 BX41 强。

德国莱卡显微系统有限公司是 Leica 集团旗下生产销售显微仪器及设备的公司,是专业生产光学显微镜及相关设备的跨国企业,Leica 集团是由 Leits(莱兹)和 Cambridge(剑桥)两大集团合并而来,主要生产各种用途(包括医用及生物研究、材料分析用)的光学显微镜,病理及材料用切片机、包埋机、冷冻机等显微样品制备相关设备,照相机及镜头,大地测量仪器、半导体工业测量仪器,图像分析软件及数字摄像头等产品。Leica 集团是光学和显微操作设备领域的开拓者和先驱,显微镜及图像分析系统、切片机、包埋机、冷冻机等显微样品制备设备,是莱卡显微系统公司的主要产品,公司在全球有多家分支机构。莱卡以生产高质量光学镜头而著名,其显微镜生产具有150多年历史,用户遍布世界各国高精尖领域,为更好地提供一体化服务,Leica公司除立足保持光学制造优势外,还开发了众多的显微图像分析系统新产品。莱卡(Leica)仪器公司生产的DMLP型和DMLSP型偏光显微镜,采用无误差修正光学物镜,可配不同倍数的平场消色差,平场半复消色差,或平场复消色差专用偏光物镜,适用于地矿、石油、化工等行业科研或质控,可配热台、CCD或照相系统,可与多种显微图像分析软件共用,其中DMLSP型偏光显微镜为透射偏光显微镜,而DMLP型为透反射多功能偏光显微镜,皆可适用于地矿、石油、化工等行业科研或质控。

德国蔡司公司是世界著名的光学、电子与精密仪器制造厂。从1846年建厂至今已有150多年的历史。150多年来,蔡司在显微镜技术上,一直做出了许多不遗余力的创新,在光学显微镜领域中始终处于世界领先地位。蔡司创始人之一的阿贝(Abbe)教授在显微镜成像理论上所作的工作,至今仍然是显微镜光学系统设计的理论基础,蔡司的库勒教授(Prof. Kholer)所发明的库勒照明系统、蔡司工匠所发明的相差法(phase contrast),还有防反射增透膜以及完善平像场消色差物镜等的研制与发展,都改变了显微镜与显微镜检法的进步历程,而且都是由蔡司公司首先实现了大规模的生产制造。蔡司公司及其在世界各地的分公司,遵循着1846年建厂以来的一贯宗旨再加上长期积累起来的丰富经验,以及不断创新的高精尖技术,为世界的广大用户提供了各种先进、精密而又优质的光学、电子与精密机械仪器产品,并且还提供了全面的技术咨询和维修保养服务。

表5-10为三家不同品牌的矿相显微镜性能对比。

表5-10 几种矿相显微镜性能价格对比

生产厂商	日本奥林巴斯	德国莱卡	德国蔡司
型号	BX51	DMLP	Axioskop 40 A Pol
光路系统	正置式光路	正置式光路	正置式光路
照明方式	同时具有透反射光	同时具有透反射光	同时具有透反射光
主体结构	6孔物镜转盘,物镜安装孔可调中;偏光旋转载物台,可$x-y$轴精确移动标本夹	5孔物镜转换台,物镜可独立调中;偏光旋转载物台,3档同轴调焦旋钮(粗、中、细)	6孔物镜转换台,物镜可独立调中;可以精确调焦
聚光镜	偏光显微镜专用聚光镜	偏光显微镜专用聚光镜,双侧式聚光镜驱动	偏光显微镜专用聚光镜
总放大倍率	40×~630×	25×~630×	50×~500×
偏光物镜	偏光物镜1:放大倍数4倍,数值孔径0.13;偏光物镜2:放大倍数10倍,数值孔径0.30;偏光物镜3:放大倍数20倍,数值孔径0.50;偏光物镜4:放大倍数40倍,数值孔径0.75;偏光物镜5:放大倍数100倍,数值孔径0.95	偏光物镜1:放大倍数4倍,数值孔径0.10;偏光物镜2:放大倍数10倍,数值孔径0.25;偏光物镜3:放大倍数20倍,数值孔径0.40;偏光物镜4:放大倍数40倍,数值孔径0.65;偏光物镜5:放大倍数63倍,数值孔径0.75。放大倍数100倍物镜可选	偏光物镜1:放大倍数20倍(透射光);偏光物镜2:放大倍数50倍(透射光);偏光物镜3:放大倍数20倍(反射光);偏光物镜4:放大倍数50倍(反射光);偏光物镜5:放大倍数5倍(透、反射光);偏光物镜6:放大倍数10倍(透、反射光)

续表 5-10

生产厂商	日本奥林巴斯	德国莱卡	德国蔡司
目　镜	标配 10X 平场和 10X 带刻度线目镜	可选 10X、16X、25X、40X 目镜，标配 10X 平场和 10X 带刻度线目镜	10X 十字目镜
偏光补偿板	λ，1/4λ，石英楔补偿片	λ，1/4λ 补偿片	λ，1/4λ 补偿片
检偏镜	360°可调	360°可调	360°可调
起偏镜	360°可调	360°可调	360°可调
光源（照明系统）	12 V/100 W 卤素灯光源	12 V/100 W 卤素灯光源	12 V/100 W 卤素灯光源
滤　片	色温平衡、中灰、绿光滤片	色温平衡、日光、灰度、绿光滤片	色温平衡、蓝色
摄像头	500 万像素 2/3 in 彩色 CCD 传感芯片，2560×1920 分辨率，3.4 μm×3.4 μm 像素尺寸，25 桢/s 实时浏览速度	高分辨率数码摄像头：LEICA DFC480 500 万像素，2/3 in 彩色 CCD 传感芯片	摄像器（CCD）
电脑及打印机	需额外购置	需额外购置	需额外购置
备品备件	卤素灯泡，使用周期 2000 h/个，透射光、反射光各一个（包括图像识别系统）	卤素灯泡，使用周期 2000 h/个，透射光、反射光各 2 个（包括图像识别系统）	卤素灯泡，使用周期 3000h/个，透射光、反射光各 2 个（不包括图像识别系统）
使用环境要求	温度 5～40℃，主供电压波动不超过正常电压的 ±10%	温度 5～40℃，主供电压波动不超过正常电压的 ±10%	温度 5～40℃，主供电压波动不超过正常电压的 ±10%

5.4.1.4 *矿相鉴定的辅助设备*

矿相鉴定的辅助设备主要是指制作矿相鉴定的样品的工具，如切片磨片机、真空注胶机等。目前，这些设备国内主要进口商分别是丹麦的司特尔公司、法国 BROT 公司和美国标乐公司。切磨机、真空注胶装置型号和主要技术性能指标见表 5-11 和表 5-12。

表 5-11　切磨机型号和主要技术性能指标

性能指标	丹麦司特尔	法国 BROT	美国标乐公司
品　名	精磨薄片切磨机	切片磨片机	薄片切割系统
型　号	Discoplan－TS	1.23.02	38－1450－250
电　源	单相或三相 50 Hz	三相 400 V－50 Hz	DAN220 V－50 Hz
电　机	0.5 kW	0.5 kW	0.5 kW
转　速	1400 r/min	2900 r/min	2800 r/min
刀　片	杯形金刚砂轮：最大直径 180 mm，厚度 0.5～1.5 mm；配有 3 个真空卡盘，可研磨 3 个尺寸为 27 mm×46 mm、28 mm×48 mm 或 30 mm×45 mm 的载玻片或 2 个 1 in×3 in 的载玻片和试样	特殊金刚石刀片，适应切割各种岩石，直径 200 mm，厚度 1.8 mm	特殊金刚石刀片，适应切割各种岩石，直径 200 mm，厚度 1.8 mm
切割样品尺寸	30 mm×50 mm 和 45 mm×60 mm	切割样片尺寸 30 mm×45 mm 和 45 mm×60 mm	切割样片尺寸 30 mm×45 mm 和 45 mm×60 mm
磨　盘	平直圆形磨盘，直径 150 mm	平直圆形磨盘，直径 150 mm，粒度 $D30$	平直圆形磨盘，直径 150 mm

表 5-12 真空注胶装置

品　名	真空浸渍装置	真空注胶装置	真空浸渗仪系统
型　号	Epovac	1.04.05	20－1382－240
底部直径	134 mm	200 mm	160 mm
同时处理样品数	9	10	8～12
底部加热板调温范围	室温～80℃	室温～80℃	室温
是否真空连接	是	是	是

5.4.2 X 射线粉末衍射仪(XRD)

X 射线衍射仪是根据晶体对 X 射线衍射的几何原理设计制造的衍射实验仪器。在测试过程中,由 X 射线管发射出的 X 射线照射到试样上产生衍射现象,用辐射探测器接收衍射线的 X 射线光子,经测量电路放大处理后在显示或记录装置上给出精确的衍射线位置、强度和线形等衍射信息。这些信息作为各种实际应用问题的原始数据。几十年来,随着电子技术的不断发展,X 射线衍射分析工具得到迅速发展,品种不断更新,功能日趋完善,自动化程度高、稳定性好、功率大、精度高和防辐射性能好等特点,成为人们分析物质结构的重要手段之一。

X 射线衍射仪包括 X 射线发生器、测角仪、辐射探测器、测量电路以及控制操作和运行软件的电子计算机系统。基本结构方框图如图 5-49 所示。

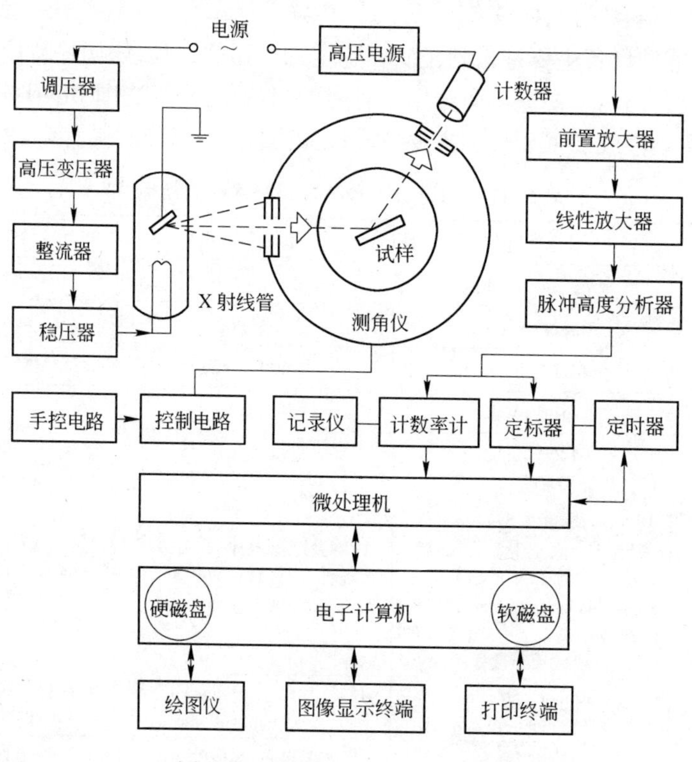

图 5-49 衍射仪基本结构方框图

衍射仪因型号和功能不同,所配备的测角仪、探测器或其他硬件有所不同,本章以粉末多晶衍射仪为例,介绍其工作原理。

当前用于研究多晶粉末的衍射仪除通用的以外,还有微光束 X 射线衍射仪和高功率阳极旋转靶 X 射线衍射仪。它们分别以大功率可做微区分析及提高检测灵敏度而著称。尽管各类衍射仪各有特点,但从应用的角度而言,其一般结构、基本原理、调试方法、仪器实验参数的选择及实验和测量方法等大体上相似。从结构上看,不外乎四个主要部分:X 射线光管、高压发生器、测角仪、探测器。

X 射线衍射分析法(X - ray diffraction analysis)是 X 射线分析法(X - ray analysis)中的一种,属于光学分析法,但又有别于其他光学分析方法,它具有以下优点:(1) X 射线来自原子内层电子的跃迁,谱线简单,干扰少。除轻元素外,它基本上不受化学键的影响,基体吸收与元素之间激发效应易于校正;(2) 不存在连续光谱,分析灵敏度显著提高,一般检出限为 $10^{-5} \sim 10^{-6}$ g/g,甚至可达到 $10^{-7} \sim 10^{-9}$ g/g;(3) 强度测量再现性好、分析元素范围广、浓度范围大;(4) 样品不受破坏,便于进行无损分析,尤其适于表面分析;(5) 自动化程度高,分析快速、准确。

5.4.2.1 X 射线的产生

当用一个高能量的粒子(电子、质子等)轰击某物质时,若该物质的原子内层电子被轰出电子层,便在内层形成空穴,该空穴会立即被较高能量级上的电子层上的电子所填充。例如 K 层电子被轰出,L 层电子的能量比 K 层电子能量级高,填充到 K 层,两者能量之差为:

$$\Delta E = E_L - E_K \tag{5-17}$$

$$\Delta E = h\nu = h\frac{c}{\lambda} \tag{5-18}$$

该能量差就会以辐射形式发出,这个能量相当大,波长很短,介于 0.01 ~ 20 nm 之间,这便是 X 射线(见图 5-50)。

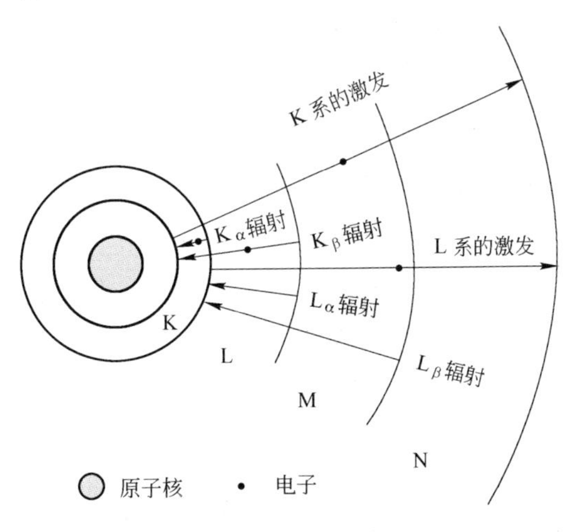

图 5-50 X 射线产生原理示意图

当然更外层电子又会补充进入 L 电子层,依此类推,层层填充,就会发射出波长不等的 X 射线。这些 X 射线的能量或波长是进行分析的基础。

被轰击的物质不同,X 射线的波长也不同,可用 10 ~ 100 keV 的电子轰击适当的靶材而获得。热阴极电子型X射线管就是一种X射线源(见图5-51)。X射线的强度和所施加的电压的平方成正比。对于K、L、M等不同系列的X射线的产生都有一定的最小电压值,而且因元素不同而不同,例如:K系列,对^{11}Na仅需1.1 keV,而对^{92}U则要115 keV;L系列,^{30}Zn需要1.2 keV,而^{92}U则要21.7 keV;M系列,^{40}Zr需要0.41 keV,而^{92}U则要5.5 keV。

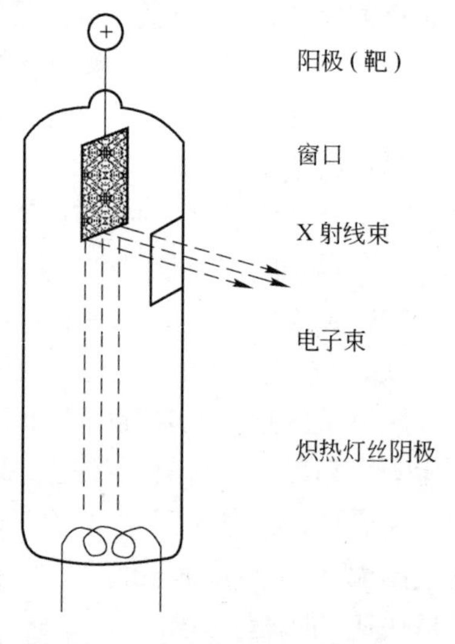

图5-51　热阴极电子型X射线管

5.4.2.2　X射线的衍射

A　光的衍射现象

光是具有波粒二象性的,X射线也是一种光波,因此它也有波粒二象性,具有波的一切性质。当波在传播过程中遇到障碍物时,其传播方向发生改变,能绕过障碍物的边缘,继续向前传播,这就是波的衍射现象,惠更斯原理对此有清楚的解释。光作为一种电磁波也具有衍射特征,在传播过程中遇到尺寸与波长相近的障碍物时也会产生衍射现象,X射线亦是如此。

B　布喇格公式

两束周期、振幅相同的波从同一点出发,由于它们相位的不同,可以产生下列现象。

当两个波相位相同或者同步,即光程差为0或是波长的整数倍时,两波叠加在一起,周期未变,只是振幅变为两者之和,这便是衍射图像最明亮部分(见图5-52a)。当两个波相位相反或者说光程刚好相差波长的二分之一时,振幅相互抵消,虽然它们同时并存,这便是衍射图像的最黑暗部分,但我们观察不到它们的存在(见图5-52b)。当两个波相位介于上述两者之间,即不同步或者光程差不是半波长的整数倍时,两波叠加的结果是有时在加强,有时又有所减弱,这便是衍射图像的明暗相间部分(见图5-52c)。

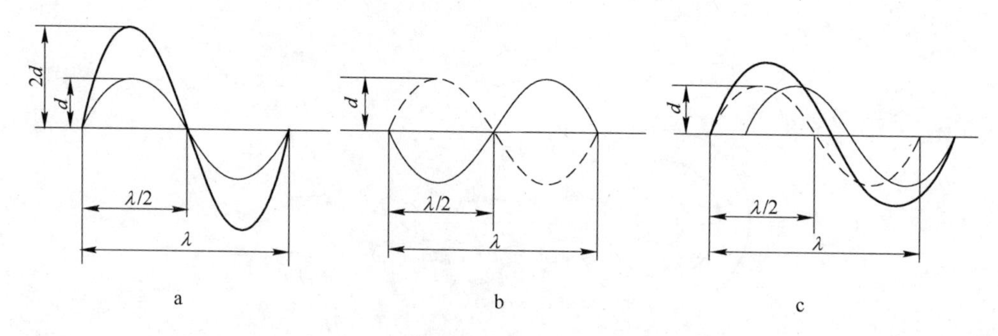

图5-52　波的叠加

a—相位相同或同步;b—相位相反;c—相位介于两者之间

如果用X射线照射某个晶格,其情况如图5-53所示。当射线刚好打在晶体最表面一层的质点上时,入射角为θ,会以同样的角度反射出去。当第二束射线以同样的角度打击晶体时,最表面一层若没有质点阻挡,而恰好打在晶体第二层质点上,结果也以同样的反射角射出晶体。其他X射线或打在表层、第二层的其他质点上或穿过质点空隙打击在第三层、第四层……等质点上,在此不作讨论。相邻两束平行X射线的光程差应为$AE+BE$。

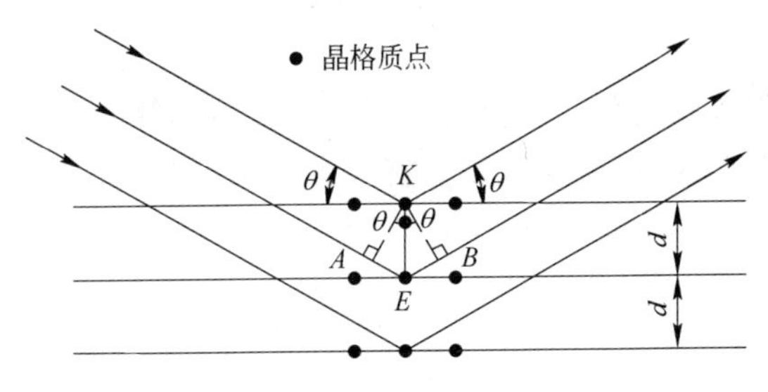

图 5-53 布喇格反射示意图

由 Rt△KAE≌Rt△KBE 可知：

$$AE = BE = KE\ \cos(90^\circ - \theta) \tag{5-19}$$

所以光程差 $AE + BE = 2KE\ \cos(90^\circ - \theta) = 2KE\ \sin\theta$，设 $KE = d$，也就是晶体质点在垂直方向上的间距，即晶面距，则有：

$$AE + BE = 2d\sin\theta \tag{5-20}$$

当光程差刚好为波长的整数倍时，这两个 X 射线的强度就会达到最大，即

$$n\lambda = 2d\sin\theta \tag{5-21}$$

式中 n——整数，称为反射级数；

θ——入射线或反射线与反射面的夹角，称为掠射角，由于它等于入射线与衍射线夹角的一半，故又称为半衍射角，把 2θ 称为衍射角。

式 5-21 是 X 射线在晶体中产生衍射必须满足的基本条件，它反映了衍射线方向与晶体结构之间的关系。这个关系式首先由英国物理学家布喇格父子于 1912 年导出，故称为布喇格方程，把 θ 角称为布喇格角。

X 射线在晶面上的反射与可见光的反射有所不同：(1) 可见光的反射仅限于物体表面，而 X 射线的反射实际上是受 X 射线照射的所有原子的反射线干涉加强而形成的；(2) 可见光无论入射光线以何入射角入射都会形成反射，而 X 射线只有在满足布喇格公式的才能形成反射，因此 X 射线是有选择性的。

对于一定波长 λ 的 X 射线而言，晶体中能产生 X 射线衍射的晶面是有限的，由布喇格公式可知。由于 $\sin\theta$ 不大于 1，因此，$\frac{n\lambda}{2d} = \sin\theta < 1$，即 $n\lambda \leqslant 2d$。对衍射而言，n 的最小值为 1（$n = 0$ 相当于投射方向上的衍射线束，无法观测），所以在任何可观测的衍射角下，产生衍射的条件为 $\lambda \leqslant 2d$。这也就是说，能够被晶体衍射的电磁波的波长必须小于参加反射的晶面中最大面间距的二倍，否则不会产生衍射现象。但是波长过短导致衍射角过小，使衍射现象难以观测，也不宜使用。因此，常用于 X 射线衍射的波长范围为 0.25 ~ 0.05 nm。当 X 射线波长一定时，晶体中有可能参加反射的晶面族也是有限的，它们必须满足 $d > \frac{\lambda}{2}$，即只有那些晶面间距大于入射 X 射线波长一半的晶面才能发生衍射。我们可以利用这个关系来判断一定条件下所能出现的衍射线数目的多少。显然，所选用的波长越短，能出现的衍射线数目越多。

5.4.2.3 X 射线衍射仪配置及生产厂家

配置 X 射线衍射仪，主要用于矿物及材料的定性、定量分析鉴定，同时也可用作进口矿产品的类别鉴定，更好地防止反欺诈行为，有效维护贸易双方的合法权益。

A X射线衍射仪选型配置思路

本实验室选择X射线衍射仪主要用于矿物及材料的定性、定量分析鉴定,同时也可用作进口矿产品的类别鉴定,可用于晶体和薄膜的常规衍射分析,具有灵活的光学转换系统、具有良好的分析精密度和准确度,具有灵敏的探测器和较快的扫描速度,并且有简单、方便、全面的系统操作和数据评估软件。

B X射线衍射仪品种及生产厂商

德国布鲁克AXS公司是世界上最大的专业X射线分析仪器厂家之一,由原西门子X射线分析仪器部(AXS)独立而成。该公司生产研制的X射线分析仪器已有80多年历史,其生产的D8系列衍射仪1998年开始推向市场,广泛应用于各高校(如清华、北大)、研究所及工厂。D8系列X射线衍射仪包括D8 ADVANCE、D8 DISCOVER、D8 GADDS三个型号。D8 ADVANCE主要用于常规衍射分析,D8 DISCOVER主要用于高分辨衍射、粉末衍射、反射率分析,D8 GADDS为织构应力面探测器系统,主要用于材料织构分析、应力分析和微区分析等。

荷兰帕纳科公司(PANalytical B. V.)前身是飞利浦公司分析仪器部。于2002年9月18日根据英国思百吉集团(Spectris plc)和荷兰飞利浦电子集团之间的飞利浦分析仪器业务转让协议而成为思百吉集团旗下的专业分析仪器公司。该公司生产有多种X射线衍射仪,有相分析X射线衍射仪GubiX PRO(为单功能X射线衍射仪,用于物相鉴定、物相定量、物相晶粒度测定、点阵参数测定等)、多功能X射线衍射仪X'Pert PRO MPD(具备GubiX PRO得全部特性,功能切换不需要重新调整光路,可以完成聚焦和平行光路分析)、材料研究X射线衍射仪X'Pert PRO MRD(主要用于材料科学的研究工作,用于高分辨率、线型、Ψ和Ω应力、织构、薄膜、小角散色等测量及物相分析等)和高强度多功能X射线衍射仪X'Pert PRO Super(具备前三种仪器的特点,采用了X射线超能探测器,录谱有所提高)等系列产品。

日本理学公司(Rigaku)主要生产X射线分析仪器,在中国和上海有办事处,该公司生产的衍射仪主要有D/max系列产品。D/max2200VPC主要用于进行物相分析、结构分析、薄膜物相分析、应力分析、织构分析、高温物相分析。

C X射线衍射仪性能价格对比

上述三家生产厂商不同型号X射线衍射仪性价比见表5-13。

表5-13 不同型号X射线衍射仪性价比

生产厂商		德国布鲁克	荷兰帕纳科	日本理学
型号		D8衍射系统 ADVANCE	X'Pert PRO MPD	D/max2200VPC
X射线发生器	最大输出功率	≥2.4 kW	3 kW	3 kW
	电流电压稳定度	±0.005%(外电源波动±10%)	±0.005%(外电源波动±10%)	±0.005%(外电源波动±10%)
X光管	光管类型	铜靶、陶瓷X光管	铜靶、陶瓷X光管	铜靶
	管电压	60 kV	60 kV	60 kV
	管电流	80 mA	55 mA	60 mA
	光管焦斑	0.4 mm×12 mm	0.4 mm×12 mm	1.0 mm×10 mm
	光管质保期	4000 h	4000 h	3000 h
	安全系统	安全连锁机构	符合国际EN61010/IEC1010,德国Vollschutz	防护罩门及X射线窗口双重保护

续表 5-13

生产厂商		德国布鲁克	荷兰帕纳科	日本理学
测角仪部分	类型	垂直式	垂直式	垂直式
	操作模式	光学编码器技术	光学编码	线性复合轴承
	扫描半径	≥200 mm	200 ~ 320 mm	185 ~ 285 mm
	扫描方式	$\theta/2\theta$ 联动，θ/θ 联动	θ/θ 和 $\theta/2\theta$ 方式	$\theta/2\theta$ 联动
	2θ 转动范围	-110° ~ 168°	0° ~ 168°	-60° ~ 163°
	最小步角	0.0001°	0.0025°	0.0001°
	角度重现性	±0.0001°	±0.0001°	±0.0001°
	驱动方式	步进马达 + 光学编码器	直流马达驱动	大轴承 + 线性复合轴承
	定位速度	1500°/min	1000°/min	1500°/min
	扫描速度	0.001° ~ 100°/min	0.01° ~ 100°/min	0.001° ~ 100°/min
	狭缝	1 对 2.3°和 1 对 4°索拉狭缝	包括 4°，2°，1°，1/2°，1/4°五种狭缝	0.01 ~ 7 mm 程序式狭缝
样品台		旋转反射样品台	标准粉末样品台	标准样品台
探测器部分	检测器	闪烁计数器	充 Xe 正比探测器	闪烁计数器
	闪烁晶体	NaI(Tl)晶体	/	NaI(Tl)晶体
	最大计数率	$\geqslant 2\times10^6$ cps	$\geqslant 1\times10^6$ cps	$\geqslant 1\times10^6$ cps
机柜	尺寸	—	1975 mm × 1132 mm × 1371 mm	—
	重量	—	1000 ~ 1250 kg	—
数据处理部分		控制及测量软件，数据评估软件，远程诊断通讯软件，检索软件，PDF2 卡片库，无标样品粒大小/微观应力分析软件	X' Pert 操作及数据分析软件包，HighScore 软件，X' Pert HighScore Plus 粉末衍射全分析软件包（升级选项）	采用 MDI 的 JADE 软件包
需选购配件		固体探测器；即插即用 Goebel 镜；反射样品平台；零背景样品架（微量样品测定）；额外的一对 4°索拉狭缝（高强度配置）	High temperature attachment HTK16 高温模块	2155F122 测角仪系统附件，2457A192 多用途测试系统

5.4.3 差热/热重仪

差热/热重仪也就是热重差热同步分析仪（TGA/DSC），热重分析技术从 20 世纪中叶发展至今已基本成熟，该仪器以较宽的测量范围、高分辨率和精确度广泛应用于多个领域，尤其在矿产资源的热力学和动力学特征分析中应用更多，其中对铁矿的研究多趋向于热解机制和烧结性能的探索。

TGA 是在程序控制温度下，测量样品的质量随温度或时间变化而变化的技术。TGA 的核心是天平单元。利用三种可更换传感器之一，TGA/DSC1 可同时测量热流以及重量变化。

表 5-14 为差热/热重仪的性能对比。

表 5-14 差热/热重仪的性能对比

厂商名称	METTLER	德国巴赫(Baehr)热分析公司	美国 TA 仪器 - Waters LLC
产品名称	热重差热同步分析仪器	热重分析仪	热重分析仪
型　号	TGA/DSC1 专业型	TGA503	Q500/Q50
图　片	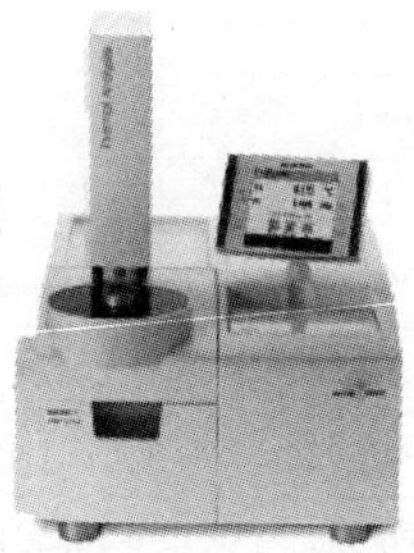	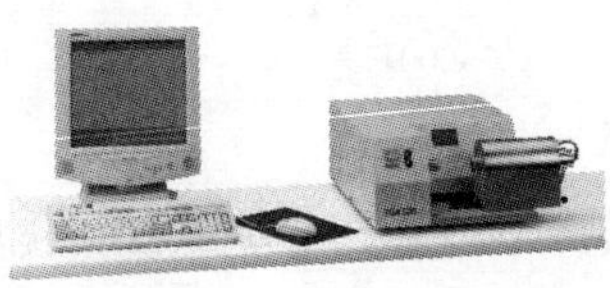	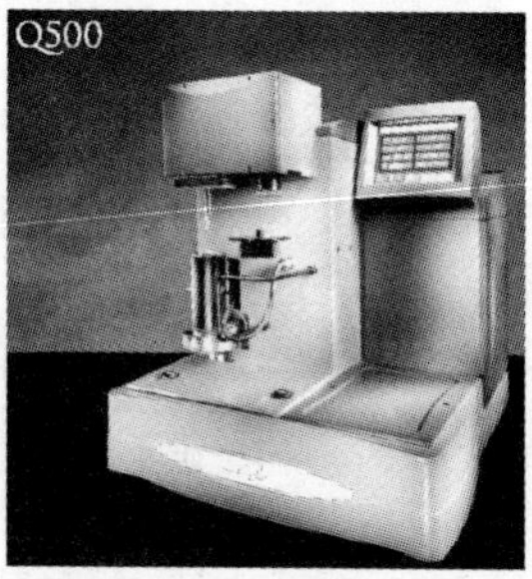
产品功能	可以从一次失重实验中同时对挥发组分进行定量和定性分析,同时差热可以得到吸放热焓的变化的精确定量分析	热天平测量试样的质量的变化(ΔG)与温度(T)之间的关系	研究样品在特定气氛中,一定的变温模式下,样品的质量变化与温度或时间的关系
主要技术参数	1) 温度范围:RT ~ 1100℃ 2) 温度准确度:+/-0.3℃ 3) 温度重复性:+/-0.2℃ 4) 线性升温速率:0.1 ~ 150℃/min 5) 线性降温速率:0.1 ~ 20℃/min 6) 最大称重量:1 g 7) 量热准确度:2% 8) 天平灵敏度: 0.1 μg 9) 动态空白曲线重复性:10 μg(全温度量程) 10) 需要能与 MS 仪器进行联用 11) 可以提供可选自动进样器 12) 天平类型:超微量电子天平 13) 可以测试 DSC 数据 14) 快速冷却时间:22 min,并提供冷却辅助配套设备 15) 内置砝码重量校正 16) 水平炉体设计 17) 中英文热分析软件 18) 非接触红外感应操作	温度范围: 0 ~ 1500℃ 最大升温速率: 100 K/min 冷却速率: 1500 ~ 100℃/15 min 最大试样量: 1 g 电子去皮: 1 g 热重量程: 250 mg 或 1 g 分辨率: ΔG - 0.5 μg 气氛: 空气(可选配) 气路: 气体输入,软件控制,自动切换	带有温度补偿功能的热天平:标准配置 最大样品质量:1 g 称量精度: +/- 0.01% TGA 天平感量:0.1 μg 动态基线漂移: <50 μg 加热炉:缠绕电阻丝 逸出气体分析炉(EGA):选配 温度范围:室温 ~ 1000℃ 恒温温度准确度: +/- 1℃ 恒温温度精确度: +/- 0.1℃ 控制加热速率:0.01 ~ 100℃/min 炉体冷却(强制空气或氮气): 1000 ~ 50℃, <12 min 温度校正:居里点 自动进样器:10 个样品位 高级高解析及调制 TGA 技术
符合的标准要求	ASTM, ISO, DIN 等标准	—	仪器生产符合 ISO9000:2001 标准;支持多种测试标准,包括 ASTM、DE、JN 等
安装条件	需要空调,湿度小于 80%,稳定坚固的实验台,电源 220V,50 Hz,800 W	恒温环境(最佳条件:20℃ ± 2℃);稳固、平整桌面;远离振动源,电磁干扰源,不要靠近门窗、暖气,避免日光直晒	无直接光照、通风、安静的实验室;环境温度在 15 ~ 35℃间,相对湿度介于 5% ~ 80%(无冷凝)间

续表 5-14

厂商名称	METTLER	德国巴赫(Baehr)热分析公司	美国 TA 仪器 - Waters LLC
产品名称	热重差热同步分析仪器	热重分析仪	热重分析仪
型　号	TGA/DSC1 专业型	TGA503	Q500/Q50
易用性能	操作方便,有抗过载能力	非常易于操作,人性化的操作软件,在电脑中测试和制图,且数据可以传输到网络上,或与实验室软件相连接	整机美观大方,配有彩色触摸屏控制面板,可以进行各种参数设定。相当于一台 P Ⅲ电脑,所有实验数据可保存于仪器中,这样就避免了实验过程中电脑故障而造成数据损失; 仪器通过网络与主控计算机连接,可实现远程控制; 中英文操作界面。操作软件和分析软件彼此独立,即使在实验过程中,用户可同时打开正在测试的样品的数据文件,即时分析数据。分析软件支持各种 TGA 数据分析功能,如:起始点确定、找峰、信号值变化、分解动力学分析等等; 操作软件可随时添加更改任何未执行到的实验步骤
随机附件	标准校准样品(提供证书),专用镊子一把,专用置样漏斗一个,置样托盘一个,气体快速接头 3 个,软件光盘一套,备用保险丝,备用扳手一把。备件盒两个,瑞士原装氧化铝坩埚 4 盒(20 套);电脑、打印机;铂金坩埚 3 盒(4 片/盒);高解析软件一套	—	免费启动工具包热交换器
可选附件	TGA 高解析功能,MS,FTIR 连用,自动进样器	真空(最高(10 ~ 5) × 10^2 Pa)静态和动态惰性气,活性气氛;低温系统(最低 -160℃)	逸出气体分析炉;高级高解析功能;调制 TGA 功能;自动进样器;逸出气体分析接口;残余气体分析仪(质谱仪)
计量要求	重量(砝码)	—	属于精密天平,可采用标准物质校正,配有计量认证的校正砝码
产品特色	1) 超微量电子天平超越技术,水平结构消除烟囱效应对重量的影响。红外感应操作安全、快速、方便,减少抖动; 2) 天平有过载保护功能,避免在装样品时偶尔触碰或超载而损坏天平,是目前业内唯一一家具有该功能的热重分析系统; 3) DSC 功能可同步提供物质相变时的能谱分析数据,有助于矿物矿相分析使用	TGA 503 的最大特点是采用卧式称重系统。卧式结构的主要优点体现在动态气氛中。该天平具有极高的灵敏度,在动态气氛也很稳定。试样室的体积只有 40 cm^3,温度均匀度高。因此,可进行快速气体交换,形成高浓度气体,最适合于用 FTIR(红外)或 MS(质谱)进一步分析(即溢出气分析)	1) 采用了成熟的"零位平衡"天平技术,天平的灵敏度达到 0.01 μg,平衡时间更短;天平室安装温度传感器,天平具有温度补偿功能,因而热漂移可忽略不计; 2) 吊丝天平配合水平吹扫气路,吹扫气流从样品上方及侧面流过,不直接冲击样品盘底部,因而浮力效应降至最低,仪器测试前不要任何的浮力校正; 3) 吹扫气流通过精密的质量流量计控制,气流稳定性比使用转子流量计的其他 TGA 稳定性提高 1 ~ 2 个数量级。任何异常数据均可通过检查气流量记录寻找原因

5.4.4 红外光谱仪

红外光谱可以研究分子的结构和化学键,如力常数的测定和分子对称性等,利用红外光谱方法可测定分子的键长和键角,并由此推测分子的立体构型。根据所得的力常数可推知化学键的强弱,由减振频率计算热力学函数等。分子中的某些基团或化学键在不同化合物中所对应的谱带波数基本上是固定的或只在小波段范围内变化,因此许多有机官能团例如甲基、亚甲基、羰基、氰基、羟基、氨基等在红外光谱中都有特征吸收。通过红外光谱测定,人们就可以判定未知样品中存在哪些有机官能团,这为最终确定未知物的化学结构奠定了基础。与其他方法相比较,红外光谱由于对样品没有任何限制,是公认的一种重要分析工具。它在分子构型和构象研究、化学化工、物理、能源、材料、天文、气象、遥感、环境、地质、生物、医学、药物、农业、食品、法庭鉴定和工业过程控制等多方面的分析测定中都有十分广泛的应用。

5.4.4.1 红外光谱仪原理

由于分子内和分子间相互作用,有机官能团的特征频率会由于官能团所处的化学环境不同而发生微细变化,这为研究表征分子内、分子间相互作用创造了条件。分子中的电子总是处在某一种运动状态中,每一种状态都具有一定的能量,属于一定的能级。电子由于受到光、热、电的激发,从一个能级转移到另一个能级,称为跃迁。当这些电子吸收了外来辐射的能量,就从一个能量较低的能级跃迁到另一个能量较高的能级。由于分子内部运动所牵涉到的能级变化比较复杂,分子吸收光谱也就比较复杂。

在分子内部除了电子运动状态之外,还有核间的相对运动,即核的振动和分子绕重心的转动。而振动能和转动能,按量子力学计算是不连续的,即具有量子化的性质。所以,一个分子吸收了外来辐射之后,它的能量变化 ΔE 为其振动能变化 ΔE_v、转动能变化 ΔE_r 以及电子运动能量变化 ΔE_e 的总和,即

$$\Delta E = \Delta E_v + \Delta E_r + \Delta E_e \tag{5-22}$$

式中,ΔE_e 最大,一般在 1 ~ 20 eV 之间。现假设 ΔE_e 为 5 eV,其相应的波长为:

$$\lambda = \frac{hc}{\Delta E_e} = \frac{6.62 \times 10^{-34} \text{J} \cdot \text{s} \times 3.0 \times 10^{10} \text{cm} \cdot \text{s}^{-1}}{5 \times 1.60 \times 10^{-19} \text{J}} = 2.5 \times 10^{-5} \text{cm} = 250 \text{ nm} \tag{5-23}$$

分子的振动能级变化 ΔE_v 大约比电子运动能量变化 ΔE_e 小 10 倍,一般在 0.05 ~ 1 eV 之间。如果分子的振动能级变化 ΔE_v 为 0.1 eV,即为 5 eV 的电子能级间隔的 2%。因此在发生电子能级之间跃迁的同时,必然会发生振动能级之间的跃迁,得到一系列的谱线,相互波长的间隔是 250 nm × 2% = 5 nm,而不是 250 nm 单一的谱线。

分子的转动能级变化 ΔE_r 大约比分子的振动能级变化 ΔE_v 小 10 倍或 100 倍,一般小于 0.05 eV。假设分子的转动能级变化 ΔE_r 为 0.005 eV,则为 5 eV 的电子能级间隔的 0.1%。当发生电子能级和振动能级之间的跃迁时,必然会发生转动能级之间的跃迁。由于得到的谱线彼此间的波长间隔只有 250 nm × 0.1% = 0.25 nm,如此小的间隔使它们连在一起,呈现带状,称为带状光谱。

图 5-54 是双原子分子的能级示意图,图中 E_A 和 E_B 表示不同能量的电子能级,在每个电子能级中因振动能量不同而分为若干个 $V = 0,1,2,3 \cdots\cdots$ 的振动能级,在同一电子能级和同一振动能级中,还因转动能量不同而分为若干个 $J = 0,1,2,3 \cdots\cdots$ 的转动能级。

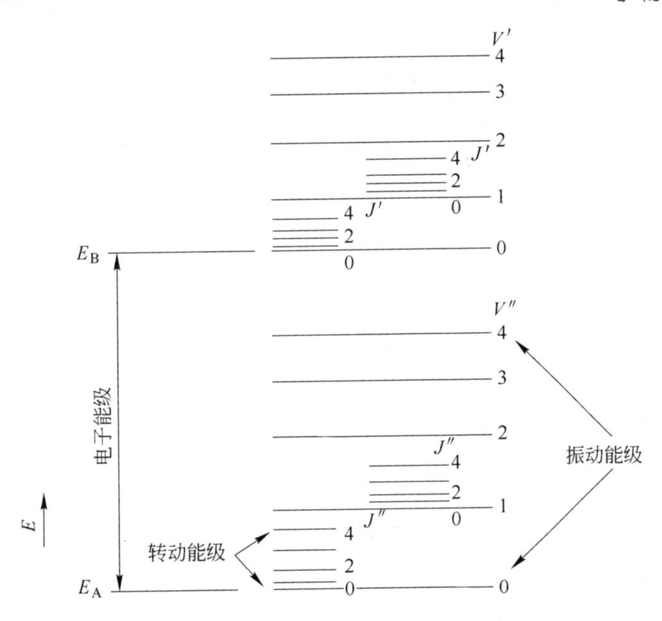

图 5-54 分子中电子能级、振动能级和转动能级示意图

由于各种物质分子内部结构的不同,分子的能级也千差万别,各种能级之间的间隔也互不相同,这就决定了它们对不同波长光线的选择吸收。因此,物质也只能选择性地吸收那些能量相当于该分子振动能变化 ΔE_v、转动能变化 ΔE_r 以及电子运动能量变化 ΔE_e 总和的辐射。

如果改变通过某一吸收物质的入射光的波长,并记录该物质在每一波长处的吸光度(A),然后以波长为横坐标,以吸光度为纵坐标作图,得到的谱图称为该物质的吸收光谱或吸收曲线。某物质的吸收光谱反映了它在不同的光谱区域内吸收能力的分布情况,可以从波形、波峰的强度和位置及其数目,研究物质的内部结构。

分子的振动能量比转动能量大,当发生振动能级跃迁时,不可避免地伴随有转动能级的跃迁,所以无法测量纯粹的振动光谱,而只能得到分子的振动－转动光谱,这种光谱称为红外吸收光谱。红外吸收光谱是一种分子吸收光谱。

当样品受到频率连续变化的红外光照射时,分子吸收某些频率的辐射,并由其振动或转动运动引起偶极矩的净变化,产生分子振动和转动能级从基态到激发态的跃迁,使相应于这些吸收区域的透射光强度减弱。记录红外光的百分透射比与波数或波长关系曲线,就得到红外光谱。

分子在低波数区的许多简正振动往往涉及分子中全部原子,不同的分子的振动方式彼此不同,这使得红外光谱具有像指纹一样高度的特征性,称为指纹区。利用这一特点,人们采集了成千上万种已知化合物的红外光谱,并把它们存入计算机中,编成红外光谱标准谱图库。分子的振动－转动光谱主要在红外波段,利用红外光谱方法可测定分子的键长、键角,并由此推测分子的立体构型。根据所得的力常数可推知化学键的强弱,由简正频率计算热力学函数等。但是,红外光谱最广泛的应用还在于对化学组成的分析,依照特征吸收峰的强度测定混合物中各组分的含量。

5.4.4.2 发展简况

20 世纪 40 年代中期,出现双光束红外光谱仪。它们大都采用棱镜作为色散元件,称为棱镜式红外光谱仪。50 年代末期，用光栅作为色散元件的光栅式红外光谱仪问世。由于对气象和大气污染研究的需要，以及电子技术的发展，60 年代以来，基于干涉调频分光的傅里叶变换红外光谱仪得到迅速发展。这种仪器的特点是分辨力极高和扫描速度极快，对弱信号和微小样品的测定具有很大的优越性。

色散型红外光谱仪、棱镜式和光栅式的红外光谱仪都是色散型的光谱仪。色散型双光束红外光谱仪大多数采用光学零位平衡系统。它主要由 5 个部分组成，即光源、单色器、检测器、电子放大器和记录机械装置。人们只需把测得未知物的红外光谱与标准库中的光谱进行比对，就可以迅速判定未知化合物的成分。

当代红外光谱技术的发展已使红外光谱的意义远远超越了对样品进行简单的常规测试并从而推断化合物的组成阶段。红外光谱仪与其他多种测试手段联用衍生出许多新的分子光谱领域，例如，色谱技术与红外光谱仪联合为深化认识复杂的混合物体系中各种组分的化学结构创造了机会；把红外光谱仪与显微镜方法结合起来，形成红外成像技术，用于研究非均相体系的形态结构，由于红外光谱能利用其特征谱带有效地区分不同化合物，这使得该方法具有其他方法难以匹敌的化学反差。

另外，随着电子技术的日益进步，半导体检测器已实现集成化，焦平面阵列式检测器已商品化，它有效地推动了红外成像技术的发展，也为未来发展非傅里叶变换红外光谱仪创造了契机。随着同步辐射技术的发展和广泛应用，现已出现用同步辐射光作为光源的红外光谱仪，由于同步辐射光的强度比常规光源高五个数量级，这能有效地提高光谱的信噪比和分辨率，特别值得指出的是，近年来自由电子激光技术为人们提供了一种单色性好，亮度高，波长连续可调的新型红外光源，使之与近场技术相结合，可使得红外成像技术无论是在分辨率和化学反差两方面皆得到有效提高。

6 铁矿石检验实验室设备采购方法

铁矿石检验实验室属大型专业实验室,其所属主要设备多数超过百万元,有些设备甚至达千万元,因此,一些政府实验室和大型国有企业、研究院所所属实验室的设备采购必须符合国家相关法律法规,尤其是为进出口铁矿石承担法定检验国家质检部门。实验室设备采购按照国家规定的法律法规实施,可确保在采购活动中,做到科学化、程序化和规范化。目前,我国政府采购相关的法律法规有:《中华人民共和国政府采购法》和《中华人民共和国招投标法》,这两部法律提高了政府采购活动的规范化水平,按照法定的规则进行采购,既保证众多的市场主体有机会进入招标项目的竞争行列,又能在竞争中遵循公开、公平、公正的原则,实现公平竞争的目的。

6.1 设备采购规范

6.1.1 《中华人民共和国政府采购法》介绍

《中华人民共和国政府采购法》共分 9 章,有 88 条。对政府采购当事人、政府采购方式、政府采购程序、政府采购合同、质疑与投诉、监督检查和法律责任进行了规范。

6.1.1.1 *适用范围*

各级国家机关、事业单位和团体组织,使用财政性资金采购依法制定的集中采购目录以内的或者采购限额标准以上的货物、工程和服务的行为。政府集中采购目录和采购限额标准依照《中华人民共和国政府采购法》规定的权限另行制定。

这里所称的采购,是指以合同方式有偿取得货物、工程和服务的行为,包括购买、租赁、委托、雇用等。货物,是指各种形态和种类的物品,包括原材料、燃料、设备、产品等。工程,是指建设工程,包括建筑物和构筑物的新建、改建、扩建、装修、拆除、修缮等。服务,是指除货物和工程以外的其他政府采购对象。

政府采购实行集中采购和分散采购相结合。集中采购的范围由省级以上人民政府公布的集中采购目录确定。属于中央预算的政府采购项目,其集中采购目录由国务院确定并公布;属于地方预算的政府采购项目,其集中采购目录由省、自治区、直辖市人民政府或者其授权的机构确定并公布。纳入集中采购目录的政府采购项目,应当实行集中采购。

政府采购限额标准,属于中央预算的政府采购项目,由国务院确定并公布;属于地方预算的政府采购项目,由省、自治区、直辖市人民政府或者其授权的机构确定并公布。

6.1.1.2 *政府采购原则和方式*

政府采购应当遵循"公开透明原则、公平竞争原则、公正原则和诚实信用原则"。政府采购方式有公开招标、邀请招标、竞争性谈判、单一来源采购、询价以及国务院政府采购监督管理部门认定的其他采购方式。公开招标是政府采购的主要采购方式。

6.1.2 《中华人民共和国招投标法》介绍

《中华人民共和国招投标法》共分 6 章,计 68 条。该法对招标、投标、开标、评标和中标、法律责任进行了规范。

6.1.2.1 适用范围

在中华人民共和国境内进行的工程建设项目,如:(1)大型基础设施、公用事业等关系社会公共利益、公众安全的项目;(2)全部或者部分使用国有资金投资或者国家融资的项目;(3)使用国际组织或者外国政府贷款、援助资金的项目,包括项目的勘察、设计、施工、监理以及与工程建设有关的重要设备、材料等采购,必须进行招标。

6.1.2.2 招投标原则和方式

招投标活动应当遵循公开、公平、公正和诚实信用的原则。招标方式可分为公开招标和邀请招标。

6.1.3 招投标法的基本要素

6.1.3.1 招标人

成为招标人的基本条件有三项:(1)要有可以依法进行招标的项目,如果没有可以实际进行招标的项目,或者说不能依法提出招标项目,就不会形成合法的招标人。(2)一个合格的招标项目,关键在于是否具有与项目相配套的资金或者可靠的资金来源,有资金才有招标项目,没有资金的招标项目,可能是一个虚拟的项目,所以在招投标法中专门就招标项目的资金条件作出了规定。这是针对现实中存在的资金不落实,招标纠纷多,或者招标后项目难以实施的情况而作出的一项规定,根据这项规定来衡量招标人是否符合法定条件。(3)招标人为法人或者其他组织,要求是能依法进入市场进行活动的经济实体,它们能独立地承担责任、享有权利,因为招标人作为交易的一方,必须具有这种能力,才能邀请若干有条件的投标人为了争取得到项目而进行竞争。

6.1.3.2 招标方式

在招投标法中规定了两种招标方式,公开招标和邀请招标。公开招标是公开发布招标信息,公开程度高,参加竞争的投标人多,竞争比较充分,招标人的选择余地大,当然它的费用也较高,费时较多,程序较为复杂。邀请招标是在有限的范围内发布信息,进行竞争,虽然可以选择,但选择余地不大,它的费用和时间都可以省一些,但作弊的机会可能要多些。在招投标法中,鼓励采用公开招标方式,但某些特定的情况可以采用邀请招标方式,国家重点项目和地方重点项目不适宜公开招标的,经过批准可以进行邀请招标。实质是要求在两种招标方式中尽可能地优先选用公开招标方式。

6.1.3.3 招标代理

在招投标法中规定,招标人可以自行招标,也可以委托招标代理机构办理招标事项。对于代理招标,招投标法规定:(1)招标代理机构必须依法设立,其资格要由法定的部门认定;(2)有从事招标代理业务的营业场所和相应资金;(3)有能够编制招标文件和组织评标的相应专业力量;(4)有可以作为评标委员会成员人选的技术、经济等方面的专家库,并且要求与投标人有利害关系的人不得进入相关项目的评标委员会,评标委员会成员的名单在中标结果确定前应当保密;(5)招标代理机构与行政机关和其他国家机关不得存在隶属关系或者其他利益关系;(6)招标代理机构应当在招标人委托的范围内办理招标事宜。

采用哪一种方法则由招标人依照法律上的要求自行决定,招标人有自主选择的权利,但是又不是无条件地进行选择。因此在招投标法中明确规定,只有招标人具有编制招标文件和组织评标能力的,才可以自行办理招标事宜。在法律中还考虑到应当防止自行招标中可能有的弊病,保证招标质量,因此规定,依法必须进行招标的项目,招标人自行办理招标事宜的,应当向有关行政监督部门备案。这些规定保证了代理招标的质量,形成规范的代理关系,维护招标人的自主权。

6.1.3.4 招标公告、投标邀请书

公开招标的特点是发布招标公告,通过招标公告邀请不特定的法人或者其他组织进行投标,参加竞争。属于强制招标的,招标公告的发布方式依照法律规定办理,招标公告的基本内容法律上也有规定。邀请招标是由招标人向 3 个以上具备承担招标项目的能力、资信良好的特定法人或者其他组织发出投标邀请书,它的基本内容与招标公告是一致的,特别规定了向至少 3 个潜在投标人发出投标邀请书,目的是保持邀请招标有一定的竞争性,防止以邀请招标为名,搞假招标,形式招标,而起不到招标的作用。

6.1.3.5 招标文件

招标人根据招标项目的特点和需要编制的具有重要意义的文件,招标文件的内容要求在招投标法中有相应规定,包括招标项目的技术要求、对投标人资格审查的标准、投标报价要求和评标标准等所有实质性要求和条件以及拟签订合同的主要条款。按照这些要求编制的招标文件,是以项目为依托,确定招标程序,提出技术标准和成交条件,为投标人准备投标文件提供所需的资料。对于招标文件的编制,在法律中也作出了禁止性的规定,以防止和排除招标人的不正当行为,招标文件不得要求或者标明特定的生产供应者以及含有倾向或者排斥潜在投标人的其他内容。编制招标文件的内容必须体现公开、公平、公正的原则,符合公平竞争的要求。在招投标法中还有一些涉及招标文件的规定,也同样地体现了维护公平竞争的要求。

6.1.3.6 投标人

招投标法明确投标人必须具备三个条件:(1)响应招标,也就是指符合投标资格条件并有可能参加投标的人获得了招标信息,购买了招标文件,编制投标文件,准备参加投标活动的潜在投标人,这是一个有实际意义的条件,因为不响应招标,就不会成为投标人;(2)参加投标竞争的行列,也就是指按照招标文件的要求提交投标文件,实际参与投标竞争,作为投标人进入招标投标法律关系之中;(3)具有法人资格或者是依法设立的其他组织。

关于投标人,在招投标法中针对科研项目的特定情况作出了特别规定,即依法招标的科研项目允许个人参加投标的,投标的个人适用本法有关投标人的规定。这是立足于科技项目要实行招标制,面向社会公开招标,保证立项的科学性和竞标的公开、公正性而作出的相适应的一种规定,如果实行招标的科研项目是允许个人投标的,则这个个人可以视为招投标法中的投标人。同时,这样的规定也和招投标法所确定的调整范围是一致的,就是对科研项目的招标也是可以适用的。

6.1.3.7 投标文件

投标文件指具备承担招标项目能力的投标人,按照招标文件的要求编制的文件。在投标文件中应当对招标文件提出的实质性要求和条件作出响应,这里所指的实质性要求和条件,一般是指招标文件中有关招标项目的价格、招标项目的计划、招标项目的技术规范方面

的要求和条件及合同的主要条款(包括一般条款和特殊条款)。投标文件需要在这些方面作出响应,响应的方式是投标人按照招标文件进行填报,不得遗漏或回避招标文件中的问题,招投标双方要围绕招标项目来编制招标文件和投标文件。

招投标法对投标文件的送达、签收、保存的程序作出规定,有明确的规则。对于投标文件的补充、修改、撤回也有具体规定,明确了投标人的权利义务。

6.1.3.8 投标联合体

招投标法对投标人组成联合体共同投标是允许的,特别是大型的、复杂的招标项目,但要对其加以规范,防止和排除在现实中已经出现的以组织联合体为名,低资质的充当高资质的、不合格的混同合格的、责任不明、关系不清等弊端,因此在招投标法中确立以下规则:(1)两个以上法人或者其他组织可以组成一个联合体,以一个投标人的身份共同投标,这就是将联合体作为一个整体,是一个独立的投标人;(2)联合体的资格条件有两种要求,不同专业组成的,各方均应具备规定的相应的资格条件;相同专业的,则应按照资质等级较低的单位确定资质等级,这样可以保证联合体的质量,防止名不副实;(3)联合体各方应签订共同投标协议,中标后应共同与招标人签订合同,向招标人承担连带责任,这样可以使法律关系清楚、责任明确;(4)招标人不得强制投标人组成联合体,不得限制投标人之间的竞争。

6.1.3.9 投标中的禁止事项

对于投标人的行为,招投标法还对禁止的事项作出了规定,以维护招标投标的正常秩序,保护合法的竞争。

(1) 禁止串通投标,一种是投标人之间相互串通,也包括部分投标人之间的串通排挤另一部分投标人;另一种是投标人与招标人串通投标。这两种串通都将损害国家利益、社会公共利益、招标人利益或者其他有关人的利益,是破坏公平竞争危害性很大的行为,必须予以禁止。

(2) 禁止投标人以向招标人或者评标委员会成员行贿的手段谋取中标,这种行为在现实的社会经济生活中造成许多恶劣后果,对招标投标危害极大,必须坚决禁止。

(3) 投标人不得以低于成本的报价竞标,所以这样规定是为了确立正常的经济关系,体现市场经济的基本原则,排除不正当的竞争行为,因为低于成本的报价,对企业来说有可能是自杀行为或者是引向欺诈,这对正常的竞争秩序也是一种干扰。

(4) 投标人不得以他人名义投标或者以其他方式弄虚作假,骗取中标,这是明令禁止在投标中,投标人不得有欺诈行为。

6.1.3.10 评标的基本规则

评标和中标是招标投标整个过程中两个有决定性影响的环节,招投标法中对这两个环节作出了一系列的规定,确定了有关的行为规则和基本原则,再作出公正评价和判断。

A 组织评标委员会

评标是对投标文件进行审查、评议和比较,根据法定的原则和招标文件的规定及要求,这是确定中标人的必经程序,也是保证招标获得效果的关键环节。由于判断需要足够的知识、经验,同时也为评标客观公正,评标不能由招标人独自进行,应当由专家和有关人员参加。这就需要组建一个评标委员会负责评标,而这个委员会应当由招标人依法组成,负责对投标文件进行评标,评标委员会成员名单原则上应在开标前确定,并在招标结果确定前保密。

B 评标委员会的组成规则

为了保证评标委员会的公正性和权威性,应尽可能选用具有合理知识结构和高质量的组成人员,法律规定,评标委员会由招标人的代表和有关技术、经济等方面的专家组成,成员人数为五人以上单数,其中技术、经济等方面的专家不得少于成员总数的三分之二。参加评标委员会的专家应当有较高的专业水平,并依照法定的方式确定,与投标人有利害关系的人不得进入相关项目的评标委员会。

C 评标的若干规则

为保证评标公正,评标必须按法定的规则进行,能否在评标环节上,对投标文件作出公正、客观、全面的评审和比较,是招标能否成功的一个关键,也是能否公正地推荐和确定中标人的必要前提。

(1) 招标应当采取必要措施,保证评标在严格保密的情况下进行,以免评标过程受到干扰。

(2) 任何单位和个人不得非法干预、影响评标的过程和结果。以法律形式排除现实中经常出现的非法干预,排除从外界施加的压力,从法律上保证公正评标,维护招标人、投标人的合法权益。

(3) 评标委员会可以要求投标人对投标文件中含义不明确的内容作必要的澄清或者说明,但是澄清或者说明不得超出投标文件的范围或者改变投标文件的实质性内容。

(4) 评标委员会应当按照招标文件确定的评标标准和方法对投标文件进行评审和比较。明确评标原则,是为了保证评标的公平性和公正性,在评标中不应采用招标文件中未列明的标准和方法,也不应改变招标文件中已列明的标准和方法,否则将失去衡量评标是否公平、公正的依据。

(5) 评标委员会成员应当客观、公正地履行职责,遵守职业道德,对所提出的评审意见承担个人责任。评标委员会成员的工作必须合乎招标投标制度本质要求,以体现维护公平竞争的原则,并对自己的工作负个人责任。

(6) 评标委员会成员不得私下接触投标人,不得收受投标人的财物或者其他好处。这是由于评标委员会成员享有评标权力,因而必须保证他们廉洁公正,要求他们个人的行为绝对严格割断与投标人的任何利益联系。

(7) 参与评标的人员包括评标委员会的成员和有关工作人员,都不得透露评标情况。对评标情况负有保密义务,是保证评标工作正常进行,并使评标工作有公正结果,防止参与评标者牟取不正当利益的必要措施。

6.1.3.11 中标的基本原则

中标,就是在招标投标中选定最优的投标人,对投标人来说,就是投标成功,竞争到了招标项目的合同。招投标法对确定中标人的程序、标准和中标人应当切实履行义务等方面作出了规定,保证了竞争的公平和公正。

(1) 评标委员会完成评标后,应当向招标人提出书面评标报告,并推荐合格的中标候选人。

(2) 招标人根据评标委员会的书面评标报告和推荐的中标候选人确定中标人,招标人也可以授权评标委员会直接确定中标人。

(3) 中标的标准。

1) 能够最大限度地满足招标文件中规定的各项综合评价标准。综合评价标准就是对投标文件进行总体评估和比较,既按照价格标准又将非价格标准尽量量化计算,评价最佳者中标;

2）能够满足招标文件的实质性要求，并且经评审的投标价格最低，但是投标价格低于成本的除外。这项标准是与市场经济的原则相适应的，体现了优胜劣汰的原则，经评审的投标价格最低，仍然是以投标报价最低的中标作为基础，但又不是简单地去比较价格，而是对投标报价作评审，在评审的基础上进行比较，这样较为可靠、合理。

（4）中标人确定后，招标人应当向中标人发出中标通知书，中标通知书对招标人和中标人具有法律效力，中标后招标人改变中标结果的，或者中标人放弃中标项目，应当依法承担法律责任。

（5）招标人和中标人应当在中标通知书发出后的法定期限内，按照招标文件和中标人的投标文件订立书面合同，招标人、中标人双方都必须尊重竞争的结果，不得任意改变。

（6）招标文件要求中标人提交履约保证金的，中标人应当提交。这是采用法律形式促使中标人履行合同义务的一项特定的经济措施，也是保护招标人利益的一种措施。

（7）中标人应当按照合同约定履行义务，完成中标项目，中标人不得向他人转让中标项目，也不得将中标项目肢解后分别向他人转让。这是规定中标人的履约义务，如果中标人任意毁约，招标投标便没有了实际意义，为此中标人要承担相应的法律责任。

（8）中标人按照合同约定或者经招标人同意，可以将中标项目的部分非主体、非关键性工作分包给他人完成，但不得再次分包，分包项目由中标人向招标人负责，接受分包的人承担连带责任。

6.1.3.12 *法律责任*

在招投标法的68个条文中，法律责任占25条，占相当大比例，它针对招标投标中的多种违法行为作出了追究相应法律责任的规定。在追究的法律责任中分为民事责任、行政责任、刑事责任，有些违法只承担其中的一种责任，有的则要同时承担几种责任，在相关条文中作了明确规定。

在招投标法的法律责任一章中，对应当招标而不招标和规避招标的行为，限制和排斥公平竞争的行为，干扰破坏正常招标投标秩序的行为，在招标投标活动中有欺诈的行为，评标过程中谋取非法利益而营私作弊的行为，中标人不履行法定义务的行为，非法干预招标投标活动的行为，监督部门徇私舞弊、滥用职权、玩忽职守的行为等，都确定了应承担的法律责任，有效地维护了招标投标法律制度，发挥了招标投标制度的积极作用。

6.2 设备采购调研及招标参数要求实例

6.2.1 设备采购调研报告实例

在设备采购的招投标实施前，为确认招投标对象，必须对所采购设备的基本情况及其市场行情进行预先调研，这样既可以最大程度降低招标方的成本，采购价廉物美的设备，还可以知彼知己，提出所招标设备的性能参数和预算。表6-1为某一铁矿石检测实验室以表格形式表示的采购电感耦合等离子体发射光谱仪（ICP）调研报告。

表6-1 电感耦合等离子体发射光谱仪（ICP）调研报告

厂商名称	美国PE公司	美国瓦里安公司	美国利曼公司
型　号	Optima5300DV	725	Prodigy－DV
产品功能	无机元素同时分析	无机元素同时分析	无机元素同时分析

续表 6-1

厂商名称	美国 PE 公司	美国瓦里安公司	美国利曼公司
主要技术参数	(1) 进样系统： 1) 组合式设计快速可拆卸进样系统，具有预恒温系统； 2) 耐腐蚀配置：50%（V/V）HCl、HNO_3、H_2SO_4、H_3PO_4、20%（V/V）HF、30%（W/V）NaOH； 3) 炬管喷射管：2.0 mm 刚玉材料； 4) 雾化室：Ryton 材料耐腐蚀雾化室； 5) 雾化器：正交雾化器，刚玉宝石喷嘴； 6) 蠕动泵：有 SmartRinse 智能冲洗功能。 (2) 等离子体系统：专利的等离子体双向观测系统，计算机控制自动切换观测方式；轴向、侧向观测位置由软件控制自动优化。独立双开门等离子体腔室，具有恒温系统，实现等离子体炬在线可调。 (3) 射频发生器：40.68 MHz 自激式固态射频发生器，功率输出：750～1500 W，增量 1 W。能量传输：大于77%能力传输效率。安全防护：符合 FCC 和 EC VDE 0871 Class B 标准。长寿命，无大功率消耗性部件。 (4) 光学系统：中阶梯光栅双光路色散分光系统，*双单色仪，具有动态波长校正技术和开机即用功能。中阶梯光栅面积：80 nm×160 nm，刻线密度：79 条/mm，闪耀角：63.4°。光谱范围：160～900 nm。分辨率：0.003 nm（200 nm 处）。 (5) 检测器：高紫外灵敏度，双阵列薄层背投式 CCD。半导体制冷。无需氩气吹扫。紫外敏感元件无涂层问题。 (6) 气路控制系统：所有气体为全自动控制。雾化气由高精密质量流量控制器控制，流量 0～2.0 L/min，增量 0.01 L/min。 (7) 技术指标： 1) 稳定性：1 hRSD 小于1%； 2) 精密度：相对标准偏差 RSD 不大于 0.5%； 3) 检出限：大多数元素检出限可达(0.1～1)μg/L	(1) 进样系统： 耐腐蚀耐高盐进样系统； 1) 蠕动泵：12 转子 3 或 4 通道，全计算机控制，具有快泵及智能清洗功能； 2) 气体流量控制：计算机控制； 3) 调节范围：雾化气 0～1.3 L/min，0.1 L/min 增量； 4) 等离子体气：0～22.5 L/min； 5) 辅助气：0～2.25 L/min。 (2) 等离子体系统： 矩管形式：垂直炬管 * 观测高度调节：计算机控制，0～25 mm 可调，线性范围：5 个数量级以上。 (3) 射频发生器： 1) 射频发生器：空冷自激式 40.68 MHz 高频发生器；功率稳定性小于 0.1%；频率稳定性小于 0.1%； 2) 耦合方式：直接串联耦合设计（DISC），无任何移动部件，耦合效率大于 80%； 3) 功率范围：700～1700 W，多级可调； 4) 仪器点火后到仪器稳定工作所需时间不大于 30 min。 (4) 光学系统： 1) 多色器类型：中阶梯 + CaF_2 棱镜交叉色散多色器系统； 2) 波长范围：连续覆盖 167～785 nm，无任何断点； 3) 焦距：0.400 m； 4) 测定方式：紫外和可见光采用一个狭缝同时测定，无任何移动部件； 5) 光室稳定方式：所有光学元件均密封于恒温室中，恒温 35℃，开机稳定时间小于 30 min，恒温系统温度稳定性：±0.1℃； 6) 波长校正：采用氩的发射谱线自动进行周期性的波长校准，没有 Hg 灯校准的预热和耗材问题； 7) 分辨率：像素分辨率不大于 0.002 nm，光学分辨力：不大于 0.0072 nm（Mo）（202 nm 处）； 8) 杂散光：10000 mg/L Ca 溶液在 As193.693 nm 处，背景杂散光强度相当于小于 0.1 mg/L As 的浓度。 (5) 检测器： 1) 检测器类型：CCD 固体检测器，像素大于 70000； 2) 检测器冷却：-35℃，半导体制冷； 3) 紫外区平均量子化效率：不小于 80%，且检测器表面无任何光转换涂膜； 4) 检测器速度：单元信号处理速度不小于 1 MHz，两边同时复式读出进一步提高分析速度； 5) 防饱和溢出：CRS 系统对每个像素进行保护，彻底消除谱线饱和溢出问题； 6) 积分方式：智能积分，同时以最佳信噪比获得高强度信号和弱信号。 (6) 技术指标：分辨率：像素分辨率不大于 0.0038 nm，光学分辨率不大于 0.009 nm（在 Mo202.032 nm 处实际测量半峰宽），通过软件技术可达到实际光学分辨率 0.002 nm； 杂散光：不大于 0.3×10^{-4}% As（10.000×10^{-4}% Ca 溶液在 As 193.696 nm 处测定，BC ON）； 重复性：*RSD* 不大于 0.5%（1 mg/L）（$n=10$）； 短期精度：*RSD* 不大于 1.0%（按 5×10^{-4}% 的浓度，10 次连续测定）； 长期稳定性：稳定性：*RSD* 不大于 1.5%（3 h）； 分析速度不小于 60 个元素/min	(1) 光谱仪： 1) 中阶梯光栅，交叉色散系统；整个光学系统无可移动部件，光室有恒温系统； 2) 波长范围：165～1100 nm，连续波长覆盖； 3) 光学分辨力：不大于 0.005 nm（Mo）（202 nm 处）； 4) 杂散光：10000 mg/L Ca 溶液在 As193.693 nm 处，背景杂散光强度相当于小于 0.01 mg/L As 的浓度； 5) 恒温系统温度稳定性：±0.01℃。 (2) 射频发生器： 1) 功率稳定性小于 0.01%；频率稳定性小于 0.1%； 2) 输出功率：0.7～2.0 kW，可调。 (3) 等离子体和进样系统： 1) 等离子体观测方式：垂直、水平或双向观测； 2) 炬管：安装方便、自动定位准确； 3) 雾化器及雾室：高效气动雾化器进样系统，并可适配包括 HF、高盐（30% 以上）以及有机物等各种样品分析的进样系统组件； 4) 四道蠕动泵，泵速可调； 5) 雾化器气流由质量流量控制器控制； 6) 仪器点火后到仪器稳定工作所需时间不大于 30 min； 7) 冷却循环水系统。 (4) 检测与数据系统： 1) 检测器：高性能 CID 检测器，有效像素不小于 100 万；应同时摄取样品中所有元素的谱线，并实时扣除背景；标准曲线浓度的线性范围：5～6； 2) 软件系统：软件操作方便、直观、快速、准确，具有定性、半定量、定量分析功能；具有内标校正、标准加入法以及多种干扰校正方法和实时背景扣除功能；具有仪器自诊断功能和网络通信、数据再处理功能；具有同时记录所有元素谱线的“摄谱”功能（紫外、可见波长同时测定）； 3) 计算机系统：数据工作站为 P4 3.0 GHz 以上，512 M 内存，80 G 以上硬盘，17 in 液晶彩显，48X 以上可刻录 DVD 光驱、激光打印机。 (5) 技术指标： 1) 重复性：*RSD* 不大于 0.5%（1 mg/L）（$n=10$）； 2) 稳定性：*RSD* 不大于 1.0%（连续测定 4 h）

续表 6-1

厂商名称	美国 PE 公司	美国瓦里安公司	美国利曼公司
符合的标准要求			
安装条件	具备	具备	具备
易用性能	易用	易用	易用
随机附件	—	—	—
可选附件	耐高盐、耐 HF 酸进样系统、氢化物发生装置、自动进样系统	耐高盐、耐 HF 酸进样系统、氢化物发生装置、自动进样系统	耐高盐、耐 HF 酸进样系统、氢化物发生装置、自动进样系统
计量要求	需要	需要	需要
市场占有率			
产品特色	新一代 ICP 技术的 Optima5300 DV 是唯一具有自动波长校正技术的 ICP 光谱仪，即开即用，开机 2 min 即可点火工作	是一款真正同时全谱直读的 ICP，所有谱线连续无断点	由中阶梯光栅光学系统、进样系统、CID 检测器系统和数据处理系统组成
公司情况			
报价(￥)			
供货商			
联系方式			
总　结	建议购买美国瓦里安公司××××电感耦合等离子体发射光谱仪(ICP)，性价比较高		

注：带 * 为必须响应。

6.2.2 设备招标参数要求实例

设定所采购设备的招标参数是设备招投标的重要环节，也是标书的重要组成部分，投标方就是以标书中的招标参数来确认是否所投设备符合招标方的规格响应或偏离。表 6-2 为某铁矿石检测实验室电感耦合等离子体发射光谱仪(ICP)招标参数。

表 6-2　品目×、电感耦合等离子体发射光谱仪(ICP)　×台

序　号	招 标 规 格	响应规格	偏　离
1	功能要求：可以进行定性、定量分析，全波长覆盖范围宽，带内标校正功能，CID (CCD)固体检测器，带全自动安全保护功能，Windows 操作系统		
2	详细技术性能指标		
*2.1	全谱扫描功能： 稳定性：1 h*RSD*＜1%		
*2.2	精密度：相对标准偏差 *RSD*≤0.5%		
*2.3	检出限：大多数元素检出限可达 0.1～1ppb		
*2.4	进样系统：具有预恒温系统，耐腐蚀、耐高盐、耐氢氟酸		
*2.5	等离子体系统：具有恒温系统，等离子体炬在线可调		

续表 6-2

序　号	招标规格	响应规格	偏　离
*2.6	射频发生器:40.68 MHz 自激式固态射频发生器,功率输出:750 ~ 1500 W,能量传输:大于 77% 能力传输效率		
*2.7	光学系统:中阶梯光栅双光路色散分光系统,具有动态波长校正技术和开机即用功能		
*2.8	光谱范围:170 ~ 780 nm 或更宽,全波长覆盖,中阶梯光栅分光系统		
2.9	分辨率:小于 0.003 nm(200 nm 处)		
*2.10	检测器:高紫外灵敏度,双阵列薄层背投式 CCD,半导体制冷,无需氩气吹扫		
2.11	气路控制系统:所有气体为全自动控制。雾化气由高精密质量流量控制器控制,流量 0 ~ 2.0 L/min,增量 0.01 L/min; 测定谱线的线性动态范围小于 10^5		
2.12	杂散光:小于 0.03×10^{-4}%		
*2.13	有氢化物发生装置		
3	配置清单		
3.1	主机　1 台		
3.2	耐高盐、耐 HF 酸进样系统　1 套		
3.3	氢化物发生系统　1 台		
3.4	稳压电源　1 台		
3.5	冷却循环水系统　1 台		
3.6	计算机(含液晶显示器)　1 套		
3.7	激光打印机　1 台		
3.8	手提式吸尘器　1 个		
3.9	除湿机　1 个		
3.10	油品分析附件　1 套		
4	详细用途:金属材料、矿产品及其他材料样品中的无机多元素分析		
5	安装及验收要求		
5.1	安装地点:用户指定地点		
5.2	安装完成时间:接用户通知后 7 天内全部调试完成		
5.3	安装标准:符合我国国家有关技术规范和技术标准		
5.4	验收标准:应与产品原始样本技术数据及标书技术文件一致;应符合我国有关技术规范和技术标准		
6	售后服务及其他		
6.1	免费原产国 2 人 2 周培训,免费安装调试及现场培训		
6.2	厂家在国内要有维修中心,要有专职的维修工程师,要有备品备件库。在提出维修要求后,能在 4 h 内作出维修响应,2 个工作日内到达用户现场		
6.3	主机验收后保修一年,卖方为用户提供一次设备免费搬家及验收服务		
6.4	免费升级检测软件		
6.5	免费提供该仪器的全套技术资料		
6.6	提供 2 年所需的消耗性备品备件		

注: 带 * 为必须响应。

6.2.3 设备招标评标

评标委员会专家在评标过程中,需要对所招标设备的投标文件进行量化评价,一般的评标都有评标标准的评分表,见表6-3。

表6-3 评分标准(兼评委打分表)

评分项及分值	投标单位			
综合评分得分(标准分100分)				
技术分44分	设备先进性(8分):评标委员会对投标设备的先进性进行评议,被评为“优”的投标设备,得5~4分;被评为“中”的设备得3~2分;被评为“差”的设备得1分			
	配置完整性(8分):评标委员会对投标设备的配置完整性进行评议,被评为“优”的投标设备,得5~4分;被评为“中”的设备得3~2分;被评为“差”的设备得1分			
	产品适用性(8分):评标委员会对投标设备的整体适用性进行评议,被评为“优”的投标设备,得5~4分;被评为“中”的设备得3~2分;被评为“差”的设备得1分			
	技术指标响应性(20分):完全响应招标文件产品的技术和规格要求表中未标“*”指标的得20分; 有1条指标不符合的得15分;有2条指标不符合的得10分;有3条(含3条)及以上指标不符合的,得0分; 产品的技术和规格要求表中标“*”的指标有1条不符合的废标			
商务分10分	交货期(2分):完全响应招标文件交货期的,得2分;交货期有偏离的,不得分			
	付款条件(2分):完全响应招标文件付款条件的,得2分;付款条件有偏离的,不得分			
	质保期(3分):完全响应招标文件质量保证期要求的,得1分,每增加一年的加1分,最多3分			
	业绩(3分):所投产品(同档次)在浙江省内10台(含10台)以上的得3分,4~9台的得2分,1~3台的得1分			
售后服务6分	维保方案及费用(2分):评委将对出保后维修方案及费用进行评议,满分2分; 售后服务机构实力(2分):评委对售后服务机构的综合实力进行评议,满分2分; 优于招标文件的承诺与建议(2分):对投标文件实质上优于招标文件要求的建议进行评议,满分2分			
价格分40分	基准价=满足招标文件要求且投标价格最低的投标报价为评标基准价; 基准价得分为满分40分; 投标报价得分=(评标基准价/投标报价)×价格权重(40%)×100(经评标委员会审核,投标商所投产品若有缺项,所缺部分将加上其他投标商所投产品同类部分中的最高价格作为其投标报价打分的依据),得分四舍五入,保留到小数点后一位			

评委签名:

年 月 日

6.3 设备预算规范及实例

铁矿检测实验室在设备采购前首先要有资金保障,资金的来源需要在设备采购的上一年度进行预算申报,在设备年度预算批复后方可实施具体的采购工作。我国的政府实验室的预算管理适用《中华人民共和国预算法》。

6.3.1 《中华人民共和国预算法》介绍

《中华人民共和国预算法》共有11章,计79条。该法对预算管理职权、预算收支范围、预算编制、预算审查和批准、预算执行、预算调整、决算、监督和法律责任进行了规范。

6.3.1.1 适用范围

我国实行一级政府一级预算,设立中央,省、自治区、直辖市,设区的市、自治州,县、自治县、不设区的市、市辖区,乡、民族乡、镇五级预算。不具备设立预算条件的乡、民族乡、镇,经省、自治区、直辖市政府确定,可以暂不设立预算。

6.3.1.2 预算组成

具体如下:

(1) 中央政府预算由中央各部门的预算组成。

(2) 地方预算由各省、自治区、直辖市总预算组成。

(3) 地方各级政府预算由本级各部门(含直属单位)的预算组成。

(4) 各部门预算由本部门所属各单位预算组成。

(5) 单位预算是指列入部门预算的国家机关、社会团体和其他单位的收支预算。

6.3.1.3 预算编制

具体如下:

(1) 各级预算应当做到收支平衡。

(2) 中央预算和地方各级政府预算,应当参考上一年预算执行情况和本年度收支预测进行编制。

6.3.1.4 预算审查

具体如下:

(1) 省、自治区、直辖市政府应当按照国务院规定的时间,将本级总预算草案报国务院审核汇总。

(2) 国务院财政部门应当在每年全国人民代表大会会议举行的一个月前,将中央预算草案的主要内容提交全国人民代表大会财政经济委员会进行初步审查。

(3) 省、自治区、直辖市、设区的市、自治州政府财政部门应当在本级人民代表大会会议举行的一个月前,将本级预算草案的主要内容提交本级人民代表大会有关的专门委员会或者根据本级人民代表大会常务委员会主任会议的决定提交本级人民代表大会常务委员会有关的工作委员会进行初步审查。

(4) 县、自治县、不设区的市、市辖区政府财政部门应当在本级人民代表大会会议举行的一个月前,将本级预算草案的主要内容提交本级人民代表大会常务委员会进行初步审查。

6.3.1.5 预算批准

具体如下:

(1) 中央预算由全国人民代表大会审查和批准。

(2) 地方各级政府预算由本级人民代表大会审查和批准。

6.3.1.6 预算执行

具体如下:

(1) 各级预算由本级政府组织执行,具体工作由本级政府财政部门负责。

(2) 各级政府、各部门、各单位的支出必须按照预算执行。

(3) 经本级人民代表大会批准的预算,非经法定程序,不得改变。

(4) 预算年度自公历1月1日起,至12月31日止。

6.3.1.7 预算结余

各级政府预算的上年结余,可以在下年用于上年结转项目的支出;有余额的,可以补充预算周转金;再有余额的,可以用于下年必需的预算支出。

6.3.1.8 预算调整

各级政府对于必须进行的预算调整,应当编制预算调整方案。中央预算的调整方案必须提请全国人民代表大会常务委员会审查和批准。县级以上地方各级政府预算的调整方案必须提请本级人民代表大会常务委员会审查和批准;乡、民族乡、镇政府预算的调整方案必须提请本级人民代表大会审查和批准。未经批准,不得调整预算。

6.3.2 设备预算申报实例

一般在每年度的预算申报季节,政府实验室须按要求将所采购的设备进行一上申报,一上申报需要完成项目申报书、项目支出预算明细表、项目可行性报告等,待一上申报批复后进行二上申报。以下为项目申报书、项目支出预算明细表、项目可行性报告范例。

范例1:项目申报书

项目申报书

项目名称: 仪器设备购置——等离子体原子发射光谱仪

项目编码: ××××××

项目单位: ××××××

上级单位: ××××××

中央部门: ××××××

<table>
<tr><td>项目负责人</td><td colspan="2">×××</td><td>联系电话</td><td>××××××</td></tr>
<tr><td>单位地址</td><td colspan="2">×××××××××</td><td>邮政编码</td><td>××××××</td></tr>
<tr><td>项目类型</td><td colspan="4">××××××××××</td></tr>
<tr><td>项目类别</td><td colspan="4">跨年度支出项目</td></tr>
<tr><td>项目属性</td><td colspan="4">新增项目</td></tr>
<tr><td rowspan="2">预算科目</td><td colspan="4">类</td></tr>
<tr><td colspan="4">款</td></tr>
<tr><td>项目申请理由及项目主要内容</td><td colspan="4">近几年,随着国家重大工程项目的不断推进,国内钢材需求持续攀高,由于国内铁矿资源紧缺,全国铁矿进口量逐年大幅递增,××港区进口铁矿的接卸能力也逐年增加。随着新钢厂不断建成投产,预计今后几年,××港北仓港区年接卸能力将突破4000万吨。拥有国家级重点铁矿检测实验室的××单位承担着××港区所有进口铁矿石的检验把关工作,凭着××港深水良港的优势和不断发展,实验室即将面临的检验鉴定任务越来越多,同时也越来越复杂。提升实验室的科研能力,增强技术储备能力,全面提高实验室技术实力显得更为重要。目前××实验室拥有的仪器设备主要用于铁矿石化学元素分析及其物理性能检测。ICP-AES是一种重要的成分分析仪器,主要用于元素分析,一次摄谱可以同时测定多种元素,分析元素达70种,无须复杂的样品预处理过程,灵敏度高,精密度好,是一种重要的定量分析方法。可以准确同时测定铁矿中多种杂质元素,节约检测时间,缩短检测周期,保证检测结果。还可以测定铁矿中微量的有毒有害元素并保证准确性,开展相应的科研工作</td></tr>
</table>

范例2:项目支出预算明细表

项目支出预算明细表

<table>
<tr><td rowspan="24">项目支出预算</td><td rowspan="6">项目资金来源</td><td>来源项目</td><td>金额</td><td>预算批复数</td></tr>
<tr><td>合计</td><td>××</td><td></td></tr>
<tr><td>财政拨款</td><td>××</td><td></td></tr>
<tr><td>其中:申请当年财政预算</td><td>××</td><td></td></tr>
<tr><td>预算外资金</td><td></td><td></td></tr>
<tr><td>其他资金</td><td></td><td></td></tr>
<tr><td rowspan="18">项目支出明细预算</td><td colspan="2">支出明细项目</td><td>金额(万元)</td></tr>
<tr><td colspan="2">合计</td><td>××</td></tr>
<tr><td colspan="2">1. 等离子体原子发射光谱仪</td><td>××</td></tr>
<tr><td colspan="2">2.</td><td></td></tr>
<tr><td colspan="2">3.</td><td></td></tr>
<tr><td colspan="2">4.</td><td></td></tr>
<tr><td colspan="2">5.</td><td></td></tr>
<tr><td colspan="2">6.</td><td></td></tr>
<tr><td colspan="2">7.</td><td></td></tr>
<tr><td colspan="2">8.</td><td></td></tr>
<tr><td colspan="2">9.</td><td></td></tr>
<tr><td colspan="2">10.</td><td></td></tr>
<tr><td colspan="2">11.</td><td></td></tr>
<tr><td colspan="2">12.</td><td></td></tr>
<tr><td colspan="2">13.</td><td></td></tr>
<tr><td colspan="2">14.</td><td></td></tr>
<tr><td colspan="2">15.</td><td></td></tr>
<tr><td colspan="2">16.</td><td></td></tr>
<tr><td>测算依据及说明</td><td colspan="4">该设备的报价是依据代理商的最新报价和相关汇率计算的</td></tr>
<tr><td>项目总体目标</td><td colspan="4">××单位实验室是国家级重点实验室,也是××系统内唯一的铁矿检测专业实验室,承担着××港区所有进口铁矿的检验工作,年检验进口铁矿量超过×××万吨,需要更好地服务于国内铁矿进口企业,把好检验关。
购买该仪器,可以进一步提高铁矿检测中心的检测鉴别能力,拓展检测范围和检测业务,更好地满足国家级重点实验室的建设和能力要求。提高、完善××单位实验室的业务能力</td></tr>
<tr><td>项目组实施条件</td><td colspan="4">现有相应的实验场所可以摆放该仪器设备,仪器运行所需的水、电、温度、湿度等相应的基础控制设施已配备齐全,能提供安全操作该仪器的环境条件。配备了2名化学专业的硕士研究生操作使用,并能熟练掌握该仪器的基本维护与故障的初步判断和处理。实验室负责人是化学专业高级工程师,能够为设备的安装调试监督把关,更好地保障仪器设备的顺利投入使用和正常运行</td></tr>
</table>

续表

项目采购方式	集中采购		
	品　名	数　量	金　额
	等离子体原子发射光谱仪	1	××
项目绩效评价结论	该仪器的到位和运行将使我们在以下几个方面做得更好： 1. 减少分析鉴定时间，提高工作效率； 2. 提高分析鉴定的准确度，方便科研工作的开展； 3. 拓展检测范围，增加检测业务； 4. 减少向外委托业务，拓展向内委托业务； 5. 提高了实验室的整体检测能力，完善了国家级重点实验室的职能。		

范例3：项目可行性报告

项目可行性报告

1. 项目单位基本情况：

单位名称：××××××

地址：××××××

邮编：××××××

联系电话：××××－××××××

报告编制单位：××××××

联系电话：××××－××××××

2. 项目负责人基本情况：

姓名：×××

职务：×××××××局长

3. 项目基本情况：

项目名称：国家级重点实验室仪器设备专项经费

项目类型：跨年度支出项目

项目属性：新增项目

4. 主要内容：

项目的主要内容包括：

ICP－AES设备的购买

总投入情况：预计总共需资金××万元

参 考 文 献

[1] 尚浚．矿相学[M]．北京:地质出版社,1987.

[2] 应海松,李斐真．铁矿石取制样及物理检验[M]．北京:冶金工业出版社,2007.

[3] 柯以侃,童慧茹．分析化学手册(第 2 版),第三分册,光谱分析[M]．北京:化学工业出版社,1998:9.

[4] 周名成,俞汝勤．紫外与可见分光光度分析法[M]．北京:化学工业出版社,1986:8.

[5] 特希昂 R,克莱特 F. X 射线荧光定量分析原理[M]．冶金部钢铁研究总院,1982.

[6] 吉昂,等．X 射线荧光光谱分析[M]．北京:科学出版社, 2003.

[7] 陈新坤．电感耦合等离子体光谱法原理及应用[M]．天津:南开大学出版社,1987.

[8] M. 汤普森,J. N. 沃尔什．ICP 光谱分析指南[M]．北京:化学工业出版社,1991.

[9] 孙汉文．原子吸收光谱分析技术[M]．北京:科学技术出版社, 1992.

[10] 分析化学编委会．分析化学[M]．北京:地质出版社,1999.

[11] G. 斯维拉[美]．自动电位滴定[M]．高立译．北京:原子能出版社,1985.

[12] 张岩．8410 型电感耦合等离子发射光谱仪故障维修二例[J]．国外分析仪器．2000,1:43,44.

[13] 林洋．CS－244 碳硫测定仪常见故障诊断与处理[J]．分析仪器,2001(1):45,46.

[14] 应海松,等．力柯 CS244 型红外碳硫仪的维护[J]．分析仪器．2003,4:57,58.

[15] 江丽．716DMS 型自动电位滴定仪的使用技巧及故障检修[J]．国外分析仪器技术与应用．1999(4):42～44.

[16] 应海松,等．西门子 SRS300 型 X－荧光光谱仪故障解析[J]．光谱学与光谱分析．2003,4:808～810.

[17] Horowitz H H ,Gershon,Metzger. A New Analysis of Thermogravimetric Traces[J]. Anal. Chem. ,1963,35 (10):1464～1468.

[18] Adam K ,Iwasaki I. Thermogravimetric investigation of the oxidation behaviors of some common metal chlorides[J]. AIME Transactions,1984,276:7.

[19] Macklen,Eric D. Thermogravimetric Investigation of Fe^{2+} in Ferrites Containing Excess Iron[J]. Journal of Applied Physics,1965,36(3): 1022～1024.

[20] James V O G, Philip L W. Jr. Thermal behaviour of mineral fractions separated from selected American coals[J]. Fuel,1973,52:71～79.

[21] Kunal B ,Jibamitra G . Thermogravimetric study of the dehydration kinetics of talc[J]. American Mineralogist,1994,79: 692～699.

[22] Liu L M ,et al. A thermogravimetric study of the phase diagram of strontium cobalt iron oxide,$SrCo_{0.8}Fe_{0.2}-O_{3-\delta}$[J]. Materials Research Bulletin,1996, 31(1): 29～35.

[23] Karen J S ,Beamisha B B,Rodgers K A . Thermogravimetric analytical procedures for determining reactivities of chars from New Zealand coals[J]. Thermochimica Acta,1997, 302(1－2): 181～187.

[24] Fetisov V B ,et al. Investigation of Oxidation Kinetics in Nonstoichiometric Ni－Zn Ferrites[J]. J. PHYS. IV FRANCE,1997,7:221,222.

[25] 刘然,薛向欣,黄大威．硼铁矿氧化焙烧失重及机理探讨[J]．钢铁,2007,42(9):9～11.

[26] 苏宁,李江华．试验条件对菱铁矿热分析曲线的影响[J]．昆钢科技,2008,1:42～47.

[27] 郭兴敏,等．TG－DSC 法对莱钢进口铁矿粉烧结性能的研究[J]．钢铁,2004, 39(8):34～37.

[28] Viktor H ,Rudolf V,Markus T. Thermogravimetric Investigations of Modified Iron Ore Pellets for Hydrogen Storage and Purification: The First Charge and Discharge Cycle[J]. Ind. Eng. Chem. Res. ,2007,46(26): 8993～8999.

[29] 田丹碧．仪器分析[M]．北京:化学工业出版社,2004.

[30] 李树棠．晶体 X 射线衍射学基础[M]．北京:冶金工业出版社,1999.